高等学校土木工程学科专业指导委员会规划教材
高等学校土木工程本科指导性专业规范配套系列教材
总主编 何若全

混凝土结构基本原理（第3版）

HUNNINGTU
JIEGOU
JIBEN YUANLI

主　编　梁兴文
副主编　叶艳霞　杨克家
　　　　李艳　　邓明科
　　　　马乐为
主　审　童岳生

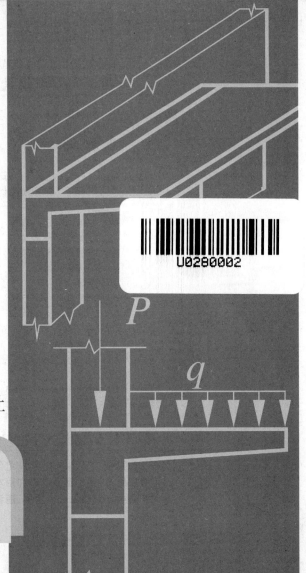

重庆大学出版社

内容提要

本书为土木工程专业的学科基础课教材,主要讲述混凝土结构基本构件的受力性能和设计计算方法,内容包括概论、材料的基本性能、结构构件以概率理论为基础的极限状态设计方法的基本原理,以及受弯、受压、受拉、受扭构件和预应力混凝土构件的性能分析、设计计算和构造措施。

本书是根据新修订的相关的国家标准而编写的,对混凝土结构构件的性能及分析有充分的论述,有相当数量的计算例题,并给出了明确的计算方法和详细的设计步骤,每章有小结、思考题和习题等内容。

本书可作为土木工程专业的教材,也可供有关的设计、施工和科研人员使用。

图书在版编目(CIP)数据

混凝土结构基本原理／梁兴文主编. -- 3 版. -- 重

庆:重庆大学出版社,2021.8

高等学校土木工程本科指导性专业规范配套系列教材

ISBN 978-7-5624-6099-2

Ⅰ.①混… Ⅱ.①梁… Ⅲ.①混凝土结构—高等学校

—教材 Ⅳ.①TU37

中国版本图书馆 CIP 数据核字(2021)第 055564 号

高等学校土木工程本科指导性专业规范配套系列教材

混凝土结构基本原理

(第 3 版)

主　编　梁兴文

副主编　叶艳霞　杨克家　李　艳

邓明科　马乐为

主　审　童岳生

责任编辑:王　婷　　版式设计:莫　西

责任校对:王　倩　　责任印制:赵　晟

*

重庆大学出版社出版发行

出版人:饶帮华

社址:重庆市沙坪坝区大学城西路 21 号

邮编:401331

电话:(023) 88617190　88617185(中小学)

传真:(023) 88617186　88617166

网址:http://www.cqup.com.cn

邮箱:fxk@ cqup.com.cn(营销中心)

全国新华书店经销

重庆市国丰印务有限责任公司印刷

*

开本:787mm×1092mm　1/16　印张:21.5　字数:552 千

2021 年 8 月第 3 版　　2021 年 8 月第 6 次印刷

印数:15 701—18 700

ISBN 978-7-5624-6099-2　定价:55.00 元

本书如有印刷、装订等质量问题,本社负责调换

版权所有,请勿擅自翻印和用本书

制作各类出版物及配套用书,违者必究

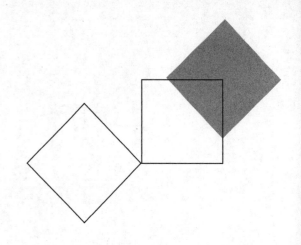

编委会名单

总 主 编：何若全
副总主编：杜彦良　　邹超英　　桂国庆　　刘汉龙
编　　委（以姓氏笔画为序）：

卜建清	王广俊	王连俊	王社良
王建廷	王雪松	王慧东	仇文革
文国治	龙天渝	代国忠	华建民
向中富	刘　凡	刘　建	刘东燕
刘尧军	刘俊卿	刘新荣	刘曙光
许金良	孙　俊	苏小卒	李宇峙
李建林	汪仁和	宋宗宇	张　川
张忠苗	范存新	易思蓉	罗　强
周志祥	郑廷银	孟丽军	柳炳康
段树金	施惠生	姜玉松	姚　刚
袁建新	高　亮	黄林青	崔艳梅
梁　波	梁兴文	董　军	覃　辉
樊　江	魏庆朝		

总　序

进入 21 世纪的第二个十年，土木工程专业教育的背景发生了很大的变化。"国家中长期教育改革和发展规划纲要"正式启动，中国工程院和国家教育部倡导的"卓越工程师教育培养计划"开始实施，这些都为高等工程教育的改革指明了方向。截至 2010 年底，我国已有 300 多所大学开设土木工程专业，在校生达 30 多万人，这无疑是世界上该专业在校大学生最多的国家。如何培养面向产业、面向世界、面向未来的合格工程师，是土木工程界一直在思考的问题。

由住房和城乡建设部土建学科教学指导委员会下达的重点课题"高等学校土木工程本科指导性专业规范"的研制，是落实国家工程教育改革战略的一次尝试。"专业规范"为土木工程本科教育提供了一个重要的指导性文件。

由"高等学校土木工程本科指导性专业规范"研制项目负责人何若全教授担任总主编，重庆大学出版社出版的《高等学校土木工程本科指导性专业规范配套系列教材》力求体现"专业规范"的原则和主要精神，按照土木工程专业本科期间有关知识、能力、素质的要求设计了各教材的内容，同时对大学生增强工程意识、提高实践能力和培养创新精神做了许多有意义的尝试。这套教材的主要特色体现在以下方面：

（1）系列教材的内容覆盖了"专业规范"要求的所有核心知识点，并且教材之间尽量避免了知识的重复；

（2）系列教材更加贴近工程实际，满足培养应用型人才对知识和动手能力的要求，符合工程教育改革的方向；

（3）教材主编们大多具有较为丰富的工程实践能力，他们力图通过教材这个重要手段实现"基于问题、基于项目、基于案例"的研究型学习方式。

据悉，本系列教材编委会的部分成员参加了"专业规范"的研究工作，而大部分成员曾为"专业规范"的研制提供了丰富的背景资料。我相信，这套教材的出版将为"专业规范"的推广实施，为土木工程教育事业的健康发展起到积极的作用！

中国工程院院士　哈尔滨工业大学教授

沈世钊

前　言

（第 3 版）

与本书内容相关的《建筑结构可靠性设计统一标准》（GB 50068—2018）已于 2019 年 4 月 1 日起实施，《混凝土结构设计规范》（GB 50010—2010）第二次局部修订版已颁布。为使读者及时了解新修订的国家标准的内容，并便于设计应用，需对本书进行必要的修订。

这次再版修订，除了对第 2 版的不妥之处进行修改、补充和完善外，主要做了以下修订工作：

（1）对结构上可能出现的各种直接作用、间接作用和环境影响，进行了补充、完善（第 3 章）。

（2）根据《建筑结构可靠性设计统一标准》（GB 50068—2018）的相关规定，将结构的极限状态分为承载能力极限状态、正常使用极限状态和耐久性极限状态，并补充了耐久性极限状态的标志或限值（第 3 章）以及耐久性极限状态的设计内容（第 9 章）。

（3）根据《建筑结构可靠性设计统一标准》（GB 50068—2018）的相关规定，删除了当永久荷载效应为主时起控制的组合式（第 3 章），并修改了相关的例题（第 4～10 章）；将永久作用分项系数改为 1.3（当作用效应对承载力不利时）或 ≤1.0（当作用效应对承载力有利时），可变作用分项系数改为 1.5（第 3 章），并修改了相关的例题（第 4～10 章）。

（4）根据《混凝土结构设计规范》（GB 50010—2010）的局部修订内容，取消了 HRB335 级钢筋、C15 混凝土以及板类构件最小配筋率 0.15% 的规定；补充了 HRB400E、HRB500E 级钢筋的有关规定；修订了正常使用极限状态验算、混凝土结构材料耐久性的基本要求以及钢筋最小配筋率的有关规定。据此对第 2～10 章的相关内容进行了修订。

（5）根据《混凝土结构设计规范》（GB 50010—2010）的局部修订内容，"素混凝土结构的混凝土强度等级不应低于 C20；钢筋混凝土结构的混凝土强度等级不应低于 C25；采用强度级别 500 MPa 及以上的钢筋时，混凝土强度等级不应低于 C30"。据此对第 2～10 章的相关内容进行了修订。

（6）补充了冷轧带肋钢筋的有关内容。

参加本书修订工作的有：西安建筑科技大学梁兴文（第 1、3、9 章）、马乐为（第 4 章）、邓明科(第5、6章);长安大学叶艳霞(第2、8章);台州学院杨克家(第7章);河南理工大学李艳、蔺新艳(第10章)。全书最后由梁兴文修改定稿。

本书由资深教授童岳生主审,并提出了许多宝贵的修改意见,研究生王英俊、邢朋涛、陆婷婷、胡翔翔、杨鹏辉等绘制了部分补充和修改的插图,在此对他们表示衷心的感谢。

本修订版可能会存在新的不足或错误,欢迎读者批评指正。

编　者
2021 年 1 月

前　言

（第2版）

《混凝土结构基本原理》于2011年10月出版了第1版，当时《建筑结构荷载规范》（GB 50009—2012）尚未正式颁布；另外，2015年《混凝土结构设计规范》（GB 50010—2010）进行了局部修订，并正式颁布实施，上述规范的修订内容应及时在本书中反映，为此，需要对第1版进行修订。第2版除对第1版的不妥之处进行修改外，主要做了以下修订：

（1）根据《建筑结构荷载规范》（GB 50009—2012）的修订内容，对本书有关荷载和作用效应组合以及相关算例等内容进行了修订。

（2）根据《混凝土结构设计规范》（GB 50010—2010）局部修订有关"取消 HRBF335、限制使用 HRB335 和 HPB300 钢筋"的规定，对本书的相关内容进行了修订。

（3）根据《混凝土结构设计规范》（GB 50010—2010）局部修订有关"HRB500 钢筋抗压强度设计值由原来的 410 N/mm^2 调整为 435 N/mm^2"的规定，对本书第4、5章的相关内容进行了修订。

（4）根据《混凝土结构设计规范》（GB 50010—2010）局部修订有关"对轴心受压构件，当钢筋的抗压强度设计值大于 400 N/mm^2 时应取 400 N/mm^2"以及"预应力螺纹钢筋的抗压强度设计值由原来的 410 N/mm^2 调整为 400 N/mm^2"的规定，对本书第5、10章的相关内容进行了修订。

参加本书修订工作的有西安建筑科技大学的梁兴文、马乐为、邓明科；长安大学的叶艳霞；温州大学的杨克家；河南理工大学的李艳、蔺新艳。

本书第2版由资深教授童岳生先生主审，他提出了许多宝贵意见。研究生邢朋涛、陆婷婷、胡翱翔、黄超、常亚峰、汪平、李东阳等为本书做了部分计算及绘制图工作。在此，对他们表示衷心的感谢！

本书第2版可能会存在新的不足和谬误，欢迎读者批评指正。

编　者

2017年4月

前　言

（第 1 版）

　　"混凝土结构基本原理"是土木工程专业重要的学科基础课之一，其原理适用于土木工程领域内所有混凝土结构构件的设计，如房屋建筑工程、交通土建工程、矿井建设、水利工程、港口工程等的混凝土结构构件；其内容是土木工程专业学生应当掌握的基本理论，为进一步学习混凝土结构设计等专业课打下基础。

　　混凝土结构由一些基本构件组成，如受弯构件、受压构件、受拉构件、受扭构件、预应力混凝土构件等。本书主要讲述混凝土结构基本构件的受力性能和设计计算方法，包括钢筋和混凝土材料的基本力学性能、混凝土结构构件以概率理论为基础的极限状态设计方法的基本原理，以及基本构件的性能分析、设计计算和构造措施等。

　　鉴于目前我国土木工程各领域的混凝土结构设计规范尚未统一，为了节省篇幅，本书突出讲解了混凝土结构构件的受力性能分析，主要介绍房屋建筑工程的有关规范内容。读者在掌握了基本构件的受力性能以及房屋建筑工程的混凝土结构构件的设计原理之后，通过自学不难掌握其他工程的混凝土结构设计原理。

　　本书按混凝土结构构件的受力性能和特点划分章节，各章相对独立，以便根据不同的教学要求对内容进行取舍。在叙述方法上，注意到学生从数学、力学等基础课到学习专业的学科基础课的认识规律，力求做到由浅入深、循序渐进地对基本概念论述清楚，使读者能较容易地掌握结构构件的力学性能及理论分析方法；书中有相当数量的计算例题，有明确的计算方法和实用设计步骤，力求做到有利于学生理解和掌握设计原理，能具体指导学生应用于工程实践。为了便于自学，每章还有小结、思考题和习题等内容，读者还可以登录重庆大学出版社教育资源网（http://www.cqup.net/edusrc）免费下载教学 PPT 和课后习题答案。

　　本书由西安建筑科技大学梁兴文（第 1、3、9 章）、马乐为（第 4 章）、邓明科（第 5、6 章），长安大学叶艳霞（第 2、8 章），温州大学杨克家（第 7 章），河南理工大学李艳、蔺新艳（第 10 章）编写，由梁兴文修改定稿。

　　本书由资深教授童岳生先生审阅，并提出了许多宝贵的意见。研究生李响为本书绘制了部分插图，在此对他们表示诚挚的谢意。

　　希望本书能为读者的学习和工作提供帮助。鉴于作者水平有限，书中难免有错误及不妥之处，敬请读者批评指正。

编　者

2011 年 4 月

目　录

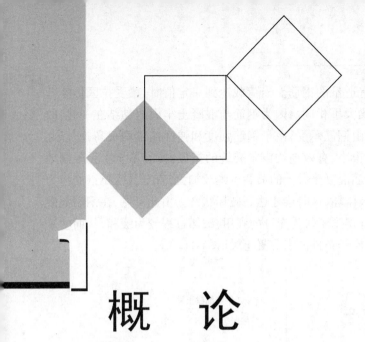

概 论

本章导读：

● **基本要求**：理解混凝土结构的形成机理，钢筋与混凝土共同工作的三个条件；了解混凝土结构的特点、发展和应用；了解本课程的特点及学习方法。

1.1 混凝土结构的基本概念和特点

1.1.1 混凝土结构的基本概念

混凝土是由水泥、砂、碎石等加水拌和，经水化结硬的人工组合材料，其抗压强度高，而抗拉强度却很低。混凝土结构是以混凝土为主要材料制成的结构，包括素混凝土结构、钢筋混凝土结构、预应力混凝土结构及配置各种纤维筋的混凝土结构。混凝土结构广泛应用于房屋建筑、桥梁、隧道、矿井，以及水利、港口等工程中。

由于混凝土材料的抗拉强度很低，所以素混凝土结构的应用受到很大限制。如图1.1(a)所示承受集中荷载的素混凝土梁，随着荷载的逐渐增大，梁中拉应力及压应力不断增大。当荷载达到一定值时，弯矩最大截面受拉边缘的混凝土首先被拉裂，而后由于该截面高度减小致使开裂截面受拉区的拉应力进一步增大，于是裂缝迅速向上伸展并立即引起梁的断裂破坏。这种梁的破坏很突然，其受压区混凝土的抗压强度未充分利用，且由于混凝土抗拉强度很低，故其极限承载力也很低。所以，对于在外荷载作用或其他原因下会在截面中产生拉应力的构件，不应采用素混凝土。

与混凝土材料相比，钢筋的抗拉强度很高。如将混凝土和钢筋这两种材料结合在一起，使混凝土主要承受压力，而钢筋主要承受拉力，这就形成钢筋混凝土结构。如图 1.1(b)所示条件相同的钢筋混凝土梁,在截面受拉区配有适量的钢筋。当荷载达到一定值时,梁受拉区仍然开裂,但开裂截面的变形性能与素混凝土梁大不相同。因为钢筋与混凝土牢固地黏结在一起,故在裂缝截面原由混凝土承受的拉力现转由钢筋承受;由于钢筋强度和弹性模量均很高,所以此时裂缝截面的钢筋拉应力和受拉变形均很小,有效地约束了裂缝的扩展,使其不至于无限制地向上延伸而使梁产生断裂破坏。这样钢筋混凝土梁上的荷载可继续加大,直至其受拉钢筋应力达到屈服强度,随后截面受压区混凝土被压坏,这时梁才达到破坏状态。由此可见,在钢筋混凝土梁中,钢筋与混凝土两种材料的强度都得到了较为充分的利用,破坏过程较为缓和,从而使这种梁的极限承载力和变形能力大大超过同样条件的素混凝土梁[图1.1(c)]。

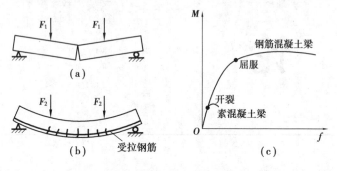

图 1.1 素混凝土及钢筋混凝土梁

混凝土的抗压强度高,常用于受压构件[图1.2(a)]。钢筋的抗压强度也很高,所以在轴心受压构件中[图1.2(b)]配置纵向受压钢筋与混凝土共同承受压力,以提高构件的承载能力和变形能力[图1.2(c)],从而可以减小柱截面的尺寸,还可负担由于某种原因而引起的弯矩和拉应力。

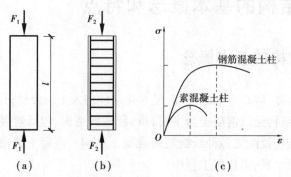

图 1.2 素混凝土与钢筋混凝土轴心受压构件

由上述可知,根据构件受力状态配置受力钢筋形成钢筋混凝土构件,可以充分利用钢筋和混凝土各自的材料特点,把二者有机地结合在一起共同工作,从而提高构件的承载能力并改善其受力性能。在钢筋混凝土构件中,钢筋的作用是代替混凝土受拉(受拉区出现裂缝后)或协助混凝土受压。

为了提高混凝土结构的抗裂性和耐久性,可在加载前用张拉钢筋的方法使混凝土截面内产生预压应力,以全部或部分抵消荷载作用下的拉应力,这即为预应力混凝土结构;也可在混凝土中加入各种纤维筋(如钢纤维筋、碳纤维筋等),形成纤维加强混凝土。

钢筋与混凝土两种材料能够有效地结合在一起共同工作,主要基于下述三个条件:

①钢筋与混凝土之间存在着黏结力,使两者能结合在一起。在外荷载作用下,结构中的钢筋与混凝土协调变形、共同工作。因此,黏结力是这两种不同性质的材料能够共同工作的基础。

②钢筋与混凝土两种材料的温度线膨胀系数很接近,钢材料为 1.2×10^{-5},混凝土为 $(1.0 \sim 1.5) \times 10^{-5}$。所以,钢筋与混凝土之间不致因温度变化产生较大的相对变形而使黏结力遭到破坏。

③钢筋埋置于混凝土中,混凝土对钢筋起到了保护和固定作用,使钢筋不容易发生锈蚀,且使其受压时不易失稳,在遭受火灾时不致因钢筋很快软化而导致结构整体破坏。因此,在混凝土结构中,钢筋表面必须留有一定厚度的混凝土作保护层,这是保持二者共同工作的必要措施。

1.1.2　混凝土结构的特点

与其他材料的结构相比,混凝土结构的主要优点如下:

①就地取材。砂、石是混凝土的主要成分,均可就地取材。在工业废料比较多的地方,可利用工业废料制成人造骨料用于混凝土结构中;也可采用建筑垃圾制作骨料,配制再生混凝土。

②耐久性和耐火性好。在混凝土结构中,钢筋因受到保护不易锈蚀,所以混凝土结构具有良好的耐久性。混凝土为不良导热体,埋置在混凝土中的钢筋受高温影响远较暴露的钢结构小。只要钢筋表面的混凝土保护层具有一定厚度,当发生火灾时钢筋不会很快软化,可避免结构倒塌。

③整体性好。现浇或装配整体式的混凝土结构具有良好的整体性,从而使结构的刚度及稳定性都比较好。这有利于抗震、抵抗振动和爆炸冲击波。

④具有可模性。新拌和的混凝土为可塑的,可根据需要制成任意形状和尺寸的结构,有利于建筑造型。

⑤节约钢材。钢筋混凝土结构合理地利用了材料的性能,发挥了钢筋与混凝土各自的优势,与钢结构相比能节约钢材、降低造价。

混凝土结构也具有下列缺点:

①自重大。与钢结构相比,混凝土结构自身重力较大,故它所能负担的有效荷载相对较小。这对大跨度结构、高层建筑结构都是不利的。

②抗裂性差。钢筋混凝土结构在正常使用情况下,构件截面受拉区通常存在裂缝,如果裂缝过宽,则会影响结构的耐久性和应用范围。

③需用模板。混凝土结构的制作,需要模板予以成型。如采用木模板,则可重复使用的次数少,会增加工程造价。

此外,混凝土结构施工工序复杂,周期较长,且受季节气候影响;对于现役混凝土结构,如遇损伤则修复困难;隔热、隔声性能也比较差。

随着科学技术的不断发展,混凝土结构的缺点正在被逐渐克服或其性能有所改进。如采用轻质、高强混凝土及预应力混凝土,可减小结构自身重力并提高其抗裂性;采用可重复使用的钢模板会降低工程造价;采用预制装配式结构,可以改善混凝土结构的制作条件,少受或不受气候条件的影响,并能提高工程质量及加快施工进度等。

1.2 混凝土结构的应用及发展

1.2.1 应用

混凝土结构广泛应用于土木工程的各个领域,下面简要介绍其主要应用情况。

混凝土强度随生产的发展而不断提高,目前 C50~C80 级混凝土甚至更高强度混凝土的应用已较普遍。各种特殊用途的混凝土不断研制成功并获得应用,例如超耐久性混凝土的耐久年限可达 500 年;耐热混凝土可耐达 1 800 ℃的高温;钢纤维混凝土和聚合物混凝土以及防射线、耐磨、耐腐蚀、防渗透、保温等有特殊要求的混凝土也应用于实际工程中。

房屋建筑中的住宅和公共建筑,广泛采用钢筋混凝土楼盖和屋盖。单层厂房很多采用钢筋混凝土柱、基础,钢筋混凝土或预应力混凝土屋架及薄腹梁等。高层建筑混凝土结构体系的应用甚为广泛,其中:1996 年建成的广州中信广场(80 层,高 391 m)是当时世界上最高的钢筋混凝土建筑结构;1998 年建成的马来西亚石油双塔楼(88 层,高 452 m)以及 2003 年建成的中国台北国际金融中心(101 层,高 455 m),这两栋房屋均采用钢-混凝土混合结构,其高度已超过世界上最高的钢结构房屋——美国芝加哥 Sears 大厦;我国上海金茂大厦(88 层,高 420.5 m),为钢筋混凝土和钢构架混合结构。另外,上海浦东环球金融中心大厦(95 层,高 492 m),塔顶高度达 632 m 的上海中心以及高 648 m 的深圳平安金融中心,它们的内筒均为钢筋混凝土结构。

桥梁工程中的中、小跨度桥梁绝大部分采用混凝土结构建造,大跨度桥梁也有相当多的是采用混凝土结构建造。如 1991 年建成的挪威思可姆山大预应力斜拉桥,跨度达 530 m,当时居世界第一位;重庆长江二桥为预应力混凝土斜拉桥,跨度达 444 m,当时居世界第二位。公路混凝土拱桥应用也较多,其中突出的如 1997 年建成的万县(现名万州)长江大桥,为上承式拱桥,采用钢管混凝土和型钢骨架组成三室箱形截面,跨长 420 m,当时居世界第一位。2018 年通车的港珠澳大桥,总长 55 km,大桥主体由长度为 6.7 km 的海底隧道和长度为 22.9 km 的桥梁组成,是目前世界上最长的跨海大桥。

隧道及地下工程多采用混凝土结构建造。1949 年后我国修建了长约 17 000 km 的铁道隧道;修建的公路隧道约 14 000 座,总长约 13 000 km。日本 1994 年建成的青函海底隧道全长 53.8 km,而我国仅上海就修建了 4 条过江隧道。我国除北京、上海、天津、广州、南京、西安等城市已有地铁外,许多城市正在建造地铁。许多城市建有地下商业街、地下停车场、地下仓库、地下工厂、地下旅店等。

水利工程中的水电站、拦洪坝、引水渡槽、污水排灌管等均采用钢筋混凝土结构。目前世界上最高的重力坝为瑞士的大狄桑坝,高 285 m,其次为俄罗斯的萨杨苏申克坝,高 245 m。我国于 1989 年建成的青海龙羊峡大坝,高 178 m;四川二滩水电站拱坝高 242 m;贵州乌江渡拱形重力坝高 165 m;黄河小浪底水利枢纽,主坝高 154 m。我国的三峡水利枢纽,水电站主坝高 185 m,设计装机容量 1 820 万 kW,该枢纽发电量居世界第一。另外,举世瞩目的南水北调大型水利工程,沿线将建造很多预应力混凝土渡槽。

特种结构中的烟囱、水塔、筒仓、储水池、电视塔、核电站反应堆安全壳、近海采油平台等也有很多采用混凝土结构建造。如 1989 年建成的挪威北海混凝土近海采油平台,水深 216 m;目前世界上最高的电视塔是加拿大多伦多电视塔,塔高 553.3 m,为预应力混凝土结构;上海东方明珠电视塔由三个钢筋混凝土筒体组成,高 456 m,居世界第三位。瑞典建成容积为 10 000 m³ 的预应力混凝土水塔,我国山西云冈建成两座容量为 6 000 t 的预应力混凝土煤仓等。

1.2.2　发展

随着技术的发展,混凝土结构在其所用材料和配筋方式上有了许多新进展,形成了一些新的混凝土结构形式,如高性能混凝土、纤维增强混凝土及钢与混凝土组合结构等。

(1)高性能混凝土结构

高性能混凝土具有高强度、高耐久性、高流动性及高抗渗透性等优点,是今后混凝土材料发展的重要方向。我国《混凝土结构设计规范》(GB 50010—2010)将混凝土强度等级大于C50的混凝土划为高强混凝土。高强混凝土的强度高、变形小、耐久性好,适应现代工程结构向大跨、重载、高耸发展和承受恶劣环境条件的需要。

但由于高强混凝土在受压时表现出较少的塑性和更大的脆性,因而在结构构件计算方法和构造措施上与普通强度混凝土有一定差别,在某些结构上的应用受到限制,如有抗震设防要求的混凝土结构,混凝土强度等级不宜超过 C60(设防烈度为 9 度时)和 C70(设防烈度为 8 度时)。

(2)纤维增强混凝土结构

在普通混凝土中掺入适当的各种纤维材料而形成纤维增强混凝土(fibre reinforced concrete),其抗拉、抗剪、抗折强度和抗裂、抗冲击、抗疲劳、抗震、抗爆等性能均有较大提高,因而获得较大发展和应用。

目前应用较多的纤维材料有钢纤维、合成纤维、玻璃纤维和碳纤维等。钢纤维混凝土是将短的、不连续的钢纤维均匀乱向地掺入普通混凝土而制成。钢纤维混凝土结构有无筋钢纤维混凝土结构和钢纤维钢筋混凝土结构,应用很广,如机场的飞机跑道、地下人防工程、地下泵房、水工结构、桥梁与隧道工程等。

合成纤维(尼龙纤维、聚丙烯纤维等)可以作为主要加筋材料,提高混凝土的抗拉性、韧性等结构性能,用于各种水泥基板材;也可以作为一种次要加筋材料,主要用于提高混凝土材料的抗裂性。

碳纤维具有轻质、高强、耐腐蚀、施工便捷等优点,已广泛用于建筑、桥梁结构的加固补强以及机场飞机跑道工程等。

(3)活性粉末混凝土

活性粉末混凝土(Reactive Powder Concrete,RPC)是由骨料(级配良好的石英砂)、水泥、硅粉、高效减水剂以及一定量的纤维(如钢纤维等)等组成,因除去了大颗粒骨料,并增加了组分的细度和活性而得名,是一种超高强度、超高韧性和高耐久性的超高性能混凝土。RPC 的密度大,空隙率低,抗渗能力强,耐久性高,流动性好,还具有较高的韧性和良好的变形性能,比普通混凝土和现有的高性能混凝土有了质的飞跃。

RPC 梁的抗弯强度与自重之比已接近钢梁,若与高强钢绞线结合,以其良好的耐火性和耐腐蚀性,其综合结构性能可超过钢结构。

(4)工程纤维增强水泥基复合材料

由于粗骨料与水泥砂浆界面是混凝土中最薄弱的环节,因此近年来美国 Michigan 大学采用高性能纤维增强水泥砂浆,研制出一种工程纤维增强水泥基复合材料(Engineered Cementitious Composites,简称ECC)。其生产工艺类似于纤维混凝土,但不使用粗骨料,纤维的体积掺量一般不超过2%。ECC具有类似于金属材料的拉伸强化现象,其极限拉应变可达到5%~6%,与钢材的塑性变形能力相近,是具有像金属一样变形能力的混凝土材料。ECC的抗压强度类似于普通混凝土,抗压弹性模量较低,但受压变形能力比普通混凝土大很多;其耐火性和耐久性也超过普通混凝土。

(5)钢与混凝土组合结构

用型钢或钢板焊(或冷压)成钢截面(图1.3),再将其埋置于混凝土中,使混凝土与型钢形成整体,共同受力,称为钢与混凝土组合结构,简称SRC(Steel Reinforced Concrete)。国内外常用的组合结构有:压型钢板与混凝土组合楼板、钢与混凝土组合梁、型钢混凝土结构、钢管混凝土结构和外包钢混凝土结构等五大类。

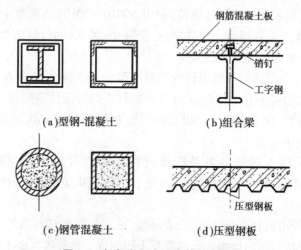

(a)型钢-混凝土　　　　(b)组合梁

(c)钢管混凝土　　　　(d)压型钢板

图1.3　钢与混凝土组合截面示意图

钢与混凝土组合结构除具有钢筋混凝土结构的优点外,还有抗震性能好、施工方便、能充分发挥材料的性能等优点,因而得到了广泛应用。各种结构体系,如框架、框架-剪力墙、剪力墙、框架-核心筒等结构体系中的梁、柱、墙均可采用组合结构。例如,美国近年建成的太平洋第一中心大厦(44层)和双联广场大厦(58层)的核心筒大直径柱子,以及北京环线地铁车站柱,都采用了钢管混凝土结构;上海金茂大厦外围柱以及浦东环球金融中心大厦(95层)的外框筒柱,采用了型钢混凝土柱。

1.3　课程内容及特点

1.3.1　主要内容

在混凝土结构设计中,首先应根据结构使用功能要求并考虑经济、施工等条件,进行结构方案设计(包括结构布置以及确定构件类型等);然后根据结构上所作用的荷载及其他作用,对结构进行内力分析,求出构件截面内力(包括弯矩、剪力、轴力、扭矩等)。在此基础上,对组成结构的各类构件分别进行构件截面设计,即确定构件截面所需的钢筋数量、配筋方式并采取必要的构造措施。关于结构方案设计等内容,将在"混凝土结构设计""桥梁工程""地下工程"等专业课中讲述。本课程讲述的主要内容是混凝土结构基本构件的受力性能、承载力和变形计算以及配筋构造等。这些内容是土木工程混凝土结构中的共性问题,即混凝土结构的基本理论,故本课程为土木工程专业的学科基础课。

混凝土结构构件可分为以下几类:

(1)受弯构件

受弯构件,如梁、板等,因构件的截面上有弯矩作用,故称为受弯构件。但与此同时,构件截面上也有剪力存在。对于板,剪力对设计计算一般不起控制作用。而在梁中,除应考虑弯矩外尚需考虑剪力的作用。

(2)受压构件

受压构件,如柱、墙等,主要受到压力作用。当压力沿构件纵轴作用在构件截面上时,则为轴心受压构件;如果压力在截面上不是沿纵轴作用或截面上同时有压力和弯矩作用时,则为偏心受压构件。柱、墙、拱等构件一般为偏心受压且还有剪力作用。所以,受压构件中通常有弯矩、轴力和剪力同时作用,当剪力较大时在计算中应考虑其影响。

(3)受拉构件

受拉构件,如屋架下弦杆、拉杆拱中的拉杆等,通常按轴心受拉构件(忽略构件自身重力)考虑。又如层数较多的框架结构,在竖向荷载和水平荷载共同作用下,有的柱截面上除产生剪力和弯矩外,还可能出现拉力,则为偏心受拉构件。

(4)受扭构件

受扭构件,如曲梁、框架结构的边梁等,构件的截面上除产生弯矩和剪力外,还会产生扭矩。因此,对这类结构构件应考虑扭矩的作用。

1.3.2　课程特点与学习方法

如上所述,本课程主要讲述混凝土结构构件的基本理论,其内容相当于匀质线弹性材料的材料力学。但是,钢筋混凝土是由非线性的,且拉、压强度相差悬殊的混凝土和钢筋组合而成,受力性能复杂,因而本课程有不同于一般材料力学的一些特点,学习时应予以注意。

①钢筋混凝土构件是由钢筋和混凝土两种材料组成的构件,且混凝土是非均匀、非连续和非弹性材料。因此,一般不能直接用材料力学的公式来计算钢筋混凝土构件的承载力和变形;材料力学解决问题的基本方法,即通过平衡条件、物理条件和几何条件建立基本方程的手段,对于钢筋混凝土构件也是适用的,但在具体应用时应注意钢筋混凝土性能上的特点。

②钢筋混凝土构件中的两种材料,在强度和数量上存在一个合理的配比范围。如果钢筋和混凝土在面积上的比例及材料强度的搭配超过了这个范围,就会引起构件受力性能的改变,从而引起构件截面设计方法的改变,这是学习时必须注意的。

③钢筋混凝土构件的计算方法是建立在试验研究基础上的。钢筋和混凝土材料的力学性能指标通过试验确定:根据一定数量的构件受力性能试验,研究其破坏机理和受力性能,建立物理和数学模型,并根据试验数据拟合出半理论半经验公式。因此,学习时一定要深刻理解构件的破坏机理和受力性能,特别应注意构件计算方法的适用条件和应用范围。

④本课程所要解决的不仅是构件的承载力和变形计算等问题,还包括构件的截面形式、材料选用及配筋构造等。结构构件设计是一个综合性的问题,需要考虑各方面的因素。因此,学

习本课程时,应注意学会对多种因素进行综合分析,培养综合分析判断能力。

⑤本课程的实践性很强,其基本原理和设计方法必须通过构件设计来掌握,并在设计过程中逐步熟悉和正确运用我国有关的设计规范和标准。本课程的内容主要与《混凝土结构设计规范》(GB 50010)、《工程结构可靠性设计统一标准》(GB 50153)、《建筑结构可靠性设计统一标准》(GB 50068)、《建筑结构荷载规范》(GB 50009)等有关。设计规范是国家颁布的,有关结构设计的技术规定和标准;规范条文(尤其是强制性条文),是设计中必须遵守的带法律性的技术文件。只有正确理解规范条文的概念和实质,才能正确地应用规范条文及其相应公式,充分发挥设计者的主动性以及分析和解决问题的能力。

本章小结

1.混凝土结构是以混凝土为主要材料制成的结构。

2.钢筋混凝土结构充分发挥了钢筋和混凝土两种材料各自的优点。在混凝土中配置适量的钢筋后,可使构件的承载力大大提高,构件的受力性能也得到显著改善。

3.钢筋和混凝土两种材料能够有效地结合在一起共同工作,主要基于三个条件:钢筋与混凝土之间存在黏结力;两种材料的温度线膨胀系数很接近;混凝土对钢筋起保护作用。这是钢筋混凝土结构得以实现并获得广泛应用的根本原因。

4.混凝土结构有很多优点,也存在一些缺点,应通过合理设计,发挥其优点,克服其缺点。

5.本课程主要讲述混凝土结构构件设计原理,与材料力学既有联系又有区别,学习时应予注意。

思 考 题

1.1 试分析素混凝土梁与钢筋混凝土梁在承载力和受力性能方面的差异。

1.2 钢筋与混凝土共同工作的基础是什么?

1.3 混凝土结构有哪些优点和缺点?如何克服这些缺点?

1.4 本课程主要包括哪些内容?学习时应注意哪些问题?

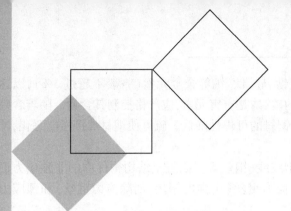

2 钢筋和混凝土材料的基本性能

本章导读：

• **基本要求**：熟悉钢筋的品种、级别及其性能；掌握土木工程结构对钢筋性能的要求及选用原则；理解混凝土在各种受力状态下的强度及变形性能；掌握混凝土强度等级的选用原则；理解钢筋和混凝土黏结破坏机理和黏结应力特点；熟悉钢筋连接及锚固的相关要求。

• **重点**：钢筋的强度和变形性能；混凝土的强度和变形性能。

• **难点**：钢筋和混凝土应力-应变关系曲线的特点；钢筋与混凝土之间的黏结性能。

2.1 钢筋的基本性能

2.1.1 钢筋的分类

　　钢筋的主要化学成分是铁元素，除此之外，还有少量的碳、锰、硫、磷、硅等元素。增加钢筋中的碳含量①可以提高其屈服强度和抗拉强度，钢筋的塑性、冲击韧性、腐蚀稳定性随之降低，可焊性和冷弯性能变差。根据碳素钢中碳含量不同可将钢材分为：低碳钢（碳含量低于0.25%）；中碳钢（碳含量0.25%~0.6%）；高碳钢（碳含量0.6%~1.4%）。其中，低碳钢和中碳钢属于软钢，高碳钢属于硬钢。

---

　　① 碳含量是指碳的质量分数，以下所述锰、硅、钛、钒等元素含量均是指其质量分数。

　　普通低合金钢是在钢材中加入少量锰、硅、钛、钒等合金元素(一般不超过3%),以达到提高钢材强度、改善塑性等目的。钢材中的硫、磷是有害元素,应严格控制其含量。随着含磷量的增加,钢材的塑性和冲击韧性明显降低,钢材的可焊性降低。硫可使钢材焊接性能恶化、冲击韧性、疲劳强度和腐蚀稳定性降低。

　　我国常用的钢筋品种有热轧钢筋、钢绞线、钢丝等。混凝土结构构件中的非预应力筋可采用热轧钢筋,预应力筋可采用钢绞线、预应力钢丝(中强度钢丝、消除应力钢丝)和预应力螺纹钢筋(精轧螺纹钢筋)等。

　　热轧钢筋是由低碳钢、普通低合金钢在高温下轧制而成的,我国钢筋混凝土结构中采用的热轧钢筋有普通热轧钢筋、细晶粒热轧带肋钢筋、余热处理带肋钢筋。普通热轧钢筋包括HPB300(工程符号为φ),HRB400(Φ),HRB500(Φ);细晶粒热轧带肋钢筋包括HRBF400(Φ^F),HRBF500(Φ^F);RRB400(Φ^R)为余热处理带肋钢筋。

　　HPB300级钢筋[图2.1(a)]表面光圆,直径6～14 mm。HRB400,HRBF400,RRB400,HRB500,HRBF500级钢筋的直径为6～50 mm,强度较高,为了加强钢筋和混凝土的黏结,表面一般轧制成月牙肋或等高肋,称为带肋钢筋[图2.1中的(b)和(c)]。RRB400级钢筋为余热处理月牙纹变形钢筋,是在生产过程中,钢筋热轧后经淬火提高其强度,再利用芯部余热回火处理而保留一定延性的钢筋。细晶粒热轧钢筋通过控温轧制工艺形成超细组织,从而在不增加钢筋中合金含量基础上大幅度提高钢材性能。

(a)光圆钢筋　　　　　(b)月牙肋钢筋　　　　　(c)等高肋钢筋

图2.1　热轧钢筋外形

　　钢绞线是由若干根直径相同的高强钢丝捻绕在一起,并经低温回火处理而成,其直径指其外接圆直径,抗拉强度可达1 960 MPa,直径可达21.6 mm。中强度钢丝是用于中、小型预应力构件以代替冷拔低碳钢丝的新钢种,由碳素钢丝经冷加工和热处理而成,根据其表面形状可分为光圆钢丝和变形钢丝。消除应力钢丝是将钢筋经拉拔、校直、中温回火、稳定化处理而成,其直径为5～9 mm。消除应力螺旋肋钢丝是以低碳钢或普通低合金钢热轧圆盘条为母材,经冷轧减径后在表面冷轧为带肋的钢丝,直径为5～9 mm。

　　工程中常用的高强度精轧螺纹钢筋是在整根钢筋上轧有外螺纹的大直径、高强度、高尺寸精度的直条钢筋。该钢筋在任意截面处都能拧上带有内螺纹的连接器进行连接或拧上带有内螺纹的螺帽进行锚固。

2.1.2　钢筋的强度和变形

1)钢筋的应力-应变曲线

　　钢筋按单向受拉时的应力-应变曲线特点可分为有明显流幅和无明显流幅两类,前者习称软钢,后者习称硬钢。通过对钢筋进行单调加载拉伸试验,可以得到钢筋的应力-应变曲线,如图2.2所示。

（1）有明显流幅的钢筋

有明显流幅钢筋的拉伸试验的典型应力-应变关系曲线如图2.2(a)所示。该曲线具有如下特性：曲线可分弹性段（Ob）、屈服段（bc）、强化段（cd）、破坏段（de）。a点以前，应力-应变呈线弹性变化关系，a点所对应的应力为比例极限；过a点后，ab段应变增速略大于应力增速，但绝大部分的应变仍可恢复；应力达到b点，钢筋开始出现塑性流动现象，bc段应力-应变图形接近水平线，b点应力称为屈服强度，bc段称为流幅或屈服平台；c点之后，随应变的增加，应力有所增加，在d点达到最大应力值，cd段曲线称为强化段，d点应力称为极限强度；d点之后，在试件内的薄弱位置产生颈缩现象，断面缩小［图2.2(b)］，应力降低，至e点被拉断，de段曲线称为破坏段。

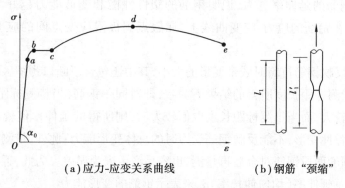

（a）应力-应变关系曲线　　　　　（b）钢筋"颈缩"

图2.2　有明显流幅钢筋的应力-应变关系曲线

有明显流幅钢筋有两个强度指标：一是b点对应的屈服强度，它是钢筋混凝土构件承载力设计时钢筋强度取值的依据；另一个强度指标是d点对应的极限强度，一般情况下作为材料的实际破坏强度，它是钢筋混凝土结构抗倒塌验算时钢筋强度取值的依据。

（2）无明显流幅的钢筋

无明显流幅的钢筋如热处理钢筋、各类钢丝和钢绞线，通常称为硬钢。其典型应力-应变曲线如图2.3所示。曲线具有以下特性：钢筋应力达到a点之前，应力-应变关系曲线为直线，a点为比例极限；超过a点后，应力及应变均有所增长，但已表现出塑性性能，到b点达到强度极限，没有明显的流幅和屈服点；达到b点后，由于钢筋"颈缩"出现下降段，到c点被拉断。图中a点应力约为b点应力的75%，即$\sigma_a \approx 0.75\sigma_b$。

工程上一般取残余应变为0.2%时所对应的应力$\sigma_{0.2}$作为无明显流幅钢筋的假定屈服点，称为钢筋的条件

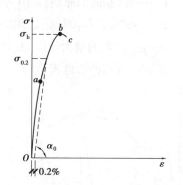

图2.3　无明显流幅钢筋应力-应变关系曲线

屈服强度。由试验结果可知，条件屈服强度为抗拉极限强度的80%~90%。随着钢筋质量的提高，相应产品中明确规定$\sigma_{0.2} \geqslant 0.85\sigma_b$，因此，在实际工程中为简化计算，可以取$\sigma_{0.2} = 0.85\sigma_b$。在混凝土构件的承载力计算中，对于无明显流幅的钢筋，以条件屈服强度作为钢筋强度取值的依据。

（3）钢筋的弹性模量

根据钢筋拉伸试验所得应力-应变曲线（σ-ε 曲线）的弹性段斜率可确定钢筋的弹性模量，即钢筋弹性模量 $E_s = \sigma/\varepsilon = \tan \alpha_0$。因为钢筋弹性阶段受拉和受压性能一致，故同一钢筋受压弹性模量和受拉弹性模量相同。附表 6 列出了各类钢筋的弹性模量。

2）钢筋的塑性性能

钢筋除了上述的两个强度指标外，还有反映钢筋塑性性能和变形能力的两个指标——钢筋的延伸率和冷弯性能。

钢筋的延伸率是指钢筋试件上标距为 $10d$ 或 $5d$（d 为钢筋直径）范围内的极限伸长率，记为 δ_{10} 或 δ_5。钢筋的延伸率越大，说明钢筋的塑性性能和变形能力越好。钢筋变形性能一般用延性表示。在钢筋的应力-应变曲线上，屈服点到极限应变点间的应变值反映了钢筋延性的大小。

延伸率仅能反映钢筋拉断时残余变形的大小，其中还包含了断口颈缩区域的局部变形。这一方面，使不同量测标距长度所得的结果不一致，即对同一钢筋，当量测标距长度取值较小时，所得的延伸率值较大，而当量测标距长度取值较大时，则所得的延伸率值较小；另一方面，延伸率忽略了钢筋的弹性变形，不能反映钢筋受力时的总体变形能力；此外，量测钢筋拉断后的标距长度时，需将拉断的两段钢筋对合后再量测，也容易产生人为误差。为此，近年来国际上已采用钢筋最大力下的总延伸率（均匀伸长率）δ_{gt} 来表示钢筋的变形能力。

钢筋在达到最大应力 σ_b 时的变形包括塑性变形和弹性变形两部分［图 2.4(a)］，故最大力下的总延伸率（均匀伸长率）δ_{gt} 可表示如下：

$$\delta_{gt} = \left(\frac{L - L_0}{L_0} + \frac{\sigma_b}{E_s} \right) \times 100\%$$

式中　L_0——试验前的原始标距（不包含颈缩区）；

　　　L——试验后量测标记之间的距离；

　　　σ_b——钢筋的最大拉应力（即极限抗拉强度）；

　　　E_s——钢筋的弹性模量。

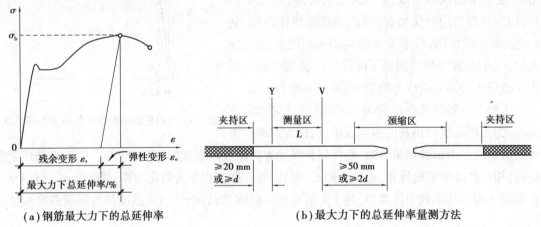

（a）钢筋最大力下的总延伸率　　　　　　　（b）最大力下的总延伸率量测方法

图 2.4　钢筋最大力下的总延伸率

上式括号中的第一项反映了钢筋的塑性变形,第二项反映了钢筋在最大拉应力下的弹性变形。

δ_{gt} 的量测方法如图 2.4(b)所示。在离断裂点较远的一侧选择 Y 和 V 两个标记,两个标记之间的原始标距 L_0 在试验前至少应为 100 mm;标记 Y 或 V 与夹具的距离不应小于 20 mm 或钢筋公称直径 d 二者中的较大值,标记 Y 或 V 与断裂点之间的距离不应小于 50 mm 或 2 倍钢筋公称直径二者中的较大值。钢筋拉断后量测标记之间的距离为 L,求出钢筋拉断时的最大拉应力 σ_b,按上式计算 δ_{gt}。

钢筋最大力下的总延伸率 δ_{gt} 既能反映钢筋的残余变形,又能反映钢筋的弹性变形,量测结果受原始标距 L_0 的影响较小,也不产生人为误差。因此,《混凝土结构设计规范》采用 δ_{gt} 评定钢筋的塑性性能,并要求各种钢筋最大力下的总延伸率 δ_{gt} 值不应小于附表 5 所规定的数值。

钢筋冷弯(图 2.5)是在常温下将钢筋绕某个规定直径 D(D 规定为 $1d$,$2d$,$3d$ 等)的辊轴弯曲一定角度(90° 或 180°)。弯曲后钢筋应无裂纹、鳞伤、断裂现象。要求钢筋具有一定的冷弯性能可使钢筋在使用时不发生脆断,在加工时不致断裂。

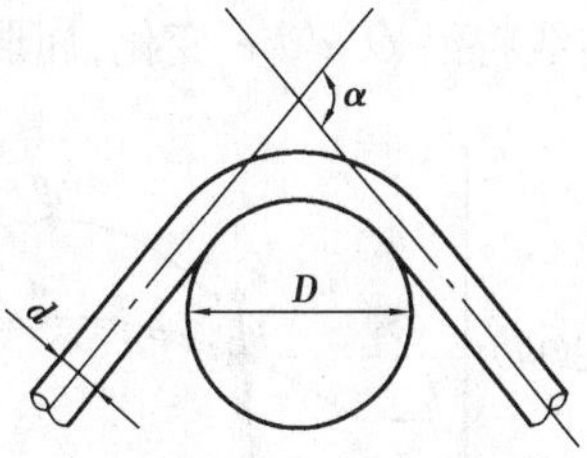

图 2.5　钢筋的冷弯

3)钢筋的疲劳

土木工程中的许多结构(如吊车梁、桥梁、轨枕、海洋平台等)都要承受重复荷载作用。钢筋在重复、周期动荷载作用下,其应力在最大值和最小值之间经历多次加、卸载后,钢筋最大应力低于单调加载时钢筋的强度,钢筋发生脆性的突然断裂破坏,这种现象称为钢筋的疲劳破坏。

钢筋的疲劳强度是指在某一规定应力变化幅度内,经受一定次数循环荷载后,才发生疲劳破坏的最大应力值。在外力作用下,钢筋疲劳断裂是由钢筋内部的缺陷造成的,这些缺陷一方面引起局部应力集中;另一方面由于重复荷载作用,使已经产生的微裂缝时而压合,时而张开,导致裂痕扩展,并最终断裂。

钢筋的疲劳强度与很多因素有关,包括应力变化幅度、最小应力、钢筋外表面几何形状、钢筋直径、钢筋种类、轧制工艺、试验方法等,最主要的影响因素是钢筋的疲劳应力幅,即在重复荷载作用下钢筋的最大应力和最小应力之差:

$$\Delta f_y^f = \sigma_{max}^f - \sigma_{min}^f \tag{2.1}$$

$$\Delta f_{py}^f = \sigma_{pmax}^f - \sigma_{pmin}^f \tag{2.2}$$

式中　Δf_y^f,Δf_{py}^f——普通钢筋和预应力筋的疲劳应力幅限值;

σ_{max}^f,σ_{min}^f——构件疲劳时普通钢筋的最大应力和最小应力;

σ_{pmax}^f,σ_{pmin}^f——构件疲劳时预应力筋的最大应力和最小应力。

根据对各类钢筋进行疲劳试验的研究结果,我国《混凝土结构设计规范》给出普通钢筋和预应力筋的疲劳应力幅限值,见附表 7 和附表 8,表中的疲劳应力比值是指钢筋的最小应力和最大应力之比。计算钢筋疲劳应力幅限值时,根据疲劳应力比值利用表中数值进行线性内插取值。

2.1.3　钢筋的冷加工

为了节约钢材和扩大钢筋的应用范围,常对热轧钢筋进行冷拉、冷拔和冷轧等机械加工。钢筋经冷加工后的力学性能发生较大变化,故应进行专门研究。

1）钢筋的冷拉

所谓冷拉,是指把有明显流幅的钢筋在常温下拉伸到超过其屈服强度的某一应力值,如图2.6中的 k 点,然后卸载到零。因 k 点的应力值已超过弹性极限,卸载至应力为零时应变并不为零,残余应变为 OO'。若卸载后立即重新加载,则应力-应变曲线将沿着 $O'kde$ 变化,k 点为新的屈服点,说明钢筋经冷拉后,屈服强度提高,塑性降低,这种现象称为冷拉硬化。

如果卸去拉力后,在自然条件下放置一段时间或进行人工加热后再进行拉伸,则钢筋应力-应变曲线将沿 $O'k'd'e'$ 变化,屈服强度提高到 k'（其应力值高于冷拉应力值）,屈服台阶较冷拉前有所缩短,伸长率有所减小,这种特性称为时效硬化。由图2.6可见,钢筋在冷拉后,未经时效前,通常没有明显屈服台阶,但在时效后其屈服强度进一步提高并恢复了屈服台阶。试验表明,普通低合金钢在常温下即发生时效,低合金钢需加热才有时效产生。冷拉仅能提高钢筋的抗拉屈服强度,其抗压屈服强度将降低,故冷拉钢筋不宜作为受压钢筋。在焊接高温作用下,冷拉钢筋的冷拉强化效应将完全消失,故钢筋应先焊接再冷拉。

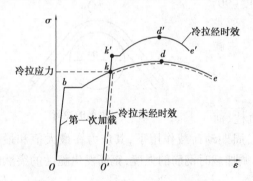

图 2.6　冷拉钢筋的应力-应变曲线

2）钢筋的冷拔

钢筋冷拔示意见图2.7,一般是将小直径的热轧钢筋强行拔过小于其直径的硬质合金拔丝模具。钢筋纵向经拉伸,长度拔长,横向经挤压,直径减小,使钢筋在纵、横向都产生塑性变形。经过几次冷拔的钢筋,强度大为提高,但塑性降低。冷拔后的钢筋没有明显的屈服点和流幅(即由软钢变为硬钢)。冷拔可同时提高钢筋的抗拉和抗压强度。

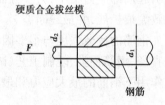

图 2.7　钢筋冷拔示意

3）钢筋的冷轧

冷轧带肋钢筋(cold-rolled ribbed steel wires and bars,缩写为CRB)是指采用普通低碳钢、中碳钢或低合金钢热轧圆盘条为母材,经多道冷轧减径、一道压肋工艺处理,并消除内应力后形成的一种带有两面或三面月牙形横肋的钢筋,具有强度高、韧性好、黏结锚固性能强等特点。其牌号主要有 CRB550、CRB650、CRB800、CRB970,其中 CRB 后面的数字表示其抗拉强度标准值(N/mm^2)。

高延性冷轧带肋钢筋是对热轧低碳盘条钢筋进行冷轧后增加了回火处理过程,使钢筋有屈服台阶,强度和变形指标均有明显提高,最大力下的总伸长率大于等于5%。其牌号主要有 CRB600H、CRB650H 和 CRB800H,其中数字表示其抗拉屈服强度标准值(N/mm^2)。

CRB550、CRB600H 钢筋宜用作钢筋混凝土结构中的受力钢筋、钢筋焊网、构造钢筋以及预

混凝土受拉试验并没有统一的标准,常用的试验方法如图 2.12 所示。图 2.12(a)所示为直接轴心受拉试验,试件为 100 mm×100 mm×500 mm 的柱体,两端沿轴线各埋入一根长度为 150 mm 的 ⊈16 的变形钢筋。试验机两端夹紧伸出的钢筋使试件受拉,破坏时在试件中部产生横向裂缝,平均应力即为混凝土轴心抗拉强度。

由于轴心受拉试验不易保证试件处于轴心受拉状态,偏心拉力会影响试验结果,故也常常采用劈裂试件[图 2.12(b)]测定混凝土的抗拉强度。我国采用 150 mm×150 mm×150 mm 的立方体劈拉试验,国外常用圆柱体劈拉试验来间接测得混凝土的抗拉强度。

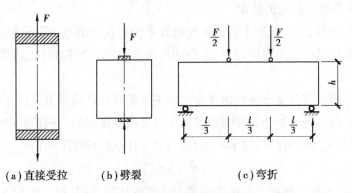

(a)直接受拉　　(b)劈裂　　　　(c)弯折

图 2.12　混凝土抗拉强度试验方法

劈裂试验是在试件上、下端与加载板之间各加一垫条,使试件在上、下条形加载下,形成沿立方体中心或圆柱体直径的劈拉破坏。图 2.13 为圆柱体劈裂试验详图及应力分布图。

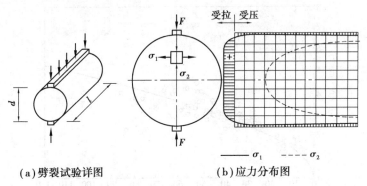

(a)劈裂试验详图　　　　(b)应力分布图

图 2.13　圆柱体劈裂试验

由弹性力学知识,在试件竖直中面上,除两端为受压外,其余部分均为分布均匀的拉应力。当竖直中面上的拉应力达到混凝土的抗拉强度时,该面将产生劈裂破坏。混凝土的劈拉强度可以按下式(弹性力学解)计算:

对立方体试件
$$f_t = \frac{2F}{\pi a^2}$$

对圆柱体试件
$$f_t = \frac{2F}{\pi dl}$$

式中　F——竖向总荷载;

　　　a——立方体试件边长;

d——圆柱体试件直径；

l——圆柱体试件长度。

弯折试验用简支梁为试件,其尺寸为 $150\ mm \times 150\ mm \times (500 \sim 600)\ mm$,加载方式如图 2.12(c)所示。假定截面应力为直线分布,则试验所得混凝土弯折强度 f_r 为

$$f_r = \frac{M_u}{W}$$

式中 M_u——试件的极限弯矩值；

W——破坏截面的截面抵抗矩。

国外试验研究资料表明,混凝土劈拉强度略高于轴心抗拉强度,弯折强度总大于劈拉强度或轴拉强度。而我国试验结果表明,混凝土的轴拉强度略高于劈拉强度,通常认为轴拉强度与劈拉强度基本相同。

混凝土轴心抗拉强度与立方体抗压强度之间关系的对比试验结果见图 2.14,可见二者之间为非线性关系。根据我国所做的普通强度混凝土以及高强度混凝土抗拉强度的试验数据,经统计分析后,可得混凝土轴心抗拉强度平均值 $f_{t,m}$ 与立方体抗压强度平均值 $f_{cu,m}$ 之间的关系为

$$f_{t,m} = 0.395 f_{cu,m}^{0.55}$$

同样,考虑到结构中的混凝土与试件混凝土之间的差异,以及对 C40 以上混凝土考虑脆性折减系数 α_{c2} 等,上式可修正为

$$f_{t,m} = 0.88 \times 0.395 \alpha_{c2} f_{cu,m}^{0.55} \tag{2.4}$$

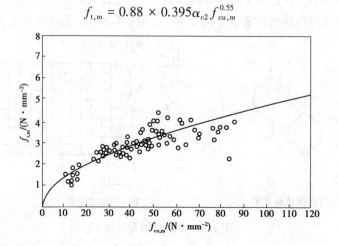

图 2.14 混凝土轴心抗拉强度与立方体抗压强度之间的关系

2)复合受力状态下混凝土的强度

在实际工程中,混凝土一般处于复杂受力状态,如梁柱节点区、牛腿、深梁等。研究混凝土在复合受力状态下的强度问题,对于合理地分析混凝土结构构件的受力性能有重要意义。

(1)双向应力状态下混凝土的强度

双轴应力状态下的试验采用正方形板试件,沿板平面内两对边分别作用法向应力 σ_1 和 σ_2,沿板厚方向 $\sigma_3 = 0$,板处于平面应力状态。根据不同 σ_1/σ_2 比值下试验得到的混凝土强度,经整理后可得图 2.15 所示的混凝土双向应力状态下的强度包络曲线,该曲线由 4 条连续封闭

曲线构成。混凝土的二轴强度取值见表 2.1—表 2.3,表中应力符号遵循"受拉为正、受压为负"的原则(与图 2.15 的坐标系对应,第一象限的二向应力均为正)。

表 2.1　混凝土在二轴拉-压应力状态下的抗拉、抗压强度(第二象限)

f_1/f_t	0.0	−0.10	−0.20	−0.30	−0.40	−0.50	−0.60	−0.70	−0.80	−0.90	−1.0
f_2/f_c	1.00	0.90	0.80	0.70	0.60	0.50	0.40	0.30	0.20	0.10	0.0

表 2.2　混凝土在二轴受压状态下的抗压强度(第三象限)

f_1/f_c	−1.00	−1.05	−1.10	−1.15	−1.20	−1.25	−1.29	−1.25	−1.20	−1.16
f_2/f_c	0.00	−0.074	−0.16	−0.25	−0.36	−0.50	−0.88	−1.03	−1.11	−1.16

表 2.3　混凝土在二轴受拉状态下的抗拉强度(第一象限)

f_1/f_t	0.79	0.70	0.60	0.50	0.40	0.30	0.20	0.10	0.0
f_2/f_t	0.79	0.86	0.93	0.97	1.00	1.02	1.02	1.02	1.00

由图 2.15 及表 2.1—表 2.3 可以看出,第一象限内 σ_1 和 σ_2 相互间影响不大,无论应力比如何,混凝土的抗拉强度均与单轴抗拉强度接近。在一轴受压、一轴受拉时(第二或第四象限),在任意应力比下,混凝土的强度均小于单轴受力强度。在双向受压时(第三象限),混凝土的强度大于单轴受压强度,最大可达 $1.25f_c$ 左右。图中的 f_t 和 f_c 为混凝土单轴受拉和受压强度。

(2)三轴受压状态

在实际工程中,钢管混凝土柱和螺旋箍筋柱中的混凝土处于三向受压状态。试验时采用的最典型的加载方式是:先通过液体静压力对混凝土圆柱体施加径向压应力,然后对试件沿纵轴施加压应力 σ_1 直至破坏[图 2.16(a)]。

根据对试验数据的分析,三轴受压混凝土纵向抗压强度为

$$f_{cl} = f_c' + 4\alpha\sigma_r \qquad (2.5)$$

式中　f_{cl}——混凝土三轴受压沿圆柱体纵轴的轴心抗压强度;

f_c'——混凝土圆柱体单轴抗压强度;

σ_r——侧向压应力;

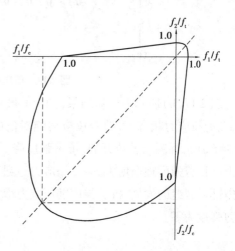

图 2.15　混凝土双轴受力强度包络曲线

α——试验系数:当混凝土强度等级不超过 C50 时,取 1.0;当混凝土强度等级为 C80 时,取 0.85;其间按线性内插法确定。

由图 2.16(b)可见,随着侧向压应力的增加,试件轴向受压强度提高,轴向变形能力也明显提高。

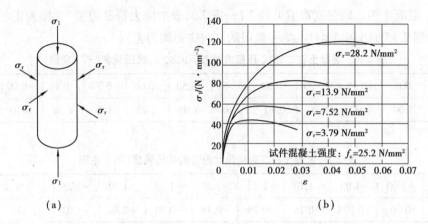

图 2.16　混凝土圆柱体三向受压试验的轴向应力-应变曲线

（3）剪压或剪拉复合应力状态

构件截面同时作用剪应力和压应力或拉应力的剪压或剪拉复合应力状态，在工程中较为常见。通常采用空心薄壁圆柱体进行这种受力试验，试验时先施加纵向压力（或拉力），然后再施加扭矩至试件破坏，如图 2.17（a）所示。

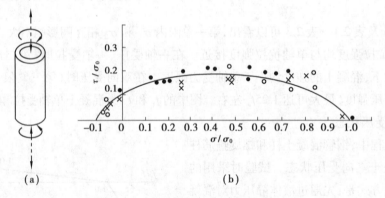

图 2.17　剪压或剪拉试验及试验曲线

图 2.17（b）所示为试验结果（图中的散点）及相应的强度变化曲线（图中的实线）。由图可见，在剪拉应力状态下，随着拉应力绝对值的增加，混凝土抗剪强度降低，当拉应力约为 $0.1\sigma_0$（$\sigma_0 = f_t$）时，混凝土受拉开裂，抗剪强度降低到零。在剪压应力状态下，随着压应力的增大，混凝土的抗剪强度逐渐增大，并在压应力达到某一数值时，抗剪强度达到最大值。此后，由于混凝土内部微裂缝的发展，抗剪强度随压应力增大反而减小，当压应力达到混凝土轴心抗压强度时，抗剪强度为零。

2.2.2　混凝土的变形性能

混凝土的变形可分为两类：受力变形和体积变形。前者是在单调短期加载、多次重复加载及荷载长期作用下产生的变形，后者是混凝土因收缩、膨胀和温度等变化而产生的变形。

1)混凝土在单调短期加载下的变形性能

(1)混凝土轴心受压时的应力-应变关系

在单调短期荷载作用下,轴心受压混凝土的应力-应变关系是混凝土材料最基本的性能,是研究和分析混凝土构件的承载力、变形、延性以及受力全过程分析的重要依据。

一般用标准棱柱体或圆柱体试件测定混凝土受压时的应力-应变曲线。图 2.18 为普通混凝土轴心受压时典型的应力-应变曲线,其中 f_c^s 的上角标 s 表示实测值,图中各个特征阶段的特点如下。

当荷载较小时,即 $\sigma \leqslant 0.3 f_c^s$(图中 Oa 段)时,应力-应变关系接近于直线。随着荷载的增加,当应力为 $(0.3 \sim 0.8)f_c^s$(图中 ab 段)时,混凝土表现出越来越明显的塑性,应力-应变关系偏离直线,应变的增长速度比应力增长快。此阶段中混凝土内部微裂缝虽有所发展,但处于稳定状态。随着荷载

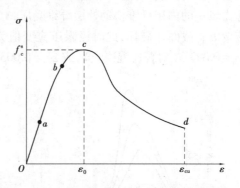

图 2.18　混凝土受压时的典型应力-应变曲线

进一步增加,当应力为 $(0.8 \sim 1.0)f_c^s$(图中 bc 段)时,应变增长速度进一步加快,应力-应变曲线的斜率急剧减小,混凝土内部微裂缝进入非稳定发展阶段。当应力到达 c 点时,混凝土发挥出受压时的最大承载能力,即轴心抗压强度 f_c^s(极限强度),相应的应变值 ε_0 称为峰值应力对应的应变值,简称峰值应变。此时混凝土内部微裂缝已延伸扩展成若干通缝。Oc 段通常称为应力-应变曲线的上升段。

超过 c 点以后,试件的承载能力随应变增长逐渐减小。当应力开始下降时,试件表面出现一些不连续的纵向裂缝,随后应力下降加快,当应变增加到 0.004～0.006 时,应力下降减缓,最后趋于稳定。cd 段称为应力-应变曲线的下降段。下降段只有在试验机本身具有足够的刚度,或采取一定措施吸收下降段开始后由于试验机刚度不足而回弹所释放出的能量时才能测到。否则,由于试件达到峰值应力后的卸载作用,试验机释放加载过程中积累的应变能会对试件继续加载,而使试件立即破坏。

混凝土轴心受压时应力-应变曲线形状与混凝土强度等级和加载速度等因素有关。图2.19为不同强度等级混凝土的轴心受压应力-应变曲线。由图可见,高强度混凝土在 $\sigma \leqslant (0.75 \sim 0.90)f_c^s$ 之前,应力-应变关系一直为直线,线性段的范围随混凝土强度的提高而增大;高强混凝土的峰值应变 ε_0 随混凝土强度的提高有增大趋势,可达 0.002 5 甚至更多;达到峰值应力以后,高强混凝土的应力-应变曲线骤然下跌,表现出很大的脆性,强度越高,下跌越陡。图 2.20为加载速度不同对应力-应变曲线形状的影响。随加载应变速度的降低,应力峰值 f_c^s 略有降低,但相应的峰值应变 ε_0 增大,并且下降段曲线较平缓。

综上所述,混凝土在荷载作用下的应力-应变关系是非线性的,由应力-应变曲线可以确定混凝土的极限强度 f_c^s、相应的峰值应变 ε_0 以及极限压应变 ε_{cu}。所谓极限压应变是指混凝土试件可能达到的最大应变值,它包括弹性应变和塑性应变。极限压应变越大,混凝土的变形能力越好。而混凝土的变形能力一般用延性表示,它是指混凝土试件在承载能力没有显著下降情况

下承受变形的能力。对于均匀受压的混凝土构件,如轴心受压构件,其应力达到 f_c^0 时,混凝土就不能承受更大的荷载,故峰值应变 ε_0 就成为构件承载能力计算的依据。ε_0 随混凝土强度等级不同,在 $0.001\,5 \sim 0.002\,5$ 变动(图 2.19),结构计算时取 $\varepsilon_0 = 0.002$(对普通混凝土)或 $\varepsilon_0 = 0.002 \sim 0.002\,15$(对高强混凝土)。对于非均匀受压的混凝土构件,如受弯构件和偏心受压构件的受压区,混凝土所受的压应力是不均匀的。当受压区最外层纤维达到最大压应力 f_c^0 后,附近应力较小的内层纤维协助外层纤维受压,对外层纤维起卸载作用,直到最外层纤维达到极限压应变 ε_{cu},截面才破坏,此时极限压应变值为 $0.002 \sim 0.006$,有的甚至达到 0.008,结构计算时取 $\varepsilon_{cu} = 0.003\,3$(对普通混凝土),或 $\varepsilon_{cu} = 0.003\,3 \sim 0.003$(对高强混凝土)。

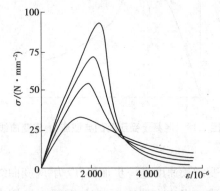

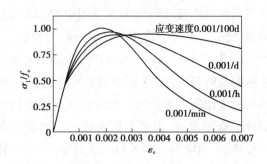

图 2.19 不同强度混凝土受压应力-应变曲线比较　　图 2.20 加载应变速度不同时混凝土应力-应变曲线

（2）混凝土轴心受拉时的应力-应变关系

混凝土轴心受拉时的应力-应变关系与轴心受压时类似(图2.21)。当拉应力 $\sigma \leq 0.5 f_t^0$ 时,应力-应变关系接近于直线;当 σ 约为 $0.8 f_t^0$ 时,应力-应变关系明显偏离直线,反映了混凝土受拉时塑性变形的发展。当采用等应变速率加载时,也可测得应力-应变曲线的下降段。试件断裂时的极限拉应变很小,通常在 $(0.5 \sim 2.7) \times 10^{-4}$ 范围内变动,计算时一般取 $\varepsilon_t = 1.5 \times 10^{-4}$。

（3）混凝土在复合应力下的应力-应变关系

混凝土在复合应力下的应力-应变关系比较复杂,下面仅对三向受压时混凝土的变形特点作简要说明。

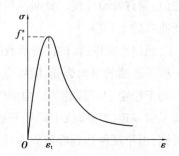

图 2.21 混凝土轴心受拉时的典型应力-应变曲线

图 2.16(b)为混凝土圆柱体试件在不同的侧向压力 σ_r 下的轴向压应力-应变曲线。可见,随着 σ_r 的加大,试件沿圆柱体纵向的强度和变形能力均大为提高。因此,在工程实践中,常采用间距较小的螺旋箍筋、普通箍筋及钢管等给混凝土提供横向约束,形成约束混凝土。图 2.22和图 2.23 分别是螺旋筋圆柱体试件和普通箍筋棱柱体试件在不同间距时所测得的应力-应变曲线图。由图可见,在应力接近混凝土抗压强度之前,应力-应变曲线与不配螺旋筋或箍筋的试件基本相同。当混凝土应力接近抗压强度时,由于内部微裂缝的发展,使混凝土横向膨胀而向外挤压螺旋筋或箍筋,螺旋筋或箍筋又反过来阻止混凝土的膨胀,使混凝土处于三向受压状态,从而提高了试件的纵向强度和变形能力。螺旋筋和普通箍筋的用量越多,其效果越明显,特别是变形能力大为提高。此外,由于螺旋筋能使核心混凝土在侧向受到均匀连续的约束力,其效果较普通箍筋好,因而强度和变形能力的提高更为显著。

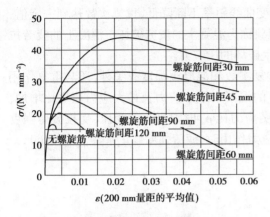

图 2.22 螺旋筋圆柱体约束混凝土试件
的应力-应变曲线

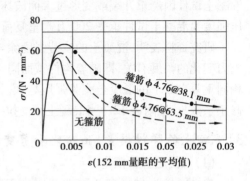

图 2.23 普通箍筋棱柱体约束混凝土
试件的应力-应变曲线

2) 混凝土在重复加载下的变形性能

混凝土在重复荷载作用下的变形性能体现了混凝土的疲劳性能。混凝土受压棱柱体在重复荷载作用下的应力-应变关系曲线,如图 2.24 所示。图 2.24(a)为混凝土受压棱柱体试件在一次加载、卸载时的应力-应变曲线。当加载至 A 点后卸载,加载应力-应变曲线为 OA,卸载应力-应变曲线为 AB。加载至 A 点时总应变为 ε,其中一部分(OB)在卸载过程中不能恢复,即塑性应变 ε_p。但在塑性应变中有一小部分(BB')在卸载后经过一定时间后才恢复,称为弹性后效 ε_{ae}。最后保留在试件中的不能恢复的变形($B'O$)称为残余应变 ε_{cr}。这样,混凝土在一次加载、卸载下的应力-应变曲线为 $OABB'$,形成一个环状。

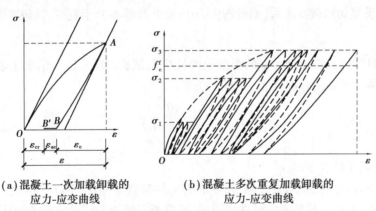

(a)混凝土一次加载卸载的
应力-应变曲线

(b)混凝土多次重复加载卸载的
应力-应变曲线

图 2.24 重复加载下混凝土应力-应变关系

混凝土受压棱柱体试件在多次重复荷载作用下的应力-应变曲线如图 2.24(b)所示,图中表示了三种不同水平的应力重复作用时的应力-应变曲线。由图可见,当每次加载的最大压应力值(图中的 σ_1 和 σ_2)不超过某个限值时,每次加载、卸载过程都将有一部分塑性变形不能恢复,形成塑性变形的积累。但随着循环次数的增加,累积塑性变形不再增长,加卸载应力-应变曲线呈直线变化,且大致与第一次加载的原点切线平行,继续重复加卸载,混凝土仍保持弹性性质。当加载时的最大压应力(σ_3)超过某一限值时,随着荷载重复次数的增加,应力-应变关系曲线也一度呈直线变化,但是继续加载将引起混凝土内部裂缝不断开展,加载应力-应变曲线转向相反方向弯曲,加卸载曲线形成封闭的滞回环,应力-应变曲线斜率不断降低,重复次数达到一定值,混凝土试件因严重开裂或变形过大而破坏,这种现象称为混凝土的疲劳破坏。混凝土的疲劳抗压强度为混凝土试件承受 200 万次重复荷载时发生破坏的压应力。

研究资料表明,混凝土的疲劳强度除与荷载重复次数和混凝土强度有关外,还与重复作用应力变化的幅度有关,即随着构件截面同一纤维上的混凝土最小应力及最大应力值之比增加,相同重复次数下的混凝土疲劳强度增大。不同疲劳应力比 ρ_c^f 时混凝土的受压、受拉疲劳强度修正系数 γ_p 见附表 12。当混凝土承受拉-压疲劳应力作用时,疲劳强度修正系数 γ_p 取 0.60。

3) 混凝土的弹性模量、泊松比和剪变模量

(1) 混凝土弹性模量

弹性模量为材料在线弹性范围内工作时的应力与应变之间的关系,即 $E = \sigma/\varepsilon$。混凝土是一种弹塑性材料,其 σ-ε 关系为曲线,但当应力较小时,也具有线弹性性质,可以用弹性模量表示应力与应变之间的关系。一般将混凝土应力-应变曲线在原点 O 处切线的斜率(图 2.25)作为混凝土的弹性模量,也称为初始弹性模量,简称弹性模量,即

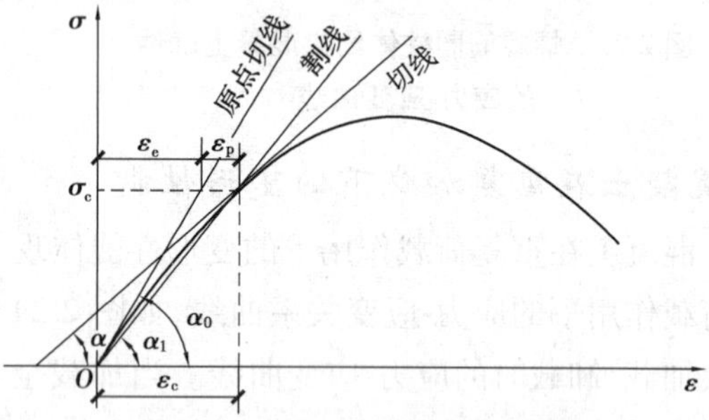

图 2.25　混凝土变形模量表示方法

$$E_c = \tan \alpha_0 \tag{2.6}$$

一次加载下的初始弹性模量值不易测定,通常采用多次重复加载、卸载后的应力-应变曲线的斜率来确定 E_c。我国有关规范规定混凝土弹性模量测试方法为:采用棱柱体试件,取加载应力上限为 $\frac{1}{3}f_c$,反复加卸载 5 次后,测得的应力-应变曲线基本趋于直线,其斜率即为混凝土的弹性模量 E_c。

中国建筑科学研究院通过大量的混凝土弹性模量试验(图 2.26),给出了混凝土弹性模量与相应的立方体抗压强度标准值 $f_{cu,k}$ 之间的关系:

$$E_c = \frac{10^5}{2.2 + \dfrac{34.7}{f_{cu,k}}} \tag{2.7}$$

式中,E_c 和 $f_{cu,k}$ 的单位为 N/mm^2。

高强混凝土材料的试验结果表明,高强混凝土的弹性模量 E_c 和 $f_{cu,k}$ 的关系与普通混凝土基本相同。按式(2.7)计算所确定的弹性模量,对普通混凝土为试验结果的统计平均值,对高强混凝土则为试验结果平均值的 90% 左右的偏下限值。各强度等级混凝土的弹性模量如附表 11 所示。

应力较大时,混凝土进入弹塑性阶段,此时应采用切线模量来反映混凝土的变形性能,即在应力-应变曲线上任一点处作一切线(图 2.25),切线的斜率即为该点的切线模量,记为 E_t,表达式为

$$E_t = \tan \alpha = \frac{d\sigma}{d\varepsilon} \tag{2.8}$$

采用各点的切线模量作为混凝土的变形模量,计算精度高,但计算复杂。工程上有时采用原点与某点连线(即割线)的斜率作为混凝土的变形模量,即割线模量,记为 E_c',由图 2.25 可得

$$E'_c = \tan \alpha_1 = \frac{\sigma_c}{\varepsilon_c} \tag{2.9a}$$

割线模量随混凝土应力增大而减小,是一种平均意义上的模量。由图 2.25 可得 $E_c \varepsilon_e = E'_c \varepsilon_c$,则

$$E'_c = \lambda E_c \tag{2.9b}$$

式中　λ——弹性系数,$\lambda = \varepsilon_e / \varepsilon_c$($\varepsilon_e$ 为混凝土弹性应变)。当 $\sigma = 0.5f_c$ 时,$\lambda \approx 0.85$;当 $\sigma = 0.8f_c$ 时,$\lambda \approx 0.4 \sim 0.7$。混凝土强度越高,$\lambda$ 值越大。

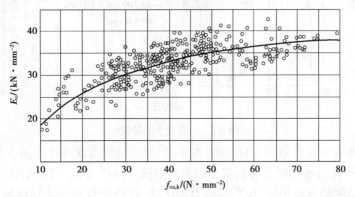

图 2.26　E_c-$f_{cu,k}$**关系图**

混凝土受拉应力-应变曲线形状与受压时相似,曲线在原点所对应的切线斜率也与受压时基本一致,所以受拉计算时的弹性模量应取与受压弹性模量相同,切线模量和割线模量也可用前面相应的公式计算。

(2)混凝土的泊松比 ν_c 和剪变模量 G_c

泊松比是试件在一次短期加载情况下的横向应变与纵向应变之比。《混凝土结构设计规范》规定,混凝土的泊松比 $\nu_c = 0.2$。

由弹性理论可知,剪变模量 G_c 与弹性模量 E_c 的关系为

$$G_c = \frac{E_c}{2(1 + \nu_c)} \tag{2.10}$$

取 $\nu_c = 0.2$,可得 $G_c = 0.417E_c$,故《混凝土结构设计规范》规定,$G_c = 0.4E_c$。

4)混凝土在荷载长期作用下的变形性能

混凝土在不变的应力长期持续作用下,变形随时间而徐徐增长的现象称为混凝土的徐变。徐变将对混凝土构件的变形、承载力及预应力混凝土等都会造成较大影响。

图 2.27 为普通混凝土棱柱体试件徐变的试验曲线,试件应力 $\sigma = 0.5f_c$ 并保持不变。由图可见,混凝土总的应变由两部分组成,即 $\varepsilon = \varepsilon_e + \varepsilon_{cr}$。其中,$\varepsilon_e$ 为加载过程中已经发生的瞬时应变;ε_{cr} 为荷载持续作用下逐渐完成的徐变应变。

图 2.27 表明,混凝土徐变开始增长较快,以后逐渐减慢,经长期作用后逐渐趋于稳定。通常前 4 个月增长较快,半年可完成总徐变量的 70% ~ 80%,此后,徐变的增长速度逐渐减慢,2~3 年后趋于稳定。图中还显示了加载两年后卸载时应变的变化情况,其中 ε'_e 为卸载时瞬时恢复的应变;ε''_e 称为卸载后的弹性后效,是在卸载后经过 20 d 左右又恢复的一部分徐变,其值约为总徐变变形的 1/12;另外在试件中尚残存了很大一部分不可恢复的应变,称为残余应变 ε'_{cr}。

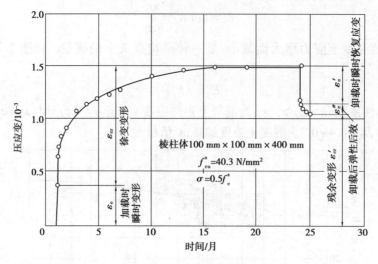

图 2.27　混凝土的徐变

影响混凝土徐变的因素很多,包括应力水平、混凝土材料组成和外部环境条件等。

图 2.28 为不同应力水平时普通混凝土的徐变曲线。由图可见,当 $\sigma \leqslant 0.5 f_c^s$ 时,应力差相等条件下徐变曲线间距接近于相等,徐变与应力成正比,称为线性徐变。线性徐变在加载初期增长较快,后期增长较慢,徐变曲线的渐近线与时间坐标轴平行,具有收敛性。当混凝土压应力增大,处于 $(0.5\sim0.8)f_c^s$ 时,徐变不再与应力成正比,但徐变-时间曲线仍收敛,收敛性随应力增长而变差,称为非线性徐变。当 $\sigma > 0.8 f_c^s$ 时,混凝土内部的微裂缝进入非稳定态发展,非线性徐变变形剧增而徐变-时间曲线变为发散型,最终导致混凝土破坏。一般取普通混凝土在荷载长期作用下的抗压强度为 $0.8 f_c^s$。由于高强混凝土的徐变比普通混凝土小很多,所以高强混凝土的长期抗压强度为 $(0.8\sim0.85)f_c^s$。

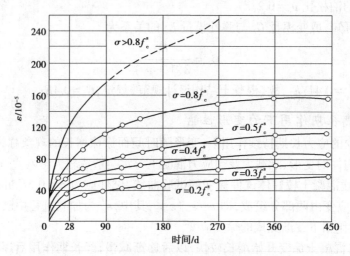

图 2.28　压应力水平和混凝土徐变的关系

混凝土组成成分对徐变影响也很大。水灰比越大,残留游离水越多,徐变越大。混凝土中水泥用量越大,徐变越大。采用坚硬、弹性模量大的骨料,骨料所占体积比越大,徐变越小。

混凝土的制作、养护方法也对徐变产生影响。养护温度越高、湿度越大,可使水泥水化作用越充分,徐变越小。混凝土受荷时,所处环境对徐变的影响规律为:在高温、干燥条件下产生的徐变比低温、潮湿时明显增大。

另外,混凝土构件的形状、尺寸对徐变也有影响。构件尺寸较大,其表面积相对较小,构件内水分不易丢失,故徐变较小。

混凝土在荷载长期作用下受压产生徐变,而钢筋受压无徐变,故徐变使受压构件中的钢筋与混凝土之间产生应力重分布,导致混凝土应力减小,钢筋应力增大;同样也使受弯和偏心受压构件的截面受压区变形加大而使受弯构件挠度增加,使偏心受压构件的附加偏心距增大而导致构件承载力降低;徐变还会使预应力混凝土构件产生预应力损失等。因此,在设计时应考虑其影响。

5) 混凝土的收缩、膨胀及温度变形

混凝土在空气中凝结硬化时体积会收缩,在水中凝结硬化时会膨胀。前者称为混凝土的收缩,后者称为混凝土的膨胀。混凝土的收缩和膨胀是与荷载无关的体积变化现象。如图2.29所示为混凝土自由收缩的试验曲线,可见收缩变形也是随时间而增长的。结硬初期收缩变形发展很快,以后逐渐减慢,整个收缩过程可延续两年左右。蒸汽养护时,由于高温高湿条件能加速混凝土的凝结和硬化过程,减少混凝土中水分的蒸发,因而混凝土的收缩值要比常温养护时小。一般情况下,混凝土的最终收缩应变为$(2 \sim 5) \times 10^{-4}$。

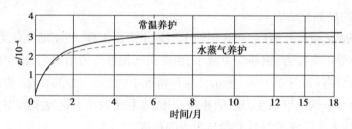

图 2.29　混凝土的收缩试验曲线

研究表明,影响混凝土收缩的主要因素包括:

①混凝土的组成材料成分。水泥用量越大、等级越高,水灰比越大,则收缩越大;骨料级配越好,弹性模量越大,则收缩越小。

②外部环境因素。凝结硬化过程以及使用时,环境湿度越大,收缩越小;若环境湿度大的同时养护温度提高,收缩将减小;但是在干燥环境中,养护温度升高反而使收缩加大。

③施工质量。混凝土施工质量越好,振捣越密实,收缩越小。

④构件体积与表面积之比(体表面积比)。该比值越大,收缩越小。

当混凝土的收缩受到制约不能自由发生时,会产生收缩裂缝。在钢筋混凝土构件中,钢筋因混凝土收缩受到压应力,而混凝土则受有拉应力,当混凝土收缩较大、构件截面配筋又较多时,混凝土构件将产生收缩裂缝。混凝土收缩也使预应力混凝土构件产生预应力损失。混凝土硬化膨胀比收缩小得多,且对构件往往产生有利影响,所以一般在设计时不考虑混凝土的膨胀。另外,温度作用也会造成混凝土的变形,形成"温度应力"。对于一般混凝土构件,因为混凝土的线膨胀系数与钢筋材料的线膨胀系数接近,温度变形比较协调,可以不考虑温度影响,但是对于大体积混凝土、烟囱、水池等结构,在设计时应考虑温度应力对结构性能的影响。

2.3 钢筋与混凝土的黏结

2.3.1 黏结应力及分类

钢筋与混凝土之间具有足够的黏结力,是二者能共同工作的前提条件之一。黏结力是钢筋与混凝土接触面上所产生的沿钢筋纵向的剪应力,即所谓黏结应力,简称黏结力。而黏结强度则是指黏结失效(钢筋被拔出或混凝土被劈裂)时的平均黏结应力。

钢筋混凝土构件中的黏结应力,按其作用性质可分为以下两类:

(1)锚固黏结应力

简支梁支座处的钢筋端部、梁跨间的主筋搭接或切断处、悬臂梁和梁柱节点受拉主筋的外伸段等[图 2.30(a)],均属此类锚固黏结。这种情况下钢筋的端头应力为零,在经过一定的黏结距离(称锚固长度)后,钢筋的应力应能达到其设计强度(屈服强度)。如果钢筋因黏结锚固能力不足而发生滑动,使钢筋强度不能充分利用,导致构件开裂和承载力下降,甚至提前失效,产生黏结破坏。

(2)裂缝附近的局部黏结应力

如受弯构件跨间某截面开裂后,在开裂面上混凝土退出工作,使钢筋拉应力增大;但裂缝间截面上混凝土仍承受一定拉力,钢筋应力减小,由此引起钢筋应力沿纵向发生变化,使钢筋表面有相应的黏结应力分布,如图 2.30(b)所示。这种情况下,黏结应力的存在,使混凝土内钢筋的平均应变或总变形小于钢筋单独受力时的相应变形,有利于减小裂缝宽度和增大构件刚度。因此,这类黏结应力的大小反映了混凝土参与受力的程度。

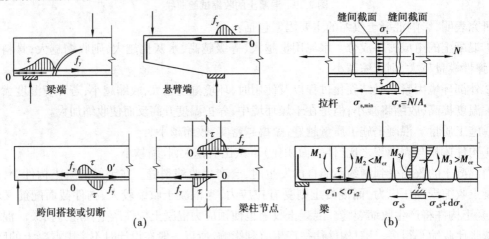

图 2.30　锚固黏结应力和局部黏结应力

由此可见,当钢筋混凝土构件因内力变化、混凝土开裂或构造要求等引起钢筋应力沿长度变化时,必须由周围混凝土提供必要的黏结应力。否则,钢筋和混凝土将发生相对滑移,使构件或节点出现裂缝和变形,改变内力(应力)分布,甚至提前发生破坏。因此,钢筋与混凝土的黏结问题在工程中应受到重视。只有较准确地确定了钢筋与混凝土间的黏结应力分布和黏结强度,才能从构造上合理地确定钢筋的锚固长度、搭接长度;只有较准确地建立了钢筋与混凝土间的黏结应力与滑移关系,才能在钢筋混凝土结构的非线性分析中取得可靠的计算结果。

2.3.2　黏结试验和黏结应力的特点

拔出试验是常用的黏结试验方法[图2.31(a)],可用于研究锚固和局部黏结性能。研究锚固黏结性能可采用半梁式试验[图2.31(b)],研究混凝土中钢筋搭接长度可用伸臂梁试验[图2.31(c)],研究钢筋的截断位置可用延伸长度试验[图2.31(d)]。通过上述试验研究可以加深对钢筋与混凝土之间黏结性能的理解,揭示其中的规律,并为工程应用提供依据。

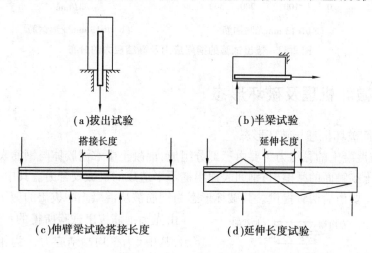

(a)拔出试验　　　　　　　　(b)半梁试验

(c)伸臂梁试验搭接长度　　　　　(d)延伸长度试验

图2.31　黏结试验方法示意

图2.32为采用拉拔试验法测得的钢筋应力σ_s和黏结应力τ的分布情况。图中以纵坐标为0处为界,上部为钢筋应力分布情况,下部为相应的黏结应力分布情况,曲线旁对应数字为所施加的拔出力。由图可以看出,光圆钢筋和变形钢筋的钢筋应力σ_s曲线形状有明显差别,前者是外凸的,而后者是内凹的,二者的σ_s值都随着距加载端距离增大而逐渐减小,但变形钢筋减小更快。可见,变形钢筋应力传递较快,黏结性能也较光圆钢筋好。

从上图也可看出黏结应力的特点:

①光圆钢筋在加载之初的应力分布长度较短,黏结应力峰值接近加载端;随着荷载的增加,应力分布长度逐渐加长,应力峰值出现的位置向自由端移动;当应力分布长度达到自由端时就不能再增大了,应力峰值出现的位置移向钢筋的自由端,并随荷载增加而快速增长,破坏时黏结应力分布近似呈三角形。

②变形钢筋在加载过程中,黏结应力分布长度相对较短,且随荷载增加增长缓慢。应力峰值靠近加载端,且随荷载增加而明显增大,在接近破坏时,黏结应力峰值的位置才稍向自由端移动。

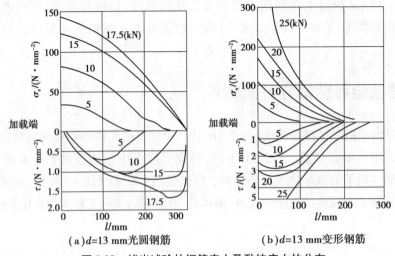

图 2.32　拔出试验的钢筋应力及黏结应力的分布

2.3.3　黏结破坏机理及破坏形态

（1）光圆钢筋破坏机理与破坏形态

光圆钢筋与混凝土的黏结力主要由三部分组成：混凝土中水泥胶体与钢筋表面的化学胶着力；钢筋和混凝土接触面的摩擦力；钢筋表面粗糙不平造成的机械咬合力。其中，胶着力所占比例很小，黏结力主要由后两者提供。其破坏形态为钢筋被从混凝土中拔出的剪切破坏形态。

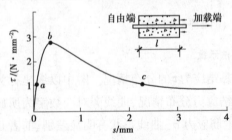

图 2.33　光圆钢筋的 τ-s 曲线

由光圆钢筋拔出试验所得的 τ-s 曲线如图 2.33 所示，其中 τ 为平均黏结应力，s 为相对滑移值。由于钢筋与混凝土的胶着强度很小，加载开始时，在加载端即可测得钢筋与混凝土间的相对滑移。在 40%～60% 的极限荷载以前，加载端滑移与黏结应力接近直线关系（图中 0a 段）。随着荷载的增加，相对滑移逐渐向自由端发展，黏结应力峰值内移，τ-s 曲线越来越表现出非线性特征，如图 2.33 中的 ab 段。当达到 80% 的极限荷载时，自由端处出现滑移，此时黏结应力峰值已移至自由端。当自由端处滑移为 0.1～0.2 mm 时平均黏结应力达到最大值（图中 b 点），此时加载端及自由端处滑移急剧增大，进入完全塑性状态，τ-s 曲线出现下降段。

光圆钢筋的黏结作用，在钢筋和混凝土出现相对滑移前主要由胶着力提供，发生滑移后，由摩擦力和机械咬合力提供。破坏模式为剪切破坏，破坏面发生在钢筋和混凝土的接触面。

（2）变形钢筋黏结破坏机理

变形钢筋与混凝土的黏结力也由胶着力、摩擦力和机械咬合力三部分组成，但主要由钢筋表面凸出肋与混凝土间的机械咬合力提供。

由变形钢筋拔出试验所得的 τ-s 曲线如图 2.34 所示。荷载较小时，由胶着力承担钢筋和混凝土界面上的剪应力，τ-s 曲线如图 2.34 中的 0a 段。随着荷载增大，胶着力受到破坏，钢筋开始滑移(图 2.34 中 a 点),此时黏结力主要由钢筋的表面凸出肋对混凝土的挤压力和钢筋与混凝土界面上的摩擦力组成。凸出肋对混凝土斜向挤压力形成了一定的阻力[图2.35(a)],其轴向分力使肋间混凝土受弯剪作用,径向分力则使钢筋周围混凝土受内压力,并在环向产生拉应力[图 2.35(b)]。荷载进一步增加,当钢筋周围的混凝土分别在主拉应力及环向应力方向的应变超过混凝土的极限拉应变值时,将产生内部裂缝和径向裂缝,此阶段的 τ-s 曲线如图 2.34 中

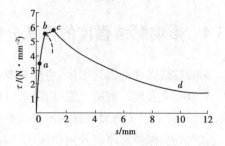

图 2.34　变形钢筋的 τ-s 曲线

的 ab 段。荷载进一步增大时,肋前混凝土将被压碎,混凝土与钢筋之间产生较大的相对滑移。若钢筋外围混凝土很薄且没有环向箍筋约束混凝土时,则径向裂缝将直至构件表面,形成沿钢筋纵向的劈裂裂缝[图 2.35(c)]。裂缝发展到一定程度,使外围混凝土崩裂,丧失黏结能力,这种破坏为劈裂黏结破坏(图 2.34 中的 b 点),劈裂后的 τ-s 曲线将沿图 2.34 中的虚线迅速下降。当外围混凝土较厚或有环向箍筋约束混凝土横向变形时,前述劈裂裂缝的发展受到一定程度的限制,使荷载可以继续增加,此时 τ-s 曲线将沿图 2.34 中的 bc 线进一步上升,直到肋纹间的混凝土被完全压碎或剪断,混凝土的抗剪能力耗尽,钢筋则沿肋外径的圆柱面出现整体滑移,达到剪切破坏的极限黏结强度(图 2.34 中的 c 点),此时相对滑移量很大,可达 1~2 mm;过 c 点以后,由于圆柱滑移面上混凝土颗粒间尚存在一定的摩擦力和骨料咬合力,黏结应力并不立即降低至零,而是随滑移量加大而逐渐降低,τ-s 曲线出现较长的下降段,直至滑移量很大时,仍残余一定的抗剪能力,此种破坏一般称为刮出式破坏[图 2.35(d)]。

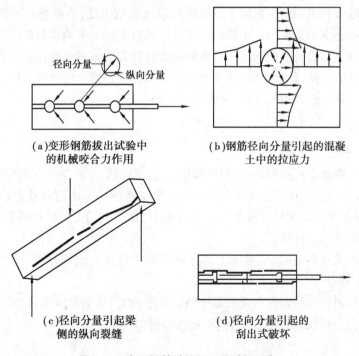

(a)变形钢筋拔出试验中
的机械咬合力作用

(b)钢筋径向分量引起的混凝
土中的拉应力

(c)径向分量引起梁
侧的纵向裂缝

(d)径向分量引起的
刮出式破坏

图 2.35　变形钢筋黏结机理及破坏形态

2.3.4　影响黏结强度的因素分析

影响黏结强度的因素很多,主要有混凝土强度、混凝土保护层厚度、钢筋净距、钢筋外形等。

①混凝土强度。混凝土强度提高,可使钢筋与混凝土之间的化学胶着力、机械咬合力都有所提高,同时延迟了劈裂裂缝的出现。黏结强度大致与混凝土的抗拉强度呈线性关系。

②混凝土保护层厚度及钢筋间距。混凝土保护层厚度对光圆钢筋的黏结强度影响不明显,对变形钢筋则影响显著。增大混凝土保护层厚度,可提高钢筋外围混凝土抗劈裂破坏能力,保证黏结强度的充分发挥。保持一定的钢筋净间距,可以提高钢筋外围混凝土的抗劈裂能力,从而提高黏结强度。

③钢筋的外形。变形钢筋的黏结强度比光圆钢筋黏结强度大。

④横向约束钢筋。横向约束钢筋可以提高混凝土的侧向约束作用,延缓或阻止劈裂裂缝的发展,提高黏结强度。

⑤受力状态。在反复荷载作用下,钢筋和混凝土之间的黏结作用会退化。

⑥浇筑混凝土时钢筋所处的位置。混凝土浇筑后有下沉及泌水现象,对于处于水平位置的钢筋及直接位于其下面的混凝土,由于水分、气泡的溢出及混凝土下沉,使得混凝土并不与钢筋紧密接触,而形成间隙层,削弱了二者的黏结作用,从而使水平位置钢筋比竖向钢筋的黏结强度降低。

2.3.5　钢筋的锚固和连接

钢筋的锚固是指利用钢筋在混凝土中的埋置段或机械措施,将钢筋所受的力传给混凝土,使钢筋锚固于混凝土中不致滑出。钢筋的连接是指通过混凝土中两根钢筋的连接接头,将一根钢筋的力通过混凝土传给另一根钢筋。将钢筋从按计算需要该钢筋的位置延伸一定长度,以保证钢筋发挥正常受力性能,称为延伸[图 2.31(d)]。钢筋的锚固、搭接和延伸,实质上是不同条件下的锚固问题。钢筋的锚固与延伸,两者性能相仿。

1)钢筋的锚固

(1)锚固设计原理

钢筋的锚固极限状态有两种:一是强度极限状态,即钢筋与混凝土间的黏结应力达到黏结强度[图 2.36(a)],直钢筋在混凝土中的锚固、搭接和延伸要考虑这种状态;二是刚度极限状态,即钢筋与混凝土之间的相对滑移增长过速的状态[图 2.36(b)],带弯钩钢筋和弯折钢筋在混凝土中锚固时要考虑这种状态。

以钢筋的拔出试验为基础,从理论上推导钢筋最小锚固长度的计算公式。取钢筋为隔离体,其受力如图 2.37 所示。

设钢筋达到锚固极限状态时所需的最小锚固长度为 l_a^{cr},钢筋的应力为 ζf_y,平均黏结强度为 τ_u,则由钢筋拔出力与锚固力(图 2.37)的平衡条件可得

$$\frac{\pi d^2}{4}\zeta f_y = \pi d l_a^{cr} \tau_u$$

即

$$l_a^{cr} = \frac{\zeta f_y}{4 \tau_u} d \tag{2.11}$$

式中　d——锚固钢筋的直径；

　　　f_y——钢筋的屈服强度；

　　　ζ——锚固极限状态时钢筋应力与屈服强度的比值,对于强度极限状态,$\zeta = 1$；对于刚度极限状态,ζ 为滑移速率变化点的钢筋应力与屈服强度的比值。

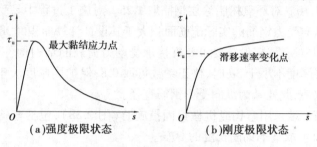

图 2.36　两种锚固极限状态

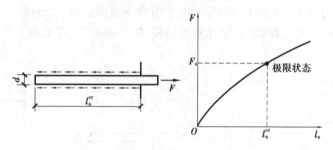

图 2.37　钢筋锚固力与拔出力的平衡

(2)受拉钢筋的锚固长度

如前所述,钢筋的黏结强度 τ_u 与混凝土保护层厚度、横向钢筋数量、钢筋外形等因素有关,且与混凝土的轴心抗拉强度 f_t 大致成正比,在满足《混凝土结构设计规范》规定的保护层最小厚度以及构造要求的最低配箍条件下,τ_u 主要取决于混凝土强度(与 f_t 成正比)和钢筋的外形。考虑上述因素及适当的锚固可靠度后,由式(2.11)可得受拉钢筋基本锚固长度 l_{ab} 的计算公式:

$$l_{ab} = \alpha \frac{f_y}{f_t} d \tag{2.12}$$

式中　f_y——钢筋的抗拉强度设计值；

　　　f_t——混凝土轴心抗拉强度设计值,当混凝土强度等级超过 C60 时,按 C60 取值；

　　　d——锚固钢筋的直径；

　　　α——锚固钢筋的外形系数,按表 2.4 取用。

钢筋和混凝土的强度设计值分别见附表 3、附表 4 和附表 10。

表 2.4　锚固钢筋的外形系数

钢筋类型	光圆钢筋	带肋钢筋	螺旋肋钢丝	三股钢绞线	七股钢绞线
α	0.16	0.14	0.13	0.16	0.17

注:光圆钢筋末端应做 180°弯钩,弯钩平直段长度不应小于 3d,但作受压钢筋时可不做弯钩。

一般情况下受拉钢筋的锚固长度可取基本锚固长度;当采取不同的埋置方式和构造措施时,受拉钢筋的锚固长度应按下列公式计算:

$$l_a = \zeta_a l_{ab} \qquad (2.13)$$

式中　l_a——受拉钢筋的锚固长度,不应小于 200 mm;

　　　ζ_a——锚固长度修正系数,见下文说明。

纵向受拉带肋钢筋的锚固长度修正系数应根据钢筋的锚固条件按下列规定取用:当钢筋直径大于 25 mm 时取 1.10。对环氧树脂涂层钢筋取 1.25。对施工过程中易受扰动(如滑模施工)的钢筋取 1.10。当纵向受力钢筋的实际配筋面积大于其设计计算面积时,取设计计算面积与实际配筋面积的比值,但对有抗震设防要求及直接承受动力荷载的结构构件不应考虑此项修正。锚固区钢筋的保护层厚度不小于 $3d$ 时,修正系数可取 0.8;保护层厚度大于 $5d$ 时,修正系数可取 0.7,中间按内插取值,此处 d 为纵向受力钢筋直径。

当纵向受拉钢筋末端采用弯钩或机械锚固措施时(图 2.38),包括弯钩或锚固端头在内的锚固长度(投影长度)可取基本锚固长度的 60%。

当锚固条件多于一项时,修正系数可按连乘计算,但不应小于 0.6。

当工程中遇到构件支承长度较短时,可以采用机械锚固措施,如钢筋末端带 90°弯钩、135°弯钩、一侧贴焊锚筋、两侧贴焊锚筋、穿孔塞焊锚板、螺栓锚头等(图 2.38)。

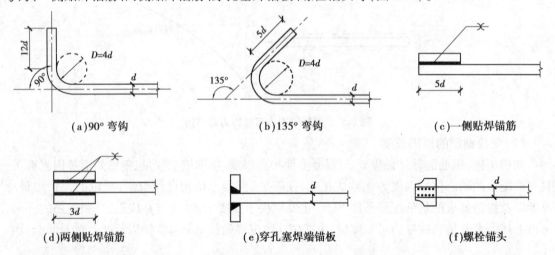

(a)90° 弯钩　　　(b)135° 弯钩　　　(c)一侧贴焊锚筋

(d)两侧贴焊锚筋　　　(e)穿孔塞焊端锚板　　　(f)螺栓锚头

图 2.38　钢筋机械锚固的形式及构造要求

(3)受压钢筋锚固长度

钢筋受压的锚固机理与受拉基本相同,由于钢筋受压时加大了钢筋和混凝土界面的摩擦力和咬合力,对锚固有利,受压锚固的受力状态也有较大改善,故受压钢筋的锚固长度应小于受拉钢筋锚固长度。受压钢筋的锚固长度不应小于受拉钢筋锚固长度的 70%。

2)钢筋的连接

钢筋连接可采用绑扎搭接、机械连接或焊接。机械连接或焊接可以较好地满足钢筋间的传力需求,绑扎搭接钢筋间力的传递主要依靠钢筋和混凝土之间的黏结作用。

绑扎搭接钢筋的受力状态如图 2.39 所示。两根钢筋搭接处,接头部位钢筋受力方向相反,二者之间的混凝土受到肋的斜向挤压力作用,斜向挤压力的径向分量使外围混凝土受到横向拉应力,纵向分量使搭接钢筋之间的混凝土受到剪切作用,其破坏一般为沿钢筋方向混凝土被相对剪切而发生劈裂,使纵筋滑移甚至被拔出。另外,在绑扎接头处,两根钢筋之间的净距为零,故黏结性能较差。因此,受拉钢筋搭接接头处的黏结强度低于相同钢筋锚固状态的黏结强度,其搭接长度应大于锚固长度。搭接连接的钢筋接头是通过间接传力来实现的,所以接头处整体性差,故接头位置应设置在受力较小部位且互相错开(图 2.40),在同一受力钢筋上宜少设连接接头,在连接区采取必要的构造措施。

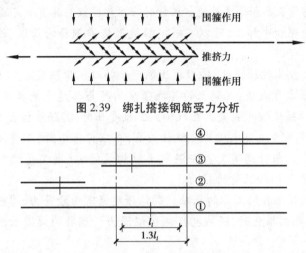

图 2.39　绑扎搭接钢筋受力分析

图 2.40　钢筋搭接接头错开要求

钢筋绑扎搭接接头连接区段的长度为 $1.3l_l$(l_l 为搭接长度),凡搭接接头中点位于该连接区段长度内的搭接接头均属于同一连接区段,如图 2.40 所示。同一连接区段内纵向钢筋搭接接头面积百分率为该区段内有搭接接头的纵向受力钢筋截面面积与全部纵向受力钢筋截面面积的比值。图 2.40 中,如 4 根钢筋的直径相同,则搭接接头面积百分率为 50%。

《混凝土结构设计规范》规定,纵向受拉钢筋绑扎搭接接头的搭接长度,应根据位于同一连接区段内的钢筋搭接接头面积百分率按下式计算:

$$l_l = \zeta_l l_a \tag{2.14}$$

式中　l_l——纵向受拉钢筋的搭接长度;

　　　l_a——纵向受拉钢筋的锚固长度,按式(2.13)确定;

　　　ζ_l——纵向受拉钢筋搭接长度的修正系数,按表 2.5 取用,当纵向搭接钢筋接头面积百分率为表中中间值时,修正系数可按内插取值。

表 2.5　纵向受拉钢筋搭接长度修正系数

纵向钢筋搭接接头面积百分率/%	≤25	50	100
ζ_l	1.2	1.4	1.6

纵向受拉钢筋绑扎搭接接头的搭接长度,在任何情况下均不应小于 300 mm。

受压钢筋的搭接接头,由于钢筋端头混凝土直接承压,减小了搭接钢筋之间混凝土所受剪力,故受压搭接钢筋的搭接长度小于受拉时的搭接长度。《混凝土结构设计规范》规定,受压钢筋的搭接长度不小于按式(2.14)确定的搭接长度的 70%,且不小于 200 mm。

本章小结

1.钢筋混凝土结构中非预应力筋主要采用热轧钢筋;而预应力筋主要采用预应力钢丝、钢绞线和预应力螺纹钢筋。前者有明显流幅,又称为"软钢",后者无明显流幅,又称为"硬钢"。钢筋强度取值的依据一般采用屈服强度(软钢)或条件屈服强度(硬钢)。钢筋的塑性指标主要有伸长率或最大力下的总伸长率和冷弯性能。设计时应注意使钢筋具有一定的屈强比和塑性性能。

2.对钢筋进行热处理和冷加工,可以在一定程度上提高钢筋的强度,但一般会使其塑性性能降低。

3.混凝土强度有立方体抗压强度、轴心抗压强度和轴心抗拉强度。立方体抗压强度及其标准值是混凝土材料的基本代表值,混凝土的其他强度均可与其建立换算关系。设计时,一般采用轴心抗压强度和抗拉强度值。混凝土在双轴或三轴受压时,其强度值会有所提高。

4.混凝土应力-应变关系主要表现为非线性关系,在应力很小时,二者间可近似视为线性关系。混凝土的强度和变形与时间有关。在混凝土结构设计时(尤其是预应力混凝土结构设计时),应注意收缩和徐变对结构性能的影响。

5.黏结是钢筋和混凝土共同工作的基础。黏结强度通常由胶着力、摩擦力和机械咬合力构成,若钢筋端头有机械锚固措施时,还应包括机械锚固力。钢筋的锚固长度和搭接长度应符合设计规范的要求。

6.高强混凝土的弹性极限、峰值应力、黏结强度、抗压强度都较普通混凝土高,但塑性较差,极限应变也较低。在有较高延性设计要求时,不宜选用强度过高的混凝土。

思 考 题

2.1 混凝土结构使用的钢筋分为几类?其应力-应变曲线的特点是什么?

2.2 钢筋的强度指标和塑性指标各有哪些?设计时,钢筋强度如何取值?混凝土结构对钢筋性能有哪些要求?

2.3 什么是混凝土的立方体抗压强度?什么是混凝土的强度等级?混凝土强度等级如何划分?混凝土轴心抗压强度、轴心抗拉强度与立方体抗压强度各有何关系?

2.4 试分析混凝土复合受力时的强度变化规律。

2.5 试述混凝土单轴受压短期加载应力-应变曲线的特点。混凝土试件的峰值应变 ε_0 和极限压缩应变 ε_{cu} 各指什么?结构计算中如何取值?

2.6 试分析混凝土在重复荷载作用下应力-应变曲线的特点。什么是混凝土的弹性模量和变形模量?二者有何区别和联系?

2.7 什么是混凝土的徐变变形?徐变变形的特点是什么?影响混凝土徐变的主要因素有哪些?徐变对结构有何影响?徐变和收缩有何区别?

2.8 什么是黏结应力和黏结强度?黏结强度一般由哪些成分组成?影响黏结强度的主要因素有哪些?

2.9 钢筋的锚固长度和绑扎搭接长度各是如何确定的?

2.10 高强混凝土的强度和变形特点有哪些?

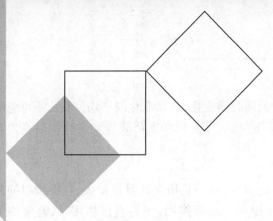

3 结构设计基本原理

本章导读：

• **基本要求**：理解结构上的作用、作用效应、结构抗力和结构可靠度概念；理解荷载和材料强度标准值的确定原则；掌握概率极限状态设计法，熟练掌握结构极限状态设计表达式。

• **重点**：荷载和材料强度的取值；概率极限状态设计法。

• **难点**：结构可靠度的概念；概率极限状态设计法。

3.1 结构可靠度及设计方法

3.1.1 结构上的作用、作用效应及结构抗力

1）结构上的作用和作用效应

结构上的作用是指施加在结构上的集中力或分布力，以及引起结构外加变形或约束变形的原因（如地震、基础差异沉降、温度变化、混凝土收缩等）。前者以力的形式作用于结构上，称为直接作用，习惯上称为荷载；后者以变形的形式作用在结构上，称为间接作用。

结构上的作用按随时间的变化，可分为三类：

（1）永久作用

永久作用是指在设计使用年限内始终存在且其量值变化与平均值相比可以忽略不计的作用，或其变化是单调的并能趋于某个限值的作用，如结构的自身重力、土压力、预应力等。这种作用一般为直接作用，通常称为永久荷载或恒荷载。

（2）可变作用

可变作用是指在设计使用年限内其量值随时间变化,且其变化与平均值相比不可忽略不计的作用,如楼面活荷载、桥面或路面上的行车荷载、风荷载和雪荷载等。这种作用若为直接作用,则通常称为可变荷载或活荷载。

（3）偶然作用

偶然作用是指在设计使用年限内不一定出现,而一旦出现其量值很大,且持续时间很短的作用,如爆炸、撞击等引起的作用。这种作用多为间接作用,当为直接作用时,通常称为偶然荷载。

结构上的作用按随空间的变化,可分为以下两类:

（1）固定作用

在结构上具有固定空间分布的作用。当固定作用在结构某一点上的大小和方向确定后,该作用在整个结构上的作用即得以确定。例如,结构构件的自重重力、结构上的固定设备荷载等。

（2）自由作用

在结构上给定的范围内具有任意空间分布的作用。例如,房屋建筑中的人员和家具荷载、桥梁上的车辆荷载等。

结构上的作用按结构的反应特点,可分为以下两类:

（1）静态作用

使结构产生的加速度可以忽略不计的作用。例如,结构构件的自重重力、土压力、温度变化等。

（2）动态作用

使结构产生的加速度不可忽略不计的作用。例如,地震、风、冲击和爆炸等。

结构上的作用按有无限值,可分为以下两类:

（1）有界作用

具有不能被超越的且可确切或近似掌握界限值的作用。例如,水坝的最高水位、具有敞开泄压口的内爆炸荷载等。

（2）无界作用

没有明确界限值的作用。

结构上的作用除按随时间变化、随空间变化、反应特点和有无限值分为上述几类外,还有其他分类。例如,当进行结构构件的疲劳验算时,可按作用随时间变化的低周性和高周性分类;当考虑结构构件的徐变效应时,可按作用在结构上持续期的长短分类。

应当指出,上述的作用按不同性质进行分类,是出于结构设计规范化的需要。例如,作用于结构上的吊车荷载,按随时间变化的分类属于可变荷载,应考虑它对结构可靠性的影响;按随空间变化的分类属于自由作用,应考虑它在结构上的最不利位置;按结构反应特点的分类属于动态荷载,还应考虑结构的动力响应。

2) 结构上的环境影响和效应

环境影响是指温、湿度及其变化以及二氧化碳、氧、盐、酸等环境因素对结构的影响。这种影响可以具有机械的、物理的、化学的或生物的性质,并且有可能使结构的材料性能随时间发生不同程度的退化,向不利的方向发展,从而影响结构的安全性和适用性。

环境影响按时间的变异性,可分为永久影响、可变影响和偶然影响三类。例如,对处于海洋环境中的混凝土结构,氯离子对钢筋的腐蚀作用是永久影响;空气湿度对木材强度的影响是可变影响等。

环境影响对结构产生的效应主要是针对材料性能的降低,它与材料本身有密切关系。因此,环境影响的效应应根据材料特点予以确定。在多数情况下,环境影响的效应涉及到化学的和生物的损害,其中环境湿度是最关键的因素。

如同作用一样,对结构的环境影响应尽量地予以定量描述。但在多数情况下,这样做是比较困难的。因此,目前主要根据材料特点,通过环境对结构影响程度的分级(轻微、轻度、中度、严重等)等方法进行定性描述,并在设计中采取相应的技术措施。

上述作用和环境影响作用在结构构件上,使结构产生内力和变形(如轴力、剪力、弯矩、扭矩以及挠度、转角和裂缝等),称为作用效应。当为直接作用(即荷载)时,其效应也称为荷载效应,通常用 S 表示。荷载与荷载效应之间一般近似地按线性关系考虑,二者均为随机变量或随机过程。

3) 结构抗力

结构抗力 R 是指整个结构或结构构件承受作用效应(即内力和变形)的能力,如构件的承载能力、刚度及抗裂能力等。混凝土结构构件的截面尺寸、混凝土强度等级以及钢筋的种类、配筋的数量及方式等确定后,构件截面便具有一定的抗力。抗力可按一定的计算模式确定。影响抗力的主要因素有材料性能(强度、变形模量等)、几何参数(构件尺寸等)和计算模式的精确性(抗力计算所采用的基本假设和计算公式是否精确等),这些因素都是随机变量,因此由这些因素综合而成的结构抗力也是一个随机变量。

由上述可见,结构上的作用(特别是可变作用)与时间有关,结构抗力也随时间变化。为确定可变作用取值而选用的时间参数,称为设计基准期。我国的《工程结构可靠性设计统一标准》(GB 50153)、《建筑结构可靠性设计统一标准》(GB 50068,以下简称《统一标准》)规定,房屋建筑结构的设计基准期为 50 年。

3.1.2 结构的预定功能及结构可靠度

结构设计的基本目的是要科学地解决结构物的可靠与经济这对矛盾,力求以最经济的途径,使所建造的结构以适当的可靠度满足各项预定功能的要求。《统一标准》明确规定了结构在规定的设计使用年限内应满足下列功能要求:

①在正常施工和正常使用时,能承受可能出现的各种作用(包括荷载及外加变形或约束变形)。

②在正常使用时保持良好的使用性能,如不发生过大的变形或过宽的裂缝等。

③在正常维护下具有足够的耐久性能,如结构材料的风化、腐蚀和老化不超过一定限度等。

④当发生火灾时,在规定的时间内可保持足够的承载力。

⑤当发生爆炸、撞击、人为错误等偶然事件时,结构能保持必需的整体稳固性,不出现与起因不相称的破坏后果,防止出现结构的连续倒塌。对重要的结构,应采取必要的措施,防止出现结构的连续倒塌;对一般的结构,宜采取适当的措施,防止出现结构的连续倒塌。

上述要求的第①、④、⑤项是指结构的承载能力和稳定性,关系到人身安全,称为结构的安全性;第②项关系到结构的适用性;第③项为结构的耐久性。安全性、适用性和耐久性总称为结构的可靠性,也就是结构在规定的时间内,在规定的条件下,完成预定功能的能力。而结构可靠度则是指结构在规定的时间内,在规定的条件下,完成预定功能的概率,即结构可靠度是结构可靠性的概率度量。

结构可靠度定义中所说的"规定的时间",是指"设计使用年限"。设计使用年限是指设计规定的结构或结构构件不需进行大修即可按其预定目的使用的时期,即结构在规定的条件下所应达到的使用年限。设计使用年限并不等同于建筑结构的实际寿命或耐久年限,当结构的实际使用年限超过设计使用年限后,其可靠度可能较设计时的预期值减小,但结构仍可继续使用或经大修后可继续使用。若使结构保持一定的可靠度,则设计使用年限取得越长,结构所需要的截面尺寸或所需要的材料用量就越大。根据我国的国情,《统一标准》规定了各类建筑结构的设计使用年限,如表 3.1 所示,设计时可按表 3.1 的规定采用;若业主提出更高的要求,经主管部门批准,也可按业主的要求采用。

表 3.1　房屋建筑结构的设计使用年限及荷载调整系数 γ_L

类　别	设计使用年限/年	示　例	γ_L
1	5	临时性建筑结构	0.9
2	25	易于替换的结构构件	—
3	50	普通房屋和构筑物	1.0
4	100	标志性建筑和特别重要的建筑结构	1.1

注:对设计使用年限为 25 年的结构构件,应按各种材料结构设计规范采用。

可靠度定义中的"规定的条件",是指正常设计、正常施工和正常使用的条件,即不考虑人为过失的影响,人为过失应通过其他措施予以避免。

3.1.3　结构的安全等级

结构设计时,应根据房屋的重要性,采用不同的可靠度水准。《统一标准》用结构的安全等级来表示房屋的重要性程度,如表 3.2 所示。其中,大量的一般房屋列入中间等级,重要的房屋提高一级,次要的房屋降低一级。重要房屋与次要房屋的划分,应根据结构破坏可能产生的后果,即危及人的生命、造成经济损失、产生社会影响等的严重程度确定。

表 3.2　房屋建筑结构的安全等级

安全等级	破坏后果	示　例
一级	很严重:对人的生命、经济、社会或环境影响很大	大型的公共建筑等重要的结构
二级	严重:对人的生命、经济、社会或环境影响较大	普通的住宅和办公楼等一般的结构
三级	不严重:对人的生命、经济、社会或环境影响较小	小型的或临时性储存建筑等次要的结构

注:房屋建筑结构抗震设计中的甲类建筑和乙类建筑,其安全等级宜规定为一级;丙类建筑,其安全等级宜规定为二级;丁类建筑,其安全等级宜规定为三级。

建筑物中各类结构构件的安全等级,宜与整个结构的安全等级相同,但允许对部分结构构件根据其重要程度和综合经济效益进行适当调整。如提高某一结构构件的安全等级所需额外费用很少,又能减轻整个结构的破坏,从而大大减少人员伤亡和财产损失,则可将该结构构件的安全等级比整个结构的安全等级提高一级。相反,如某一结构构件的破坏并不影响整个结构或其他结构构件的安全性,则可将其安全等级降低一级,但不得低于三级。

3.1.4 混凝土结构构件设计计算方法

根据混凝土结构构件设计计算方法的发展以及不同的特点,可分为容许应力法、破坏阶段法、极限状态设计法以及概率极限状态设计法等。

近年来,国际上在结构构件设计方法方面的趋向是采用基于概率理论的极限状态设计方法,简称概率极限状态设计法。按发展阶段,该法可分为三个水准:

水准Ⅰ——半概率法。对影响结构可靠度的某些参数,如荷载值和材料强度值等,用数理统计进行分析,并与工程经验相结合,引入某些经验系数,故称为半概率半经验法。该法对结构的可靠度还不能作出定量的估计。我国以前实施的《钢筋混凝土结构设计规范》(TJ 10—74)基本上属于此法。

水准Ⅱ——近似概率法。将结构抗力和荷载效应作为随机变量,按给定的概率分布估算失效概率或可靠指标,在分析中采用平均值和标准差两个统计参数,且对设计表达式进行线性化处理,所以也称为"一次二阶矩法"。它实质上是一种实用的近似概率计算法。为了便于应用,在具体计算时采用分项系数表达的极限状态设计表达式,各分项系数根据可靠度分析经优选确定。我国的《混凝土结构设计规范》(GBJ 10—89)、(GB 50010—2002)和(GB 50010—2010)所采用的就是近似概率法。其中,GB 50010—2010是我国当前所采用的设计规范,于2011年颁布施行。

水准Ⅲ——全概率法,是完全基于概率论的设计法,尚处于研究阶段。

3.2 荷载和材料强度的取值

结构物所承受的荷载不是一个定值,而是在一定范围内变动;结构所用材料的实际强度也在一定范围内波动。因此,结构设计时所取用的荷载值和材料强度值应采用概率统计方法来确定。

3.2.1 荷载标准值的确定

1) 荷载的统计特性

我国对建筑结构的各种恒载、民用房屋(包括办公楼、住宅、商店等)楼面活荷载、风荷载和雪荷载等进行了大量的调查和实测工作。对所取得的资料应用概率统计方法处理后,得到了这些荷载的概率分布和统计参数。

(1)永久荷载 G

建筑结构中的屋面、楼面、墙体、梁柱等构件自重重力,以及找平层、保温层、防水层等自重重力都是永久荷载,通常称为恒荷载,其值不随时间变化或变化很小。永久荷载是根据构件体积和材料容重确定的。由于构件尺寸在施工制作中的允许误差以及材料组成或施工工艺对材料容重的影响,构件的实际自重重力是在一定范围内波动的。根据在全国范围内实测的 2 667 块大型屋面板、空心板、平板等钢筋混凝土预制构件的自重重力,以及 20 000 多 m² 找平层、保温层、防水层等约 10 000 个测点的厚度和部分容重,经数理统计分析后,认为永久荷载这一随机变量符合正态分布。

(2)可变荷载 Q

建筑结构的楼面活荷载、风荷载和雪荷载等属于可变荷载,其数值随时间而变化。

民用房屋楼面活荷载一般分为持久性活荷载和临时性活荷载两种。在设计基准期内,持久性活荷载是经常出现的,如家具等产生的荷载,其数量和分布随着房屋的用途、家具的布置方式而变化,并且是时间的函数;临时性活荷载是短暂出现的,如人员临时聚会的荷载等,它随着人员的数量和分布而异,也是时间的函数。同样,风荷载和雪荷载均是时间的函数。因此,可变荷载随时间的变异可统一用随机过程来描述。对可变荷载随机过程的样本函数经处理后,可得到可变荷载在任意时点的概率分布和在设计基准期内最大值的概率分布。根据对全国范围内实测资料的统计分析,民用房屋楼面活荷载在上述两种情况下的概率分布以及风荷载和雪荷载的概率分布均可认为是极值 I 型分布。

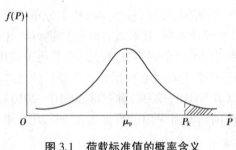

图 3.1 荷载标准值的概率含义

2) 荷载标准值

荷载标准值是建筑结构按极限状态设计时采用的荷载基本代表值。荷载标准值可由设计基准期(统一规定为 50 年)最大荷载概率分布的某一分位值确定,若为正态分布,则如图 3.1 中的 P_k。荷载标准值理论上应为结构在使用期间,在正常情况下,可能出现的具有一定保证率的偏大荷载值。例如,若取荷载标准值为

$$P_k = \mu_p + 1.645\sigma_p \tag{3.1}$$

则 P_k 具有 95% 的保证率,亦即在设计基准期内超过此标准值的荷载出现的概率为 5%。式(3.1)中的 μ_p 是荷载平均值,σ_p 是荷载标准差。

目前,由于对很多可变荷载未能取得充分的资料,难以给出符合实际的概率分布,若统一按 95% 的保证率调整荷载标准值,会使结构设计与过去相比在经济指标方面引起较大的波动。因此,我国现行《建筑结构荷载规范》(GB 50009—2012)(以下简称《荷载规范》)规定的荷载标准值,除了对个别不合理者作了适当调整外,大部分仍沿用或参照了传统习用的数值。

(1)永久荷载标准值 G_k

永久荷载(恒荷载)标准值 G_k 可按结构设计规定的尺寸和《荷载规范》规定的材料容重(或单位面积的自重)平均值确定,一般相当于永久荷载概率分布的平均值。对于自重变异性较大的材料,尤其是制作屋面的轻质材料,在设计中应根据荷载对结构不利或有利,分别取其自重的上限值或下限值。

(2)可变荷载标准值 Q_k

《荷载规范》规定,办公楼、住宅楼面均布活荷载标准值 Q_k 均为 2.0 kN/m^2。根据统计资料,这个标准值对于办公楼相当于设计基准期最大活荷载概率分布的平均值加 3.16 倍标准差,对于住宅则相当于设计基准期最大荷载概率分布的平均值加 2.38 倍的标准差。可见,对于办公楼和住宅,楼面活荷载标准值的保证率均大于 95%,但住宅结构构件的可靠度低于办公楼。

风荷载标准值是由建筑物所在地的基本风压乘以风压高度变化系数、风载体型系数和风振系数确定的。其中,基本风压是以当地比较空旷平坦地面上离地 10 m 高处统计所得的 50 年一

遇10 min 平均最大风速 v_0（单位为 m/s）为标准，按 $v_0^2/1\,600$ 确定的。

雪荷载标准值是由建筑物所在地的基本雪压乘以屋面积雪分布系数确定的。而基本雪压则是以当地一般空旷平坦地面上统计所得 50 年一遇最大雪压确定。

在结构设计中，各类可变荷载标准值及各种材料容重（或单位面积的自重）可由《荷载规范》查取。

3.2.2　材料强度标准值的确定

1）材料强度的变异性及统计特性

材料强度的变异性，主要是指材质以及工艺、加载、尺寸等因素引起的材料强度的不确定性。例如，按同一标准生产的钢材或混凝土，各批次之间的强度是常有变化的，即使是同一炉钢轧成的钢筋或同一次搅拌而得的混凝土试件，按照统一方法在同一试验机上进行试验，所测得的强度也不完全相同。

统计资料表明，钢筋强度的概率分布符合正态分布。如图 3.2 所示为某钢厂某年生产的一批 HPB235 级钢筋，以取样试件的屈服强度为横坐标，频率和频数为纵坐标，直方图代表实测数据。图中曲线为实测数据的理论曲线，代表了钢筋强度的概率分布，它基本符合正态分布。

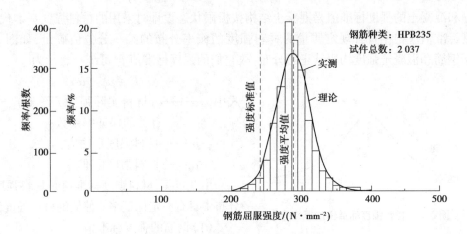

图 3.2　某钢厂钢材屈服强度统计资料

混凝土强度分布也基本符合正态分布。如图 3.3 所示为某预制构件厂所做的一批试块的实测强度分布，试块总数为 889 个。图中横坐标为试块的实测强度，纵坐标为频数和频率，直方图为实测数据，曲线代表了试块实测强度的理论分布曲线。

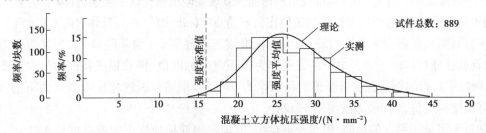

图 3.3　某预制构件厂对某工程所作混凝土试块的统计资料

根据全国各地的调查统计结果,热轧带肋钢筋强度的变异系数 δ_s 如表 3.3 所示;混凝土立方体抗压强度的变异系数 $\delta_{f_{cu}}$ 如表 3.4 所示。

表 3.3　热轧带肋钢筋强度的变异系数 δ_s

强度等级	HRB400		HRB500	
	屈服强度	抗拉强度	屈服强度	抗拉强度
δ_s	0.045	0.036	0.039	0.036

表 3.4　混凝土立方体抗压强度变异系数 $\delta_{f_{cu}}$

强度等级	C20	C25	C30	C35	C40	C45	C50	C55	C60~C80
$\delta_{f_{cu}}$	0.18 (0.11)	0.16 (0.10)	0.14 (0.09)	0.13 (0.08)	0.12 (0.07)	0.12 (0.07)	0.11 (0.07)	0.11 (0.06)	0.10 (0.05)

注:表中数值为现场拌制混凝土的变异系数,括号中为商品混凝土的变异系数。

2)材料强度标准值

钢筋和混凝土的强度标准值是混凝土结构按极限状态设计时采用的材料强度基本代表值。材料强度标准值应根据符合规定质量的材料强度的概率分布的某一分位值确定,如图 3.4 所示。由于钢筋和混凝土强度均服从正态分布,故它们的强度标准值 f_k 可统一表示为

$$f_k = \mu_f - \alpha\sigma_f \qquad (3.2)$$

式中　α——与材料实际强度 f 低于 f_k 的概率有关的保证率系数;

μ_f——材料强度平均值;

σ_f——材料强度标准差。

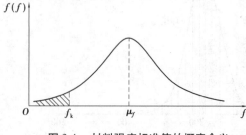

图 3.4　材料强度标准值的概率含义

由此可见,材料强度标准值是材料强度概率分布中具有一定保证率的偏低的材料强度值。

（1）钢筋的强度标准值

为了保证钢材的质量,国家有关标准规定钢材出厂前要抽样检查,检查的标准为"废品限值"。对于各级热轧钢筋,废品限值约相当于屈服强度平均值减去两倍标准差[即式(3.2)中的 $\alpha = 2$]所得的数值,保证率为 97.73%。《混凝土结构设计规范》规定,钢筋的强度标准值应具有不小于 95% 的保证率。可见,国家标准规定的钢筋强度废品限值符合这一要求,且偏于安全。因此,《混凝土结构设计规范》以国家标准规定值作为钢筋强度标准值的依据,具体取值方法如下:

①对有明显屈服点的热轧钢筋,取国家标准规定的屈服点(废品限值)作为屈服强度标准值;取钢筋拉断前相应于最大力下的强度作为极限强度标准值,钢筋强度特征值的保证率大于95%,例如热轧带肋钢筋强度特征值的保证率为 97%;取钢筋拉断前相应于最大力下的强度作为极限强度标准值,用于结构的抗倒塌设计。

②对无明显屈服点的钢筋、钢丝及钢绞线,取国家钢筋标准规定的极限抗拉强度 σ_b(σ_b 为钢筋国家标准的极限抗拉强度)作为强度标准值,但设计时对消除应力钢丝及钢绞线取 $0.85\sigma_b$

作为条件屈服点;对中强度预应力钢丝和螺纹钢筋有所调整。对于结构的抗倒塌设计,均采用极限强度标准值。

各类钢筋、钢丝和钢绞线的强度标准值见附表 1 和附表 2。

(2)混凝土的强度标准值

混凝土强度标准值为具有 95% 保证率的强度值,亦即式(3.2)中的保证率系数 $\alpha = 1.645$。混凝土各强度标准值取值方法如下:

根据上述定义,混凝土立方体抗压强度标准值为

$$f_{\mathrm{cu,k}} = \mu_{f_{\mathrm{cu}}} - 1.645\sigma_{f_{\mathrm{cu}}} = \mu_{f_{\mathrm{cu}}}(1 - 1.645\delta_{f_{\mathrm{cu}}}) \tag{3.3}$$

式中,$\mu_{f_{\mathrm{cu}}}, \sigma_{f_{\mathrm{cu}}}, \delta_{f_{\mathrm{cu}}}$ 分别为立方体抗压强度的平均值、标准差和变异系数($\delta_{f_{\mathrm{cu}}}$ 见表 3.4)。

如第 2 章所述,以"N/mm²"表示的混凝土立方体抗压强度标准值即为混凝土的强度等级,它是混凝土强度的基本代表值。根据基本代表值,轴心抗压强度标准值 f_{ck} 和轴心抗拉强度标准值 f_{tk} 分别按下列各式确定:

$$f_{\mathrm{ck}} = 0.88\alpha_{\mathrm{c1}}\alpha_{\mathrm{c2}}f_{\mathrm{cu,k}} \tag{3.4}$$

$$f_{\mathrm{tk}} = 0.88 \times 0.395\alpha_{\mathrm{c2}}f_{\mathrm{cu,k}}^{0.55}(1 - 1.645\delta_{f_{\mathrm{cu}}})^{0.45} \tag{3.5}$$

不同强度等级的混凝土强度标准值见附表 9。

3.3　概率极限状态设计法

3.3.1　结构的极限状态

整个结构或结构的一部分超过某一特定状态(如承载力、变形、裂缝宽度等超过某一限值)就不能满足设计规定的某一功能要求,此特定状态称为该功能的极限状态。极限状态实质上是区分结构可靠与失效的界限。

极限状态分为三类,即承载能力极限状态、正常使用极限状态和耐久性极限状态,分别规定有明确的标志和限值。

1)承载能力极限状态

承载能力极限状态对应于结构或结构构件达到最大承载能力或达到不适于继续承载的变形。当结构或结构构件出现下列状态之一时,应认为超过了承载能力极限状态:

①结构构件或连接部位因所受应力超过材料强度而破坏,或因过度变形而不适于继续承载。

②整个结构或结构的一部分作为刚体失去平衡(如倾覆等)。

③结构转变为机动体系。

④结构或结构构件丧失稳定(如压屈等)。

⑤结构因局部破坏而发生连续倒塌(初始发生局部破坏,其后从构件到构件不断扩展,最终导致整个结构倒塌)。

⑥地基丧失承载能力而破坏(如失稳等)。

⑦结构或结构构件的疲劳破坏(如由于荷载多次重复作用而破坏)。

由上述可见,承载能力极限状态为结构或结构构件达到允许的最大承载功能的状态。其中,结构构件由于塑性变形而使其几何形状发生显著改变,虽未达到最大承载能力,但已丧失使用功能,故也属于承载能力极限状态。

承载能力极限状态主要考虑有关结构安全性的功能,出现的概率应该很低。对于任何承载的结构或构件,都需要按承载能力极限状态进行设计。

2) 正常使用极限状态

正常使用极限状态对应于结构或结构构件达到正常使用的某项规定限值。当结构或结构构件出现下列状态之一时,应认为超过了正常使用极限状态:

①影响正常使用或影响外观的变形,如吊车梁变形过大使吊车不能平稳行驶,梁挠度过大影响外观。

②影响正常使用的局部损坏(包括裂缝),如水池开裂漏水不能正常使用,梁裂缝过宽致使钢筋锈蚀。

③影响正常使用的振动,如因机器振动而导致结构的振幅超过按正常使用要求所规定的限值。

④影响正常使用的其他特定状态,如相对沉降量过大等。

正常使用极限状态主要考虑有关结构适用性的功能,对财产和生命的危害较小,故出现概率允许稍高一些,但仍应予以足够的重视。因为过大的变形和过宽的裂缝不仅影响结构的正常使用,也会造成人们心理上的不安全感,还会影响结构的安全性。通常对结构构件先按承载能力极限状态进行承载能力计算,然后根据使用要求按正常使用极限状态进行变形、裂缝宽度或抗裂等验算。

3) 耐久性极限状态

对应于结构或结构构件在环境影响下出现的劣化(材料性能随时间的逐渐衰减)达到耐久性的某项规定限值或标志的状态。当结构或结构构件出现下列状态之一时,应认为超过了耐久性极限状态:

①影响承载能力和正常使用的材料性能劣化(如钢筋、混凝土的强度降低等);

②影响耐久性的裂缝、变形、缺口、外观、材料削弱等(如混凝土构件的裂缝宽度超过某一限值会引起构件内钢筋锈蚀;预应力筋和直径较细的受力主筋具备锈蚀条件;混凝土构件表面出现锈蚀裂缝等);

③影响耐久性的其他特定状态(如构件的金属连接件出现锈蚀;阴极或阳极保护措施失去作用等)。

结构的耐久性极限状态设计,应使结构构件出现耐久性极限状态标志或限值的年限不小于其设计使用年限。结构构件的耐久性极限状态设计,应包括保证构件质量的预防性处理措施、减小侵蚀作用的局部环境改善措施、延缓构件出现损伤的表面防护措施和延缓材料性能劣化速度的保护措施。

3.3.2 结构的设计状况

结构物在建造和使用过程中所承受的作用和所处环境不同,设计时所采用的结构体系、可靠度水准、设计方法等也应有所区别。因此在建筑结构设计时,应根据结构在施工和使用中的环境条件和影响,区分下列 4 种设计状况:

①持久设计状况。在结构使用过程中一定出现,其持续期很长的状况。持续期一般与设计使用年限为同一数量级。如房屋结构承受家具和正常人员荷载的状况。

②短暂设计状况。在结构施工和使用过程中出现概率较大,而与设计使用年限相比,持续时间很短的状况。如结构施工和维修时承受堆料和施工荷载的状况。

③偶然设计状况。在结构使用过程中出现概率很小,且持续期很短的状况。如结构遭受火灾、爆炸、撞击等作用的状况。

④地震设计状况。结构遭受地震作用时的状况,在抗震设防地区必须考虑地震设计状况。

对于上述 4 种设计状况,均应进行承载能力极限状态设计,以确保结构的安全性。对偶然设计状况,允许主要承重结构因出现设计规定的偶然事件而局部破坏,但其剩余部分具有在一段时间内不发生连续倒塌的可靠度;因持续期很短,可不进行正常使用极限状态设计和耐久性极限状态设计。对持久设计状况,尚应进行正常使用极限状态设计,并宜进行耐久性极限状态设计,以保证结构的适用性和耐久性;对短暂设计状况和地震设计状况,可根据需要进行正常使用极限状态设计。

3.3.3　结构的功能函数和极限状态方程

结构的可靠度通常受结构上的各种作用、材料性能、几何参数、计算公式精确性等因素的影响。这些因素一般具有随机性,称为基本变量,记为 $X_i(i=1,2,\cdots,n)$。

按极限状态方法设计建筑结构时,要求所设计的结构具有一定的预定功能(如承载能力、刚度、抗裂或裂缝宽度等),可用包括各有关基本变量 X_i 在内的结构功能函数来表达,即

$$Z = g(X_1, X_2, \cdots, X_n) \tag{3.6}$$

当

$$Z = g(X_1, X_2, \cdots, X_n) = 0 \tag{3.7}$$

时,称为极限状态方程。

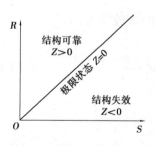

图 3.5　结构所处的状态

当功能函数中仅包括作用效应 S 和结构抗力 R 两个基本变量时,可得

$$Z = g(R, S) = R - S \tag{3.8}$$

通过功能函数 Z 可以判别结构所处的状态:

当 $Z>0$ 时,结构处于可靠状态;

当 $Z<0$ 时,结构处于失效状态;

当 $Z=0$ 时,结构处于极限状态。

结构所处的状态也可用图 3.5 来表达。当基本变量满足极限状态方程

$$Z = R - S = 0 \tag{3.9}$$

时(即图 3.5 的 45°直线),结构达到极限状态。

3.3.4　结构可靠度的计算

1）结构的失效概率 p_f

由式(3.8)可知,假若 R 和 S 都是确定性变量,则由 R 和 S 的差值可直接判别结构所处的状态。实际上,R 和 S 都是随机变量或随机过程,因此,要绝对地保证 R 总大于 S 是不可能的。图3.6 为 R 和 S 绘于同一坐标系时的概率密度曲线,假设 R 和 S 均服从正态分布且二者为线性关系,R 和 S 的平均值分别为 μ_R 和 μ_S,标准差分别为 σ_R 和 σ_S。由图可见,在多数情况下,R 大于 S。但是,由于 R 和 S 的离散性,在 R、S 概率密度曲线的重叠区(阴影段内)仍有可能出现 R 小于 S 的情况。这种可能性的大小用概率来表示就是失效概率,即结构功能函数 $Z=R-S<0$ 的概率,称为结构构件的失效概率,记为 p_f。

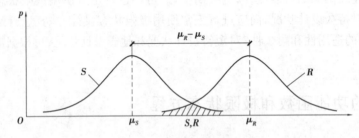

图 3.6　R、S 的概率密度曲线

当结构功能函数中仅有两个独立的随机变量 R 和 S,且它们都服从正态分布时,则功能函数 $Z=R-S$ 也服从正态分布,其平均值 $\mu_z=\mu_R-\mu_S$,标准差 $\sigma_z=\sqrt{\sigma_R^2+\sigma_S^2}$。功能函数 Z 的概率密度曲线如图 3.7 所示,结构的失效概率 p_f 可直接通过 $Z<0$ 的概率(图中阴影面积)来表达,即

$$p_f = P(Z < 0)$$

$$= \int_{-\infty}^{0} f(Z)\,\mathrm{d}Z = \int_{-\infty}^{0} \frac{1}{\sigma_z \sqrt{2\pi}} \exp\left[-\frac{1}{2}\left(\frac{Z - \mu_z}{\sigma_z} \right)^2 \right] \mathrm{d}Z \tag{3.10}$$

令 $\dfrac{Z-\mu_z}{\sigma_z}=t$,则 $\mathrm{d}Z=\sigma_z\mathrm{d}t$,$Z=\mu_z+t\sigma_z<0$ 相应于 $t<-\dfrac{\mu_z}{\sigma_z}$。所以,式(3.10)可改写为

$$p_f = P\left(t < -\frac{\mu_z}{\sigma_z} \right) = \int_{-\infty}^{-\frac{\mu_z}{\sigma_z}} \frac{1}{\sqrt{2\pi}} \exp\left(-\frac{t^2}{2} \right) \mathrm{d}t = \Phi\left(-\frac{\mu_z}{\sigma_z} \right) \tag{3.11}$$

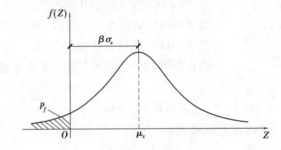

图 3.7　功能函数 Z 的概率密度曲线

式中,$\Phi(\cdot)$ 为标准正态分布函数,可由数学手册中查表求得,且有

$$\Phi\left(-\frac{\mu_z}{\sigma_z}\right) = 1 - \Phi\left(\frac{\mu_z}{\sigma_z}\right) \tag{3.12}$$

用失效概率度量结构可靠性具有明确的物理意义,能较好地反映问题的实质。但 p_f 的计算比较复杂,因而国际标准和我国标准目前都采用可靠指标 β 来度量结构的可靠性。

2)结构构件的可靠指标 β

令

$$\beta = \frac{\mu_z}{\sigma_z} = \frac{\mu_R - \mu_S}{\sqrt{\sigma_R^2 + \sigma_S^2}} \tag{3.13}$$

则式(3.11)可写为

$$p_f = \Phi\left(-\frac{\mu_z}{\sigma_z}\right) = \Phi(-\beta) \tag{3.14}$$

由式(3.14)及图3.7可见,β 与 p_f 具有数值上的对应关系(具体数值关系见表3.5),也具有与 p_f 相对应的物理意义。β 越大,p_f 就越小,即结构越可靠,故 β 称为可靠指标。

表 3.5　可靠指标 β 与失效概率 p_f 的对应关系

β	1.0	1.5	2.0	2.5	2.7	3.2	3.7	4.2
p_f	1.59×10^{-1}	6.68×10^{-2}	2.28×10^{-2}	6.21×10^{-3}	3.5×10^{-3}	6.9×10^{-4}	1.1×10^{-4}	1.3×10^{-5}

当仅有作用效应和结构抗力两个基本变量且均按正态分布时,结构构件的可靠指标可按式(3.13)计算;当基本变量不按正态分布时,结构构件的可靠指标应以结构构件作用效应和抗力当量正态分布的平均值和标准差代入式(3.13)计算。

由式(3.13)可以看出,β 直接与基本变量的平均值和标准差有关,而且还可以考虑基本变量的概率分布类型,所以它能反映影响结构可靠度的各主要因素的变异性,这是传统的安全系数所未能做到的。

3)设计可靠指标 $[\beta]$

设计规范所规定的、作为设计结构或结构构件时所应达到的可靠指标,称为设计可靠指标 $[\beta]$,该指标是根据设计所要求达到的结构可靠度而取定的,所以又称为目标可靠指标。《统一标准》给出了房屋建筑结构构件承载能力极限状态的可靠指标,如表3.6所示。表中延性破坏是指结构构件在破坏前有明显的变形或其他预兆;脆性破坏是指结构构件在破坏前无明显的变形或其他预兆。显然,延性破坏的危害相对较小,故 $[\beta]$ 值相对低一些;脆性破坏的危害较大,所以 $[\beta]$ 值相对高一些。

表 3.6　房屋建筑结构构件承载能力极限状态的设计可靠指标 $[\beta]$

破坏类型	安全等级		
	一级	二级	三级
延性破坏	3.7	3.2	2.7
脆性破坏	4.2	3.7	3.2

结构构件正常使用极限状态的设计可靠指标,根据其作用效应的可逆程度宜取 0~1.5。可逆极限状态指当产生超越正常使用极限状态的作用卸除后,该作用产生的超越状态可恢复的正常使用极限状态;不可逆极限状态指当产生超越正常使用极限状态的作用卸除后,该作用产生的超越状态不可恢复的正常使用极限状态。例如,一简支梁在某一数值的荷载作用后,其挠度超过了允许值,卸去该荷载后,若梁的挠度小于允许值,则为可逆极限状态,否则为不可逆极限状态。对可逆的正常使用极限状态,其可靠指标取为 0;对不可逆的正常使用的极限状态,其可靠指标取 1.5。当可逆程度介于可逆与不可逆二者之间时,$[\beta]$ 取 0~1.5 的值,对可逆程度较高的结构构件取较低值,对可逆程度较低的结构构件取较高值。同理,对建筑结构构件耐久性极限状态的设计可靠指标 $[\beta]$,宜根据其可逆程度取 1.0~2.0。

按概率极限状态法设计时,一般是已知各基本变量的统计特性(如平均值和标准差),然后根据规范规定的设计可靠指标 $[\beta]$,求出所需的结构抗力平均值 μ_R,并转化为标准值 R_k^* 进行截面设计。这种方法能够比较充分地考虑各有关因素的客观变异性,使所设计的结构比较符合预期的可靠度要求,并且在不同结构之间,设计可靠度具有相对可比性。

对于一般建筑结构构件,根据设计可靠指标 $[\beta]$,按上述概率极限状态设计法进行设计,显然过于繁复。目前除对少数十分重要的结构,如原子能反应堆、海上采油平台等直接按上述方法设计外,一般结构仍采用极限状态设计表达式进行设计。

3.4 结构极限状态设计表达式

长期以来,人们已习惯采用基本变量的标准值(如荷载标准值、材料强度标准值等)和分项系数(如荷载分项系数、材料分项系数等)进行结构构件设计。考虑到这一习惯,并为了应用上的简便,规范将极限状态方程转化为以基本变量标准值和分项系数形式表达的极限状态设计表达式。这就意味着,设计表达式中的各分项系数是根据结构构件基本变量的统计特性、以结构可靠度的概率分析为基础经优选确定的,它们起着相当于设计可靠指标 $[\beta]$ 的作用。

3.4.1 承载能力极限状态设计表达式

1)基本表达式

混凝土结构如为杆系结构或简化为杆系结构计算模型,则由结构分析可得构件控制截面内力;如为平面板或空间大体积结构,则由结构分析可得控制截面应力。因此,混凝土结构构件截面设计表达式可用内力或应力表达。

①对于持久设计状况、短暂设计状况和地震设计状况,当采用内力的形式表达时,结构构件应采用下列承载能力极限状态设计表达式:

$$\gamma_0 S_d \leqslant R_d \tag{3.15}$$

$$R_d = R(f_c, f_s, a_k, \cdots)/\gamma_{Rd} \tag{3.16}$$

式中 γ_0 ——结构重要性系数:在持久设计状况和短暂设计状况下,对安全等级分别为一级、二级、三级的结构构件的 γ_0 分别不应小于 1.1,1.0,0.9;对地震设计状况下 γ_0 应取 1.0;

S_d——承载能力极限状态下作用组合的效应设计值:对持久设计状况和短暂设计状况应按作用的基本组合计算;对地震设计状况应按作用的地震组合计算;

R_d——结构构件的抗力设计值;

$R(\cdot)$——结构构件的抗力函数;

γ_{Rd}——结构构件的抗力模型不定性系数:对静力设计取 1.0,对不确定性较大的结构构件根据具体情况取大于 1.0 的数值;对于抗震设计应用承载力抗震调整系数 γ_{RE} 代替 γ_{Rd};

a_k——几何参数的标准值,当几何参数的变异性对结构性能有明显的不利影响时,可增、减一个附加值;

f_c——混凝土的强度设计值;

f_s——钢筋的强度设计值。

②对二维、三维混凝土结构构件,当按弹性或弹塑性方法分析并以应力形式表达时,可将混凝土应力按区域等代成内力设计值,按式(3.15)进行计算;也可直接采用多轴强度准则进行设计验算。

③对偶然作用下的结构进行承载能力极限状态设计时,式(3.15)中的作用效应设计值 S 按偶然组合计算,结构重要性系数 γ_0 取不小于 1.0 的数值;当计算结构构件的承载力函数时,式(3.16)中混凝土、钢筋的强度设计值 f_c、f_s 改用强度标准值 f_{ck}、f_{yk}(或 f_{pyk})。当进行结构防连续倒塌验算时,作用宜考虑结构相应部位倒塌冲击引起的动力系数;在承载力函数的计算中,混凝土强度取强度标准值 f_{ck},普通钢筋强度取极限强度标准值 f_{stk},预应力筋强度取极限强度标准值 f_{ptk} 并考虑锚具的影响;a_k 宜考虑偶然作用下结构倒塌对结构几何参数的影响;必要时可考虑材料强度在动力作用下的强化和脆性,并取相应的强度特征值。

2) 作用组合的效应设计值 S

结构设计时,应根据所考虑的设计状况,选用不同的组合:对持久和短暂设计状况,应采用作用的基本组合;对偶然设计状况,应采用作用的偶然组合;对于地震设计状况,应采用作用的地震组合。

对于作用的基本组合,作用组合的效应设计值 S 应按下式确定:

$$S_d = \sum_{i \geqslant 1} \gamma_{G_i} S_{G_{ik}} + \gamma_P S_P + \gamma_{Q_1} \gamma_{L1} S_{Q_{1k}} + \sum_{j>1} \gamma_{Q_j} \psi_{Cj} \gamma_{Lj} S_{Q_{jk}} \tag{3.17}$$

式中　$S_{G_{ik}}$——第 i 个永久作用标准值的效应;

S_P——预应力作用有关代表值的效应;

$S_{Q_{1k}}$——第 1 个可变作用(主导可变作用)标准值的效应;

$S_{Q_{jk}}$——第 j 个可变作用标准值的效应;

γ_{G_i}——第 i 个永久作用的分项系数;

γ_P——预应力作用的分项系数;

γ_{Q_1}——第 1 个可变作用(主导可变作用)的分项系数;

γ_{Q_j}——第 j 个可变作用的分项系数;

γ_{L1}, γ_{Lj}——第 1 个和第 j 个关于结构设计使用年限的荷载调整系数,应按表 3.1 取用;

ψ_{Cj}——第 j 个可变作用的组合值系数。

应当指出,基本组合中的设计值仅适用于作用与作用效应为线性的情况。此外,当对 S_{Q1k} 无法明显判断时,轮次以各可变作用效应为 S_{Q1k},选其中最不利的作用效应组合。

对于作用的偶然组合,其效应设计值按下式计算:

$$S_d = \sum_{i \geqslant 1} S_{G_{ik}} + S_P + S_{A_d} + (\psi_{f1} \text{ 或 } \psi_{q1}) S_{Q1k} + \sum_{j > 1} \psi_{qj} S_{Qjk} \qquad (3.18)$$

式中 S_{A_d}——偶然作用设计值的效应;

ψ_{f1}——第 1 个可变作用的频遇值系数;

ψ_{q1}, ψ_{qj}——第 1 个和第 j 个可变作用的准永久值系数。

偶然作用的代表值不乘以分项系数,这是因为偶然作用标准值的确定本身带有主观的臆测因素;与偶然作用同时出现的其他作用可根据观测资料和工程经验采用适当的代表值。各种情况下作用效应的设计值公式,可按有关规范确定。

3)荷载分项系数,可变荷载的组合值系数

(1)荷载分项系数 γ_G, γ_Q

荷载标准值是结构在使用期间、在正常情况下可能遇到的具有一定保证率的偏大荷载值。统计资料表明,各类荷载标准值的保证率并不相同,如按荷载标准值设计,将造成结构可靠度的严重差异,并使某些结构的实际可靠度达不到目标可靠度的要求,所以引入荷载分项系数予以调整。考虑到荷载的统计资料尚不够完备,并为了简化计算,《统一标准》暂时按永久荷载和可变荷载两大类分别给出荷载分项系数。

荷载分项系数值是根据下述原则经优选确定的:在各项荷载标准值已给定的条件下,对各类结构构件在各种常遇的荷载效应比值和荷载效应组合下,用不同的分项系数值,按极限状态设计表达式(3.15)设计各种构件并计算其所具有的可靠指标,然后从中选取一组分项系数,使按此设计所得的各种结构构件所具有的可靠指标,与规定的设计可靠指标之间在总体上差异最小。

根据分析结果,《荷载规范》规定荷载分项系数(表 3.7)应按下列规定采用:

表 3.7 房屋建筑结构作用的分项系数

作用分项系数	适用情况	
	当作用效应 对承载力不利时	当作用效应 对承载力有利时
γ_G	1.3	$\leqslant 1.0$
γ_P	1.3	$\leqslant 1.0$
γ_Q	1.5	0

①永久荷载分项系数 γ_G。当永久荷载效应对结构不利(使结构内力增大)时,应取 1.3;当永久荷载效应对结构有利(使结构内力减小)时,应取 $\leqslant 1.0$。

②可变荷载分项系数 γ_Q：一般情况下应取 1.5；对工业建筑楼面结构，当活荷载标准值大于 4 kN/m² 时，从经济效果考虑，应取 1.4。

③预应力作用分项系数 γ_p：当预应力作用对结构不利（使结构内力增大）时，应取 1.3；当预应力作用对结构有利（使结构内力减小）时，应取 1.0。

（2）荷载设计值

荷载分项系数与荷载标准值的乘积，称为荷载设计值。如永久荷载设计值为 $\gamma_G G_k$，可变荷载设计值为 $\gamma_Q Q_k$。

（3）可变荷载组合值系数 ψ_{ci}、荷载组合值 $\psi_{ci} Q_{ik}$

当结构上作用几个可变荷载时，各可变荷载最大值在同一时刻出现的概率较小，若设计中仍采用各荷载效应设计值叠加，则可能造成结构可靠度不一致，因而必须对可变荷载设计值再乘以调整系数。荷载组合值系数 ψ_{ci} 就是这种调整系数。$\psi_{ci} Q_{ik}$ 称为可变荷载的组合值。

ψ_{ci} 是根据下述原则确定的：在荷载标准值和荷载分项系数已给定的情况下，对于有两种或两种以上的可变荷载参与组合的情况，引入 ψ_{ci} 对荷载标准值进行折减，使按极限状态设计表达式（3.15）设计所得的各类结构构件所具有的可靠指标，与仅有一种可变荷载参与组合时的可靠指标有最佳的一致性。

根据分析结果，《荷载规范》给出了各类可变荷载的组合值系数。当按式（3.17）计算荷载效应组合值时，除风荷载取 $\psi_{ci} = 0.6$ 外，大部分可变荷载取 $\psi_{ci} = 0.7$，个别可变荷载取 $\psi_{ci} = 0.9 \sim 0.95$（例如，对于书库、储藏室的楼面活荷载，$\psi_{ci} = 0.9$）。

4）材料分项系数、材料强度设计值

为了充分考虑材料的离散性和施工中不可避免的偏差带来的不利影响，再将材料强度标准值除以一个大于 1 的系数，即得材料强度设计值，相应的系数称为材料分项系数，即

$$f_c = f_{ck}/\gamma_c \qquad f_s = f_{sk}/\gamma_s \qquad (3.19)$$

对于普通钢筋，上式中的 f_{sk} 取钢筋屈服强度标准值（f_{yk}）；对于预应力筋，上式中的 f_{sk} 取钢筋条件屈服强度标准值（f_{pyk}）。确定钢筋和混凝土材料分项系数时，对于具有统计资料的材料，按设计可靠指标 $[\beta]$ 通过可靠度分析确定。即在已有荷载分项系数的情况下，在设计表达式（3.15）中采用不同的材料分项系数，反演推算出结构构件所具有的可靠指标 β，从中选取与规定的设计可靠指标 $[\beta]$ 最接近的一组材料分项系数。对统计资料不足的情况，则以工程经验为主要依据，通过对原规范（TJ 10—74）结构构件的校准计算确定。

确定钢筋和混凝土材料分项系数时，先通过对钢筋混凝土轴心受拉构件进行可靠度分析（此时构件承载力仅与钢筋有关，属延性破坏，取 $[\beta] = 3.2$），求得钢筋的材料分项系数 γ_s；再根据已经确定的 γ_s，通过对钢筋混凝土轴心受压构件进行可靠度分析（此时属于脆性破坏，取 $[\beta] = 3.7$），求出混凝土的材料分项系数 γ_c。

根据上述原则确定的混凝土材料分项系数 $\gamma_c = 1.4$；热轧钢筋（包括 HPB300、HRB400 和 HRBF400 级钢筋）的材料分项系数 $\gamma_s = 1.10$；对 HRB500 和 HRF500 级钢筋，$\gamma_s = 1.15$；对预应力筋（包括钢绞线、中强度预应力钢丝、消除应力钢丝和预应力螺纹钢筋），$\gamma_s = 1.20$。

钢筋及混凝土的强度设计值分别见附表 3、附表 4 和附表 10。

3.4.2　正常使用极限状态设计表达式

1）可变荷载的频遇值和准永久值

荷载标准值是在设计基准期内最大荷载的意义上确定的，它没有反映荷载作为随机过程而具有随时间变异的特性。当结构按正常使用极限状态的要求进行设计时，例如要求控制房屋的变形、裂缝、局部损坏以及引起不舒适的振动时，就应从不同的要求来选择荷载的代表值。

可变荷载有四种代表值，即标准值、组合值、频遇值和准永久值。其中标准值为基本代表值，其他三值可由标准值分别乘以相应系数（小于1.0）而得。下面主要说明频遇值和准永久值的概念。

在可变荷载 Q 的随机过程中，荷载超过某水平 Q_x 的表示方式，可用超过 Q_x 的总持续时间 $T_x(= \sum t_i)$ 与设计基准期 T 的比率 $\mu_x = T_x/T$ 来表示，如图 3.8 所示。

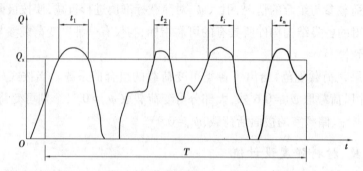

图 3.8　可变荷载的一个样本

可变荷载的频遇值是指在设计基准期内，其超越的总时间为规定的较小比率（$\mu_x \leq 0.1$）或超越频率为规定频率的荷载值。即在结构上较频繁出现且量值较大的荷载值（如一般住宅、办公楼的楼面均布活荷载频遇值为 0.5~0.6 的标准值），但总小于荷载标准值。

可变荷载的准永久值是指在设计基准期内，其超越的总时间约为设计基准期一半（即 $\mu_x \approx 0.5$）的荷载值，即在设计基准期内经常作用的荷载值（接近于永久荷载）。

2）正常使用极限状态设计表达式

对于正常使用极限状态，结构构件应分别按荷载的准永久组合、标准组合、准永久组合并考虑长期作用的影响或标准组合并考虑长期作用的影响，采用下列极限状态设计表达式进行验算：

$$S \leqslant C \tag{3.20}$$

式中　S——正常使用极限状态的荷载组合效应值（如变形、裂缝宽度、应力等的组合效应值）；

　　　C——结构构件达到正常使用要求所规定的变形、裂缝宽度和应力等的限值。

（1）标准组合的效应值 S_k

S_k 可按下式确定：

$$S_k = \sum_{i \geqslant 1} S_{G_{ik}} + S_P + S_{Q_{1k}} + \sum_{j > 1} \psi_{cj} S_{Q_{jk}} \tag{3.21}$$

这种组合主要用于当一个极限状态被超越时将产生严重的永久性损害的情况，即标准组合一般用于不可逆正常使用极限状态。

（2）频遇组合的效应值 S_f

S_f 可按下式确定：

$$S_f = \sum_{i \geqslant 1} S_{G_{ik}} + S_P + \psi_{f1} S_{Q_{1k}} + \sum_{j>1} \psi_{qj} S_{Q_{jk}} \tag{3.22}$$

式中　ψ_{f1}, ψ_{qj}——可变荷载 Q_1 的频遇值系数、可变荷载 Q_j 的准永久值系数，可通过《荷载规范》查取。

可见，频遇组合系指永久荷载标准值、主导可变荷载的频遇值与伴随可变荷载的准永久值的效应组合。这种组合主要用于当一个极限状态被超越时将产生局部损害、较大变形或短暂振动等情况，即频遇组合一般用于可逆正常使用极限状态。

（3）准永久组合的效应值 S_q

S_q 可按下式确定：

$$S_q = \sum_{i \geqslant 1} S_{G_{ik}} + S_P + \sum_{j \geqslant 1} \psi_{qj} S_{Q_{jk}} \tag{3.23}$$

这种组合主要用在当荷载的长期效应是决定性因素时的一些情况。

应当注意，对荷载效应为线性的情况，才可按式（3.21）—式（3.23）确定荷载组合效应值。另外，正常使用极限状态要求的设计可靠指标较小（$[\beta]$ 的取值在 $0 \sim 1.5$），因而设计时对荷载不用分项系数，对材料强度取标准值。由材料的物理力学性能已知，长期持续作用的荷载使混凝土产生徐变变形，并导致钢筋与混凝土之间的黏结滑移增大，从而使构件的变形和裂缝宽度增大。所以，进行正常使用极限状态设计时，应考虑荷载长期效应的影响，即应考虑荷载效应的准永久组合，有时尚应考虑荷载效应的频遇组合（如计算桥梁的预拱度值时）。

3）正常使用极限状态验算规定

①对结构构件进行抗裂验算时，应按荷载效应标准组合（式 3.21）进行计算，其计算值不应超过规范规定的相应限值。具体验算方法和规定见第 10 章。

②结构构件的裂缝宽度，对混凝土构件，按荷载效应的准永久组合（式 3.23）并考虑长期作用影响进行计算；对预应力混凝土构件，按荷载效应的标准组合（式 3.21）并考虑长期作用影响进行计算；构件的最大裂缝宽度不应超过规范规定的最大裂缝宽度限值。最大裂缝宽度限值应根据结构的环境类别、裂缝控制等级及结构类别，按附表 16 确定，其中结构的环境类别由附表 15 确定。具体验算方法和规定见第 9 章和第 10 章。

③受弯构件的最大挠度，对混凝土构件应按荷载效应的准永久组合（式 3.23），对预应力混凝土构件应按荷载效应的标准组合（式 3.21），并均应考虑荷载长期作用的影响进行计算，其计算值不应超过规范规定的挠度限值。受弯构件的挠度限值按附表 14 确定。具体验算方法和规定见第 9 章和第 10 章。

④对有舒适度要求的大跨度混凝土楼盖结构，应进行竖向自振频率验算，其自振频率宜符合下列要求：住宅和公寓不宜低于 5 Hz；办公楼和旅馆不宜低于 4 Hz；大跨度公共建筑不宜低于 3 Hz。大跨度混凝土楼盖结构竖向自振频率的计算方法可参考相关设计手册。

本章小结

1.结构设计的本质就是要科学地解决结构物的可靠性与经济性这对矛盾。结构可靠度是结构可靠性(安全性、适用性和耐久性的总称)的概率度量。结构安全性的概率度量称为结构安全度,它是结构可靠度中最重要的内容。

设计基准期和设计使用年限是两个不同的概念。前者为确定可变作用取值而选用的时间参数,后者表示结构在规定的条件下所应达到的使用年限。二者均不等同于结构的实际寿命或耐久年限。

2.作用于建筑物上的荷载可分为永久荷载、可变荷载和偶然荷载。永久荷载可用随机变量概率模型来描述,它服从正态分布;可变荷载可用随机过程概率模型来描述,其概率分布服从极值Ⅰ型分布;偶然荷载概率模型与其种类有关(如地震作用的概率模型为极值Ⅲ型等)。

永久荷载采用标准值作为代表值;可变荷载采用标准值、组合值、频遇值和准永久值作为代表值,其中标准值是基本代表值,其他代表值均可在标准值的基础上乘以相应的系数后得出。

3.对承载能力极限状态的荷载效应组合,应采用基本组合(对持久和短暂设计状况)、偶然组合(对偶然设计状况)或地震组合(对地震设计状况);对正常使用极限状态的荷载效应组合,按荷载的持久性和不同的设计要求采用三种组合:标准组合、频遇组合和准永久组合。对持久状况,应进行正常使用极限状态设计和耐久性极限状态设计;对短暂状况,可根据需要进行正常使用极限状态设计。

4.钢筋和混凝土强度的概率分布属正态分布。钢筋强度标准值是具有不小于95%保证率的偏低强度值,混凝土强度标准值是具有95%保证率的偏低强度值。钢筋和混凝土的强度设计值是用各自的强度标准值除以相应的材料分项系数而得到的。正常使用极限状态设计时,材料强度一般取标准值。承载能力极限状态设计时,对持久、短暂和地震设计状态,一般取用材料强度设计值;对偶然设计状态(如抗倒塌设计),混凝土取强度标准值,钢筋取极限强度标准值。

5.结构的极限状态分为三类:承载能力极限状态、正常使用极限状态和耐久性极限状态。以相应于结构各种功能要求的极限状态作为结构设计依据的设计方法,称为极限状态设计法。在极限状态设计法中,若以结构的失效概率或可靠指标来度量结构可靠度,并且建立结构可靠度与结构极限状态之间的数学关系,这就是概率极限状态设计法。这种方法能够比较充分地考虑各有关因素的客观变异性,使所设计的结构比较符合预期的可靠度要求,是设计理论的重大发展。

6.概率极限状态设计表达式与以往的多系数极限状态设计表达式形式上相似,但两者有本质区别。前者的各项系数是根据结构构件基本变量的统计特性,以可靠度分析经优选确定的,它们起着相当于设计可靠指标$[\beta]$的作用;而后者采用的各种安全系数主要是根据工程经验确定的。

思 考 题

3.1　什么是结构上的作用?荷载属于哪种作用?作用效应与荷载效应有什么区别?

3.2　荷载按随时间的变异分为哪几类?荷载有哪些代表值?在结构设计中,如何应用荷载代表值?

3.3 什么是结构抗力？影响结构抗力的主要因素有哪些？

3.4 什么是材料强度标准值和材料强度设计值？从概率意义来看，它们是如何取值的？

3.5 什么是结构的预定功能？什么是结构的可靠度？可靠度如何度量和表达？

3.6 什么是结构的极限状态？极限状态分为几类？各有什么标志和限值？

3.7 什么是失效概率？什么是可靠指标？二者有何联系？

3.8 什么是概率极限状态设计法？其主要特点是什么？

3.9 说明承载能力极限状态设计表达式中各符号的意义，并分析该表达式是如何保证结构可靠度的。

3.10 对正常使用极限状态，如何根据不同的设计要求确定荷载组合效应值？

3.11 解释下列名词：安全等级，设计状况，设计基准期，设计使用年限，目标可靠指标。

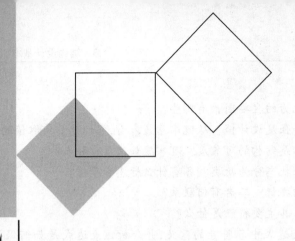

4 受弯构件正截面的性能与设计

本章导读:

- **基本要求:**理解受弯构件正截面的破坏过程、配筋率对受弯构件破坏形态的影响以及适筋梁在各个工作阶段的受力特点;理解正截面承载力计算的基本假定。掌握单筋矩形截面、双筋矩形截面和 T 形截面正截面承载力计算方法。熟悉受弯构件正截面的构造要求。
- **重点:**单筋矩形截面、双筋矩形截面和 T 形截面正截面承载力计算方法。
- **难点:**配筋率与受弯构件承载力的关系;双筋梁的承载力计算。

4.1 工程应用实例

受弯构件是指截面上作用有弯矩和剪力的构件,各种类型的梁和板是典型的受弯构件。梁是指承受垂直于其纵轴方向荷载的构件,它的截面尺寸小于其跨度,截面形式一般有矩形、T形、I形、双 T 形、槽形和箱形等;板是平面结构构件,其截面形式有实心板、空心板(如圆形孔、矩形孔)、槽形板和 T 形板等。如图 4.1 所示为房屋建筑工程中常用的梁、板截面形式。

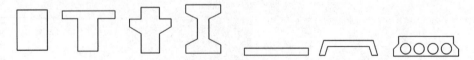

图 4.1 梁、板常用的截面形式

当板与梁一起浇筑时(图4.2),板不但将其上的荷载传递给梁,而且和梁一起构成 T 形或倒 L 形截面,共同承受荷载。

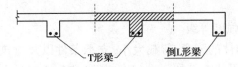

图4.2　现浇板的截面形式

受弯构件在荷载等作用下,可能发生两种主要的破坏:一种是沿弯矩最大的截面破坏[图4.3(a)];另一种是沿剪力最大或弯矩和剪力都较大的截面破坏[图4.3(b)]。

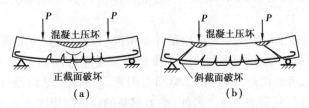

图4.3　受弯构件可能的破坏形态

对于前者而言,破坏截面与构件的纵轴线垂直,称之为正截面破坏。在外荷载作用下,受弯构件截面内将产生弯矩 M 和剪力 V,弯矩的作用将使截面中和轴的一侧受拉,另一侧受压。由于混凝土的抗拉强度很低,故应在中和轴一侧的受拉区布置纵向受力钢筋,以承受拉力,且纵向受力钢筋应尽可能地靠近最外侧受拉纤维处布置,以增加力臂,提高抗弯能力。如图4.4所示,只在受拉区配置纵向受力钢筋的梁,称为单筋截面梁;如果受拉、受压区同时配置纵向受力钢筋,则称双筋截面梁。

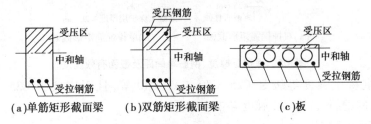

图4.4　梁和板的截面纵向受力钢筋

4.2　受弯构件的一般构造要求

受弯构件的正截面承载力计算通常只考虑了荷载效应对截面抗弯能力的影响,而有些因素(如温度、混凝土的收缩、徐变等)对截面承载力的影响不容易详细计算。人们在长期实践经验的基础上,总结出了一些构造措施,按照这些构造措施进行设计,可以防止因为计算中没有考虑到的因素而造成结构构件的破坏。同时,某些构造措施也是为了使用和施工上的需要而采用的。因此,进行钢筋混凝土结构和构件设计时,除了应符合计算要求以外,还必须满足有关的构造要求。

4.2.1 梁的构造要求

（1）截面尺寸及混凝土强度等级

梁的截面尺寸取决于构件的跨度、荷载大小、支承条件以及建筑设计要求等因素。根据工程经验，为满足正常使用极限状态等的要求（比如梁的挠度不能过大的限制），其截面高度 h 一般取 $(1/18\sim1/10)l_0$，其中 l_0 为梁的计算跨度；矩形截面的宽度 b 一般取 $(1/3\sim1/2)h$，T 形截面则为 $b=(1/4\sim1/2.5)h$。同时，为了便于施工及符合模板尺寸，通常梁截面宽度可以取为 120，150，180，200，220，250，300，350 mm 等尺寸，而截面高度则为 250，300，350，…，750，800，900，1 000 mm 等尺寸。

如图 4.5 所示，混凝土保护层厚度是指最外层钢筋（包括箍筋、构造筋、分布筋等）的外表面到截面边缘的垂直距离，一般用 c 表示。为了保证混凝土结构的耐久性、耐火性以及钢筋与混凝土之间的黏结性能，考虑构件种类、环境类别等因素，《混凝土结构设计规范》给出了最外层钢筋的保护层最小厚度（见附表 17）。另外，受力钢筋的保护层厚度不应小于受力钢筋的直径。

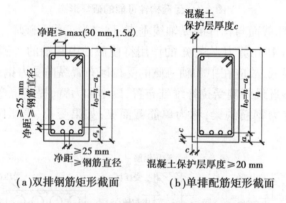

（a）双排钢筋矩形截面　　　　（b）单排配筋矩形截面

图 4.5　保护层厚度、钢筋净间距及截面有效高度

梁常用的混凝土强度等级是 C25、C30、C35、C40 等，且不应低于 C25；采用强度等级 500 MPa 及以上的钢筋时，混凝土强度等级不应低于 C30。

（2）梁中钢筋的布置

梁中一般配置有纵向受力钢筋、弯起钢筋、箍筋、架立钢筋和梁侧纵向构造钢筋等。纵向受拉钢筋配置在梁截面的受拉区。截面的受压区有时也配置一定数量的纵向受压钢筋。纵向受力钢筋应采用 HRB400 级或 HRB500 级等，常用直径为 12～28 mm；当梁截面高度 $h\geqslant300$ mm 时，钢筋直径不应小于10 mm，根数不应少于 2 根；当梁截面高度 $h<300$ mm 时，钢筋直径不应小于 8 mm。若采用两种不同直径的钢筋，为便于施工中能用肉眼识别，钢筋直径应相差至少 2 mm。

为了便于浇注混凝土，保证钢筋周围混凝土的密实性以及保证钢筋与混凝土黏结在一起，纵向受力钢筋的净间距应满足如图 4.5 所示的构造要求，如纵向受力钢筋为双排布置，则上、下钢筋应对齐；当梁下部钢筋配置多于两层时，两层以上钢筋水平方向的中距应比下面两层的中距增大一倍；各层钢筋之间的净间距不应小于 25 mm 和纵向钢筋直径 d。

架立钢筋设置在梁截面的受压区内，其作用是固定箍筋并与纵向受拉钢筋形成钢筋骨架；同时还能承受由于混凝土收缩及温度变化等所引起的拉应力。架立钢筋的直径，当梁的跨度小于 4 m 时，不宜小于 8 mm；当梁的跨度为 4～6 m 时，不宜小于 10 mm；当梁的跨度大于 6 m 时，不宜小于 12 mm。

梁侧纵向构造钢筋又称为腰筋,设置在梁的两个侧面,其作用是承受梁侧面的温度变化及混凝土收缩引起的应力,并抑制混凝土裂缝的开展(图 4.6)。当梁的腹板高度 $h_w \geqslant 450$ mm 时,在梁的两个侧面沿高度配置纵向构造钢筋,每侧纵向构造钢筋(不包括梁上、下部受力钢筋及架立钢筋)的截面面积不应小于腹板截面面积 bh_w 的 0.1%,且其间距不宜大于 200 mm。此处,h_w 为腹板高度,对于矩形截面取截面有效高度;对于 T 形截面,取有效高度减去翼缘高度[图 4.6(b)];对于 I 形截面,取腹板净高。

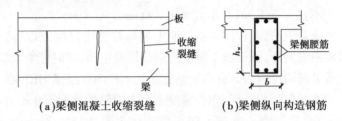

(a)梁侧混凝土收缩裂缝　　　(b)梁侧纵向构造钢筋

图 4.6　梁侧纵向构造钢筋

4.2.2　板的构造要求

1)板的厚度及混凝土强度等级

板厚除应满足承载力和使用功能外,尚应考虑钢筋锚固和耐久性等因素的影响。设计中取用的板厚度可根据板的跨厚比确定,跨厚比应满足下列要求:钢筋混凝土单向板不大于 30,双向板不大于 40;无梁支承的有柱帽板不大于 35,无梁支承的无柱帽板不大于 30。当板的荷载、跨度较大时宜适当减小。

板常用的混凝土强度等级为 C25、C30、C35、C40 等。由于板中配置的钢筋直径较小,仅从保证钢筋的黏结锚固而言,板的保护层厚度与梁相比可适当小一些,详见附表 17 中的有关规定。由表可知,板的保护层最小厚度一般为 15 mm。

2)板的配筋方式

梁式板中一般布置有两种钢筋:受力钢筋和分布钢筋,受力钢筋沿板的跨度方向在截面受拉一侧布置,其截面面积由计算确定;分布钢筋垂直于板的受力钢筋方向,并在受力钢筋的内侧按构造要求配置,如图 4.7 所示。

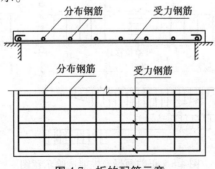

图 4.7　板的配筋示意

现浇整体板内受力钢筋的配置,通常是按每米板宽所需钢筋面积 A_s 值选用钢筋的直径和间距。如若 $A_s = 390 \ mm^2/m$,则由附表 22 可选用受力钢筋为φ 8@ 125($A_s = 402 \ mm^2/m$),其中 8 指钢筋公称直径为 8 mm,125 指钢筋的间距(钢筋中至中的距离)为 125 mm。

板内受力钢筋通常采用 HPB300 级和 HRB400 级等钢筋,直径通常采用8~12 mm;当板厚较大时,钢筋直径可用 12~18 mm。为了便于浇注混凝土,保证钢筋周围混凝土的密实性,板内钢筋间距不宜过密;为了使板内钢筋能够正常地分担内力,钢筋间距也不宜过稀。板内受力钢筋间距一般为 70~200 mm。当板厚 $h \leqslant 150 \ mm$ 时,钢筋间距不宜大于200 mm;当板厚 $h >$ 150 mm 时,钢筋间距不宜大于 $1.5h$,且不宜大于 250 mm。

分布钢筋是一种构造钢筋,其作用是将板面上的荷载更均匀地分布给受力钢筋;与受力钢筋绑扎在一起以形成钢筋网片,保证施工时受力钢筋位置正确;同时还能承受由于温度变化、混凝土收缩等在板内所引起的拉应力。分布钢筋宜采用 HPB300 级或 HRB400 级钢筋,常用直径为 6 mm 和 8 mm。当按单向板设计时,单位宽度上分布钢筋的截面面积不宜小于单位宽度上受力钢筋截面面积的 15%,且不宜小于该方向板截面面积的 0.15%;分布钢筋的直径不宜小于6 mm,间距不宜大于 250 mm;对于集中荷载较大的情况,分布钢筋的截面面积应适当增加,其间距不宜大于 200 mm。

4.3　正截面受弯性能的试验研究

混凝土受弯构件与材料力学中所讨论的弹性、匀质和各向同性梁的受力性能相比,有着很大的不同。由于影响混凝土受弯构件弯曲性能的因素较多,问题也较匀质弹性材料梁更为复杂,所以混凝土受弯构件的计算理论是建立在试验基础上的,通过试验并辅之以相应的理论分析,确定截面的应变和应力分布,建立正截面承载力计算理论和方法。

4.3.1　试验测试及结果

如图 4.8 所示为消除剪力对正截面受弯性能的影响,通常采用三分点加载的试验方案。由于梁的自重与所受到的荷载相比可以忽略,所以,对称荷载之间的截面只承受弯矩而没有剪力,形成一个纯弯段。另外,为了消除架立钢筋对截面受弯性能的影响,在纯弯段内仅在截面下部

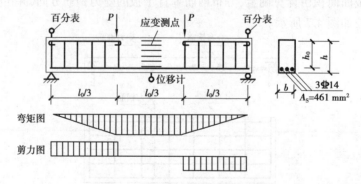

图 4.8　正截面受弯性能试验示意图

配置纵向受拉钢筋而上部不放置架立钢筋,这样在该区段就形成了理想的单筋受弯截面。

由于混凝土是一种复合材料,所以只能通过长标距的应变片或应变传感器来量测混凝土沿梁纵向的平均应变,进而得到其沿截面高度的应变分布规律和受压破坏时的混凝土极限压应变。对于钢筋而言,则可以利用小标距,通常为 $10\sim30$ mm 的电阻应变片来准确地得到某一点的钢筋应变值。另外,试验时的荷载值、梁的跨中挠度可通过荷载传感器和位移计得到。以此为基础,就可以测得随着荷载不断增加时钢筋的应力变化、混凝土的应变分布和挠度增长等情况。

试验时,需要观察记录梁上裂缝的出现、扩展以及分布等情况,同时还要测取其他数据。根据各级荷载作用下所测得的仪表读数,经过计算分析后可得到梁在各个不同加载阶段时的受力与变形情况。图 4.9 即为一根配筋适当的单筋矩形截面梁的试验结果。

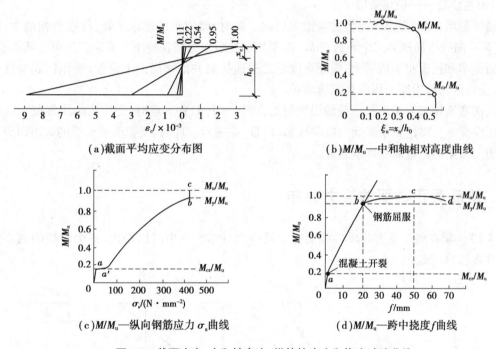

(a)截面平均应变分布图　　　　(b)M/M_u—中和轴相对高度曲线

(c)M/M_u—纵向钢筋应力 σ_s 曲线　　　(d)M/M_u—跨中挠度 f 曲线

图 4.9　截面应变、中和轴高度、纵筋拉应力和挠度试验曲线

4.3.2　适筋梁正截面受力的三个阶段

对配筋适当的钢筋混凝土梁,从开始加载到受弯破坏的全过程可划分为以下三个阶段。

(1)第 I 阶段——弹性工作阶段

在加载初期,由于弯矩较小,梁受拉区边缘的纵向应变小于混凝土的极限拉应变,混凝土尚未开裂,整个截面处于弹性状态,均参与受力。由材料力学可知:截面应变分布符合平截面假定,挠度及钢筋应变均与弯矩成正比。称这个阶段为第 I 阶段。

当受拉边缘的混凝土应变达到其极限拉应变时,纯弯段内某个薄弱截面必将出现与正应力相垂直的竖向裂缝,把这种即将出现裂缝的受力状态称为梁的开裂状态,以 I_a 来表示。此时,梁所承担的弯矩称为开裂弯矩 M_{cr}。

（2）第Ⅱ阶段——带裂缝工作阶段

梁达到其开裂状态的瞬间,出现第一条垂直于梁轴线的竖向裂缝而进入带裂缝工作阶段（Ⅱ阶段）。随着梁的刚度降低,变形加快,其弯矩-挠度曲线上出现了第一个转折点 a。由于受拉区混凝土开裂而退出工作,原先由混凝土承担的部分拉力突然转给纵向受拉钢筋,使钢筋应力有了一个突变［图4.9（c）］。此后,随着截面弯矩的继续增大,还会在纯弯段出现新的竖向裂缝,受压区混凝土的压应变随之加大。此时,已开裂截面的应变分布并不符合平截面假定,但当应变量测标距较大时,该范围内的实测平均应变沿梁截面高度的变化规律仍能符合平截面假定。

当钢筋应力达到其屈服强度时,钢筋开始屈服,称为梁的屈服状态,以 Ⅱ$_a$ 来表示,梁在此时承受的弯矩称为屈服弯矩 M_y。

（3）第Ⅲ阶段——破坏阶段

钢筋屈服后,梁的受力性能将发生重大变化。此时,梁的刚度迅速下降,挠度急剧增大,荷载-挠度关系曲线将出现第二个转折点 b。由于钢筋屈服应力将保持不变而应变仍可持续增长,所以截面曲率和挠度将突然增大,裂缝宽度随之迅速扩展并沿梁高向上延伸,受压区高度进一步减小,受压区边缘混凝土压应变迅速增长。

当截面弯矩增加至梁所能承受的最大弯矩,即图4.9（d）中 c 点时,受压区边缘混凝土达到了极限压应变 ε_{cu},梁达到承载能力极限状态,以 Ⅲ$_a$ 来表示。此时,梁截面所承受的弯矩即为极限弯矩 M_u,即梁的正截面受弯承载力。

4.3.3 适筋梁正截面的应力分布

图4.10为梁在各个受力阶段的截面应变及应力分布。从中可以看出,各个阶段的截面应力分布具有各自特点。

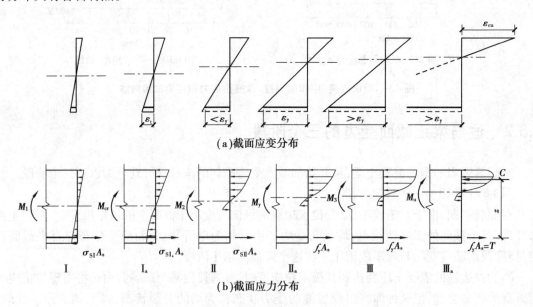

（a）截面应变分布

（b）截面应力分布

图4.10 梁各阶段的截面应变及对应的应力分布图

（1）第 I 阶段

混凝土处于弹性工作阶段，应力与应变成正比，截面应变分布符合平截面假定。当受拉区边缘混凝土应变达到其极限拉应变时，受拉区混凝土即将开裂；边缘混凝土的拉应力达到其抗拉强度 f_t；受压区混凝土仍处于弹性阶段，压应力图形为三角形［图 4.10（b）中 I_a］。若取混凝土的极限拉应变为 0.000 15，则受拉钢筋中的应力仅为 30 N/mm² 左右。此时的截面应力分布图形是确定梁开裂弯矩的依据。

（2）第 II 阶段

受拉区混凝土开裂后，开裂截面混凝土承受的拉力转由钢筋承受，致使钢筋应力突然增大，但中和轴以下未开裂部分的混凝土仍可承受一小部分拉力。随着截面弯矩的增大，受压区混凝土的压应变随之加大，其塑性性质将越来越明显，由混凝土的应力-应变曲线可知，受压区混凝土应力图形将逐渐呈曲线分布［图 4.10（b）中 II］。这个阶段是一般混凝土梁的正常使用工作阶段，因此其截面应力分布可作为梁在正常使用阶段变形和裂缝开展宽度验算的依据。弯矩继续增大，受拉钢筋屈服，称为 II_a 阶段。

（3）第 III 阶段

受拉钢筋屈服后，其应力将保持不变，而应变继续增长，中和轴进一步上移，受压区高度减小，受压区边缘混凝土压应变迅速增长，其塑性特征将表现得更为充分，压应力图形更趋丰满［图 4.10（b）中 III］。当截面受压区边缘混凝土达到其极限压应变 ε_{cu} 时（一般可达 0.003 ~ 0.004），应力图形的峰值下移［图 4.10（b）中 III_a］。III_a 状态是梁正截面承载能力的极限状态，其截面应力分布为受弯构件正截面承载能力计算的依据。

4.3.4　正截面受弯的破坏形态

根据试验研究可知，受弯构件中纵向受拉钢筋的相对数量对其正截面的受力性能，特别是受弯破坏形态有着很大影响。纵向受拉钢筋的相对数量一般用配筋率 ρ 来表示，其计算公式为

$$\rho = \frac{A_s}{bh_0} \tag{4.1}$$

式中　A_s——纵向受拉钢筋截面面积；

　　　b——矩形截面的宽度；

　　　h_0——纵向受拉钢筋合力点至截面受压区边缘的高度，称为截面的有效高度（图 4.5）。

1）适筋破坏

如图 4.11（a）所示，当配筋率 ρ 适中时，梁发生适筋破坏。其主要特征是：纵向受拉钢筋应力首先达到屈服强度，然后受压区边缘混凝土达到极限压应变致使受压区混凝土被压坏。这种破坏从受拉钢筋屈服到极限状态有一个较长的塑性变形过程，能够给人以明显的破坏预兆，因此称这种破坏形态为"塑性破坏"或"延性破坏"。由于适筋破坏时钢筋和混凝土两种材料都能得到充分利用，所以实际工程中的受弯构件都应设计成适筋梁。

此外，适筋梁的塑性变形能力并非总是一成不变的。当配筋率偏低时，截面开裂后钢筋拉应变的增长速度相对比受压边缘混凝土应变的增长速度为快。当钢筋屈服时，受压边缘混凝土的应变值尚较小，要达到其极限压应变，钢筋屈服后要有一个较长的拉应变增长过程。因此，这

种配筋率偏低的适筋梁,其塑性变形能力较好(图 4.12)。随着梁配筋率的增加,从钢筋屈服到受压区混凝土压坏之间的变形过程越来越短,则其塑性变形能力越来越差。当配筋率增大到某个限值时,受拉钢筋的屈服与受压区混凝土的压坏同时发生,这种破坏通常称为"界限破坏"或"平衡破坏",此时的配筋率即为适筋梁配筋率的上限,称为最大配筋率或界限配筋率。

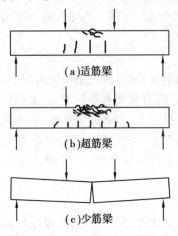

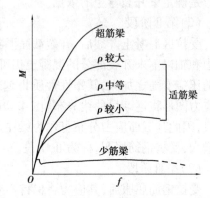

图 4.11　梁的 3 种受弯破坏形态　　　　　图 4.12　各种受弯破坏梁的弯矩-挠度曲线

2)超筋破坏

当配筋率 ρ 很大时,梁发生超筋破坏形态[图 4.11(b)]。在整个加载过程中,梁仅仅经历了Ⅰ、Ⅱ两个受力阶段,其主要特征是受压区混凝土先被压碎而纵向受拉钢筋应力达不到屈服强度。即当受压区边缘混凝土达到极限压应变时,受拉钢筋应力尚小于屈服强度,但梁已宣告破坏。发生超筋破坏时,受拉钢筋尚处于弹性阶段,裂缝开展宽度较小且延伸不高,不能形成一条开裂较大的主裂缝,梁的挠度也相对较小。因此,这种单纯因混凝土压碎而引起的破坏发生得相当突然,破坏过程短暂,没有明显的预兆,属于"脆性破坏"。这种破坏既没有充分利用受拉钢筋的作用,而且破坏突然,故从安全与经济角度考虑,在实际工程设计中都应避免采用超筋梁。

3)少筋破坏

当配筋率 ρ 很小时,梁发生少筋破坏[图 4.11(c)]。在整个加载过程中,梁仅经历了弹性阶段,其主要特征是开裂后截面所能负担的极限弯矩 M_u 小于开裂弯矩 M_{cr},因此受拉区混凝土一裂就坏。

在少筋破坏形态中,受拉区混凝土一旦开裂,则裂缝截面处原来由混凝土承担的拉力将全部由纵向受拉钢筋负担。由于配筋率 ρ 很小,因此受拉钢筋应力迅速增长并有可能很快超过其屈服强度而进入强化阶段,甚至可能被拉断。受力过程中出现的唯一的一条竖向裂缝以很快的速度开展,并贯穿截面高度的大部分,从而使构件严重向下挠曲。即使钢筋不被拉断,受压区混凝土也暂未压碎,梁也会因变形过大及裂缝过宽而达到其承载能力极限状态。这种"一裂即坏"的现象是在很短的时间内突然发生的,也无任何预兆,属于"脆性破坏"。少筋梁虽然配有钢筋,但并不能提高素混凝土梁的承载力,所配的钢筋并无任何效果,且受压区混凝土的强度也未能充分利用,其承载能力主要取决于混凝土的抗拉强度。因此,从安全及经济方面考虑,实际工程中不允许采用少筋梁。

4.3.5　适筋梁的配筋率

为避免设计中出现超筋梁和少筋梁,《混凝土结构设计规范》对适筋梁的配筋率 ρ 给出了一定范围,其下限值称为最小配筋率,用 ρ_{min} 表示;其上限值称为最大配筋率,以 ρ_{max} 表示。只要把梁的配筋率 ρ 控制在上述范围以内,则所设计的梁必为适筋梁。

由于适筋梁的破坏始于受拉钢筋首先屈服,而超筋梁的破坏始于受压区混凝土首先压碎,所以必然存在一种界限状态,即受拉钢筋屈服的同时,受压区边缘混凝土应变也恰好达到极限压应变,此时的配筋率为界限配筋率 ρ_b,其特点是截面屈服和达到极限承载能力同时发生,即 $M_y = M_u$。这种破坏形态称为"界限破坏"或"平衡破坏",也就是适筋梁与超筋梁在界限时的破坏情况。当 $\rho < \rho_b$ 时,梁发生适筋破坏;当 $\rho > \rho_b$ 时,梁发生超筋破坏。因此,界限配筋率 ρ_b 是保证受拉钢筋屈服的最大配筋率,也可用 ρ_{max} 表示。

同样,适筋梁和少筋梁也存在一个界限配筋率,相当于适筋梁的最小配筋率 ρ_{min},即当配筋率 $\rho < \rho_{min}$ 时,其破坏形态为少筋梁的破坏特征;当 $\rho = \rho_{min}$ 时,梁的开裂状态即为梁的破坏状态,梁截面的开裂弯矩 M_{cr} 即等于梁截面的极限弯矩 M_u。

适筋梁的最大配筋率 ρ_{max} 和最小配筋率 ρ_{min} 的确定方法见本章 4.4.4 小节。

4.4　正截面受弯承载力分析

4.4.1　基本假定

混凝土受弯构件正截面受弯承载力计算是以适筋梁破坏阶段的 III_a 受力状态为依据的。由于截面应变和应力分布的复杂性,为简化计算,可作基本假定如下:

①截面应变分布符合平截面假定,即正截面应变按线性规律分布。

②截面受拉区的拉力全部由钢筋负担,不考虑受拉区混凝土的抗拉作用。

③混凝土受压的应力-应变关系曲线是由抛物线上升段和水平段两部分组成,如图 4.13 所示,其表达式如下:

当 $\varepsilon_c \leqslant \varepsilon_0$ 时(上升段)

$$\sigma_c = f_c \left[1 - \left(1 - \frac{\varepsilon_c}{\varepsilon_0} \right)^n \right] \tag{4.2}$$

当 $\varepsilon_0 < \varepsilon_c \leqslant \varepsilon_{cu}$ 时(水平段)

$$\sigma_c = f_c \tag{4.3}$$

$$n = 2 - \frac{1}{60}(f_{cu,k} - 50) \tag{4.4}$$

$$\varepsilon_0 = 0.002 + 0.5(f_{cu,k} - 50) \times 10^{-5} \tag{4.5}$$

$$\varepsilon_{cu} = 0.0033 - (f_{cu,k} - 50) \times 10^{-5} \tag{4.6}$$

式中　σ_c——混凝土压应变为 ε_c 时的混凝土压应力;

　　　f_c——混凝土轴心抗压强度设计值,按附表 10 采用;

ε_0——混凝土压应力刚达到 f_c 时的混凝土压应变,当计算的 ε_0 值小于 0.002 时,取为 0.002;

ε_{cu}——正截面的混凝土极限压应变,当处于非均匀受压且按式(4.6)计算的值大于 0.003 3时,取为 0.003 3;当处于轴心受压时取 ε_0;

$f_{cu,k}$——混凝土立方体抗压强度标准值;

n——系数,当计算的 n 值大于 2.0 时,取为 2.0。

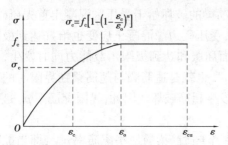

图 4.13 混凝土应力-应变曲线

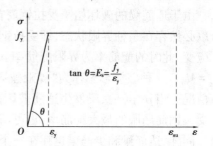

图 4.14 钢筋应力-应变曲线

根据式(4.4)—式(4.6),各强度等级混凝土的 n、ε_0 和 ε_{cu} 的计算值见表 4.1。

表 4.1 混凝土应力-应变曲线参数

混凝土强度等级	≤C50	C60	C70	C80
n	2	1.83	1.67	1.50
ε_0	0.002	0.002 05	0.002 1	0.002 15
ε_{cu}	0.003 3	0.003 2	0.003 1	0.003 0

④纵向钢筋的应力取为钢筋应变与其弹性模量的乘积,但其绝对值不应大于其相应的强度设计值。纵向受拉钢筋的极限拉应变取为 0.01。

如图 4.14 所示,这一假定说明钢筋的应力-应变关系可采用理想弹塑性曲线。即在钢筋屈服以前,钢筋应力和应变成正比;在钢筋屈服以后,钢筋应力保持不变。其表达式如下:

当 $\varepsilon_s \leq \varepsilon_y$ 时(上升段)

$$\sigma_s = \varepsilon_s E_s \tag{4.7}$$

当 $\varepsilon_y < \varepsilon_s \leq \varepsilon_{su}$时(水平段)

$$\sigma_s = f_y \tag{4.8}$$

式中 f_y——钢筋的屈服应力;

σ_s——对应于钢筋应变为 ε_s 时的钢筋应力值;

ε_y——钢筋的屈服应变,即 $\varepsilon_y = \dfrac{f_y}{E_s}$;

ε_{su}——钢筋的极限拉应变,取 0.01;

E_s——钢筋的弹性模量。

这一假定规定了钢筋的极限拉应变 $\varepsilon_{su} = 0.01$,作为构件达到承载能力极限状态的标志之一。即混凝土的极限压应变 ε_{cu} 或受拉钢筋的极限拉应变 ε_{su},这两个极限应变中只要具备其中的一个,标志构件达到了承载能力极限状态。钢筋的极限拉应变规定为 0.01,对有明显屈服点的钢筋,它相当于钢筋应变进入了屈服台阶;对无屈服点的钢筋,设计所用的强度是以条件屈服点为依据的,此规定是限制钢筋的强化强度。同时,它也表示设计采用的钢筋,其均匀伸长率不得小于 0.01,以保证结构构件具有必要的延性。

4.4.2　正截面受弯分析

根据上述 4 条基本假定,可得单筋矩形截面在承载能力极限状态(Ⅲ$_a$状态)下的应变和应力分布(图 4.15)。此时,截面受压区边缘混凝土应变达到了极限压应变 ε_{cu}。取此时截面的受压区高度为 x_c,则受压区任一高度 y 处混凝土纤维的压应变和受拉钢筋的应变可分别按下式计算:

$$\varepsilon_c = \varepsilon_{cu}\frac{y}{x_c}, \quad \varepsilon_s = \varepsilon_{cu}\frac{h_0 - x_c}{x_c} \tag{4.9}$$

式中　y——受压区任一高度纤维距截面中和轴的距离;

x_c——混凝土受压区的高度。

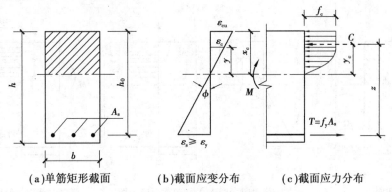

(a)单筋矩形截面　　(b)截面应变分布　　(c)截面应力分布

图 4.15　矩形截面受弯应力分析

由图 4.15(c)所示的截面压应力分布图形,压应力的合力 C 及其作用点到中和轴的距离 y_c 可用积分的形式分别表示为

$$C = \int_0^{x_c} \sigma_c(y)b\,dy, \quad y_c = \frac{\int_0^{x_c} \sigma_c(y)by\,dy}{C} \tag{4.10}$$

当梁的配筋率处于适筋范围时,受拉钢筋应力可达到其屈服强度,则钢筋的拉力及其到中和轴的距离 y_s 可分别按下式计算:

$$T_s = f_y A_s, \quad y_s = h_0 - x_c \tag{4.11}$$

根据截面的平衡条件,可写出以下两个平衡方程:

$$\sum X = 0, \quad \int_0^{x_c} \sigma_c(y)b\,dy = f_y A_s$$

$$\sum M = 0, \quad M_u = Cy_c + f_y A_s(h_0 - x_c) \tag{4.12}$$

式(4.12)中的第一个方程为水平方向的力平衡条件,第二个方程为弯矩平衡条件,是对中和轴取力矩平衡得到的。也可以对混凝土受压区合力点或对受拉钢筋截面重心分别取力矩得到,即

$$\sum M = 0 \quad M_u = f_y A_s z$$

$$\sum M = 0 \quad M_u = \int_0^{x_c} \sigma_c(y) b(h_0 - x_c + y) \mathrm{d}y \tag{4.13}$$

式中 z——受压区混凝土合力与受拉钢筋的拉力之间的距离,称为内力臂。

为了实用方便,可对受弯承载力的计算进行简化。

4.4.3　受压区等效矩形应力图形

如图 4.16 所示,为简化计算,可将受压区混凝土的抛物线加矩形应力图形用一个等效矩形应力图形来替换。两个图形等效的原则是:

①等效矩形应力图形的面积应等于抛物线加矩形应力图形的面积,即混凝土压应力的合力 C 的大小相等。

②等效矩形应力图形的形心位置应与抛物线加矩形应力图形的总形心位置相同,即压应力合力 C 的作用点位置 y_c 不变。

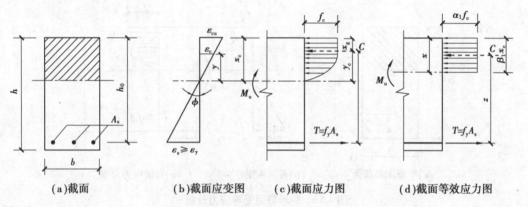

(a)截面　　　　(b)截面应变图　　　　(c)截面应力图　　　　(d)截面等效应力图

图 4.16　矩形截面受弯应力和应变分布图

为了推导等效应力图形与抛物线加矩形应力图形之间的关系,取等效矩形应力图形的高度为 $x = \beta_1 x_c$,等效混凝土抗压强度为 $\alpha_1 f_c$,如图 4.16(d)所示。若假定抛物线加矩形应力图形的总面积及其重心分别为 A 和 x_g(至受压边缘的距离),则两个图形的等效条件可表示为

$$A = \alpha_1 f_c \cdot \beta_1 x_c, \quad x_g = \frac{x}{2} = \frac{1}{2}\beta_1 x_c \tag{4.14}$$

式中 α_1——等效矩形应力图形应力与混凝土抗压强度 f_c 的比值;

　　　　β_1——等效矩形应力图形高度(即等效受压区高度,简称受压区高度)x 与曲线应力图形高度 x_c 的比值。

式(4.14)中的 A 和 x_g 可根据式(4.13)及图 4.16 的截面应变和应力分布图形,用数值积分的方法确定。例如,对 C50 及以下的普通混凝土,其受压应力-应变曲线的参数分别取 $n = 2$,$\varepsilon_0 = 0.002$ 及 $\varepsilon_{cu} = 0.003\ 3$,可求得 $\alpha_1 = 0.969$,$\beta_1 = 0.824$;同理,当混凝土强度等级为 C80 时,$\alpha_1 = 0.935$,$\beta_1 = 0.762$。

《混凝土结构设计规范》将上述分析结果取整,其结果见表 4.2。由表可知,当混凝土的强度等级大于 C50 时,α_1 和 β_1 的值随混凝土强度等级的提高而减小。

表 4.2 混凝土受压区等效矩形应力图形系数

系　数	混凝土强度等级						
	≤C50	C55	C60	C65	C70	C75	C80
α_1	1.00	0.99	0.98	0.97	0.96	0.95	0.94
β_1	0.80	0.79	0.78	0.77	0.76	0.75	0.74
$\alpha_1\beta_1$	0.80	0.782	0.764	0.747	0.730	0.713	0.696

采用等效矩形应力图形后,即可很方便地写出正截面受弯承载力的计算公式,即

$$\left. \begin{array}{l} \sum X = 0, \quad \alpha_1 f_c bx = f_y A_s \\ \sum M = 0, \quad M_u = \alpha_1 f_c bx\left(h_0 - \dfrac{x}{2}\right) = f_y A_s\left(h_0 - \dfrac{x}{2}\right) \end{array} \right\} \tag{4.15}$$

4.4.4　界限受压区高度与最小配筋率

1) 界限相对受压区高度 ξ_b

纵向受拉钢筋应力达到其屈服强度的同时,受压区边缘混凝土应变恰好达到其极限压应变 ε_{cu},这时受弯构件达到正截面承载能力极限状态而破坏,这种破坏通常称为"界限破坏"或"平衡破坏",是适筋梁与超筋梁的界限状态。此时的配筋率即为适筋梁配筋率的上限,称为最大配筋率或界限配筋率。

根据平截面假定,可得到梁发生正截面破坏时不同受压区高度的应变分布,如图4.17所示,中间斜线表示界限破坏时的截面应变分布。对于确定的混凝土强度等级,ε_{cu},β_1 均为常数,因此破坏时的受压区高度越大,则钢筋的拉应变越小。

发生界限破坏时,由平截面假定及受压区的实际压应力分布图形得到的中和轴高度称为界限中和轴高度 x_{cb};由等效矩形应力图形计算得到的高度称为界限受压区高度 x_b。将由等效矩形应力图形计算得到的受压区高度

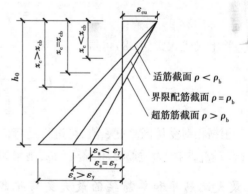

图 4.17　界限破坏、适筋梁和超筋梁的
正截面平均应变分布图

x 与截面有效高度 h_0 的比值定义为相对受压区高度 ξ,即

$$\xi = \frac{x}{h_0} = \frac{\beta_1 x_c}{h_0} \tag{4.16}$$

由图 4.17 中简单的几何关系可得:

$$\frac{x_{cb}}{h_0} = \frac{\varepsilon_{cu}}{\varepsilon_{cu} + \varepsilon_y} \tag{4.17}$$

则界限相对受压区高度 ξ_b 为 x_b 与截面有效高度 h_0 之比,即

$$\xi_b = \frac{x_b}{h_0} = \frac{\beta_1 x_{cb}}{h_0} = \frac{\beta_1 \varepsilon_{cu}}{\varepsilon_{cu} + \varepsilon_y} = \frac{\beta_1}{1 + \frac{\varepsilon_y}{\varepsilon_{cu}}} \tag{4.18}$$

设 f_y 为钢筋抗拉强度设计值,E_s 为其弹性模量,则有屈服点亚油钢筋的界限相对受压区高度为

$$\xi_b = \frac{\beta_1}{1 + \frac{f_y}{\varepsilon_{cu} E_s}} \tag{4.19}$$

由上式可得相应于不同钢筋种类和混凝土强度等级的 ξ_b 值,如表 4.3 所示。

表 4.3 有明显屈服点钢筋配筋时的 ξ_b 值

钢筋种类	混凝土强度等级						
	≤C50	C55	C60	C65	C70	C75	C80
HPB300	0.576	0.566	0.556	0.547	0.537	0.528	0.518
HRB400,HRBF400,RRB400	0.518	0.508	0.499	0.490	0.481	0.472	0.463
HRB500,HRBF500	0.482	0.473	0.464	0.455	0.447	0.438	0.429

对无屈服点的普通钢筋,其达到条件屈服点的应变为

$$\varepsilon_s = \varepsilon_y = 0.002 + \frac{f_y}{E_s}$$

将上式代入式(4.18)可得

$$\xi_b = \frac{\beta_1}{1 + \frac{0.002}{\varepsilon_{cu}} + \frac{f_y}{\varepsilon_{cu} E_s}} \tag{4.20}$$

根据相对受压区高度 ξ 值,可进行受弯构件正截面破坏类型的判别:若 $\xi > \xi_b$,则梁为超筋破坏;若 $\xi < \xi_b$,则梁为适筋破坏;若 $\xi = \xi_b$,则梁为界限破坏。

2)最大配筋率和单筋梁的最大受弯承载力

与界限受压区高度相对应的配筋率即为界限配筋率 ρ_b 或适筋梁的最大配筋率 ρ_{max}。对于矩形截面梁,根据式(4.15)的第一式,可以方便地写出 ρ_{max} 的计算公式为

$$\rho_{max} = \frac{A_{s,max}}{bh_0} = \xi_b \frac{\alpha_1 f_c}{f_y} \tag{4.21}$$

为便于应用,对采用不同强度等级混凝土和具有明显屈服点钢筋的受弯构件,由式(4.21)可求得其对应的最大配筋率 ρ_{max} 值,如表 4.4 所示。

表 4.4　有明显屈服点钢筋配筋时的 $\rho_{\max}$ 值　　　　　　　　　单位:%

钢筋牌号	混凝土强度等级												
	C20	C25	C30	C35	C40	C45	C50	C55	C60	C65	C70	C75	C80
HPB300	2.05	2.54	3.05	3.56	4.07	4.50	4.93	5.25	5.55	5.83	6.07	6.27	6.47
HRB400,HRBF400,RRB400	1.38	1.71	2.06	2.40	2.75	3.03	3.32	3.54	3.74	3.92	4.08	4.21	4.34
HRB500,HRBF500	1.06	1.32	1.59	1.85	2.12	2.34	2.56	2.73	2.88	3.02	3.13	3.23	3.33

相应于最大配筋率时,由式(4.15)的第二式,可得单筋矩形截面适筋梁的最大正截面受弯承载力 $M_{\mathrm{u,max}}$ 为

$$M_{\mathrm{u,max}} = \alpha_1 f_c b x_b \left(h_0 - \frac{x_b}{2} \right) = \alpha_1 f_c b h_0^2 \xi_b (1 - 0.5\xi_b) \tag{4.22}$$

从式(4.19)—式(4.22)可以看出,对于材料强度等级给定的截面,相对受压区高度 ξ_b、配筋率 $\rho_{\max}$ 和 $M_{\mathrm{u,max}}$ 之间存在着明确的换算关系,只要确定了 ξ_b,就相当于确定了 $\rho_{\max}$ 和 $M_{\mathrm{u,max}}$。因此,ξ_b 与 $\rho_{\max}$ 和 $M_{\mathrm{u,max}}$ 这三者实质是相同的,只是从不同的方面作为适筋梁的上限限值。在实际计算中,以采用 ξ_b 最为方便并且应用普遍。

3)最小配筋率 $\rho_{\min}$

最小配筋率 $\rho_{\min}$ 理论上是少筋梁和适筋梁的界限。如果仅从承载力方面考虑,最小配筋率 $\rho_{\min}$ 可按 $\mathbb{II}_a$ 阶段计算的钢筋混凝土受弯构件正截面承载力 M_u 与同样条件下素混凝土梁按 I_a 阶段计算的开裂弯矩 M_{cr} 相等的原则来确定。同时,考虑混凝土抗拉强度的离散性、混凝土收缩和温度应力等不利影响等,最小配筋率 $\rho_{\min}$ 的确定实际上是一个涉及因素较多的复杂问题。我国《混凝土结构设计规范》在考虑了上述各种因素并参考了以往的传统经验后,规定受弯构件一侧受拉钢筋的最小配筋率取 0.2% 和 $0.45\dfrac{f_t}{f_y}$ 中的较大值,即

$$\rho_{\min} = \max\left\{ 0.45\frac{f_t}{f_y}, 0.2\% \right\} \tag{4.23}$$

应当指出,当受弯构件截面为矩形时,其纵向受拉钢筋最小配筋率的限值是对于全截面面积而言;当受弯构件为 T 形或 I 形截面时,由于素混凝土梁截面的开裂弯矩 M_{cr} 不仅与混凝土的抗拉强度有关,而且还与梁截面的全部面积有关,但受压区翼缘悬出部分面积的影响甚小,可以忽略不计,因此,对矩形或 T 形截面,其最小受拉钢筋面积为

$$A_{\min} = \rho_{\min} b h \tag{4.24}$$

当受弯构件截面为 I 形或倒 T 形时,其最小受拉钢筋面积应考虑受拉区翼缘悬出部分的面积,即

$$A_{\mathrm{s,min}} = \rho_{\min} \left[bh + (b_f - b)h_f \right] \tag{4.25}$$

式中　b——腹板的宽度;

　　　b_f, h_f——受拉区翼缘的宽度和高度。

为方便应用,表 4.5 给出了采用不同强度等级混凝土和具有明显屈服点钢筋的受弯构件的最小配筋率,供设计时查用。从表可以看出,在大多数情况下,受弯构件的最小配筋率 $\rho_{\min}$ 均大

于 0.2%，因此其值一般由 $0.45\dfrac{f_{\mathrm{t}}}{f_{\mathrm{y}}}$ 条件控制。

表 4.5　有明显屈服点钢筋配筋时的 $\rho_{\min}$ 值　　　　　　单位:%

钢筋级别	混凝土强度等级												
	C20	C25	C30	C35	C40	C45	C50	C55	C60	C65	C70	C75	C80
HPB300	0.20	0.21	0.24	0.26	0.29	0.30	0.32	0.33	0.34	0.35	0.36	0.36	0.37
HRB400,HRBF400,RRB400	0.20	0.20	0.20	0.20	0.21	0.23	0.24	0.25	0.26	0.26	0.27	0.27	0.28
HRB500,HRBF500	0.20	0.20	0.20	0.20	0.20	0.20	0.20	0.20	0.21	0.22	0.22	0.23	0.23

4.5　单筋矩形截面受弯构件正截面承载力计算

4.5.1　基本计算公式及适用条件

1)基本计算公式

对于单筋矩形截面受弯构件，其极限状态时正截面承载力的计算简图如图 4.18 所示。根据截面的静力平衡条件，可得基本公式如下：

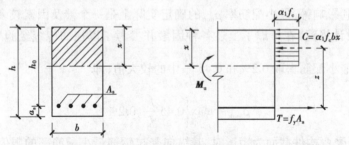

图 4.18　单筋矩形截面受弯构件正截面受弯承载力计算简图

$$\sum X = 0 \quad \alpha_1 f_{\mathrm{c}} b x = f_{\mathrm{y}} A_{\mathrm{s}} \tag{4.26}$$

$$\sum M = 0 \quad M \leqslant M_{\mathrm{u}} = \alpha_1 f_{\mathrm{c}} b x \left(h_0 - \frac{x}{2} \right) = f_{\mathrm{y}} A_{\mathrm{s}} \left(h_0 - \frac{x}{2} \right) \tag{4.27}$$

$$h_0 = h - a_{\mathrm{s}} \tag{4.28}$$

式中　M——弯矩设计值；

$\quad\quad M_{\mathrm{u}}$——正截面受弯承载力设计值；

$\quad\quad f_{\mathrm{c}}$——混凝土轴心抗压强度设计值；

$\quad\quad f_{\mathrm{y}}$——钢筋的抗拉强度设计值；

$\quad\quad b$——截面宽度；

$\quad\quad \alpha_1$——混凝土受压区等效矩形应力图形系数，可按表 4.2 查用；

A_s——受拉区纵向钢筋的截面面积;

x——混凝土受压区计算高度;

h_0——截面有效高度,即受拉钢筋合力点至截面受压区边缘之间的距离;

h——截面高度;

a_s——受拉钢筋合力点至截面受拉边缘的距离,取 $a_s = c + d_g + \dfrac{d}{2}$,其中 c 为混凝土保护层厚度,按附表 17 采用; d_g 为箍的直径; d 为受拉钢筋直径。在截面设计时,由于钢筋面积未知, a_s 需预先估计,当环境类别为一类(即室内环境)时,一般可按下述数值采用:

梁的受拉钢筋为一排时　　$a_s = 40$ mm

梁的受拉钢筋为两排时　　$a_s = 70$ mm

板　　　　　　　　　　　$a_s = 20$ mm

当混凝土强度等级不大于 C25 时,上述数值应再增加 5 mm。

2)适用条件

由式(4.26)可得

$$\xi = \frac{x}{h_0} = \frac{A_s}{b h_0} \cdot \frac{f_y}{\alpha_1 f_c} = \rho \frac{f_y}{\alpha_1 f_c} \tag{4.29}$$

由上式可知, ξ 不仅反映了配筋率,而且还反映了材料强度的比值,故又称 ξ 为含钢特征值,是一个更具有一般性的参数。为了防止超筋破坏,在应用基本公式时应满足

$$\xi \leqslant \xi_b \tag{4.30}$$

或

$$\rho \leqslant \rho_{max} \tag{4.31}$$

为防止少筋破坏,应满足

$$A_s \geqslant A_{s,min} = \rho_{min} b h \tag{4.32}$$

4.5.2　基本公式的应用

在工程设计计算中,受弯构件正截面受弯承载力计算有两类情况,即截面设计和截面复核。

1)截面设计

截面设计时,已知截面的弯矩设计值 M,需要选择材料的强度,确定截面尺寸,计算截面配筋和选用钢筋。设计时应满足 $M_u \geqslant M$,为经济起见,一般按 $M_u = M$ 进行计算。由基本公式可知,未知数为 f_c, f_y, b, h, A_s, x,多于 2 个,基本公式没有唯一解。因此,应根据材料的供应、施工条件和使用要求等因素综合分析,确定一个较为经济合理的设计。

(1)混凝土强度等级和钢筋级别的选择

普通梁、板的混凝土强度等级不宜高。一般现浇混凝土梁、板常用强度等级为 C25 和 C30,不宜超过 C40,预制梁、板构件为减轻自重可适当提高强度等级。纵向受力钢筋,梁应选用 HRB400 和 HRB500 级钢筋;板宜选用 HRB400 和 HRB500 级钢筋,也可选用 HPB300 级钢筋。

（2）截面尺寸的确定

梁截面尺寸一般应根据受弯构件的刚度、常用配筋率以及构造和施工要求等拟定，可参见4.2.1节。板厚度可参见4.2.2节。对于现浇板，由于板宽度较大，通常取1 m宽板带进行计算，即$b = 1\ 000$ mm。

为了使截面设计经济合理，需要从经济角度进行进一步的分析。由基本公式可知，当截面弯矩设计值M一定时，截面尺寸b、h越大，混凝土用量和模板费用增加，则所需的钢筋面积A_s越少。反之，截面尺寸b、h越小，则所需的钢筋面积A_s越多，即混凝土用量少而钢筋用量多。因此，从总造价来考虑，就会存在一个经济配筋率的问题。根据我国人员的设计经验，混凝土受弯构件经济配筋率的范围：板为0.3%～0.8%，矩形截面梁为0.6%～1.5%，T形截面梁为0.9%～1.8%。

为了确保截面设计经济合理，可由经济配筋率ρ估算截面尺寸，即按下式确定截面的有效高度：

$$h_0 = (1.05 \sim 1.1)\sqrt{\frac{M}{\rho f_y b}} \tag{4.33}$$

则$h = h_0 + a_s$，并按模数取整后确定截面尺寸。

（3）钢筋截面面积计算和钢筋选用

所需钢筋截面面积A_s可按基本公式计算，然后根据计算的钢筋截面面积A_s选择钢筋直径和根数，并进行布置。选择钢筋时应使其实际采用的截面面积A_s与计算值接近，一般不应小于计算值，也不宜超过计算值的5%。同时，钢筋的直径、间距等应符合相关的构造要求。

2）截面复核

截面复核时，已知材料强度设计值、截面尺寸和钢筋截面面积，要求计算该截面的受弯承载力M_u，并验算是否满足$M \leqslant M_u$。如不满足承载力要求，应进行设计修改（对于新建工程）或加固处理（对于已建工程）。

利用基本公式进行截面复核时，只有两个未知数M_u和x，故可以得到唯一解。复核计算时，若$\rho > \rho_{max}$，则说明属于超筋梁，此时可取对应于界限破坏时的受弯承载力$M_{u,max}$；若$A_s < A_{s,min} = \rho_{min}bh$，则为少筋梁，说明该构件不安全，需修改设计或进行加固处理。

4.5.3　计算系数及其应用

在截面设计时，按基本公式求解一般需解二次方程式，计算过程比较麻烦。为了简化计算，可根据基本公式给出一些计算系数，并将其加以适当演变，从而使计算过程得到简化。

取计算系数

$$\alpha_s = \xi(1 - 0.5\xi) \tag{4.34}$$

$$\gamma_s = 1 - 0.5\xi \tag{4.35}$$

则基本式（4.26）及式（4.27）可改写为如下形式：

$$\alpha_1 f_c b h_0 \xi = f_y A_s \tag{4.36}$$

$$M \leqslant M_u = \alpha_s \alpha_1 f_c b h_0^2 = f_y A_s \gamma_s h_0 \tag{4.37}$$

由材料力学可知，矩形截面弹性匀质材料梁的弯矩计算公式为$M = \sigma W = \sigma b h^2 / 6$，将其与式（4.37）对比可知，$\alpha_s$相当于弹性匀质材料梁截面抵抗矩系数，故将$\alpha_s$称为截面抵抗矩系数。在弹性匀质材料梁中,截面抵抗矩系数为常数,而在混凝土梁中该系数不是常数,而是相对受压区高度 ξ 的函数,ξ(或 ρ)增大,α_s 值呈非线性增大,截面受弯承载力呈非线性增大。同样,由式(4.37)可知,$\gamma_s h_0$ 为梁截面的内力臂,故称 γ_s 为截面内力臂系数。在弹性匀质材料梁中,内力臂为 $\frac{2}{3}h$,截面内力臂系数为 $\frac{2}{3}$,是个常数,而在混凝土梁中该系数也是 ξ 的函数,ξ 值增大,内力臂呈非线性减小。

当需要由 α_s 值计算 ξ 和 γ_s 时,可直接利用下式计算:

$$\xi = 1 - \sqrt{1 - 2\alpha_s} \tag{4.38}$$

$$\gamma_s = \frac{1 + \sqrt{1 - 2\alpha_s}}{2} \tag{4.39}$$

由上可知,计算系数 α_s 及 γ_s 仅与相对受压区高度 $\xi = \dfrac{x}{h_0}$ 有关,并且三者之间存在着一一对应的关系。在具体应用时,可编制成计算表格,也可直接应用上述公式进行计算。

下面按截面设计及截面复核两种情况,分别说明利用计算系数进行计算的具体步骤。

(1)截面设计

已知:弯矩设计值 M、构件截面尺寸 $b \times h$、钢筋级别和混凝土强度等级等,要求确定所需的受拉钢筋截面面积 A_s。这时的主要计算步骤如下:

①根据材料强度等级查出其强度设计值 f_y、f_c、f_t 及系数 α_1、ξ_b、$\rho_{\min}$ 等。

②计算截面有效高度 $h_0 = h - a_s$。

③按式(4.37)和式(4.38)分别计算截面抵抗矩系数 α_s 和截面相对受压区高度 ξ,即

$$\alpha_s = \frac{M}{\alpha_1 f_c b h_0^2}, \quad \xi = 1 - \sqrt{1 - 2\alpha_s}$$

④如果 $\xi \leqslant \xi_b$,则满足适筋梁条件;否则须加大截面尺寸或提高混凝土强度等级重新计算。

⑤将 ξ 值代入式(4.36)计算所需的钢筋截面面积 A_s,即

$$A_s = \frac{\alpha_1 f_c b \xi h_0}{f_y}$$

或由式(4.39)和式(4.37)分别计算截面内力臂系数 γ_s 和钢筋截面面积 A_s,即

$$\gamma_s = \frac{1 + \sqrt{1 - 2\alpha_s}}{2}, \quad A_s = \frac{M}{f_y \gamma_s h_0}$$

⑥验算是否满足最小配筋条件 $A_s \geqslant A_{s,\min} = \rho_{\min} b h$。

⑦按 A_s 值选用钢筋直径及根数,并在梁截面内布置。

(2)截面复核

已知弯矩设计值 M、材料强度等级、构件截面尺寸及纵向受拉钢筋截面面积 A_s,求该截面所能负担的极限弯矩 M_u,并判断其安全性。主要计算步骤如下:

①验算是否满足最小配筋率的规定,如果 $A_s < \rho_{\min} b h$,说明纵向受拉钢筋配置太少,应按截面设计方法重新计算纵向受拉钢筋面积 A_s。

②根据已知条件,查表得 α_1、f_c、f_y 等。

③计算截面有效高度 $h_0 = h - a_s$。

④由式(4.36)计算相对受压区高度 ξ,即

$$\xi = \frac{f_y A_s}{\alpha_1 f_c b h_0} = \rho \frac{f_y}{\alpha_1 f_c}$$

⑤若 $\xi \leqslant \xi_b$,可由式(4.34)计算截面截面抵抗矩系数 α_s 或由式(4.35)计算截面内力臂系数 γ_s,即

$$\alpha_s = \xi(1 - 0.5\xi), \quad \gamma_s = (1 - 0.5\xi)$$

⑥由式(4.37)计算截面所能负担的极限弯矩 M_u,即

$$M_u = \alpha_1 \alpha_s f_c b h_0^2 = f_y A_s \gamma_s h_0$$

⑦若 $\xi > \xi_b$,则取 $\xi = \xi_b$,按式(4.37)计算截面所能负担的极限弯矩。

⑧比较弯矩设计值 M 和极限弯矩值 M_u,判断其安全性。

【例4.1】 如图4.19所示,某钢筋混凝土间支梁的计算跨度 $l_0 = 6.5$ m,承受均布荷载,其中永久荷载标准值为 12 kN/m(不包括梁自重),可变荷载标准值为 10.5 kN/m,结构的安全等级为二级,环境类别为一类,试确定梁的截面尺寸和纵向受拉钢筋数量。

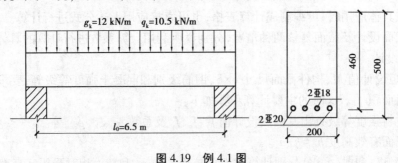

图 4.19 例 4.1 图

【解】 (1)材料选用

纵向受拉钢筋选用 HRB500 级,混凝土强度等级为 C35,查附表 3 和附表 10 得,$f_y = 435$ N/mm^2,$f_c = 16.7$ N/mm^2,$f_t = 1.57$ N/mm^2;由表 4.2 和表 4.3 可得,$\alpha_1 = 1.0$,$\xi_b = 0.482$;由式(4.23)可得 $\rho_{min} = \max\{0.45 \times 1.57/435, 0.2\%\} = 0.2\%$;因安全等级为二级,则 $\gamma_0 = 1.0$。

(2)截面尺寸选取

$h = (1/18 \sim 1/10)l_0 = (1/18 \sim 1/10) \times 6\ 500 = 361 \sim 650(\text{mm})$,选用 $h = 500$ mm。

$b = (1/3 \sim 1/2)h = (1/3 \sim 1/2) \times 500 = 167 \sim 250(\text{mm})$,选用 $b = 200$ mm。

(3)弯矩计算

钢筋混凝土容重标准值为 25 kN/m^3,故梁每单位长度的自重为(一般实际中尚有抹灰,此处略去不计)

$$g_k = 0.2 \times 0.5 \times 25 = 2.5(\text{kN/m})$$

永久荷载分项系数 $\gamma_G = 1.3$,可变荷载分项系数 $\gamma_Q = 1.5$,故作用在梁上的均布荷载设计值为

$$p = 1.3 \times (12 + 2.5) + 1.5 \times 10.5 = 34.6(\text{kN/m})$$

简支梁跨中最大弯矩设计值为

$$M = \frac{1}{8}pl_0^2 = \frac{1}{8} \times 34.6 \times 6.5^2 = 182.73(\text{kN} \cdot \text{m}) = 182.73 \times 10^6(\text{N} \cdot \text{mm})$$

(4)计算系数 α_s、ξ

按梁内只有一排受拉钢筋考虑,取 $a_s = 40$ mm,则

$$h_0 = 500 - 40 = 460(\text{mm})$$

由式(4.37)和式(4.38)可求得

$$\alpha_s = \frac{M}{\alpha_1 f_c b h_0^2} = \frac{182.73 \times 10^6}{1.0 \times 16.7 \times 200 \times 460^2} = 0.259$$

$$\xi = 1 - \sqrt{1 - 2\alpha_s} = 1 - \sqrt{1 - 2 \times 0.259} = 0.306 < \xi_b = 0.482，满足适筋梁条件。$$

(5)计算钢筋面积 A_s

由式(4.36)可求得纵向受拉钢筋面积为

$$A_s = \frac{\alpha_1 f_c b \xi h_0}{f_y} = \frac{1.0 \times 16.7 \times 200 \times 0.306 \times 460}{435} = 1\,080.8(\text{mm}^2)$$

或由式(4.35)和式(4.37)可计算得

$$\gamma_s = 1 - 0.5\xi = 1 - 0.5 \times 0.306 = 0.847$$

$$A_s = \frac{M}{f_y \gamma_s h_0} = \frac{182.73 \times 10^6}{435 \times 0.847 \times 460} = 1\,078.2(\text{mm}^2)$$

(6)验算最小配筋条件

由式(4.32)可求得

$A_s = 1\,078.2\ \text{mm}^2 > A_{s,\min} = \rho_{\min} b h = 0.2\% \times 200\ \text{mm} \times 500\ \text{mm} = 200\ \text{mm}^2$，满足要求。

(7)选用钢筋

计算面积 $A_s = 1\,078.2\ \text{mm}^2$，查附表1.20，可知选用 2 ⊈ 18 + 2 ⊈ 20，实配钢筋面积 $A_s = 1\,137\ \text{mm}^2$，可以采用一排布置。

【例4.2】 已知矩形截面梁，其截面尺寸为 $b \times h = 250\ \text{mm} \times 600\ \text{mm}$，弯矩设计值为 $M = 210\ \text{kN} \cdot \text{m}$，混凝土强度等级为C40，钢筋采用HRB400级，结构的安全等级为二级，环境类别为一类。求该截面所需的受拉钢筋截面面积。

【解】 由钢筋和混凝土强度级别，查附表3和附表10得，$f_y = 360\ \text{N/mm}^2$，$f_c = 19.1\ \text{N/mm}^2$，$f_t = 1.71\ \text{N/mm}^2$；由表4.2和表4.3可得，$\alpha_1 = 1.0$，$\xi_b = 0.518$；由式(4.23)可得 $\rho_{\min} = \max\{0.45 \times 1.71/360,\ 0.2\%\} = 0.214\%$。

按梁内只有一排受拉钢筋考虑，取 $a_s = 40\ \text{mm}$，则 $h_0 = 600\ \text{mm} - 40\ \text{mm} = 560\ \text{mm}$。

由式(4.37)和式(4.38)可得

$$\alpha_s = \frac{M}{\alpha_1 f_c b h_0^2} = \frac{210 \times 10^6}{1.0 \times 19.1 \times 250 \times 560^2} = 0.140$$

$$\xi = 1 - \sqrt{1 - 2\alpha_s} = 1 - \sqrt{1 - 2 \times 0.140} = 0.151 < \xi_b = 0.518，满足适筋梁条件。$$

$$\gamma_s = 1 - 0.5\xi = 1 - 0.5 \times 0.151 = 0.925$$

由式(4.37)可得纵向受拉钢筋面积为

$$A_s = \frac{M}{f_y \gamma_s h_0} = \frac{210 \times 10^6}{360 \times 0.925 \times 560} = 1\,126.1(\text{mm}^2)$$

由式(4.32)可求得：

$A_s = 1\,126.1\ \text{mm}^2 > A_{s,\min} = \rho_{\min} b h = 0.214\% \times 250\ \text{mm} \times 600\ \text{mm} = 321\ \text{mm}^2$，满足要求。

由计算面积 $A_s = 1\,126.1\ \text{mm}^2$ 查附表1.20可知，选用 3 ⊈ 22，实配钢筋面积 $A_s = 1\,140\ \text{mm}^2$，可以采用一排布置。

【**例 4.3**】 已知一简支单跨板,计算跨度 $l_0 = 3.1$ m,承受均布活荷载标准值为 $q_k = 5.5$ kN/m²(不包括板的自重),混凝土强度等级 C25,钢筋采用 HPB300 级,结构的安全等级为二级,环境类别为一类。试确定板厚及受拉钢筋截面面积。

【**解**】 由钢筋和混凝土级别,查附表 3 和附表 10 得,$f_y = 270$ N/mm²,$f_c = 11.9$ N/mm²,$f_t = 1.27$ N/mm²,由表 4.2 和表 4.3 可得,$\alpha_1 = 1.0$,$\xi_b = 0.576$;由式(4.23)可得 $\rho_{min} = \max\{0,45 \times 1.27/270, 0.2\%\} = 0.212\%$。

取板宽 $b = 1\,000$ mm 的板条为计算单元,设板厚 $h = 100$ mm,则板自重为

$$g_1 = 25 \times 0.1 = 2.5 (\text{kN/m}^2)$$

板跨中最大弯矩为

$$M = \frac{1}{8}(\gamma_G g_k + \gamma_Q q_k) l_0^2 = \frac{1}{8} \times (1.3 \times 2.5 + 1.5 \times 5.5) \times 3.1^2 = 13.81(\text{kN} \cdot \text{m})$$

由于 C25 混凝土取 $a_s = 25$ mm,则 $h_0 = 100$ mm $- 25$ mm $= 75$ mm。由式(4.37)和式(4.38)可得

$$\alpha_s = \frac{M}{\alpha_1 f_c b h_0^2} = \frac{13.81 \times 10^6}{1.0 \times 11.9 \times 1\,000 \times 75^2} = 0.206$$

$$\xi = 1 - \sqrt{1 - 2\alpha_s} = 1 - \sqrt{1 - 2 \times 0.206} = 0.233 < \xi_b = 0.576$$

满足适筋梁条件。

由式(4.35)和式(4.37)可得

$$\gamma_s = 1 - 0.5\xi = 1 - 0.5 \times 0.233 = 0.884$$

$$A_s = \frac{M}{f_y \gamma_s h_0} = \frac{13.81 \times 10^6}{270 \times 0.884 \times 75} = 771.5(\text{mm}^2)$$

由式(4.32)可求得

$$A_s = 771.5 \text{ mm}^2 > A_{s,min} = \rho_{min} bh = 0.212\% \times 1\,000 \times 100 = 212(\text{mm}^2)$$

故满足要求。

由计算面积 $A_s = 771.5$ mm²,查附表 22 可知选用 Φ10@100,实配钢筋面积 $A_s = 785$ mm²。

【**例 4.4**】 已知一钢筋混凝土梁的截面尺寸 $b = 250$ mm,$h = 500$ mm,混凝土强度等级为 C30,纵向受拉钢筋采用 3$\oplus$20(HRB400 级),箍筋直径为 8 mm,结构的安全等级为二级,环境类别为一类,混凝土保护层厚度为 20 mm,弯矩设计值为 $M = 130$ kN·m。试验算此梁是否安全。

【**解**】 查表可得,$f_y = 360$ N/mm²,$f_c = 14.3$ N/mm²,$f_t = 1.43$ N/mm²,$\alpha_1 = 1.0$,$\xi_b = 0.518$。由附表 21 查得 3$\oplus$20 钢筋的面积为 $A_s = 942$ mm²。

由式(4.23)可得

$$\rho_{min} = \max\left\{0.45 \frac{f_t}{f_y}, 0.2\%\right\} = \max\left\{0.45 \times \frac{1.43}{360}, 0.2\%\right\} = 0.2\%$$

$$A_s = 942 \text{ mm}^2 > A_{s,min} = \rho_{min} bh = 0.2\% \times 250 \times 500 = 250(\text{mm}^2)$$,满足要求。

$$a_s = 20 + 8 + \frac{20}{2} = 38(\text{mm}), h_0 = 500 - 38 = 462(\text{mm})。$$

由式(4.36)可得

$$\xi = \frac{f_y A_s}{\alpha_1 f_c b h_0} = \frac{360 \times 942}{1.0 \times 14.3 \times 250 \times 462} = 0.205 < \xi_b = 0.518, 满足适筋梁条件。$$

由式(4.34)可求得

$$\alpha_s = \xi(1 - 0.5\xi) = 0.205 \times (1 - 0.5 \times 0.205) = 0.184$$

由式(4.37)可求得截面所能负担的极限弯矩为

$$M_u = \alpha_s \alpha_1 f_c b h_0^2 = 0.184 \times 1.0 \times 14.3 \times 250 \times 462^2 =$$
$$140.403 \times 10^6 (N \cdot mm) = 140.403 (kN \cdot m)$$

由于 $M_u = 140.403 \ kN \cdot m > M = 130 \ kN \cdot m$，则此梁安全。

4.6　双筋矩形截面受弯承载力计算

4.6.1　概述

如前所述,在单筋矩形截面梁中,截面受拉区配置纵向受力钢筋,受压区按构造要求配置纵向架立钢筋,由于架立钢筋对正截面受弯承载力的贡献很小,所以在计算中不予考虑。如果截面受压区配置的纵向钢筋数量较多,则在正截面受弯承载力计算中就必须考虑这种钢筋的受压作用,这样就形成了双筋截面梁。由于在受弯构件中采用受压钢筋协助混凝土承受压力一般是不够经济的,所以就受弯承载力而言,双筋截面主要应用于以下情况:

①当截面承受的弯矩值很大,超过了单筋矩形截面梁所能承担的最大弯矩 $M_{u,max}$,即出现 $\xi>\xi_b$ 的情况,而梁的截面尺寸受到限制,混凝土强度等级也不能够再提高时,则可采用双筋截面梁。

②在不同的荷载组合情况下,梁的同一截面承受变号弯矩时,需要在截面的受拉区和受压区均配置受力钢筋,形成双筋截面梁。

③当因某种原因,在截面受压区已存在有面积较大的纵向钢筋时,为经济起见,可按双筋截面梁计算。

此外,在截面受压区设置受压钢筋可以提高截面延性,有利于结构抗震;受压钢筋的存在还有利于减小混凝土的徐变变形,故可减少受弯构件在荷载长期作用下的挠度,这些情况也会采用双筋截面梁。

4.6.2　受压钢筋的应力状态

双筋截面受弯构件的受力特点和破坏特征基本上与单筋截面的相似。当 $\xi \leqslant \xi_b$ 时,受拉钢筋先屈服然后受压区混凝土被压坏,属于适筋破坏;当 $\xi>\xi_b$ 时,受拉钢筋未屈服而受压区混凝土先被压坏,属于超筋破坏;双筋截面一般受拉钢筋较多,不会发生少筋破坏的情况。双筋截面梁受压区存在有受压钢筋,截面设计时应确定受压钢筋的应力状态及相应的应力值。

在纵向压力作用下,受压钢筋将产生侧向弯曲,如没有横向箍筋(箍筋间距过大,或采用开口箍筋时),受压钢筋将发生压屈而侧向凸出,使混凝土保护层崩裂而导致构件提前破坏,且受压钢筋的强度也不能充分发挥。为了避免发生受压钢筋压屈失稳,充分利用材料强度,《混凝土结构设计规范》规定:当梁中配有按计算需要的纵向受压钢筋时,箍筋应做成封闭式,箍筋直径不应小于 $0.25d$(此处 d 为受压钢筋最大直径)。箍筋的间距不应大于 $15d$(d 为纵向受压钢筋的最小直径),同时不应大于 400 mm;当一层内的纵向受压钢筋多于 5 根且直径大于 18 mm时,箍筋间距不应大于 $10d$;当梁的宽度>400 mm 且一层内的纵向受压钢筋多于 3 根时,或当梁的宽度≤400 mm 但一层内的纵向受压钢筋多于 4 根时,应设置复合箍筋。上述构造要求是保证受压钢筋强度得到充分利用的必要条件。

受压钢筋的强度能得到充分利用的充要条件是当构件达到承载力极限状态时,受压钢筋应力能达到抗压强度设计值。由图 4.20 可知,当截面受压区边缘混凝土达到极限压应变时,根据平截面假定,可求得受压钢筋合力点处的压应变 ε_s',即

$$\varepsilon_s' = \frac{x_c - a_s'}{x_c}\varepsilon_{cu} = \left(1 - \frac{\beta_1 a_s'}{x}\right)\varepsilon_{cu} \tag{4.40}$$

式中 a_s'——受压钢筋合力点至截面受压区边缘的距离。

若取 $x = 2a_s'$,$\varepsilon_{cu} \approx 0.003\ 3$,$\beta_1 \approx 0.8$,则受压钢筋应变为

$$\varepsilon_s' = 0.003\ 3 \times \left(1 - \frac{0.8a_s'}{2a_s'}\right) \approx 0.002$$

相应的受压钢筋应力为

$$\sigma_s' = E_s'\varepsilon_s' = (1.95 \sim 2.10) \times 10^5 \times 0.002 = 390 \sim 420\ (\text{MPa})$$

由于构件混凝土受到箍筋的约束,实际极限压应变大,受压钢筋可达到较高强度,故对于我国常用的 HRB400、RRB400 和 HRB500 级系列钢筋,其应力均已达到强度设计值。由上述分析可知,受压钢筋的应力达到屈服强度的充分条件是

$$x \geq 2a_s' \tag{4.41}$$

当不满足式(4.41)时,则表明受压钢筋的位置离中和轴太近,受压钢筋的应变 ε_s' 太小,在发生双筋截面破坏时,其应力达不到抗压强度设计值 f_y'。

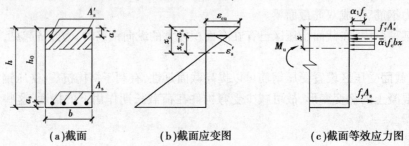

(a)截面　　　　(b)截面应变图　　　　(c)截面等效应力图

图 4.20　双筋截面的应变及应力分布图

4.6.3　基本公式及适用条件

1)基本公式

双筋矩形截面受弯构件正截面承载力计算简图如图 4.20(c)所示。根据平衡条件,可得其正截面受弯承载力的基本公式:

$$\sum X = 0 \quad \alpha_1 f_c bx + f_y'A_s' = f_y A_s \tag{4.42}$$

$$\sum M = 0 \quad M \leqslant M_u = \alpha_1 f_c bx\left(h_0 - \frac{x}{2}\right) + f_y'A_s'(h_0 - a_s') \tag{4.43}$$

式中　f_y'——钢筋的抗压强度设计值；

$\quad\quad A_s'$——受压钢筋的截面面积；

$\quad\quad a_s'$——受压钢筋合力点至截面受压区边缘的距离。

其他符号意义同单筋矩形截面。

在上述基本公式中引入 $x = \xi h_0$，则可将基本公式写成

$$\alpha_1 f_c b\xi h_0 + f_y'A_s' = f_y A_s \tag{4.44}$$

$$M \leqslant M_u = \alpha_1 f_c \alpha_s bh_0^2 + f_y'A_s'(h_0 - a_s') \tag{4.45}$$

式中各符号的意义同前。

2) 适用条件

为防止出现超筋破坏，应满足

$$\xi \leqslant \xi_b \tag{4.46}$$

为保证受压钢筋应力达到屈服强度，应满足

$$x \geqslant 2a_s' 或 \xi \geqslant \frac{2a_s'}{h_0} \tag{4.47}$$

双筋截面中的纵向受拉钢筋一般配置较多，故不需验算受拉钢筋最小配筋率的条件。当不满足式(4.47)时，说明给定的受压钢筋面积 A_s' 较多，其应力值 σ_s' 达不到抗压强度设计值 f_y' 而为未知，通常可近似取 $x = 2a_s'$，对受压钢筋合力点取矩可得

$$M \leqslant M_u = f_y A_s(h_0 - a_s') \tag{4.48}$$

为了更好地理解双筋截面受弯承载力与受力钢筋之间的关系，可将双筋截面分解为单筋截面与钢筋截面两部分。其中单筋截面由受压区混凝土和与之对应的一部分受拉钢筋 A_{s1} 所组成，它所能负担的极限弯矩为 M_{u1}[图 4.21(a)]；钢筋截面由受压钢筋 A_s' 和与之对应的另一部分受拉钢筋 A_{s2} 所组成，它所能负担的弯矩为 M_{u2}[图 4.21(b)]。则可将基本公式写成以下分解形式：

$$\alpha_1 f_c bx = f_y A_{s1} \tag{4.49}$$

$$M_1 \leqslant M_{u1} = \alpha_1 f_c bx\left(h_0 - \frac{x}{2}\right) \tag{4.50}$$

$$f_y'A_s' = f_y A_{s2} \tag{4.51}$$

$$M_2 \leqslant M_{u2} = f_y'A_s'(h_0 - a_s') = f_y A_{s2}(h_0 - a_s') \tag{4.52}$$

其中，$A_{s1} + A_{s2} = A_s$；$M_{u1} + M_{u2} = M_u$；$M_1 + M_2 = M$。

由双筋截面的分解形式可知，双筋截面的受弯承载力比单筋截面高，且受压钢筋配置越多，承载力提高越大。但在实际工程中，若受压钢筋数量配置过多，会造成难以浇注混凝土等施工上的不便。因此，根据设计和施工经验，应将双筋截面中的钢筋用量控制在一定的合理范围之内。

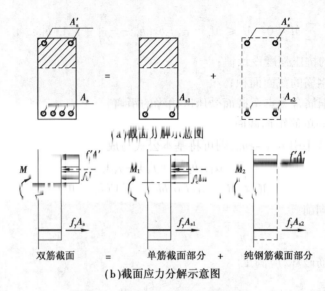

（a）截面分解示意图

双筋截面　＝　单筋截面部分　＋　纯钢筋截面部分

（b）截面应力分解示意图

图 4.21　双筋矩形截面计算简图

4.6.4　双筋矩形截面计算

1）截面设计

双筋截面的配筋计算，可能会遇到以下两类问题。

（1）同时求 A_s' 和 A_s

已知弯矩设计值 M、截面尺寸 $b \times h$、混凝土强等级和钢筋级别，求受压钢筋面积 A_s' 和受拉钢筋面积 A_s。

按双筋截面计算 A_s 和 A_s' 时，基本公式只有两个，但未知数却有三个，即 x、A_s 和 A_s'，因此需要补充一个条件才能求解。为取得较经济的设计，应充分利用混凝土受压，即取 $\xi = \xi_b$ 进行计算。

在确定了补充条件后，计算步骤如下：

①取 $\xi = \xi_b$。

②由式（4.45）可求得受压钢筋截面面积 A_s'。

③根据 $\xi = \xi_b$ 及 A_s'，由式（4.44）可求得受拉钢筋截面面积为 A_s。

④按 A_s、A_s' 值选用钢筋直径及根数，并在梁截面内布置。

（2）已给出 A_s'，仅求 A_s

已知弯矩设计值 M、截面尺寸 $b \times h$、混凝土强度等级和钢筋级别，同时已由计算或构造要求等确定了受压钢筋面积 A_s'，求受拉钢筋面积 A_s。

由于 A_s' 为已知，这时基本公式中只有两个未知数 x 及 A_s，故可直接联立求解。计算步骤如下：

①由式（4.45）可求得截面抵抗矩系数 α_s。

②由式（4.38）可求得截面相对受压区高度 ξ。

③当 $2a_s'/h_0 \leqslant \xi \leqslant \xi_b$ 时，由式（4.44）可求得受拉钢筋截面面积 A_s。

④当 $\xi < 2a_s'/h_0$ 时,由式(4.48)可求得受拉钢筋截面面积 A_s。

⑤当 $\xi > \xi_b$ 时,则说明给定的受压钢筋面积 A_s' 太小,此时按 A_s 和 A_s' 为未知计算,并将原来的 A_s' 增加,使其达到计算所需的 A_s' 值。

⑥根据计算所得的 A_s 选用钢筋直径及根数,并在梁截面内布置。

2)截面复核

已知弯矩设计值 M、截面尺寸 $b \times h$、钢筋级别和混凝土强度等级、受拉和受压钢筋面积 A_s 和 A_s',求截面所能负担的极限弯矩 M_u,并与弯矩设计值 M 比较,以验算构件是否安全。

这时基本公式中只有两个未知数 x 及 M_u,故可直接联立求解。计算步骤如下:

①由式(4.44)求得截面相对受压区高度 ξ。

②如果 $2a_s' \leq x \leq x_b = \xi_b h_0$,则由式(4.34)可得截面抵抗矩系数 α_s,并将其代入式(4.45)可得截面极限弯矩 M_u。

③如果 $\xi > \xi_b$,即不满足适用条件式(4.46),则说明原设计为不合理的超筋梁。这时,可近似按下式计算 M_u:

$$\alpha_{sb} = \xi_b(1 - 0.5\xi_b)$$

$$M_{u,max} = \alpha_{sb}\alpha_1 f_c b h_0^2 + f_y' A_s'(h_0 - a_s')$$

④如果 $\xi < \dfrac{2a_s'}{h_0}$,即不满足适用条件式(4.47),则说明 A_s' 的强度不能充分发挥。此时可按式(4.48)计算截面极限弯矩 M_u。

⑤比较截面限弯矩 M_u 与弯矩设计值 M,以判断构件是否安全。

【例 4.5】 已知梁的截面尺寸 $b = 200$ mm,$h = 450$ mm,混凝土强度等级为 C30,钢筋采用 HRB500 级,截面弯矩设计值 $M = 200$ kN·m,结构的安全等级为二级,环境类别为一类。计算所需的纵向受力钢筋数量。

【解】 查表或计算得:$\alpha_1 = 1.0$,$f_c = 14.3$ N/mm²,$f_y = 435$ N/mm²,$f_y' = 435$ N/mm²,$\xi_b = 0.482$。

取 $a_s = 40$ mm,则 $h_0 = 450 - 40 = 410$(mm)。

由式(4.37)及式(4.38)可得

$$\alpha_s = \frac{M}{\alpha_1 f_c b h_0^2} = \frac{200 \times 10^6}{1.0 \times 14.3 \times 200 \times 410^2} = 0.416$$

$\xi = 1 - \sqrt{1 - 2\alpha_s} = 1 - \sqrt{1 - 2 \times 0.416} = 0.590 > \xi_b = 0.482$,不满足适筋梁条件。

由上可知,如果设计成单筋矩形截面,将会出现超筋梁的情况。若既不能加大截面尺寸,同时又不能提高混凝土强度等级,则应按双筋矩形截面进行设计。

取 $a_s' = 40$ mm,$\xi = \xi_b = 0.482$,则由式(4.45)可得

$$A_s' = \frac{M - \xi_b(1 - 0.5\xi_b)bh_0^2\alpha_1 f_c}{f_y'(h_0 - a_s')}$$

$$= \frac{200 \times 10^6 - 0.482 \times (1 - 0.5 \times 0.482) \times 200 \times 410^2 \times 1.0 \times 14.3}{435 \times (410 - 40)}$$

$$= 149.84(\text{mm}^2)$$

由式(4.42)可得

$$A_s = \frac{\alpha_1 f_c b \xi_b h_0 + f_y' A_s'}{f_y} = \frac{1.0 \times 14.3 \times 200 \times 0.482 \times 410 + 435 \times 149.84}{435} = 1\ 449.13 (\text{mm}^2)$$

因 $\xi = \xi_b = 0.482$，基本公式的适用条件[式(4.46)及式(4.47)]都能满足。

受拉钢筋选用 3 $\underline{\Phi}$ 25($A_s = 1\ 473\ \text{mm}^2$)；受压钢筋选用 2 $\underline{\Phi}$ 12($A_s' = 226\ \text{mm}^2$)，截面配筋图见图 4.22。

【例 4.6】 已知条件同例题 4.5，但现截面受压区已配置受压钢筋 3 $\underline{\Phi}$ 14($A_s' = 509\ \text{mm}^2$)，求受拉钢筋截面面积。

【解】 已知 $A_s' = 509\ \text{mm}^2$，由式(4.45)得

$$\alpha_s = \frac{M - f_y' A_s'(h_0 - a_s')}{\alpha_1 f_c b h_0^2} = \frac{200 \times 10^6 - 435 \times 509 \times (410 - 40)}{1.0 \times 14.3 \times 200 \times 410^2} = 0.246$$

由式(4.38)得

$$\xi = 1 - \sqrt{1 - 2\alpha_s} = 1 - \sqrt{1 - 2 \times 0.246} = 0.287 < \xi_b = 0.482$$

由式(4.47)可得

$$\xi = 0.287 > \frac{2a_s'}{h_0} = 0.195,\ 满足双筋梁的适用条件。$$

由式(4.44)可得

$$A_s = \frac{\alpha_1 f_c b \xi h_0 + f_y' A_s'}{f_y} = \frac{1.0 \times 14.3 \times 200 \times 0.287 \times 410 + 435 \times 509}{435} = 1\ 282.65 (\text{mm}^2)$$

实际选用 3 $\underline{\Phi}$ 25($A_s = 1\ 473\ \text{mm}^2$)，截面配筋见图 4.23。

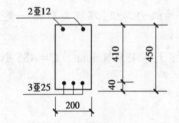

图 4.22 例 4.5 的双筋矩形截面配筋示意图   图 4.23 例 4.6 的双筋矩形截面配筋示意图

【例 4.7】 已知梁截面尺寸 $b = 200\ \text{mm}$，$h = 400\ \text{mm}$，混凝土强度等级为 C25，钢筋采用 HRB400 级，结构的安全等级为二级，环境类别为二 a，受拉钢筋采用 3 $\underline{\Phi}$ 22($A_s = 1\ 140\ \text{mm}^2$)，受压钢筋为 2 $\underline{\Phi}$ 16($A_s' = 402\ \text{mm}^2$)，要求承受的弯矩设计值 $M = 110\ \text{kN·m}$，验算此梁是否安全。

【解】 查表或计算得：$\alpha_1 = 1.0$，$f_c = 11.9\ \text{N/mm}^2$，$f_y = f_y' = 360\ \text{N/mm}^2$，$\xi_b = 0.518$。

因环境类别为二 a，由附表 17 可知混凝土保护层最小厚度为 25 mm，因采用 C25 混凝土，故再增加 5 mm，总计为 30 mm，取用 35 mm。假设箍筋直径为 8 mm，则 $a_s = 35 + \frac{22}{2} + 8 = 54 (\text{mm})$，

$a_s' = 35 + \frac{16}{2} + 8 = 51 (\text{mm})$，则 $h_0 = 400 - 54 = 346 (\text{mm})$。

由式(4.44)可得截面相对受压区高度为

$$\xi = \frac{f_y A_s - f_y' A_s'}{\alpha_1 f_c b h_0} = \frac{360 \times 1\,140 - 360 \times 402}{1.0 \times 11.9 \times 200 \times 346} = 0.323$$

则 $\dfrac{2a_s'}{h_0} = \dfrac{2 \times 51}{346} = 0.295 < \xi = 0.323 < \xi_b = 0.518$，满足基本公式的适用条件。

由式(4.34)可得截面抵抗矩系数为

$$\alpha_s = \xi(1 - 0.5\xi) = 0.323 \times (1 - 0.5 \times 0.323) = 0.271$$

由式(4.45)可得双筋截面的极限弯矩为

$$\begin{aligned}
M_u &= \alpha_1 f_c \alpha_s b h_0^2 + f_y' A_s'(h_0 - a_s') \\
&= 1.0 \times 11.9 \times 0.271 \times 200 \times 346^2 + 360 \times 402 \times (346 - 51) \\
&= 119.91 \times 10^6 (\text{N} \cdot \text{mm})
\end{aligned}$$

则 $M = 110\ \text{kN} \cdot \text{m} < M_u = 119.91\ \text{kN} \cdot \text{m}$，此梁安全。

【例4.8】 已知梁截面尺寸 $b = 200\ \text{mm}$, $h = 350\ \text{mm}$，混凝土强度等级为 C35，钢筋采用 HRB400 级，结构的安全等级为二级，环境类别为一类，采用对称配筋 $A_s = A_s' = 763\ \text{mm}^2 (3\,\Phi\,18)$，计算此梁所能负担的极限弯矩 M_u。

【解】 查表或计算可得：$\alpha_1 = 1.0$, $f_c = 16.7\ \text{N/mm}^2$, $f_y = f_y' = 360\ \text{N/mm}^2$, $\xi_b = 0.518$。

因环境类别为一类，由附表17可知混凝土保护层最小厚度为 20 mm，假设箍筋直径为 8 mm，则 $a_s = a_s' = 20 + 18/2 + 8 = 37(\text{mm})$，则 $h_0 = 350 - 37 = 313(\text{mm})$。

由于截面受拉纵筋和受压纵筋的配筋相同，则由基本式(4.44)可得截面相对受压区高度为

$$\xi = \frac{f_y A_s - f_y' A_s'}{\alpha_1 f_c b h_0} = 0$$

即 $\xi = 0 < 2a_s'/h_0 = 2 \times 37/312 = 0.244$，故截面的极限弯矩可按近似式(4.48)直接计算，即

$$M_u = f_y A_s(h_0 - a_s') = 360 \times 763 \times (313 - 37) = 75.811 \times 10^6 = 75.811(\text{kN} \cdot \text{m})$$

需要说明的是，上述计算方法在理论上是不妥的，因为 $\xi = 0$，即截面受压区高度为零，亦即截面没有受压区。这对于受弯构件来说，就不能保持截面的平衡。而实际上，当 $x < 2a_s'$ 时，受压钢筋 A_s' 的应力并未达到其抗压强度设计值 f_y'。因此，本例题中虽然 $A_s = A_s'$，但基本式(4.44)中的 f_y' 应改为 σ_s'，这样式(4.44)中的 $\sigma_s' A_s' < f_y A_s$，则计算所得的 $\xi > 0$，即截面中存在受压区。

4.7　T 形截面受弯承载力计算

4.7.1　T 形截面梁的应用

如图 4.24 所示，矩形截面受弯构件在破坏时，大部分受拉区混凝土已开裂退出工作，因此可以将截面受拉区混凝土去掉一部分，并保持钢筋截面重心高度不变，从而形成 T 形截面。由于去掉的受拉区混凝土并不影响截面的受弯承载力，所以 T 形截面和原来的矩形截面所能承受的弯矩是相同的，而且可以节省混凝土，减轻构件自重，能取得较好的经济效果。T 形截面由翼缘和腹板(或称为梁肋)组成。对 I 形截面和箱形截面，进入破坏阶段后，由于不考虑混凝土的

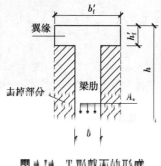

图 4.24 T 形截面的形成

抗拉强度,受拉翼缘存在与否对截面受弯承载力没有影响,故也可按 T 形截面计算其受弯承载力。

T 形截面梁在实际工程中的应用极为广泛。图 4.25(a)为梁与楼板浇筑在一起形成的 T 形截面梁;图 4.25 中(b)—(e)为独立的 T 形、I 形等截面受弯构件,如吊车梁、薄腹梁、空心板、槽形板、箱形梁等。其中,空心板、槽形板和箱形截面梁,都可根据其截面面积、惯性矩及形心位置不变的原则,换算为一个相应的力学性能等效的 T 形截面或 I 形截面梁进行计算。

T 形截面受弯构件通常采用单筋,即仅需配置纵向受拉钢筋。但如果所承受的弯矩设计值颇大,而截面高度又受到限制或为扁梁结构时,也可设计成 T 形双筋截面。

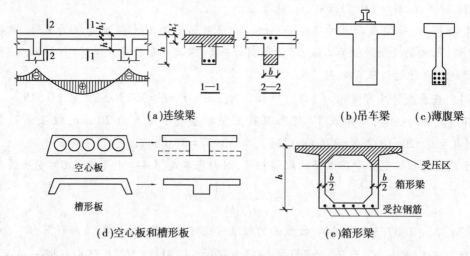

(a)连续梁   (b)吊车梁   (c)薄腹梁

空心板

槽形板

(d)空心板和槽形板   (e)箱形梁

图 4.25 各类 T 形截面梁举例

4.7.2 T 形截面翼缘的计算宽度

随着翼缘宽度的增大,T 形截面的受压区高度减小,钢筋的内力臂增大,从而使所需的受拉钢筋面积减小。但由于受压翼缘上的纵向压应力分布是不均匀的[图 4.26(a)],靠近梁肋处的翼缘中压应力较高,而离梁肋越远则翼缘中的压应力越小,所以与梁肋共同工作的翼缘宽度是有限的。为简化计算,设计中可采用有效翼缘宽度或翼缘计算宽度 b_f',即认为在 b_f' 宽度范围内翼缘全部参加工作,并假定其压应力为均匀分布,b_f' 宽度范围以外的翼缘则不考虑其参与受力,如图 4.26(b)所示。

另外,由于沿梁纵向各截面翼缘的受力情况是不相同的,在跨中截面处翼缘的压应力分布范围大,越往梁端则分布范围越小(图 4.27),因此跨度越大的梁,跨中截面翼缘的受力宽度也大。并且由于翼缘与梁肋的接触面处存在着剪应力,从而使其与受拉钢筋的拉力组成力偶共同抵抗外荷载所引起的弯矩。如果翼缘厚度较薄,则能传递的剪应力有限,故能够有效参加工作的翼缘宽度还受到翼缘高度 h_f' 的限制。此外,在现浇整体肋形楼盖中,各 T 形截面梁的翼缘宽度还要受到梁间距的限制(图 4.28),即相邻梁的翼缘计算宽度不能相互重叠。由上述可知,翼缘计算宽度与梁的跨度 l_0、翼缘高度 h_f'、受力条件(单独梁、现浇肋形楼盖梁)等因素有关。表 4.6列出了我国《混凝土结构设计规范》规定的翼缘计算宽度 b_f',计算 T 形截面梁翼缘计算宽度 b_f' 时应取表中各有关项的最小值。

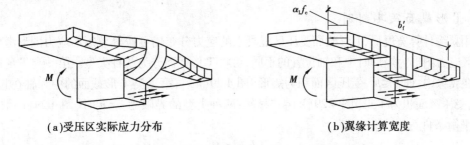

(a)受压区实际应力分布　　　　　　　　(b)翼缘计算宽度

图 4.26　T 形截面梁受压区实际应力分布与翼缘计算宽度

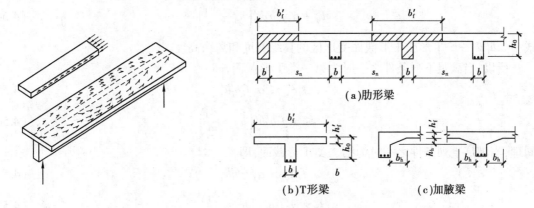

(a)肋形梁

(b)T形梁　　　　(c)加腋梁

图 4.27　沿梁纵向翼缘压应力分布　　　　　图 4.28　现浇整体肋形楼盖剖面

表 4.6　T 形、I 形及倒 L 形截面受弯构件翼缘计算宽度 b_f'

情　况		T 形、I 形截面		倒 L 形截面
		肋形梁(板)	独立梁	肋形梁(板)
1	按计算跨度 l_0 考虑	$l_0/3$	$l_0/3$	$l_0/6$
2	按梁(肋)净距 s_n 考虑	$b+s_n$	—	$b+s_n/2$
3　按翼缘高度 h_f' 考虑	$h_f'/h_0 \geq 0.1$	—	$b+12h_f'$	
	$0.1 > h_f'/h_0 \geq 0.05$	$b+12h_f'$	$b+6h_f'$	$b+5h_f'$
	$h_f'/h_0 < 0.05$	$b+12h_f'$	b	$b+5h_f'$

注:①表中 b 为腹板宽度;

②如肋形梁在梁跨内设有间距小于纵肋间距的横肋时,则可不遵守表列情况 3 的规定;

③对加腋的 T 形、I 形和倒 L 形截面,当受压区加腋的高度 $h_h \geq h_f'$ 且加腋的宽度 $b_h \leq 3h_h$ 时,其翼缘计算宽度可按表列情况 3 的规定分别增加 $2b_h$(T 形、I 形截面)和 b_h(倒 L 形截面);

④独立梁受压区的翼缘板在荷载作用下经验算沿纵肋方向可能产生裂缝时,其计算宽度应取腹板宽度 b。

4.7.3 基本公式及适用条件

1) 两类 T 形截面及其判别

采用翼缘计算宽度后,T 形截面受压区混凝土的应力分布仍可按等效矩形应力图形考虑。根据受压区应力图形为矩形时中和轴位置的不同,可将 T 形截面分为两种类型。第一类 T 形截面的中和轴在翼缘内,即 $x \leqslant h'_f$,受压区面积为矩形[图 4.29(a)];第二类 T 形截面的中和轴在腹板内,即 $x > h'_f$,受压区面积为 T 形[图 4.29(b)]。显然,两种类型的界限为 $x = h'_f$ 时[图 4.29(c)]。此时的截面平衡条件为

$$\alpha_1 f_c b'_f h'_f = f_y A_s \tag{4.53}$$

$$M_u = \alpha_1 f_c b'_f h'_f \left(h_0 - \frac{h'_f}{2} \right) \tag{4.54}$$

式中 b'_f, h'_f——T 形或 I 形截面受压区的翼缘宽度和翼缘高度。

所以,当满足下列条件之一时为第一类 T 形截面,即

$$f_y A_s \leqslant \alpha_1 f_c b'_f h'_f \tag{4.55}$$

$$M \leqslant \alpha_1 f_c b'_f h'_f \left(h_0 - \frac{h'_f}{2} \right) \tag{4.56}$$

同理,当满足下列条件之一时为第二类 T 形截面,即

$$f_y A_s > \alpha_1 f_c b'_f h'_f \tag{4.57}$$

$$M > \alpha_1 f_c b'_f h'_f \left(h_0 - \frac{h'_f}{2} \right) \tag{4.58}$$

在 T 形截面类型判别时,式(4.55)及式(4.57)用于纵向受拉钢筋面积 A_s 为已知时的截面复核情况;式(4.56)及式(4.58)用于截面弯矩设计值 M 为已知时的截面设计情况。

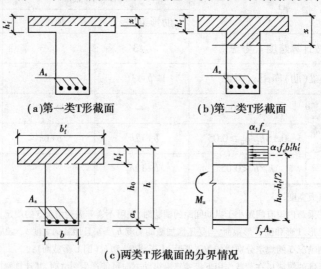

(a)第一类T形截面　　　　(b)第二类T形截面

(c)两类T形截面的分界情况

图 4.29　T 形截面的分类

2)第一类 T 形截面的基本公式及适用条件

由于第一类 T 形截面的中和轴在受压翼缘内,并且不考虑受拉区混凝土参与受力,所以截面虽为 T 形,但其受压区形状仍为矩形(图 4.30),可按截面尺寸为 $b_f' \times h$ 的矩形截面进行计算。由截面平衡条件可得第一类 T 形截面的基本公式为

$$\alpha_1 f_c b_f' x = f_y A_s \tag{4.59}$$

$$M \leqslant M_u = \alpha_1 f_c b_f' x \left(h_0 - \frac{x}{2} \right) \tag{4.60}$$

上述基本公式的适用条件为

$$x \leqslant \xi_b h_0 \tag{4.61}$$

$$A_s \geqslant A_{s,min} \tag{4.62}$$

由于第一类 T 形截面 $x \leqslant h_f'$,受压区高度较小,故适用条件(4.61)通常都能满足,可不必进行验算。对于 I 形或箱形截面,式(4.62)中取 $A_{s,min} = \rho_{min} [bh + (b_f - b) h_f]$。

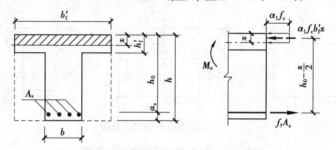

图 4.30 第一类 T 形截面计算简图

3)第二类 T 形截面的基本公式及适用条件

第二类 T 形截面梁的中和轴位置通过梁肋,即 $x > h_f'$。此时,受压区形状为 T 形,其计算简图如图 4.31(a)所示。根据截面的静力平衡条件,可得基本公式:

$$\alpha_1 f_c bx + \alpha_1 f_c (b_f' - b) h_f' = f_y A_s \tag{4.63}$$

$$M \leqslant M_u = \alpha_1 f_c bx \left(h_0 - \frac{x}{2} \right) + \alpha_1 f_c (b_f' - b) h_f' \left(h_0 - \frac{h_f'}{2} \right) \tag{4.64}$$

基本公式的适用条件为式(4.61)和式(4.62)。因受压区面积较大,故所需的受拉钢筋面积亦较多,因此一般可不验算第二个适用条件。

为便于计算,将 $x = \xi h_0$ 代入基本公式,可将基本公式写成

$$\alpha_1 f_c b \xi h_0 + \alpha_1 f_c (b_f' - b) h_f' = f_y A_s \tag{4.65}$$

$$M \leqslant M_u = \alpha_s \alpha_1 f_c b h_0^2 + \alpha_1 f_c (b_f' - b) h_f' \left(h_0 - \frac{h_f'}{2} \right) \tag{4.66}$$

与双筋矩形截面梁类似,为便于理解,可将第二类 T 形截面所负担的弯矩分解成两部分来考虑。第一部分是由梁肋部受压区混凝土和与之对应的一部分受拉钢筋 A_{s1} 所组成;第二部分由翼缘伸出部分的受压混凝土和与之对应的另一部分受拉钢筋 A_{s2} 所组成[图 4.31(a)和(b)],则可将基本公式写成以下分解形式:

$$\alpha_1 f_c bx = f_y A_{s1} \tag{4.67}$$

$$M_1 \leqslant M_{u1} = \alpha_1 f_c b x \left(h_0 - \frac{x}{2} \right) \tag{4.68}$$

$$\alpha_1 f_c (b_f' - b) h_f' = f_y A_{s2} \tag{4.69}$$

$$M_2 \leqslant M_{u2} = \alpha_1 f_c (b_f' - b) h_f' \left(h_0 - \frac{h_f'}{2} \right) \tag{4.70}$$

其中，$A_{s1} + A_{s2} = A_s$；$M_{u1} + M_{u2} = M_u$；$M_1 + M_2 = M_u$。

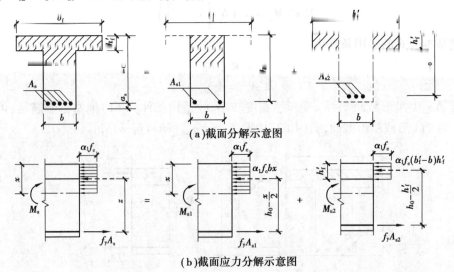

(a)截面分解示意图

(b)截面应力分解示意图

图 4.31　第二类 T 形截面计算简图

4.7.4　T 形截面的计算方法

1)截面设计

已知:弯矩设计值 M、截面尺寸、钢筋级别和混凝土强度等级,求所需的受拉钢筋面积 A_s。

①首先根据已知条件,利用式(4.56)或式(4.58)判别 T 形截面的类型:如果 $M \leqslant \alpha_1 f_c b_f' h_f' \left(h_0 - \frac{h_f'}{2} \right)$,则属于第一类 T 形截面;否则属于第二类 T 形截面。

②如属第一类 T 形截面,则应按截面宽度为 b_f'、高度为 h 的矩形截面计算。

由基本式(4.60),可得截面抵抗矩系数为

$$\alpha_s = \frac{M}{\alpha_1 f_c b_f' h_0^2}$$

根据 α_s 值,可由下式计算 ξ:

$$\xi = 1 - \sqrt{1 - 2\alpha_s}$$

将 ξ 值代入基本式(4.59),得

$$A_s = \frac{\alpha_1 f_c b_f' \xi h_0}{f_y}$$

选用钢筋直径及根数,验算公式适用条件。

③如属第二类 T 形截面,则可按基本式(4.66),求解 α_s 和 ξ 值:

$$\alpha_s = \frac{M - \alpha_1 f_c (b'_f - b) h'_f \left(h_0 - \dfrac{h'_f}{2}\right)}{\alpha_1 f_c b h_0^2}$$

$$\xi = 1 - \sqrt{1 - 2\alpha_s}$$

若 $\xi \leq \xi_b$,将 ξ 值代入基本式(4.65),可得所需的受拉钢筋面积:

$$A_s = \frac{\alpha_1 f_c b \xi h_0}{f_y} + \frac{\alpha_1 f_c (b'_f - b) h'_f}{f_y}$$

若 $\xi > \xi_b$,则说明为超筋梁,可增加梁截面高度 h 或提高混凝土强度等级;如果受到限制而不能提高时,则可按双筋 T 形截面设计。

2)截面复核

已知:弯矩设计值 M、截面尺寸、钢筋级别和混凝土强度等级、受拉钢筋面积 A_s,求截面所能负担的极限弯矩 M_u,并将 M_u 与弯矩设计值 M 比较,以验算截面是否安全。

①首先根据已知条件,利用式(4.55)或式(4.57)判别 T 形截面的类型。如果 $f_y A_s \leq \alpha_1 f_c b'_f h'_f$,则属于第一类 T 形截面;否则,属于第二类 T 形截面。

②若属于第一类 T 形截面,则可按截面宽度为 b'_f、高度为 h 的矩形截面计算。

③若属于第二类 T 形截面,则可由基本式(4.65)得

$$\xi = \frac{f_y A_s - \alpha_1 f_c (b'_f - b) h'_f}{\alpha_1 f_c b h_0}$$

若 $\xi \leq \xi_b$,则先计算出 $\alpha_s = \xi(1 - 0.5\xi)$,再由式(4.66)可计算截面的受弯承载力,即

$$M_u = \alpha_s \alpha_1 f_c b h_0^2 + \alpha_1 f_c (b'_f - b) h'_f \left(h_0 - \frac{h'_f}{2}\right)$$

若 $\xi > \xi_b$,则属超筋截面。这时,取 $\alpha_{sb} = \xi_b (1 - 0.5\xi_b)$,可按下式计算截面的受弯承载力:

$$M_u = \alpha_{sb} \alpha_1 f_c b h_0^2 + \alpha_1 f_c (b'_f - b) h'_f \left(h_0 - \frac{h'_f}{2}\right)$$

④将计算的正截面受弯承载力 M_u 与弯矩设计值 M 比较,判别截面是否安全。

【例 4.9】 已知某现浇肋形楼盖的次梁,计算跨度 $l_0 = 6.3$ m,间距为 2.3 m,截面尺寸如图 4.32 所示。跨中最大正弯矩设计值 $M = 130$ kN·m,混凝土强度等级为 C30,钢筋采用 HRB500 级,结构的安全等级为二级,环境类别为一类。试计算该次梁所需的纵向受力钢筋面积 A_s。

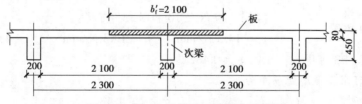

图 4.32　例 4.9 现浇肋形楼盖次梁截面

【解】 查附表 10 和附表 3 可得: $f_c = 14.3$ N/mm², $f_t = 1.43$ N/mm², $f_y = 435$ N/mm²;查表 4.2 和表 4.3 可得: $\alpha_1 = 1.0$, $\xi_b = 0.482$。

由式(4.23)可求得最小配筋率为

$$\rho_{\min} = \max\left\{0.45\frac{f_t}{f_y}, 0.2\%\right\} = \max\left\{0.45 \times \frac{1.43}{435}, 0.2\%\right\} = 0.2\%$$

(1)确定翼缘计算宽度 b'_f

由表4.6,按次梁计算跨度 l_0 考虑, $b'_f = l_0/3 = 6\,300/3$ mm = 2 100 mm;按次梁净距 s_n 考虑, $b'_f = b + s_n = 200$ mm + 2 100 mm = 2 300 mm;按次梁翼缘高度 h'_f 考虑,取 $a'_s = 40$ mm , $h_0 = 450$ mm -40 mm = 410 mm , $h'_f = 80$ mm ,由于 $h'_f/h_0 = 80/410 = 0.195 > 0.1$,故 b'_f 不受此项限制,应选取上述三者中的最小值,则取 $b'_f = 2\,100$ mm 。

(2)判别 T 形截面类型

由式(4.56)或式(4.58)可得

$$\alpha_1 f_c b'_f h'_f\left(h_0 - \frac{h'_f}{2}\right) = 1.0 \times 14.3 \times 2\,100 \times 80 \times \left(410 - \frac{80}{2}\right)$$
$$= 888.888 \times 10^6(\text{N} \cdot \text{mm}) = 888.888(\text{kN} \cdot \text{m}) > M = 130 \text{ kN} \cdot \text{m}$$

故属于第一类 T 形截面,可按宽度为 $b'_f = 2\,100$ mm 的单筋矩形截面计算。

(3)求受拉钢筋面积 A_s

由式(4.60)可求得截面抵抗矩系数为

$$\alpha_s = \frac{M}{\alpha_1 f_c b'_f h_0^2} = \frac{130 \times 10^6}{1.0 \times 14.3 \times 2\,100 \times 410^2} = 0.025\,8$$
$$\xi = 1 - \sqrt{1 - 2\alpha_s} = 1 - \sqrt{1 - 2 \times 0.025\,8} = 0.026\,1 < \xi_b = 0.482$$

将 ξ 值代入式(4.59),得

$$A_s = \frac{\alpha_1 f_c b'_f \xi h_0}{f_y} = 1.0 \times 14.3 \times 2\,100 \times 0.026\,1 \times \frac{410}{435} = 738.74(\text{mm}^2)$$

选用 3 ⌀ 18($A_s = 763$ mm^2)。

(4)验算适用条件

$$A_{s,\min} = \rho_{\min}bh = 0.002 \times 200 \times 450 = 180(\text{mm}^2) < A_s = 763 \text{ mm}^2$$

满足适用条件。

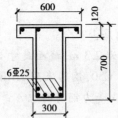

图 4.33 例 4.10 图

【例 4.10】 T 形截面梁的截面尺寸(单位为 mm)及配筋情况见图 4.33,混凝土强度等级为 C30,钢筋采用 HRB500 级,结构的安全等级为二级,环境类别为一类,截面承受的弯矩设计值为 $M = 650$ kN · m。若不考虑翼缘内构造钢筋的受压作用,试验算此截面是否安全?

【解】 查附表 10 和附表 3 可得:
$$f_c = 14.3 \text{ N/mm}^2, \quad f_t = 1.43 \text{ N/mm}^2, \quad f_y = 435 \text{ N/mm}^2;$$

查表 4.2 和表 4.3 可得: $\alpha_1 = 1.0$, $\xi_b = 0.482$ 。

由式(4.23)可求得最小配筋率为

$$\rho_{\min} = \max\left\{0.45\frac{f_t}{f_y}, 0.2\%\right\} = \max\left\{0.45 \times \frac{1.43}{435}, 0.2\%\right\} = 0.2\%$$

查附表 21 得: $A_s = 2\,945$ mm^2(6 ⌀ 25),因为 $A_s = 2\,945$ mm$^2 > \rho_{\min}bh = 0.2\% \times 300 \times 700 = 420$(mm^2),满足最小配筋条件。

因环境类别为一类,且受拉钢筋 A_s 布置成两排,故取 $a_s = 70$ mm,则 $h_0 = 700 - 70 = 630$(mm)。

（1）判别 T 形截面类型

由式（4.55）或式（4.57）可得

$f_y A_s = 435 \times 2\,945 = 1\,281\,075\,(\text{N}) > \alpha_1 f_c b'_f h'_f = 1.0 \times 14.3 \times 600 \times 120 = 1\,029\,600\,(\text{N})$，故属于第二类 T 形截面。

（2）计算受弯承载力 M_u 并验算

根据基本式（4.65）计算 ξ

$$\xi = \frac{f_y A_s - \alpha_1 f_c (b'_f - b) h'_f}{\alpha_1 f_c b h_0} = \frac{435 \times 2\,945 - 1.0 \times 14.3 \times (600 - 300) \times 120}{1.0 \times 14.3 \times 300 \times 630}$$

$$= 0.284 < \xi_b = 0.482$$

满足适用条件。

$$\alpha_s = \xi(1 - 0.5\xi) = 0.284 \times (1 - 0.5 \times 0.284) = 0.244$$

由式（4.66）可求得极限弯矩 M_u：

$$M_u = \alpha_1 f_c \alpha_s b h_0^2 + \alpha_1 f_c (b'_f - b) h'_f \left(h_0 - \frac{h'_f}{2} \right)$$

$$= 1.0 \times 14.3 \times 0.244 \times 300 \times 630^2 + 1.0 \times 14.3 \times (600 - 300) \times 120 \times \left(630 - \frac{120}{2} \right)$$

$$= 708.895 \times 10^6\,(\text{N} \cdot \text{mm}) > M = 650\,\text{kN} \cdot \text{m}$$

表明该 T 形截面安全。

【例 4.11】 某 T 形截面梁，截面尺寸 $b = 250\,\text{mm}$，$h = 600\,\text{mm}$，$b'_f = 650\,\text{mm}$，$h'_f = 100\,\text{mm}$。混凝土强度等级为 C30，钢筋采用 HRB400 级，结构的安全等级为二级，环境类别为一类。试按以下三种弯矩设计值 M，分别计算所需的纵向受拉钢筋面积 A_s。

（1）$M = 300\,\text{kN} \cdot \text{m}$（预计 A_s 一排布置，$a_s = 40\,\text{mm}$）

（2）$M = 500\,\text{kN} \cdot \text{m}$（预计 A_s 两排布置，$a_s = 70\,\text{mm}$）

（3）$M = 700\,\text{kN} \cdot \text{m}$（预计 A_s 两排布置，$a_s = 70\,\text{mm}$）

【解】 查附表 10 和附表 3 可得：$f_c = 14.3\,\text{N/mm}^2$，$f_t = 1.43\,\text{N/mm}^2$，$f_y = f'_y = 360\,\text{N/mm}^2$；查表 4.2 和表 4.3 可得：$\alpha_1 = 1.0$，$\xi_b = 0.518$。

由式（4.23）可求得最小配筋率为

$$\rho_{\min} = \max\left\{ 0.45 \frac{f_t}{f_y}, 0.2\% \right\} = \max\left\{ 0.45 \times \frac{1.43}{360}, 0.2\% \right\} = 0.2\%$$

（1）当 $M = 300\,\text{kN} \cdot \text{m}$（预计 A_s 一排布置，$a_s = 40\,\text{mm}$）时

$$h_0 = h - a_s = 600 - 40 = 560\,(\text{mm})$$

由式（4.56）或式（4.58）进行 T 形截面类型的判别，即

$$\alpha_1 f_c b'_f h'_f \left(h_0 - \frac{h'_f}{2} \right) = 1.0 \times 14.3 \times 650 \times 100 \times (560 - 100/2)$$

$$= 478.69 \times 10^6\,(\text{N} \cdot \text{mm}) = 478.69\,(\text{kN} \cdot \text{m}) > M = 300\,\text{kN} \cdot \text{m}$$

故属于第一类 T 形截面。

由式（4.60）可求得截面抵抗矩系数为

$$\alpha_s = \frac{M}{\alpha_1 f_c b'_f h_0^2} = \frac{300\,000\,000}{1.0 \times 14.3 \times 650 \times 560^2} = 0.103$$

$$\xi = 1 - \sqrt{1 - 2\alpha_s} = 1 - \sqrt{1 - 2 \times 0.103} = 0.109 < \xi_b = 0.518$$

将 ξ 值代入式(4.59)，得钢筋截面面积为

$$A_s = \alpha_1 f_c b'_f \xi h_0 / f_y = 1.0 \times 14.3 \times 650 \times 0.109 \times 560/360 = 1\,576(\text{mm}^2)$$

选用 $2\Phi25 + 2\Phi20(A_s = 1\,610 \text{ mm}^2)$。

由于 $A_s = 1\,610 \text{ mm}^2 > A_{s,\min} = \rho_{\min} bh = 0.2\% \times 250 \times 600 = 300(\text{mm}^2)$，则满足最小配筋率条件。

(2) 当 $M = 500 \text{ kN} \cdot \text{m}$(预计 A_s 两排布置，$a_s = 70 \text{ mm}$)时

$$h_0 = h - a_s = 600 - 70 = 530(\text{mm})$$

由式(4.56)或式(4.58)进行 T 形截面类型的判别，即

$$\alpha_1 f_c b'_f h'_f \left(h_0 - \frac{h'_f}{2}\right) = 1.0 \times 14.3 \times 650 \times 100 \times (530 - 100/2)$$

$$= 466.160 \times 10^6(\text{N} \cdot \text{mm}) = 466.160(\text{kN} \cdot \text{m}) < M = 500 \text{ kN} \cdot \text{m}$$

故属于第二类 T 形截面。

由基本式(4.66)可得截面抵抗矩系数为

$$\alpha_s = \frac{M - \alpha_1 f_c (b'_f - b) h'_f \left(h_0 - \dfrac{h'_f}{2}\right)}{\alpha_1 f_c b h_0^2}$$

$$= \frac{500 \times 10^6 - 1.0 \times 14.3 \times (650 - 250) \times 100 \times (530 - 100/2)}{1.0 \times 14.3 \times 250 \times 530^2} = 0.224$$

$\xi = 1 - \sqrt{1 - 2\alpha_s} = 1 - \sqrt{1 - 2 \times 0.224} = 0.257 < \xi_b = 0.518$，满足基本公式适用条件。

将 ξ 值代入基本式(4.65)，得所需的受拉钢筋面积为

$$A_s = \frac{\alpha_1 f_c b \xi h_0 + \alpha_1 f_c (b'_f - b) h'_f}{f_y}$$

$$= \frac{1.0 \times 14.3 \times 250 \times 0.257 \times 530 + 1.0 \times 14.3 \times (650 - 250) \times 100}{360}$$

$$= 2\,941.53(\text{mm}^2)$$

选用 $6\Phi25(A_s = 2\,945 \text{ mm}^2)$，布置为双排。

根据经验不需验算最小配筋率条件。

(3) 当 $M = 700 \text{ kN} \cdot \text{m}$(预计 A_s 两排布置，$a_s = 70 \text{ mm}$)时，$h_0 = h - a_s = 600 \text{ mm} - 70 \text{ mm} = 530 \text{ mm}$

由式(4.56)或式(4.58)进行 T 形截面类型的判别：

$$\alpha_1 f_c b'_f h'_f \left(h_0 - \frac{h'_f}{2}\right) = 1.0 \times 14.3 \times 650 \times 100 \times (530 - 100/2)$$

$$= 446.16 \times 10^6(\text{N} \cdot \text{mm})$$

$$= 446.16(\text{kN} \cdot \text{m}) < M = 700 \text{ kN} \cdot \text{m}$$

故属于第二类 T 形截面。

由基本式(4.66)，可得截面抵抗矩系数为

$$\alpha_s = \frac{M - \alpha_1 f_c (b'_f - b) h'_f \left(h_0 - \dfrac{h'_f}{2}\right)}{\alpha_1 f_c b h_0^2}$$

$$= \frac{700 \times 10^6 - 1.0 \times 14.3 \times (650 - 250) \times 100 \times (530 - 100/2)}{1.0 \times 14.3 \times 250 \times 530^2} = 0.424$$

$\xi = 1 - \sqrt{1 - 2\alpha_s} = 1 - \sqrt{1 - 2 \times 0.424} = 0.610 > \xi_b = 0.518$，不满足基本公式适用条件。

由于截面尺寸和混凝土强度等级均受到限制，故可按双筋 T 形截面设计。这时有 3 个未知数 A_s，A'_s 和 ξ，为充分利用混凝土受压，取 $\xi = \xi_b$，则

$$\alpha_{s,max} = \xi_b(1 - 0.5\xi_b) = 0.518 \times (1 - 0.5 \times 0.518) = 0.384$$

考虑受压钢筋后，取 $\sigma'_s = f'_y = 360 \text{ N/mm}^2$，参照双筋矩形截面和第二类 T 形截面的基本公式分别计算所需钢筋面积如下：

$$A'_s = \frac{M - \alpha_1 f_c(b'_f - b)h'_f\left(h_0 - \dfrac{h'_f}{2}\right) - \alpha_1 f_c \alpha_{s,max} b h_0^2}{f'_y(h_0 - a'_s)}$$

$$= \frac{700 \times 10^6 - 1.0 \times 14.3 \times (650 - 250) \times 100 \times \left(530 - \dfrac{100}{2}\right) - 1.0 \times 14.3 \times 0.384 \times 250 \times 530^2}{360 \times (530 - 40)}$$

$$= 226(\text{mm}^2)$$

$$A_s = \frac{\alpha_1 f_c b \xi_b h_0 + \alpha_1 f_c(b'_f - b)h' + f'_y A'_s}{f_y}$$

$$= \frac{1.0 \times 14.3 \times 250 \times 0.518 \times 530 + 1.0 \times 14.3 \times (650 - 250) \times 100 + 360 \times 226}{360}$$

$$= 4\,541(\text{mm}^2)$$

受压钢筋选用 2 Φ 14（$A'_s = 308$），受拉钢筋选用 6 Φ 25 + 4 Φ 22（$A_s = 4\,465 \text{ mm}^2$）。

本章小结

1.混凝土受弯构件的正截面破坏，是沿法向裂缝（正裂缝）截面的弯曲破坏。本章内容主要是正截面受弯极限状态承载力的分析和计算，同时包括梁、板的截面尺寸、混凝土强度等级、钢筋的混凝土保护层最小厚度、梁中钢筋的布置（如纵向受力钢筋、架立筋、梁侧向纵向钢筋等）和板的配筋方式（受力钢筋和分布钢筋）等主要构造问题。

2.纵向受拉钢筋配筋率对混凝土受弯构件正截面弯曲破坏的特征影响很大。根据配筋率的不同，可将受弯构件正截面弯曲破坏形态分为三种，即适筋破坏、超筋破坏和少筋破坏。应掌握适筋、超筋、少筋三种梁的破坏特征，并从其破坏过程、破坏性质和充分利用材料等方面理解设计成适筋受弯构件的必要性及适筋梁的配筋率范围。

3.适筋梁的整个受力过程按其特点及应力状态等可分为三个阶段。阶段 I_a 为未出现裂缝阶段，可作为构件抗裂要求的控制阶段；阶段 II 为带裂缝工作阶段，一般混凝土受弯构件的正常使用就处于这个阶段的范围以内，是裂缝宽度及挠度的计算依据；阶段 III 为破坏阶段，其最后状态 III_a 为受弯承载力极限状态，是受弯构件正截面受弯承载力的计算依据。应在掌握适筋梁正截面工作的三个阶段基础上，能正确理解适筋梁的截面应力分布和受力特点。

4.受弯构件正截面受弯承载力计算采用四个基本假定，据此可确定截面应力图形，为简化计算，采用受压区等效矩形应力图形并建立两个基本计算公式。一个是截面内力中的拉力与压

力保持平衡,另一个是截面的弯矩保持平衡。截面设计时可先确定 x,而后计算钢筋面积 A_s;截面复核时可先求出 x,而后计算 M_u。对于双筋截面,还应考虑受压钢筋的作用;对于 T 形截面,还应考虑受压区翼缘悬臂部分的作用。应熟练掌握单筋矩形截面、双筋截面和 T 形截面的基本公式及其应用。

5.受弯构件中纵拉钢筋的最小配筋率按构件全截面面积扣除位于受压区翼缘面积 $(b'_f-b)h'_f$ 后的截面面积计算,应用时须加以注意。受弯构件中纵拉钢筋的最大配筋率根据相对界限受压区高度 ξ_b 而求得,与钢筋种类及混凝土强度等级┄┄┄┄┄┄┄┄┄┄┄┄┄┄┄┄┄┄等因素有关。实用中为避免超筋梁,应用 $\xi \le \xi_b$ 进行核验较为方便。

思 考 题

4.1 梁、板中混凝土保护层的作用是什么?一类环境中梁、板混凝土保护层的最小厚度是多少?

4.2 梁中的架立钢筋、梁侧纵向构造钢筋和板的分布钢筋各起什么作用?如何确定其位置和数量?

4.3 适筋梁从开始加载直至正截面受弯破坏经历了哪几个阶段?各是哪种极限状态的计算依据?试分析各阶段正截面上应力-应变分布、中和轴位置、梁的跨中最大挠度的变化规律。

4.4 什么叫配筋率?配筋率对梁的正截面承载力有何影响?从梁的受弯而言,最小配筋率应根据什么原则确定?

4.5 试述适筋梁、超筋梁、少筋梁的破坏特征,在设计中如何防止超筋破坏和少筋破坏。

4.6 为什么超筋梁的纵向受拉钢筋应力较小且不会屈服?试用截面力的平衡及平截面假定予以说明。

4.7 适筋梁的配筋率有一定的范围,在这个范围内配筋率的改变对构件的哪些性能有影响?

4.8 钢筋混凝土梁正截面应力-应变状态与匀质弹性材料梁(如钢梁)有什么主要区别?

4.9 受弯构件正截面承载力计算时引入了哪些基本假设?什么是受压区混凝土等效矩形应力图形?它是如何从受压区混凝土的实际应力图形得来的?特征值 α_1、β_1 的物理意义是什么?

4.10 当实配的纵向受拉钢筋小于最小配筋率要求或大于最大配筋率要求时,应如何分别计算截面所能负担的极限弯矩值?

4.11 什么是截面相对受压区高度 ξ?什么是截面相对界限受压区高度 ξ_b?ξ_b 主要与什么因素有关?ξ_b 有何实用意义?

4.12 系数 α_s、γ_s 的物理意义是什么?试说明 α_s、γ_s 随 ξ 的变化规律。

4.13 单筋矩形截面受弯构件受弯承载力计算公式是如何建立的?为什么要规定适用条件?

4.14 在什么情况下采用双筋截面梁?在双筋截面中受压钢筋起什么作用?为什么双筋截面一定要用封闭箍筋?双筋截面梁的计算应力图形如何确定?

4.15 双筋截面梁受弯承载力计算时,为什么要求 $x \ge 2a'_s$?$x < 2a'_s$ 时应如何计算?

4.16 矩形截面梁内已配有受压钢筋 A'_s,当 $\xi < \xi_b$ 时,计算受拉钢筋 A_s 是否要考虑 A'_s,为

什么？

4.17　设计双筋截面梁，当 A_s 与 A_s' 均未知时，如何求解？为什么？

4.18　T 形截面梁设计或截面承载力计算时，为什么要规定 T 形截面受压翼缘的计算宽度？受压区翼缘计算宽度 b_f' 的确定考虑了哪些因素？

4.19　现浇楼盖中的连续梁，其跨中截面和支座截面应分别按什么截面计算？为什么？

4.20　在进行 T 形截面梁的截面设计或截面复核时，应如何分别判别 T 形截面梁的类型？其判别式是根据什么原理确定的？

习　题

4.1　一钢筋混凝土简支梁，计算跨度为 6 m，截面尺寸 $b \times h = 200\ mm \times 500\ mm$，混凝土强度等级 C30，纵向钢筋采用 3Φ20 的 HRB400 级钢筋，结构的安全等级为二级，环境类别为一类，试求该梁所能负担的均布荷载设计值（包括梁自重在内）。

4.2　矩形截面梁，$b = 250\ mm$，$h = 600\ mm$，弯矩设计值 $M = 190\ kN \cdot m$，纵向钢筋为 HRB500 级，混凝土强度等级为 C35，结构的安全等级为二级，环境类别为一类，试计算所需的纵向受拉钢筋截面面积，并选用钢筋直径和根数，绘出梁截面钢筋布置图。

4.3　钢筋混凝土雨篷板，承受均布荷载，计算跨度 1 m，垂直于计算跨度方向板的总宽度为 6 m，取单位宽度 $b = 1\ m$ 的板带计算，板厚 100 mm，混凝土强度等级为 C30，HRB300 级钢筋，环境类别为二 b，单位宽度板带控制截面弯矩设计值 $M = 3.6\ kN \cdot m/m$。要求计算雨篷板的受力钢筋截面面积，选用钢筋直径及间距，并绘出雨篷板的受力钢筋和分布钢筋平面布置图。

4.4　已知一钢筋混凝土简支梁的计算跨度为 5.2 m，承受均布荷载，其中永久荷载标准值为 6 kN/m（不包括梁自重），可变荷载标准值为 9 kN/m，结构的安全等级为二级，环境类别为一类，试确定梁的混凝土强度等级、钢筋种类、截面尺寸和纵向受力钢筋截面面积，并绘出梁的截面及配筋图。

4.5　矩形截面梁，梁截面宽度 $b = 200\ mm$，高度 h 分别 450 mm、500 mm 和 550 mm。混凝土强度等级 C30，HRB500 级钢筋，结构的安全等级为二级，环境类别为一类，截面所承受的弯矩设计值 $M = 280\ kN \cdot m$。试分别计算所需的受拉钢筋截面面积 A_s，并分析 A_s 值与梁截面高度 h 的关系。

4.6　矩形截面梁，梁截面高度 $h = 500\ mm$，梁截面宽度 b 分别为 200 mm、250 mm 和 300 mm。混凝土强度等级 C25，HRB400 级钢筋，结构的安全等级为二级，环境类别为一类，截面所承受的弯矩设计值 $M = 130\ kN \cdot m$。试分别计算所需的受拉钢筋截面面积 A_s，并分析 A_s 值与梁宽 b 的关系。

4.7　矩形截面梁，梁截面宽度 $b = 200\ mm$，高度 $h = 500\ mm$。HRB400 级钢筋，混凝土强度等级分别为 C25，C30 和 C35，结构的安全等级为二级，环境类别为一类，截面所承受的弯矩设计值 $M = 150\ kN \cdot m$。试分别计算所需的受拉钢筋截面面积 A_s，并分析 A_s 值与混凝土强度等级的关系。

4.8　矩形截面梁，梁截面宽度 $b = 200\ mm$，高度 $h = 500\ mm$。混凝土强度等级为 C25，钢筋分别采用 HRB500 级和 HRB400 级，结构的安全等级为二级，环境类别为一类，截面所承受的弯矩设计值 $M = 130\ kN \cdot m$。试分别计算所需的受拉钢筋截面面积 A_s，并分析 A_s 值与钢筋抗拉强度设计值的关系。

4.9 矩形截面梁,梁截面宽度 $b = 200$ mm,高度 $h = 400$ mm,$a_s = a'_s = 40$ mm。混凝土强度等级为 C35,钢筋采用 HRB500 级,结构的安全等级为二级,环境类别为一类。求下列情况下截面所能抵抗的极限弯矩 M_u:

(1)单筋截面,$A_s = 942$ mm²(3Φ20);

(2)双筋截面,$A_s = 942$ mm²(3Φ20),$A'_s = 226$ mm²(2Φ12);

(3)双筋截面,$A_s = 942$ mm²(3Φ20),$A'_s = 628$ mm²(2Φ20);

(4)双筋截面,$A_s = A'_s = 942$ mm²(3Φ20)。

4.10 矩形截面梁,梁截面宽度 $b = 200$ mm,高度 $h = 400$ mm,结构的安全等级为二级,环境类别为一类。混凝土强度等级为 C40,钢筋采用 HRB500 级,截面承受的弯矩设计值 $M = 130$ kN·m。试计算所需的纵向受拉钢筋截面面积。

4.11 双筋矩形截面梁,梁截面宽度 $b = 250$ mm,高度 $h = 700$ mm,结构的安全等级为二级,环境类别为一类。混凝土强度等级 C30,钢筋采用 HRB500 级,$a_s = a'_s = 40$ mm,受压区已配有钢筋 2Φ14,并且在计算中考虑其受压作用。截面所承受的弯矩设计值 $M = 295$ kN·m。试计算所需的纵向受拉钢筋截面面积。

4.12 T 形截面简支梁,$b'_f = 500$ mm,$h'_f = 100$ mm,$b = 200$ mm,$h = 500$ mm,结构的安全等级为二级,环境类别为一类,混凝土强度等级 C25,钢筋采用 HRB400 级。求下列情况下截面所能抵抗的极限弯矩 M_u:

(1)纵向受拉钢筋 $A_s = 942$ mm²(3Φ20),$a_s = 40$ mm。

(2)纵向受拉钢筋 $A_s = 1\ 884$ mm²(6Φ20),$a_s = 60$ mm。

4.13 T 形截面简支梁,$b'_f = 500$ mm,$h'_f = 100$ mm,$b = 200$ mm,$h = 500$ mm,结构的安全等级为二级,环境类别为一类。混凝土强度等级 C30,钢筋采用 HRB400 级。试分别确定下列情况下所需的受拉钢筋截面面积 A_s:

(1)弯矩设计值 $M = 130$ kN·m,预计一排钢筋。

(2)弯矩设计值 $M = 300$ kN·m,预计两排钢筋。

4.14 T 形截面梁,$b'_f = 500$ mm,$h'_f = 100$ mm,$b = 200$ mm,$h = 500$ mm,结构的安全等级为二级,环境类别为一类。混凝土强度等级 C35,钢筋采用 HRB500 级。受压区翼缘已配置钢筋 2Φ20($A'_s = 628$ mm²,$a'_s = 40$ mm),计算中考虑其受压作用。截面弯矩设计值 $M = 280$ kN·m,试计算所需的受拉钢筋截面面积 A_s。

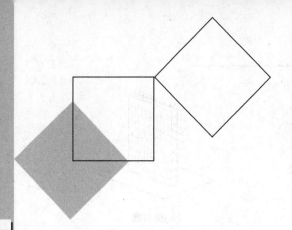

5 受压构件正截面的性能与设计

本章导读：
- **基本要求**：掌握受压构件的一般构造要求；掌握轴心受压构件和偏心受压构件正截面承载力计算方法；掌握受压构件正截面承载力 *N-M* 相关曲线及其应用。
- **重点**：非对称配筋偏心受压构件正截面受压承载力计算方法；对称配筋偏心受压构件正截面受压承载力计算方法。
- **难点**：非对称配筋小偏心受压构件正截面受压承载力计算方法；受压构件正截面承载力 *N-M* 相关曲线。

5.1 工程应用实例

受压构件是指以承受轴向压力为主的构件,如框架结构中的柱、高层建筑结构中的剪力墙、桥梁结构中的桥墩、屋架的受压杆等都属于受压构件,如图 5.1 所示。

受压构件按受力情况的不同,可分为轴心受压构件、单向偏心受压构件和双向偏心受压构件。为工程设计方便,不考虑混凝土材料的不匀质性和钢筋不对称布置的影响,近似地用纵向压力的作用点与构件正截面形心的相对位置,将受压构件分为三类:

①当纵向压力的作用点位于构件正截面形心时,为轴心受压构件;

②当纵向压力作用点仅对构件正截面的一个主轴有偏心距时,为单向偏心受压构件。

③当纵向压力作用点对构件正截面的两个主轴都有偏心距时,为双向偏心受压构件。

本章主要介绍轴心受压构件和单向偏心受压构件的承载力计算方法及构造要求。

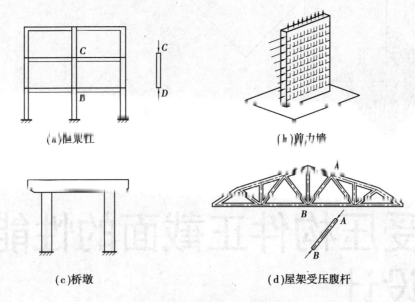

(a)框架柱   (b)剪力墙

(c)桥墩   (d)屋架受压腹杆

图 5.1　受压构件的工程应用

5.2　轴心受压构件正截面承载力计算

5.2.1　一般说明

轴心受压构件主要利用混凝土承受轴心压力。在实际工程中,理想的轴心受压构件几乎是不存在的。其原因是:混凝土材料具有不均匀性,截面的几何中心与物理中心往往不重合;施工误差使构件尺寸产生偏差,导致荷载作用的实际位置与理论位置不一致。因此,钢筋混凝土轴心受压构件实际上均存在一定的偏心距。但是对于某些构件,如以承受恒载为主的框架中柱、桁架的受压腹杆等,构件截面上的弯矩很小,以承受轴向压力为主,可近似按轴心受压构件考虑。

钢筋混凝土轴心受压构件中配置纵筋和箍筋。纵筋的作用是:与混凝土共同承担纵向压力,提高构件的正截面受压承载力;抵抗因偶然偏心在构件受拉边产生的拉应力;改善混凝土的变形能力,防止构件发生脆性破坏,减小混凝土的收缩与徐变变形。箍筋的作用是:固定纵向钢筋的位置,与纵筋形成空间钢筋骨架;为纵筋提供侧向支撑,防止纵筋受压后外凸;还可以约束核心区混凝土,改善混凝土的变形性能。

按柱中箍筋形式的不同,可分为两种情况:普通箍筋柱和螺旋箍筋(或焊接环式箍筋)柱。普通箍筋柱中配有纵向受压钢筋和普通箍筋,螺旋箍筋柱中配有纵向受压钢筋和螺旋式(或焊接环式)箍筋。其截面和配筋形式如图 5.2 所示。

螺旋箍筋(或焊接环式箍筋)柱中的箍筋一般间距较密,这种箍筋能够显著约束核心区混凝土,使混凝土处于三向受压状态,提高混凝土的抗压强度,并增大其纵向变形能力。因此,在设计中应考虑箍筋的约束作用。

由于构造简单和施工方便,普通箍筋柱是工程中最常见的轴心受压构件,截面形状多为矩形或正方形。当柱承受很大的轴向压力,而柱截面尺寸又受到限制,若按普通箍筋柱设计,即使提高混凝土强度等级和增加纵筋数量也不足以承受该轴向压力时,可考虑采用螺旋箍筋(或焊接环式箍筋)以提高受压承载力。这种柱的截面形状一般为圆形或正多边形。与普通箍筋柱相比,螺旋箍筋柱用钢量大,施工复杂,造价较高,其应用范围有限。

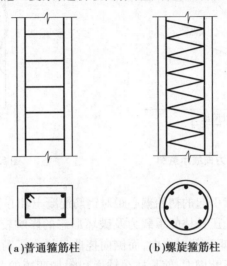

(a)普通箍筋柱　　　　　(b)螺旋箍筋柱

图 5.2　轴心受压柱

5.2.2　普通箍筋轴心受压柱正截面受压承载力计算

根据柱长细比的不同,可将轴心受压柱分为短柱和长柱。短柱是指 $l_0/b \leqslant 8$(矩形截面)或 $l_0/d \leqslant 7$(圆形截面)或 $l_0/i \leqslant 28$(其他截面)的柱。长柱和短柱的受力性能及破坏特征有所不同,计算中应予以区别。

1)试验研究

(1)轴心受压短柱

试验结果表明,在轴心压力作用下,受压短柱截面应变分布基本上是均匀的。由于纵筋与混凝土之间存在黏结力,两者应变相同。当压力 N 较小时,构件基本处于弹性阶段,纵筋和混凝土的压应力成正比增加。当压力 N 较大时,混凝土出现塑性变形,从而使纵筋的压应力增长比混凝土的压应力增加更快,纵筋与混凝土之间出现了应力重分布,如图 5.3 所示。当压力 N 继续增大,混凝土开始出现纵向裂缝;当轴向压力接近极限荷载时,柱四周的纵向裂缝明显加宽,箍筋间的纵筋压屈外鼓,最终混凝土达到极限压应变而破坏,破坏形态如图 5.4 所示。

试验表明,钢筋混凝土短柱达到最大承载力时的压应变比素混凝土棱柱体的峰值应变略有提高。轴心受压构件承载力计算时,对普通钢筋混凝土构件,如取峰值应变 0.002 为控制条件(即认为当压应变达到 0.002 时混凝土强度达到 f_c),对于普通热轧钢筋,其弹性模量为 $2.0 \times 10^5 \text{ N/mm}^2$,则此时钢筋的应力为 $\sigma_s = E_s \varepsilon_s = 2.0 \times 10^5 \times 0.002 = 400 (\text{N/mm}^2)$。

亦即,如采用 HRB400、HRBF400 和 RRB400 级钢筋作为纵筋,则构件破坏时钢筋应力均可达到其屈服强度。对于抗压强度设计值大于 400 N/mm² 的钢筋(如 HRB500),当用于轴心受压构件计算时,规范规定应取 400 N/mm² 计算。

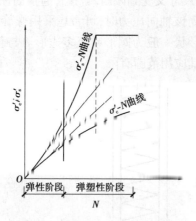

图 5.3　荷载-应力曲线示意图

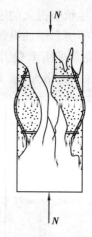

图 5.4　短柱的破坏

（2）轴心受压长柱

试验结果表明,偶然因素引起的初始偏心距对钢筋混凝土轴心受压短柱的承载力及破坏形态的影响较小,但是对轴心受压长柱的承载力及破坏形态的影响较大。由于初始偏心的存在,纵向压力使构件产生附加弯矩和侧向挠曲,而侧向挠曲又增大了荷载的偏心距,随着荷载的增加,附加弯矩和侧向挠度将不断增大,使长柱在轴力和附加弯矩的共同作用下向一侧弯曲而破坏。对于长细比较大的构件还有可能由于失稳而破坏。长柱的破坏特征是:弯曲变形后,柱外凸一侧混凝土出现水平裂缝,凹进一侧出现纵向裂缝,随后混凝土压碎及纵筋压屈外鼓,侧向挠度急剧增大,如图 5.5 所示。

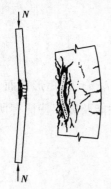

图 5.5　长柱的破坏

试验结果表明,与短柱相比,长柱的受压承载力随着构件长细比的增大而逐渐降低。因此,对长柱的受压承载力需乘以折减系数。在轴心受压构件承载力计算时,《混凝土结构设计规范》采用稳定系数 φ 来表示长柱承载力降低的程度,即

$$\varphi = \frac{N_u^l}{N_u^s}$$

式中　N_u^l,N_u^s——长柱和短柱的受压承载力。

稳定系数 φ 值随着构件长细比的增大而减小。对于具有相同长细比的柱,由于混凝土强度等级和钢筋的种类以及配筋率的不同,φ 值的大小还略有变化。表 5.1 是《混凝土结构设计规范》根据试验研究结果并考虑到过去的使用经验给出的 φ 值。

表 5.1　钢筋混凝土轴心受压构件的稳定系数

$\frac{l_0}{b}$	$\frac{l_0}{d}$	$\frac{l_0}{i}$	φ	$\frac{l_0}{b}$	$\frac{l_0}{d}$	$\frac{l_0}{i}$	φ
≤8	≤7	≤28	≤1.0	30	26	104	0.52
10	8.5	35	0.98	32	28	111	0.48
12	10.5	42	0.95	34	29.5	118	0.44

续表

$\dfrac{l_0}{b}$	$\dfrac{l_0}{d}$	$\dfrac{l_0}{i}$	φ	$\dfrac{l_0}{b}$	$\dfrac{l_0}{d}$	$\dfrac{l_0}{i}$	φ
14	12	48	0.92	36	31	125	0.40
16	14	55	0.87	38	33	132	0.36
18	15.5	62	0.81	40	34.5	139	0.32
20	17	69	0.75	42	36.5		0.29
22	19	76	0.70	44	38	153	0.26
24	21	83	0.65	46	40	160	0.23
26	22.5	90	0.60	48	41.5	167	0.21
28	24	97	0.56	50	43	174	0.19

注:表中 l_0 为构件的计算长度;b 为矩形截面的短边尺寸;d 为圆形截面的直径;i 为截面最小回转半径。

表中的计算长度与构件两端支承情况有关。当构件两端刚接时,$l_0 = 0.5l$;一端刚接另一端铰接时,$l_0 = 0.7l$;两端铰接时,$l_0 = l$。在实际结构中,构件端部的连接构造比较复杂,为此,《混凝土结构设计规范》对单层厂房排架柱、框架柱等的计算长度作了具体规定,应用时可查阅规范。

2) 承载力计算公式

根据上述分析,轴心受压构件达到承载能力极限状态时,截面的应力计算图形如图 5.6 所示。根据构件截面竖向力的平衡条件,并考虑长柱与短柱计算公式的统一以及构件可靠度的调整因素后,配有纵向钢筋和普通箍筋轴心受压构件承载力设计表达式可表示为

$$N \leq N_u = 0.9\varphi(f_c A + f_y' A_s') \qquad (5.1)$$

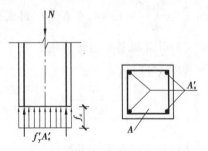

图 5.6 普通箍筋柱截面应力计算图形

式中 　N——轴向压力设计值;

N_u——轴向受压承载力设计值;

0.9——可靠度调整系数;

φ——钢筋混凝土轴心受压构件的稳定系数,见表 5.1;

f_c——混凝土轴心抗压强度设计值;

A——构件截面面积;

f_y'——纵向钢筋的抗压强度设计值;

A_s'——全部纵向钢筋的截面面积。

当纵向钢筋配筋率大于 3% 时,计算混凝土截面面积时应扣除纵筋的面积,即式(5.1)中的 A 应改用 $(A - A_s')$。

3) 构件设计

钢筋混凝土轴心受压构件设计包括截面复核和截面设计两类问题。

（1）截面复核

轴心受压构件截面复核时，先由 l_0/b 查表求出 φ 值，再将其他已知条件代入式（5.1）即可求出截面能够承受的最大轴向压力设计值 N_u。

（2）截面设计

轴心受压构件截面设计时，轴向压力设计值以及柱计算长度等条件为已知，材料也已选定，要求确定构件截面尺寸和纵向钢筋截面面积。设计中可按以下两种情况求解：

①首先初步确定截面面积和边长 b，据此 l_0/b 查出 φ 值，代入式（5.1）计算钢筋截面面积 A'_s。注意，还应验算配筋率 ρ' 是否在经济配筋率（1.5%～2%）范围内。如果配筋率 ρ' 偏大，说明初选的截面尺寸偏小，反之说明过大，均应修改截面尺寸后重新计算。最后根据钢筋面积选配钢筋，并注意应符合钢筋的构造要求。

②首先在经济配筋率范围内选定 ρ'，暂取 $\varphi=1$，并将 A'_s 写成 $\rho'A$，代入式（5.1）计算构件的截面面积 A，再确定边长 b（应符合构造要求）。其余计算与第一种情况的计算方法相同。

【例 5.1】 某现浇多层钢筋混凝土框架结构，底层中柱按轴心受压构件计算，柱的计算长度 $l_0=5.6$ m，截面尺寸为 450 mm×450 mm，承受轴心压力设计值 3 600 kN，混凝土强度等级为 C35，钢筋采用 HRB400 级。结构的安全等级为二级，要求确定纵筋截面面积 A'_s 并配置钢筋。

【解】 （1）基本参数

C35 混凝土：$f_c=16.7$ N/mm^2；HRB400 级钢筋：$f'_y=360$ N/mm^2

（2）求稳定系数 φ

$\dfrac{l_0}{b}=\dfrac{5\,600}{450}=12.44$，查表 5.1，用线性插值法计算得 $\varphi=0.95-\dfrac{0.44}{2}\times0.03=0.943$

（3）计算纵筋截面面积 A'_s

由式（5.1）得

$$A'_s=\dfrac{\dfrac{N}{0.9\varphi}-f_cA}{f'_y}=\dfrac{\dfrac{3\,600\times10^3}{0.9\times0.943}-16.7\times450\times450}{360}=2\,384(\text{mm}^2)$$

（4）验算配筋率 ρ' 并配筋

$\rho'=\dfrac{A'_s}{A}=\dfrac{2\,384}{450\times450}=0.011\,8=1.18\%<3\%$，同时大于最小配筋率 0.55%。因此选用 8 Φ 20，$A'_s=2\,513$ mm^2。截面配筋如图 5.7 所示。

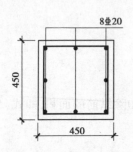

图 5.7 例 5.1 截面配筋图

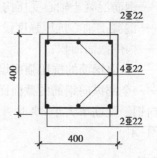

图 5.8 例 5.2 截面配筋图

【例 5.2】 某钢筋混凝土轴心受压柱，计算长度 $l_0=4.9$ m，承受轴向压力设计值 $N=$

3 600 kN,混凝土强度等级 C40,纵向受力钢筋采用 HRB500 级。结构的安全等级为二级,要求确定柱截面尺寸及纵筋截面积。

【解】 (1)估算截面尺寸

C40 混凝土,$f_c = 19.1$ N/mm^2;HRB500 级钢筋,$f'_y = 435$ N/mm^2,用于轴心受压构件计算时,取 $f'_y = 400$ N/mm^2。

拟定 $\rho' = 1.6\%$,暂取 $\varphi = 1.0$,同时,将 A'_s 写成 $\rho'A$,代入式(5.1)计算柱截面面积,即

$$A = \frac{N}{0.9\varphi(f_c + \rho'f'_y)} = \frac{3\,600 \times 10^3}{0.9 \times 1.0 \times (19.1 + 0.016 \times 400)} = 156\,863(\text{mm}^2)$$

采用正方形截面

$$b = \sqrt{A} = \sqrt{156\,863} = 396(\text{mm})$$

选用截面尺寸为 400 mm×400 mm。

(2)求稳定系数 φ

$$\frac{l_0}{b} = \frac{4\,900}{400} = 12.25,查表 5.1,线性插值法计算得 \varphi = 0.95 - \frac{0.25}{2} \times 0.03 = 0.946$$

(3)计算纵筋截面面积 A'_s

由式(5.1)得

$$A'_s = \frac{\dfrac{N}{0.9\varphi} - f_cA}{f'_y} = \frac{\dfrac{3\,600 \times 10^3}{0.9 \times 0.946} - 19.1 \times 400 \times 400}{400} = 2\,931(\text{mm}^2)$$

(4)配筋

由于所选截面尺寸 400 mm×400 mm 与计算值 396 mm×396 mm 相差不大,所以实际配筋率应该与拟定值 $\rho' = 1.6\%$ 相差不大,满足最小配筋率的要求,可以不再验算。

选用 8Φ22,$A'_s = 3\,041$ mm^2,截面配筋如图 5.8 所示。

5.2.3 螺旋箍筋轴心受压柱正截面受压承载力计算

1)螺旋箍筋柱的试验研究

混凝土处于三向受压时,侧向压力将有效约束混凝土受压时的侧向变形和内部微裂缝发展,使混凝土抗压强度提高。在螺旋箍筋柱中,螺旋箍筋的作用使核心混凝土处于三向受压状态。试验研究表明,混凝土所受的轴向压应力较小时,箍筋对核心混凝土横向变形的约束作用不明显。当混凝土压应力超过 $0.8f_c$ 时,混凝土内部纵向裂缝迅速发展,横向变形急剧增大,使螺旋筋或焊接环筋中产生较大的环向拉应力,从而有效地约束核心混凝土的变形,提高混凝土的抗压强度。当混凝土压应变达到无约束时的极限压应变时,螺旋筋外侧保护层混凝土剥落,但柱还能承受继续增加的轴向压力。而当螺旋箍筋应力达到抗拉屈服强度时,就不再能有效地约束混凝土的横向变形,混凝土的抗压强度也就不能再提高,这时构件破坏。

根据以上分析,当普通箍筋柱的截面尺寸和混凝土强度等级受到限制时,可采用螺旋箍筋(或焊接环式箍筋)来提高构件受压承载力,这种钢筋间接起到了提高构件纵向承载力的作用,所以也称为"间接钢筋"。

2)受压承载力计算公式

由于螺旋箍筋使核心混凝土处于三向受压状态,可采用圆柱体侧向均匀受压的计算公式,

核心混凝土的纵向抗压强度可按式(2.5)计算,即

$$f_{c1} = f_c + 4\alpha\sigma_r \qquad (5.2)$$

上式中 σ_r 为螺旋箍筋与混凝土之间的相互作用力(图5.9),即混凝土所受到的侧向压应力。

一个螺旋箍筋间距 s 范围内 σ_r 在水平方向上的合力为

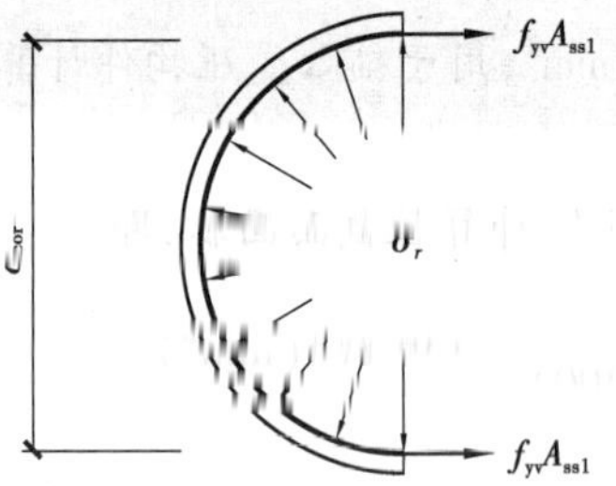

图5.9 螺旋箍筋受力示意图

$$2\int_0^{\frac{\pi}{2}} \sigma_r s \sin\theta \frac{d_{cor}}{2}\mathrm{d}\theta = \sigma_r s d_{cor}$$

由水平方向力的平衡条件可得

$$\sigma_r s d_{cor} = 2f_{yv}A_{ss1} \qquad (5.3)$$

即

$$\sigma_r = \frac{2f_{yv}A_{ss1}}{sd_{cor}} = \frac{2f_{yv}}{\frac{\pi d_{cor}^2}{4}} \times \frac{\pi d_{cor}A_{ss1}}{s} = \frac{f_{yv}}{2A_{cor}}A_{ss0} \qquad (5.4)$$

$$A_{ss0} = \frac{\pi d_{cor}A_{ss1}}{s} \qquad (5.5)$$

式中　d_{cor}——构件的核心截面直径,取间接钢筋内表面之间的距离;

　　　s——间接钢筋沿构件轴线方向的间距;

　　　A_{ss1}——螺旋式或焊接环式单根间接钢筋的截面面积;

　　　f_y——间接钢筋的抗拉强度设计值;

　　　A_{cor}——构件的核心截面面积,取间接钢筋内表面范围内的混凝土面积;

　　　A_{ss0}——螺旋式或焊接环式间接钢筋的换算截面面积。

根据内外力平衡条件,破坏时受压纵筋达到抗压屈服强度,螺旋箍筋内的混凝土达到抗压强度 f_{c1},同时考虑可靠度调整系数0.9后,螺旋箍筋柱的承载力计算公式为

$$N \leqslant N_u = 0.9(f_{c1}A_{cor} + f_y'A_s') = 0.9\left(f_cA_{cor} + 4 \times \frac{\alpha f_{yv}}{2A_{cor}}A_{ss0}A_{cor} + f_y'A_s'\right)$$

即

$$N \leqslant N_u = 0.9(f_cA_{cor} + 2\alpha f_{yv}A_{ss0} + f_y'A_s') \qquad (5.6)$$

根据箍筋换算截面面积 A_{ss0} 的表达式可知,A_{ss0} 就是与一个箍筋体积相等,换算成若干根长度为 s 的纵筋截面积。由式(5.6)可以看出,间接钢筋也可以在构件纵向起到抗压作用,其效果十分显著,大约相当于体积相同纵筋作用的2倍。

当按式(5.6)计算螺旋箍筋柱的受压承载力时,必须满足有关条件,否则就不能考虑箍筋的约束作用。《混凝土结构设计规范》规定:凡属下列情况之一者,不考虑间接钢筋的影响,应按式(5.1)计算构件的受压承载力。

①当 $l_0/d > 12$ 时,因构件长细比较大,有可能因纵向弯曲影响致使螺旋箍筋尚未屈服而构件已经破坏。

②当按式(5.6)计算的受压承载力小于按式(5.1)计算得到的受压承载力时,不考虑间接钢筋的影响。

③当间接钢筋换算截面面积 A_{ss0} 小于纵筋全部截面面积的 25% 时，可以认为间接钢筋配置太少，间接钢筋对核心混凝土的约束作用不明显。

此外，为了防止间接钢筋外面的混凝土保护层过早脱落，按式(5.6)计算得到的构件受压承载力设计值不应大于按式(5.1)计算的受压承载力的 1.5 倍，这就对螺旋箍筋柱的箍筋用量提出了最大限值。

【例 5.3】 某宾馆门厅采用钢筋混凝土圆形截面柱，承受轴心压力设计值 $N = 4\ 250$ kN，计算长度 $l_0 = 4.4$ m。混凝土强度等级为 C35，要求直径不大于 400，~~~~~~~~~~~~~~~~~选用 HRB500

~~~~~~

【解】 （1）按普通箍筋柱计算

①基本参数计算。

查附表 3 可得，HRB500 级钢筋，$f'_y = 435$ N/mm²，对于轴心受压构件，由于 $f'_y = 435$ N/mm² > 400 N/mm²，故取 $f'_y = 400$ N/mm² 计算；对于 HRB400 级钢筋，$f_{yv} = 360$ N/mm²，查附表 10 可得，C35 混凝土 $f_c = 16.7$ N/mm²。

②计算稳定系数 φ。

$$\frac{l_0}{d} = \frac{4\ 400}{400} = 11$$

查表 5.1 得 $\varphi = 0.940$。

③计算纵筋截面面积 A'_s。

圆柱截面积为

$$A = \frac{\pi d^2}{4} = \frac{3.14 \times 400^2}{4} = 125\ 600\ (\text{mm}^2)$$

由式(5.1)得

$$A'_s = \frac{\dfrac{N}{0.9\varphi} - f_c A}{f'_y} = \frac{\dfrac{4250 \times 10^3}{0.9 \times 0.940} - 16.7 \times 125\ 600}{400} = 7\ 315\ (\text{mm}^2)$$

④验算配筋率 ρ'。

$$\rho' = \frac{A'_s}{A} = \frac{7\ 315}{125\ 600} = 0.058\ 2 = 5.82\% > 5\%$$

当配筋率大于 3% 时，应将式(5.1)中的 A 改为 $A - A'_s$ 再重新计算，则配筋率会更高。由于配筋率已经超过 5%，明显偏高，而 $l_0/d < 12$，若混凝土强度等级不再提高，可考虑采用螺旋箍筋柱。

（2）按螺旋箍筋柱计算

①确定纵筋数量 A'_s。

假定按纵筋配筋率 $\rho' = 0.04$ 计算，则 $A'_s = \rho'A = 0.04 \times 125\ 600$ mm² $= 5\ 024$ mm²，选用 10⚹25（$A'_s = 4\ 909$ mm²）。纵筋净距为 79 mm，大于 50 mm，小于 300 mm，符合构造要求。

②计算间接钢筋的换算截面面积 A_{ss0}。

箍筋直径取 12 mm,则

$$d_{cor} = d - (25 + 12) \times 2 = 400 - 74 = 326(mm)$$

$$A_{cor} = \frac{\pi d_{cor}^2}{4} = \frac{3.14 \times 326^2}{4} = 83\ 427(mm^2)$$

用 C35 混凝土,取间接钢筋对混凝土约束的折减系数 $\alpha = 1.0$,由式(5.6)得

$$A_{ss0} = \frac{\frac{N}{0.9} - f_c A_{cor} - f_y' A_s'}{2\alpha f_{yv}} = \frac{\frac{4\ 250 \times 10^3}{0.9} - 16.7 \times 83\ 427 - 400 \times 4\ 909}{2 \times 1.0 \times 360}$$

$$= 1\ 896(mm^2) > 0.25 A_s' = 0.25 \times 4\ 909 = 1\ 227(mm^2)$$

满足构造要求。

③确定螺旋箍筋的直径和间距。

选取螺旋箍筋的直径为 12 mm($A_{ss1} = 113.1\ mm^2$),大于 $d/4 = 25/4$ mm ≈ 6 mm,满足构造要求。根据间接钢筋换算截面面积 A_{ss0} 的定义,箍筋间距为

$$s = \frac{\pi d_{cor} A_{ss1}}{A_{ss0}} = \frac{3.14 \times 326 \times 113.1}{1\ 896} = 61(mm)$$

按照螺旋箍筋的构造要求,箍筋间距不应大于 80 mm 及 $d_{cor}/5 = 326/5$ mm = 65 mm,且不宜小于 40 mm。取 $s = 50$ mm,满足要求。图 5.10 为截面配筋图。

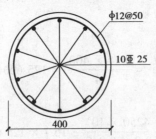

图 5.10　例 5.3 截面配筋图

④验算承载力。

根据所配置的螺旋箍筋 $d = 12$ mm,$s = 50$ mm,重新用式(5.5)及式(5.6)求得螺旋箍筋柱的轴心压力设计值 N_u 如下:

$$A_{ss0} = \frac{\pi d_{cor} A_{ss1}}{s} = \frac{3.14 \times 326 \times 113.1}{50} = 2\ 315(mm^2)$$

$$N_u = 0.9(f_c A_{cor} + 2\alpha f_y A_{ss0} + f_y' A_s')$$
$$= 0.9 \times (16.7 \times 83\ 427 + 2 \times 1.0 \times 360 \times 2\ 315 + 400 \times 4\ 909)$$
$$= 4\ 521.27(kN) > N = 4\ 250\ kN$$

按照普通箍筋柱计算受压承载力

$$N_u = 0.9\varphi(f_c A + f_y' A_s') = 0.9 \times 0.940 \times (16.7 \times 125\ 600 + 400 \times 4\ 909) = 3\ 435.71(kN)$$

$$3\ 435.71\ kN < 4\ 521.27\ kN < 1.5 \times 3\ 435.71 = 5\ 153.57\ kN$$

满足要求。

5.3 偏心受压构件正截面受力性能分析

5.3.1 破坏形态

距作用力为的截面积圆端,离纵向力较近一侧的受力钢筋一般称为受压钢筋,其截面面积用 A_s' 表示,离纵向力较远一侧的受力钢筋一般称为受拉钢筋,其截面面积用 A_s 表示。

试验表明,根据纵向压力 N 的偏心距和截面配筋情况的不同,可将偏心受压构件分为受拉破坏和受压破坏两种情况。

1)受拉破坏(大偏心受压破坏)

当纵向压力 N 的相对偏心距 e_0/h_0 较大,且受拉钢筋 A_s 的数量不过多时会出现受拉破坏,也称为大偏心受压破坏。其破坏过程为:当纵向压力 N 加载到一定数值时,截面受拉边首先出现水平裂缝。N 继续增大,受拉边形成一条或几条主要水平裂缝,随着纵向压力的增加,水平裂缝宽度增大,并逐渐向受压区延伸,使受压区高度减小。当 N 接近破坏荷载时,受拉钢筋首先屈服并进入流幅阶段,受压区高度进一步减小,混凝土压应变增大,受压区混凝土出现纵向裂缝。当 N 达到破坏荷载时,受压区边缘的混凝土达到混凝土的极限压应变而破坏,此时,受压钢筋的应力一般都能达到屈服强度。构件破坏时截面的应力、应变状态如图 5.11(a)所示,破坏形态见图 5.12(a)。

受拉破坏的相对偏心距较大,也称为大偏心受压破坏,其主要破坏特征是:破坏从受拉区开始,受拉钢筋首先屈服,而后受压区混凝土被压碎,表现为塑性破坏,类似于适筋梁。

2)受压破坏(小偏心受压破坏)

受压破坏分为部分截面受压和全截面受压两种情况。

(1)部分截面受压

当纵向压力 N 的相对偏心距 e_0/h_0 较大,但受拉钢筋 A_s 数量过多;或者纵向压力 N 的相对偏心距 e_0/h_0 较小时,出现部分截面受压破坏。其破坏过程为:当 N 加大到一定数值,与受拉破坏时的情况相同,截面受拉边缘也出现水平裂缝,但是水平裂缝的开展与延伸并不显著,未形成明显的主裂缝,而受压区边缘混凝土的压应变增长较快,临近破坏时受压边出现纵向裂缝,破坏较突然,无明显预兆,混凝土压碎的区段较长。破坏时,受压钢筋的应力一般能达到屈服强度,但受拉钢筋不能屈服,截面受压区边缘混凝土的压应变比受拉破坏时小。构件破坏时截面的应力、应变状态见图 5.11(b)。

(2)全截面受压

当纵向压力 N 的相对偏心距 e_0/h_0 很小时,构件全截面受压。其破坏过程为:破坏从压应力较大边开始,此时,该侧的钢筋应力一般均能达到屈服强度,而压应力较小一侧的钢筋应力达不到屈服强度。破坏时截面的应力、应变状态如图 5.11(c)所示。若相对偏心距更小,截面采用非对称配筋时,由于物理形心和构件几何中心不重合,也可能发生离纵向压力较远一侧的混凝土先被压坏的情况。

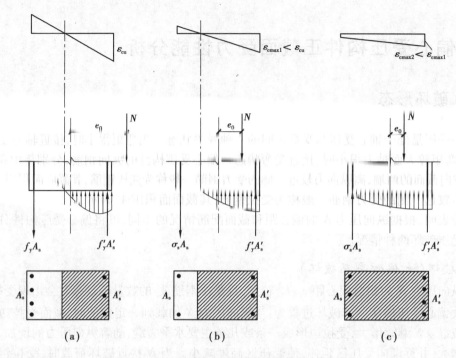

图 5.11　偏心受压构件破坏时截面的应力、应变

以上两种情况的破坏特征类似,都是由于混凝土受压而破坏,压应力较大一侧钢筋能达到屈服,而另一侧钢筋受拉不屈服或受压不屈服,表现为脆性破坏,类似于超筋梁。这两种情况都属于受压破坏,其相对偏小距一般较小,也称为小偏心受压破坏,破坏形态见图 5.12(b)。

5.3.2　两类偏心受压破坏的界限

大、小偏心受压破坏的根本区别在于破坏时受拉钢筋应力是否达到其屈服强度。因此,受拉钢筋应力达到屈服强度的同时受压区边缘混凝土刚好达到极限压应变,就是区分两类偏心受压破坏的界限状态。由试验可知,

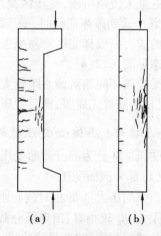

图 5.12　偏心受压构件的破坏形态

从加载开始到构件破坏,偏心受压构件截面平均应变分布较好地符合平截面假定。于是,界限状态时截面应变如图 5.13 所示。

由上述可见,两类偏心受压构件的界限破坏特征与受弯构件中适筋梁与超筋梁的界限破坏特征完全相同,因此,其相对界限受压区高度 ξ_b 的表达式为

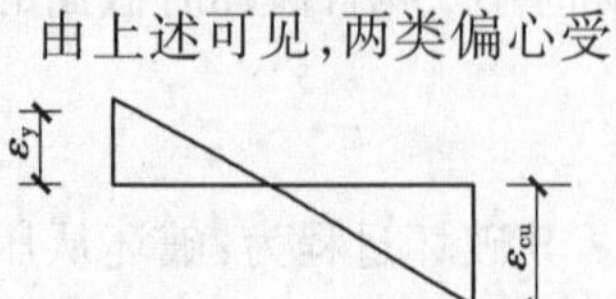

图 5.13　界限状态时截面应变

$$\xi_b = \frac{\beta_1}{1 + \dfrac{f_y}{\varepsilon_{cu} E_s}} \tag{5.7}$$

由图 5.13 可看出,对于大偏心受压构件,破坏时,$\varepsilon_s \geqslant \varepsilon_y$,则

$x_c \leq x_{cb}$，由第 4 章受压区混凝土压应力图形的换算关系 $x = \beta_1 x_c$，得 $x \leq x_b$。对于小偏心受压构件，破坏时 $\varepsilon_s < \varepsilon_y$，则 $x_c > x_{cb}$，即 $x > x_b$。

由上述分析，根据 $\xi = x/h_0$，可得大、小偏心受压构件的判别条件，即

当 $\xi \leq \xi_b$ 时，为大偏心受压；

当 $\xi > \xi_b$ 时，为小偏心受压。

附加偏心距 e_a 及初始偏心距 e_i

偏心受压构件截面轴向压力的偏心距为：$e_0 = M/N$，其中 M 和 N 分别为截面的弯矩设计值和轴向压力设计值。由于工程中实际存在着荷载作用位置的不定性、混凝土质量的不均匀性及施工偏差等因素，都可能产生附加的偏心距 e_a。当 e_0 比较小时，e_a 对构件承载力的影响较显著，随着轴向压力偏心距的增大，e_a 的影响逐渐减小。《混凝土结构设计规范》规定，在两类偏心受压构件的正截面承载力计算中，均应计入轴向压力在偏心方向的附加偏心距 e_a。为计算方便，其值取 20 mm 和偏心方向截面最大尺寸的 1/30 两者中的较大值。

偏心受压构件的正截面承载力计算中，考虑附加偏心距以后的轴向压力偏心距称为初始偏心距，用 e_i 表示，按下式计算，即

$$e_i = e_0 + e_a \tag{5.8}$$

5.3.4 偏心受压柱的正截面受压破坏

试验表明，偏心受压钢筋混凝土柱会产生纵向弯曲。对于长细比较小的柱来讲，其纵向弯曲很小，可以忽略不计。但对于长细比较大的柱，其纵向弯曲较大，从而使柱产生二阶弯矩，降低柱的承载能力，设计时必须予以考虑。

钢筋混凝土偏心受压柱按长细比不同可分为短柱、长柱和细长柱。图 5.14 反映了三个截面尺寸、材料、配筋、轴向压力的初始偏心距等其他条件完全相同，仅长细比不同的柱，从加载直到破坏的示意图，其中曲线 abd 为偏心受压构件截面破坏时承载力 N_u 与 M_u 的关系曲线。

（1）短柱

偏心受压短柱，由于柱的纵向弯曲很小，可以认为偏心距从开始加荷载到破坏始终不变，即 $M/N = e_0$ 为常数，M 和 N 成比例增加，即图 5.14 中的直线 Oa。构件的破坏属于"材料破坏"，所能承受的压力为 N_a。

（2）长柱

对于长细比较大的柱，当荷载加大到一定数值时，M 和 N 不再成比例增加，其变化轨迹偏离直线，M 的增长快于 N 的增长，这是由于长柱在偏心压力作用下产生了不可忽略的纵向弯曲，对柱截面产生附加弯矩。构件破坏时承载力 N_u 与 M_u 的关系如图 5.14 中的曲线 b，构件所能承受的压力为 N_b，比短柱时低，但从其破坏特征来讲，仍属于"材料破坏"。

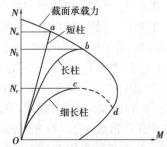

图 5.14 不同长细比柱从加荷载到破坏 N-M 的关系

（3）细长柱

对于长细比更大的细长柱,加载初期与长柱类似,但 M 的增长速度更快,在尚未达到材料破坏关系曲线之前,纵向力的微小增量 ΔN 可引起构件二阶弯矩的不收敛增加而导致破坏,即"失稳破坏"。构件能够承受的纵向压力 N_c 远远小于短柱时的承载力 N_a。在图 5.14 中 c 点,虽然已经达到构件的最大承载能力,但此时构件拉侧截面上钢筋和混凝土均未达到材料破坏。在设计中应当避免采用细长柱作为受压构件。

5.3.5　偏心受压长柱的二阶弯矩

在结构分析中求得的构件两端截面的弯矩及轴力,考虑二阶效应后,在构件的其他中间截面,其弯矩可能会大于端部截面的弯矩。设计时应取弯矩最大的截面进行计算。

1）结构无侧移时偏心受压构件的二阶弯矩（P-δ 效应）

结构无侧移时,根据偏心受压构件两端弯矩值的不同,纵向弯曲引起的二阶弯矩可能遇到以下三种情况。

（1）构件两端弯矩值相等且单曲率弯曲

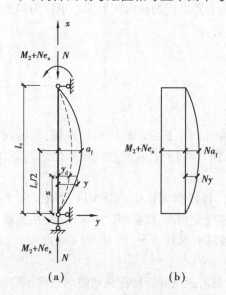

图 5.15　两端弯矩值相等时的二阶弯矩

结构一阶分析求得构件两端截面的 M_2 及 N,再考虑附加偏心距 e_a。图 5.15（a）表示构件两端作用轴向压力 N 和相等的端弯矩 M_2+Ne_a。在 M_2+Ne_a 作用下,构件将产生如图 5.15（a）虚线所示的弯曲变形,其中 y_d 表示仅由杆端弯矩引起的高度 x 处侧移;当 N 开始作用时,各点力矩将增加一个数值 Ny_d,并引起附加侧移而最终至 y 时构件破坏。在 M_2+Ne_a 和 N 同时作用下的侧移曲线如图 5.15（a）所示实线。任意点 x 处的总弯矩为

$$M = M_2 + Ne_a + Ny$$

式中　Ny——由纵向弯曲引起的附加弯矩［图 5.15（b）］。

设 a_f 为最大弯矩点的侧移,则最大弯矩 M_{max} 为

$$M_{max} = M_2 + Ne_a + Na_f \qquad (5.9)$$

（2）构件两端弯矩值不相等但单曲率弯曲

当构件承受的两端弯矩不相等,但两端弯矩均使构件的同一侧受拉时（单曲率弯曲）,其最大侧移出现在离端部的某一距离处,如图 5.16（a）所示,其中 $M_2>M_1$。考虑附加偏心距 e_a 后,如图 5.16（d）所示的最大弯矩 $M_{max}=M_d+Na_f$,式中 Na_f 为由纵向弯曲引起的附加弯矩,如图 5.16（c）所示。

（3）构件两端弯矩值不相等且双曲率弯曲

图 5.17（a）表示构件两端弯矩值不相等且双曲率弯曲的情况。由两端不相等弯矩引起的构件弯矩分布如图 5.17（b）所示;纵向弯曲引起的二阶弯矩 Ny 如图 5.17（c）所示;总弯矩 $M=M_d+Ny$ 有两种可能的分布,如图 5.17（d）、（e）所示。图 5.17（d）中,二阶弯矩未引起最大弯矩的增加,即构件的最大弯矩在柱端,并等于 M_2+Ne_a;图 5.17（e）中,最大弯矩在距柱端某一距离处,其值等于 $M_{max}=M_d+Na_f$。

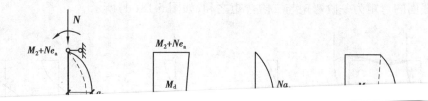

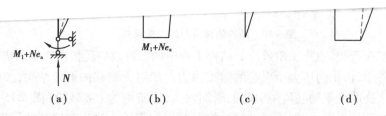

图 5.16　两端弯矩值不相等时的二阶弯矩

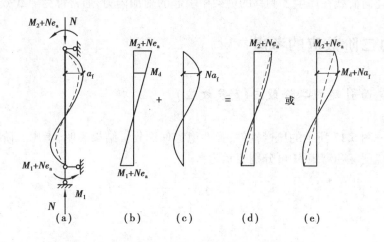

图 5.17　　两端弯矩值不相等且符号相反时的二阶弯矩

根据上述分析,可得以下几点结论:

①当一阶弯矩最大处与附加弯矩最大处相重合时(图 5.15),弯矩增加的最多,即临界截面上的弯矩最大。

②当两个端弯矩值不相等但单曲率弯曲时(图 5.16),弯矩仍将增加较多。

③当构件两端弯矩值不相等且双曲率弯曲时(图 5.17),沿构件长度产生一个反弯点,弯矩增加很少,考虑二阶效应后的最大弯矩值不会超过构件端部弯矩或有一定增大。

2)结构有侧移时偏心受压构件的二阶弯矩(P-Δ 效应)

当框架结构上作用水平荷载,或虽无水平荷载,但结构或荷载不对称,或二者均不对称时,结构会产生侧移,从而使偏心受压构件的挠曲线发生变化,其二阶弯矩分布规律也发生变化。

考虑图 5.18 所示的简单门架,承受水平荷载 F 和竖向力 N 的作用。仅由水平力 F 引起的变形在图 5.18(a)中用虚线表示,弯矩 M_F 见图 5.18(b)。当 N 作用时,产生了附加弯矩和附加变形,变形用实线表示,附加弯矩用图 5.18(c)的弯矩图表示,此时二阶弯矩为结构侧移和杆件变形所产生的附加弯矩的总和。由图 5.18(b)、(c)可见,最大的一阶弯矩和附加弯矩均出现在柱端,临界截面的弯矩为一阶弯矩与二阶弯矩之和,如图 5.18(d)所示。

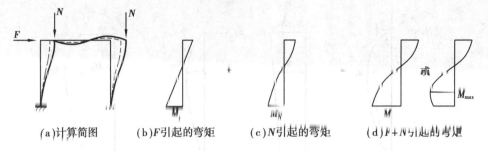

(a)计算简图　　(b)F引起的弯矩　　(c)N引起的弯矩　　(d)F+N引起的弯矩

图 5.18　结构侧移引起的二阶弯矩

上面所说的二阶弯矩相当于二阶效应。结构工程中的二阶效应泛指在产生了挠曲变形或层间位移的结构构件中,由轴向压力所引起的附加内力。如对无侧移的框架结构,二阶效应是指轴向压力在产生了挠曲变形的柱段中引起的附加内力,通常称为 $P\text{-}\delta$ 效应(图5.15—图5.17),它可能增大柱段中部的弯矩,一般不增大柱端控制截面的弯矩。对于有侧移的框架结构,二阶效应主要是指竖向荷载在产生了侧移的框架中引起的附加内力,通常称为 $P\text{-}\Delta$ 效应(图5.18)。

5.3.6　重力二阶效应的考虑

1)构件自身挠曲引起的二阶效应($P\text{-}\delta$ 效应)

（1）理论分析

对图5.15—图5.17所示的压弯构件,弹性稳定理论分析结果表明,考虑二阶效应的构件临界截面的最大挠度 y 和弯矩 M 可分别表示为

$$y = y_0 \frac{1}{1 - \dfrac{N}{N_c}} \tag{5.10}$$

$$M = M_0 \frac{1}{1 - \dfrac{N}{N_c}} \tag{5.11}$$

式中　y_0, M_0——阶挠度和一阶弯矩,当设计中考虑附加偏心距 e_a 的影响时,则将其包括在内;

N, N_c——轴向压力及其临界值。

由图5.15—图5.17可知,构件临界截面弯矩的增大与两端弯矩的相对值有关,式(5.11)是根据构件两端截面弯矩相等且单向挠曲,以及假定材料为完全弹性而得,而承载能力极限状态的混凝土偏心受压构件具有显著的非弹性性能,且构件两端截面的弯矩不一定相等,故式(5.11)应修正为

$$M = M_0 \frac{C_m}{1 - \dfrac{N}{N_c}} = C_m \eta_{ns} M_2 \tag{5.12}$$

$$C_m = 0.7 + 0.3 \frac{M_1}{M_2} \tag{5.13}$$

式中　C_m——柱端截面偏心距调节系数,它反映了柱两端截面弯矩的差异,当小于 0.7 时取 0.7;

　　　η_{ns}——由二阶效应引起的临界截面弯矩增大系数,简称弯矩增大系数;

　　　M_1,M_2——已考虑侧移影响($P\text{-}\Delta$ 效应)的偏心受压构件两端截面按结构一阶分析确定的对同一主轴的弯矩设计值,绝对值较大端为 M_2,绝对值较小端为 M_1,当构

将式(5.9)变换为

$$M = M_2 + Ne_a + Na_f = \left(1 + \frac{a_f}{e_{2a}}\right) M_{2a} = \eta_{ns} M_{2a}$$

其中

$$\eta_{ns} = 1 + \frac{a_f}{e_{2a}} \tag{5.14}$$

式中　$e_{2a} = M_2/N + e_a$;$M_{2a} = M_2 + Ne_a$。

下面对标准偏心受压柱(两端弯矩值相等且单向挠曲),即图 5.15 所示的偏压柱进行分析,其结果可推广到其他柱。

试验表明,偏心受压柱达到或接近极限承载力时,挠曲线与正弦曲线十分吻合,故可取

$$y = a_f \sin \frac{\pi}{l_c} x$$

于是

$$y'' = -a_f \left(\frac{\pi}{l_c}\right)^2 \sin \frac{\pi}{l_c} x$$

当 $x = \frac{l_c}{2}$ 时

$$y''\big|_{x=\frac{l_c}{2}} = -\left(\frac{\pi}{l_c}\right)^2 a_f$$

$$\frac{1}{r_c} = -y'' = \left(\frac{\pi}{l_c}\right)^2 a_f$$

式中　r_c——曲率半径。

由上式可得偏心受压柱高度中点处的侧向挠度,即

$$a_f = \left(\frac{l_c}{\pi}\right)^2 \frac{1}{r_c}$$

偏心受压构件控制截面的极限曲率 $\dfrac{1}{r_c}$ 取决于控制截面上受拉钢筋和受压边缘混凝土的应变值,可由承载能力极限状态时控制截面的平截面假定确定,即

$$\frac{1}{r_c} = \frac{\phi \varepsilon_{cu} + \varepsilon_s}{h_0}$$

式中　ε_{cu}——受压区边缘混凝土的极限压应变;

　　　ε_s——受拉钢筋的应变;

　　　ϕ——徐变系数,考虑荷载长期作用的影响。

但是,大、小偏心受压构件承载能力极限状态时截面的曲率并不相同。所以,先按界限状态时偏心受压构件控制截面的极限曲率进行分析,然后引入偏心受压构件的截面曲率修正系数 ζ_c,对界限状态时的截面曲率加以修正。

为了简化计算,不再区分高强混凝土与普通混凝土极限压应变的差异以及受力钢筋主要为 HRB400 和 HRB500 级钢筋,界限状态时统一取 $\varepsilon_{cu} = 0.003\ 3$,$\varepsilon_s = \varepsilon_y = 0.002$,$\phi = 1.25$,代入上式得

$$\frac{1}{r_\delta} = \frac{1.25 \times (0.003\ 3 + 0.002)}{h_0}\zeta_c = \frac{1}{163.27 h_0}\zeta_c$$

将上式代入 a_f 的表达式得

$$a_f = \left(\frac{l_c}{\pi}\right)^2 \frac{1}{163.27 h_0}\zeta_c$$

于是式(5.14)变为

$$\eta_{ns} = 1 + \frac{a_f}{\frac{M_2}{N} + e_a} = 1 + \frac{1}{\pi^2 \times \dfrac{163.27\left(\dfrac{M_2}{N} + e_a\right)}{h_0}}\left(\frac{h}{h_0}\right)^2\left(\frac{l_c}{h}\right)^2\zeta_c$$

近似取 $h/h_0 = 1.1$,代入上式后可得

$$\eta_{ns} = 1 + \frac{1}{\dfrac{1\ 300\left(\dfrac{M_2}{N} + e_a\right)}{h_0}}\left(\frac{l_c}{h}\right)^2\zeta_c \tag{5.15}$$

式中 l_c——柱的计算长度,可近似取偏心受压构件相应主轴方向两支撑点之间的距离;

h——截面高度,对环形截面取外径,对圆形截面取直径。

式(5.15)适用于矩形、T形、I形、环形和圆形截面偏心受压构件。

对于偏心受压构件,受力情况不同则受拉钢筋 A_s 的应变不同,受压区边缘混凝土的压应变也有差别。大偏心受压时受拉钢筋应力能够达到屈服强度,A_s 的应变大于或等于 ε_y,受压区边缘混凝土应变为极限压应变 ε_{cu}。而小偏心受压时,其受拉钢筋应力达不到屈服强度,因此 A_s 的应变小于 ε_y,受压区边缘混凝土应变一般达不到 ε_{cu}。上述确定控制截面的极限曲率时,对两种偏心受压情况均取界限状态时的极限曲率。为反映受力情况不同对控制截面极限曲率的影响,给界限状态时的极限曲率乘以截面曲率修正系数 ζ_c。参考国外规范和试验分析结果,原则上 ζ_c 可采用下式表达,即

$$\zeta_c = \frac{N_b}{N}$$

此处,N_b 为受压区高度 $x = x_b$ 时的构件界限受压承载力设计值,为实用起见,近似取 $N_b = 0.5 f_c A$,则

$$\zeta_c = \frac{0.5 f_c A}{N} \tag{5.16}$$

式中 A——构件的截面面积;

N——构件截面上作用的偏心压力设计值。

当按式(5.16)计算的 $\zeta_c > 1$ 时,取 $\zeta_c = 1$。

（2）考虑挠曲二阶效应的计算

由图5.16—图5.17可见,当压弯构件两端弯矩值不同且差异较大时,二阶效应较小。另外,轴向压力较小时,二阶效应较小。因此,《混凝土结构设计规范》规定,对弯矩作用平面对称的偏心受压构件,当同一主轴方向的杆端弯矩比 M_1/M_2 不大于 0.9 且设计轴压比 $\dfrac{N}{f_c A}$ 不大于 0.9 时,若构件的长细比 l_c/i 满足下式的要求,即

$$\frac{l_c}{i} \leqslant 34 - 12\left(\frac{M_1}{M_2}\right) \tag{5.17}$$

可以不考虑该方向构件自身挠曲产生的附加弯矩影响,取 $\eta_{ns} = 1$;其中 i 为截面回转半径。

关于考虑构件自身挠曲影响后,对计算截面所用的弯矩 M 及偏心距 e_i,规范中所用的公式为

$$M = C_m \eta_{ns} M_2 \tag{5.18}$$

$$e_i = \frac{M}{N} + e_a \tag{5.19}$$

其中,C_m 见式(5.13),η_{ns} 见式(5.15)。当 $C_m \eta_{ns} < 1.0$ 时,取 $C_m \eta_{ns} = 1.0$;对剪力墙构件,可取 $C_m \eta_{ns} = 1.0$。

2)构件侧移二阶效应的增大系数法（ $P\text{-}\Delta$ 效应）

由侧移产生的二阶效应（ $P\text{-}\Delta$ 效应）可在结构分析时采用有限元方法计算,当采用增大系数法近似计算结构因侧移产生的二阶效应时,可对未考虑 $P\text{-}\Delta$ 效应的一阶弹性分析所得的构件端弯矩以及层间位移乘以增大系数进行计算:

$$M = M_{ns} + \eta_s M_s \tag{5.20}$$

$$\Delta = \eta_s \Delta_1 \tag{5.21}$$

式中 M_s——引起结构侧移荷载产生的一阶弹性分析构件端弯矩;

   M_{ns}——不引起结构侧移荷载产生的一阶弹性分析构件端弯矩;

   Δ_1——一阶弹性分析的层间位移;

   η_s——$P\text{-}\Delta$ 效应增大系数。

下面介绍不同结构中 $P\text{-}\Delta$ 效应增大系数的计算方法。

（1）框架结构柱

框架结构中,所计算楼层各柱的 η_s 可按下列公式计算:

$$\eta_s = \frac{1}{1 - \dfrac{\sum N_j}{Dh}} \tag{5.22}$$

式中 N_j——计算楼层第 j 列柱轴力设计值;

   D——所计算楼层的侧向刚度;

   h——计算楼层的层高。

（2）剪力墙结构、框架-剪力墙结构、筒体结构

剪力墙结构、框架-剪力墙结构、筒体结构中的 η_s 可按下列公式计算:

$$\eta_s = \frac{1}{1 - 0.14 \dfrac{H^2 \sum G}{E_c J_d}} \tag{5.23}$$

式中　$\sum G$——各楼层重力荷载设计值之和;

　　　E_cJ_d——结构的等效侧向刚度;

　　　H——结构总高度。

(3)排架结构柱

由于作用在排架结构上的绝大多数荷载都会引起排架的侧移,因此可以近似用$P-\Delta$效应增大系数η_s乘以引起排架侧移的荷载产生的端弯矩M_s与不引起排架侧移的荷载产生的端弯矩M_{ns}之和,即

$$M = \eta_s(M_{ns} + M_s) = \eta_s M_0$$

$$\eta_s = 1 + \dfrac{1}{1\,500\left(\dfrac{M_0}{N} + e_a\right)}\left(\dfrac{l_0}{h}\right)^2 \dfrac{1}{h_0} \tag{5.24}$$

式中　M_0——一阶弹性分析柱端弯矩设计值;

　　　l_0——排架柱的计算长度,按《混凝土结构设计规范》中表6.2.20—1确定。

考虑到截面配置不同强度等级的钢筋具有不同的截面极限曲率,为简化计算,同时偏于安全考虑,在η_s的计算公式中统一采用500 MPa钢筋对应的截面极限曲率进行计算。另外,考虑到引起排架结构侧移的主要荷载多数是可变荷载,在计算截面的极限曲率时,混凝土的极限压应变ε_{cu}不乘以长期荷载影响系数1.25。采用与η_{ns}同样的推导方法,可得排架柱考虑二阶效应的弯矩增大系数计算式(5.24)。

5.4　矩形截面非对称配筋偏心受压构件正截面受压承载力计算

5.4.1　基本计算公式及适用条件

1)大偏心受压构件

(1)基本公式

根据试验研究结果,大偏心受压破坏时,纵筋A_s的应力可取抗拉强度设计值f_y,纵向受压钢筋A_s'一般也能达到抗压强度设计值f_y',与受弯构件正截面受弯承载力计算时采用的分析方法相同,构件截面受压区混凝土压应力分布采用等效矩形应力分布,其应力值为$\alpha_1 f_c$。截面应力计算图形如图5.19所示。

由截面纵向力的平衡条件和对受拉钢筋合力点取矩的力矩平衡条件,可以得到以下两个基本计算公式,即

$$\sum Y = 0 \qquad N \le N_u = \alpha_1 f_c b x + f_y' A_s' - f_y A_s \tag{5.25}$$

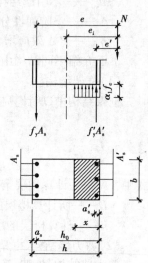

图5.19　矩形截面非对称配筋大偏心受压构件截面应力计算图形

$$\sum M_{A_s} = 0 \qquad Ne \leq N_u e = \alpha_1 f_c bx \left(h_0 - \frac{x}{2} \right) + f'_y A'_s (h_0 - a'_s) \tag{5.26}$$

$$e = e_i + \frac{h}{2} - a_s \tag{5.27}$$

将 $x = \xi h_0$ 代入式(5.25)和式(5.26),并令 $\alpha_s = \xi \left(1 - \frac{\xi}{2} \right)$,则基本公式可写成如下形式:

$$N \leq N_u = \alpha_1 f_c b h_0 \xi + f'_y A'_s - f_y A_s \tag{5.28}$$

$$Ne \leq N_u e = \alpha_1 f_c \alpha_s b h_0^2 + f'_y A'_s (h_0 - a'_s) \tag{5.29}$$

(2)适用条件

以上两个公式是以大偏心受压破坏模式建立的,在应用公式时,应保证受拉钢筋达到抗拉强度设计值 f_y,同时构件破坏时受压钢筋应力也能达到抗压强度设计值 f'_y,即

$$x \leq \xi_b h_0 (\text{或 } \xi \leq \xi_b) \tag{5.30}$$

$$x \geq 2a'_s \left(\text{或 } \xi \geq \frac{2a'_s}{h_0} \right) \tag{5.31}$$

若出现 $x < 2a'_s$ 的情况,则说明破坏时纵向受压钢筋的应力没有达到抗压强度设计值 f'_y,此时,不能将 x 代入式(5.28)、式(5.29)求解,可近似取 $x = 2a'_s$,并对受压钢筋 A'_s 的合力点取矩,得

$$Ne' \leq N_u e' = f_y A_s (h_0 - a'_s) \tag{5.32}$$

$$e' = e_i - \frac{h}{2} + a'_s \tag{5.33}$$

式中 e'——纵向压力作用点至受压钢筋 A'_s 合力点的距离。

此时需要的 A_s 的数量为

$$A_s = \frac{Ne'}{f_y (h_0 - a'_s)} \tag{5.34}$$

2) 小偏心受压构件

(1)纵向钢筋 A_s 的应力 σ_s

由试验结果可知,小偏心受压破坏时,纵筋 A_s 可能受拉也可能受压,但均不能达到屈服强度,所以 A_s 的应力用 σ_s 表示,受压区混凝土应力图形仍取为等效矩形应力分布,应力值为 $\alpha_1 f_c$,图 5.20 为小偏心受压破坏时截面应力计算图形。下面说明 σ_s 的确定方法。

图 5.21 是根据平截面假定作出的截面应变关系图,由相似关系可得

$$\frac{\varepsilon_s}{h_0 - x_c} = \frac{\varepsilon_{cu}}{x_c}$$

即

$$\varepsilon_s = \varepsilon_{cu} \frac{h_0 - x_c}{x_c} = \varepsilon_{cu} \left(\frac{h_0}{x_c} - 1 \right) \tag{5.35}$$

将 $x_c = \frac{x}{\beta_1} = \frac{\xi h_0}{\beta_1}$ 代入上式,可以写出 A_s 的应力 σ_s 与相对受

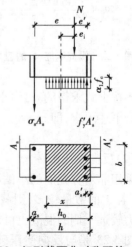

图 5.20 矩形截面非对称配筋小偏心受压构件截面应力计算图形

压区高度 ξ 之间的关系式,即

$$\sigma_s = E_s \varepsilon_{cu} \left(\frac{\beta_1}{\xi} - 1 \right) \tag{5.36}$$

如果采用式(5.36)确定 σ_s,则应用小偏心受压构件计算公式时需要解 ξ 的三次方程,计算不方便。我国大量的试验资料及计算分析表明,小偏心受压情况下实测的受拉边或受压较小边的钢筋应力 σ_s 与 ξ 接近直线关系(图5.22)。为了计算方便,《混凝土结构设计规范》取 σ_s 与 ξ 之间为直线关系。当 $\xi = \xi_b$(界限破坏)时,$\sigma_s = f_y$;当 $\xi = \beta_1$ 时,由式(5.36)知,$\sigma_s = 0$。根据这两个点建立的直线方程为

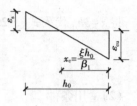

图5.21　截面应变分布

$$\sigma_s = \frac{\xi - \beta_1}{\xi_b - \beta_1} f_y \tag{5.37}$$

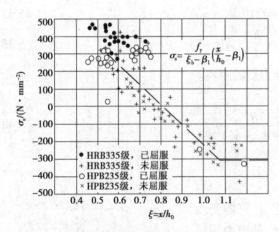

图5.22　纵向钢筋 A_s 的应力 σ_s 与 ξ 之间的关系

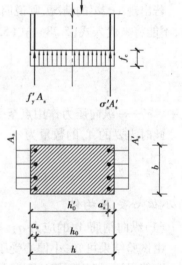

图5.23　小偏心反向受压破坏时截面应力计算图形

当按上式求得的 σ_s 为正号时,表示 A_s 受拉;σ_s 为负号时,表示 A_s 受压。按上式计算的 σ_s 应符合下述要求,即

$$-f_y' \leqslant \sigma_s \leqslant f_y \tag{5.38}$$

(2)反向受压破坏

采用非对称配筋的小偏心受压构件,由于 A_s 不能屈服,A_s 的数量一般较少(满足最小配筋率)。若 A_s' 的数量较多,则截面物理形心向 A_s' 一侧偏移,当轴向压力较大而偏心距很小时,离纵向压力较远一侧的混凝土可能先被压坏,A_s 也可能受压屈服,这种情况称为小偏心反向受压破坏。图5.23 是与反向受压破坏对应的截面应力计算图形。此时构件全截面受压,取 $x = h$,$\alpha_1 = 1.0$,A_s' 不能屈服,对 A_s' 合力点取矩可得:

$$Ne' \leqslant N_u e' = f_c b h \left(\frac{h}{2} - a_s' \right) + f_y' A_s (h_0 - a_s') \tag{5.39}$$

$$e' = \frac{h}{2} - a'_s - (e_0 - e_a) \tag{5.40}$$

式中 e'——轴向压力作用点至受压钢筋 A'_s 合力点的距离。

《混凝土结构设计规范》规定,对采用非对称配筋的小偏心受压构件,当轴向压力设计值 $N > f_c bh$ 时,为防止 A_s 受压屈服而发生反向受压破坏,还应当按式(5.39)计算 A_s 的数量。按反向受压破坏计算时,取初始偏心距 $e_i = e_0 - e_a$,以考虑不利方向的附加偏心距。这样计算的 e' 增大,从而使 A_s 用量增加,偏于安全。注意,式(5.40)仅适用于式(5.39)的计算。

（3）基本计算公式

由截面上纵向力的平衡条件、各力对 A_s 合力点取矩以及对 A'_s 合力点取矩的力矩平衡条件,可以得到以下计算公式:

$$\sum Y = 0 \qquad N \le N_u = \alpha_1 f_c bx + f'_y A'_s - \sigma_s A_s \tag{5.41}$$

$$\sum M_{A_s} = 0 \qquad Ne \le N_u e = \alpha_1 f_c bx \left(h_0 - \frac{x}{2}\right) + f'_y A'_s (h_0 - a'_s) \tag{5.42}$$

$$\sum M_{A'_s} = 0 \qquad Ne' \le N_u e' = \alpha_1 f_c bx \left(\frac{x}{2} - a'_s\right) - \sigma_s A_s (h_0 - a'_s) \tag{5.43}$$

$$e = \frac{h}{2} - a_s + e_i \tag{5.44}$$

$$e' = \frac{h}{2} - a'_s - e_i \tag{5.45}$$

将 $x = \xi h_0$ 代入式(5.41)、式(5.42)及式(5.43),则计算公式可写成如下形式:

$$N \le N_u = \alpha_1 f_c bh_0 \xi + f'_y A'_s - \sigma_s A_s \tag{5.46}$$

$$Ne \le N_u e = \alpha_1 f_c bh_0^2 \xi \left(1 - \frac{\xi}{2}\right) + f'_y A'_s (h_0 - a'_s) \tag{5.47}$$

$$Ne' \le N_u e' = \alpha_1 f_c bh_0^2 \xi \left(\frac{\xi}{2} - \frac{a'_s}{h_0}\right) - \sigma_s A_s (h_0 - a'_s) \tag{5.48}$$

其中只有两个公式是相互独立的。

5.4.2 大、小偏心受压破坏的设计判别

进行偏心受压构件截面设计时,应首先确定构件的偏心类型。在设计之前,钢筋面积尚未确定,无法求出 ξ 并进行大、小偏心受压破坏的判别。而 ξ 值与纵向压力的偏心距有关,可根据偏心距的大小近似判别偏心受压破坏的类型。

当构件的材料、截面尺寸和配筋为已知,且配筋量适当时,纵向力的偏心距 e_0 是影响受压构件破坏特征的主要因素。当纵向力的偏心距 e_0 从大到小变化到某一数值 e_{0b} 时,构件从"受拉破坏"转化为"受压破坏"。采用非对称配筋时,考虑到 e_{0b} 随配筋率 ρ、ρ' 的变化而变化,若能找到 e_{0b} 中的最小值,则可以此作为大、小偏心受压构件的划分条件。即当 $e_0 < e_{0b}$ 时,一定为小偏心受压构件;当 $e_0 > e_{0b}$ 时,可能为大偏心受压构件,也可能为小偏心受压构件。

现对界限破坏时的应力状态进行分析。在大偏心受压构件计算式(5.28)和式(5.29)中,取 $\xi = \xi_b$,可得到与界限状态对应的平衡方程,即

$$N_u = \alpha_1 f_c b h_0 \xi_b + f'_y A'_s - f_y A_s$$

$$N_u \left(e_{ib} + \frac{h}{2} - a_s \right) = \alpha_1 f_c \alpha_{sb} b h_0^2 + f'_y A'_s (h_0 - a'_s)$$

由上两式解得,界限偏心距的表达式为

$$e_{ib} = \frac{\alpha_1 f_c \alpha_{sb} b h_0^2 + f'_y A'_s (h_0 - a'_s)}{\alpha_1 f_c b h_0 \xi_b + f'_y A'_s - f_y A_s} - \frac{h}{2} + a_s \tag{5.49}$$

经整理得

$$e_{ib} = \frac{\alpha_{sb} + \rho' \dfrac{f'_y}{\alpha_1 f_c} \left(1 - \dfrac{a'_s}{h_0} \right)}{\xi_b + \rho' \dfrac{f'_y}{\alpha_1 fc} - \rho \dfrac{f_y}{\alpha_1 f_c}} h_0 - \frac{1}{2} \left(1 - \frac{a_s}{h_0} \right) h_0 \tag{5.50}$$

由式(5.50)可知,当截面尺寸和材料强度等级确定后,e_{ib} 主要与配筋率 ρ、ρ' 有关,e_{ib} 的最小值可由式(5.50)第一项的最小值确定。大量的计算分析表明,对于 HRB400 和 HRB500 级钢筋以及常用的各种混凝土强度等级,相对界限偏心距的最小值 $(e_{ib})_{min}/h_0$ 在 0.3 附近变化。对于常用材料,可取 $e_{ib} = 0.3h_0$ 作为大、小偏心受压的界限偏心距。设计时可按下列条件进行初步判别:

当 $e_i > 0.3h_0$ 时,可能为大偏心受压,也可能为小偏心受压,可先按大偏心受压设计,再根据求得的 ξ 值进行准确判别;

当 $e_i \leqslant 0.3h_0$ 时,按小偏心受压设计。

5.4.3　截面设计

受压构件截面设计时,已知轴向压力设计值 N 和构件两端弯矩设计值 M_1、M_2 以及构件的计算长度 l_c,混凝土强度等级和钢筋种类、截面尺寸 $b \times h$ 等已预先选定,要求确定钢筋截面面积 A_s 和 A'_s。可按以下步骤进行计算。

(1)二阶效应的考虑

首先根据杆端弯矩之比 M_1/M_2、设计轴压比 $\dfrac{N}{f_c A}$ 和构件长细比 l_0/i,按式(5.17)判断是否需要考虑二阶效应。若需要考虑二阶效应,则由式(5.15)和式(5.13)分别计算出弯矩增大系数 η_{ns} 和柱端截面偏心距调节系数 C_m,再按式(5.18)计算构件临界截面弯矩设计值 M。

(2)大、小偏心受压判别

根据构件临界截面弯矩设计值 M 和轴向压力设计值 N 计算偏心距 e_0 和初始偏心距 e_i,然后初步判别偏心受压构件的类别。当 $e_i > 0.3h_0$ 时,先按大偏心受压构件设计;当 $e_i \leqslant 0.3h_0$ 时,则按小偏心受压构件设计。

(3)计算 A_s 和 A'_s

根据以上判别结果,先按大偏心受压构件或按小偏心受压进行设计,求出 ξ,验证与大、小偏心受压构件的类别是否相符,最终求出 A_s 和 A'_s。

(4)验算受压构件的弯矩作用平面外承载力

对于矩形截面偏心受压构件,还可能沿弯矩作用平面外的截面短边方向发生轴心受压破坏。不论是大偏心还是小偏心受压构件,在弯矩作用平面内受压承载力计算之后,均应按轴心受压构件验算弯矩作用平面外的受压承载力,计算公式为(5.1)。该公式中的 A_s' 应取全部纵向钢筋的截面面积,包括受拉钢筋 A_s 和受压钢筋 A_s';由于构件弯矩作用平面外的支承情况与弯矩作用平面内不一定相同,因此该方向构件的计算长度 l_0 应按垂直于弯矩作用平面的情况确定;对于矩形截面应按垂直于弯矩作用平面的构件计算长度 l_0 与截面短边尺寸 b 的比值查表 5.1 确定稳定系数 φ。

1)大偏心受压构件

大偏心受压构件截面设计有以下两种情况:

(1)A_s 和 A_s' 均未知,求 A_s 和 A_s'

①由基本式(5.28)和式(5.29)可看出,此时共有 ξ、A_s 和 A_s' 3 个未知数,应补充经济条件,使(A_s+A_s')总量最小,且满足 $\xi \leq \xi_b$。为简化计算,可直接取 $\xi=\xi_b$,代入式(5.29),解出 A_s',即

$$A_s' = \frac{Ne - \alpha_1 f_c \alpha_{sb} b h_0^2}{f_y'(h_0 - a_s')}$$

其中
$$\alpha_{sb} = \xi_b(1-0.5\xi_b)$$

若 $A_s' < \rho_{min}' bh$,则取 $A_s' = \rho_{min}' bh$,并按第二种情况(已知 A_s' 求 A_s)计算 A_s。

②将 $\xi=\xi_b$ 和 A_s' 及其他已知条件代入式(5.28)计算 A_s,即

$$A_s = \frac{\alpha_1 f_c b h_0 \xi_b + f_y' A_s' - N}{f_y} \geq \rho_{min} bh$$

(2)已知 A_s',求 A_s

在实际设计中,有时 A_s' 因某种原因已经配置好,仅须计算 A_s。此时,未知数 ξ、A_s 可由两个基本公式直接求出。

①将 A_s' 代入式(5.29)计算 α_s,即

$$\alpha_s = \frac{Ne - f_y' A_s'(h_0 - a_s')}{\alpha_1 f_c b h_0^2}$$

②由 $\xi = 1 - \sqrt{1-2\alpha_s}$ 计算出 ξ,按以下 3 种情况求 A_s:

a.若 $\frac{2a_s'}{h_0} \leq \xi \leq \xi_b$,则由式(5.28)得

$$A_s = \frac{\alpha_1 f_c b h_0 \xi + f_y' A_s' - N}{f_y} \geq \rho_{min} bh$$

b.若 $\xi > \xi_b$,则说明受压钢筋数量不足,应增加 A_s' 的数量,按第一种情况(A_s 和 A_s' 均未知)或增大截面尺寸后计算。

c.如果 $\xi < \frac{2a_s'}{h_0}$(即 $x<2a_s'$),说明受压钢筋 A_s' 不能屈服,则应按式(5.34)计算 A_s。

对大偏心受压的两种情况,按弯矩作用平面进行受压承载力计算之后,均应按轴心受压验算垂直于弯矩作用平面的受压承载力,如果不满足要求,应重新设计。

【例 5.4】 钢筋混凝土偏心受压柱,截面尺寸 $b=300$ mm,$h=400$ mm,混凝土保护层厚度 $c=20$ mm。结构的安全等级为二级,柱承受轴向压力设计值 $N=500$ kN,柱两端截面弯矩设计值 $M_1=250$ kN·m,$M_2=280$ kN·m。柱挠曲变形为单曲率。弯矩作用平面内柱上下两端的支

撑长度为3.5 m;弯矩作用平面外柱的计算长度 $l_0=3.5$ m。混凝土强度等级为 C35,纵筋采用 HRB500 级钢筋,求钢筋截面面积 A'_s 和 A_s。

【解】 查附表 3,得: $f_y=f'_y=435$ N/mm^2;附表 10,得: $f_c=16.7$ N/mm^2;保护层厚度 $c=20$ mm,取 $a_s=a'_s=40$ mm, $h_0=h-a_s=400$ mm-40 mm$=360$ mm。

(1)二阶效应的考虑

$$\frac{M_1}{M_2}=\frac{250}{280}=0.893<0.9,轴压比\ n=\frac{N}{f_cA}=\frac{500\times10^3}{16.7\times300\times400}=0.250<0.9$$

$$i=\sqrt{\frac{I}{A}}=\sqrt{\frac{h^2}{12}}=\frac{400}{\sqrt{12}}=115.5(mm),\ \frac{l_c}{i}=\frac{3\ 500}{115.5}=30.1>34-12\left(\frac{M_1}{M_2}\right)=22.9$$

所以应考虑二阶效应的影响。

$$C_m=0.7+0.3\frac{M_1}{M_2}=0.7+0.3\times0.893=0.968$$

$$\frac{h}{30}=\frac{400}{30}\ mm\approx13\ mm<20\ mm,取\ e_a=20\ mm$$

$$\zeta_c=\frac{0.5f_cA}{N}=\frac{0.5\times16.7\times300\times400}{500\times10^3}=2.0>1,取\ \zeta_c=1$$

$$\eta_{ns}=1+\cfrac{1}{\cfrac{1\ 300\left(\cfrac{M_2}{N}+e_a\right)}{h_0}}\left(\frac{l_c}{h}\right)^2\zeta_c$$

$$=1+\cfrac{1}{\cfrac{1\ 300\times\left(\cfrac{280\times10^3}{500}+20\right)}{360}}\times\left(\frac{3\ 500}{400}\right)^2\times1=1.037$$

$$M=C_m\eta_{ns}M_2=0.968\times1.037\times280=281.07(kN\cdot m)$$

(2)判断偏心受压类型

$$e_i=e_0+e_a=\frac{M}{N}+e_a=\frac{281.07\times10^6}{500\times10^3}+20=582(mm)$$

$$\frac{e_i}{h_0}=\frac{582}{360}=1.62>0.3$$

故按大偏心受压构件计算。

$$e=e_i+\frac{h}{2}-a_s=582+\frac{400}{2}-40=742(mm)$$

(3)计算 A'_s 和 A_s

为使钢筋总用量最小,取 $\xi=\xi_b=0.482$,则

$$\alpha_{sb}=\xi_b(1-0.5\xi_b)=0.482\times(1-0.5\times0.482)=0.366$$

由式(5.29)和式(5.28)分别计算 A'_s、A_s,即

$$A'_s=\frac{Ne-\alpha_1f_c\alpha_{sb}bh_0^2}{f'_y(h_0-a'_s)}=\frac{500\times10^3\times742-1\times16.7\times0.366\times300\times360^2}{435\times(360-40)}$$

$$= 958(\text{mm}^2) > A'_{s,\min} = \rho'_{\min}bh = 0.002 \times 300 \times 400 = 240(\text{mm}^2)$$

$$A_s = \frac{\alpha_1 f_c bh_0 \xi_b + f'_y A'_s - N}{f_y} = \frac{1 \times 16.7 \times 300 \times 360 \times 0.482 + 410 \times 958 - 500 \times 10^3}{435}$$

$$= 1\,752(\text{mm}^2) > A_{s,\min} = \rho_{\min}bh = 0.002 \times 300 \times 400 = 240(\text{mm}^2)$$

（4）配筋

受压钢筋选 2 Φ 22+1 Φ 18($A'_s = 1\,015$ mm²)，受拉钢筋选 3 Φ 28($A_s = 1\,847$ mm²)。混凝土保护层厚度为 20 mm，纵筋最小净距为 50 mm。28×3 mm+(20+10)×2 mm+50×2 mm=244 mm< $b = 300$ mm，一排布置 3 Φ 28 可以满足纵筋净距的要求。截面配筋如图 5.24 所示。截面总配筋率为

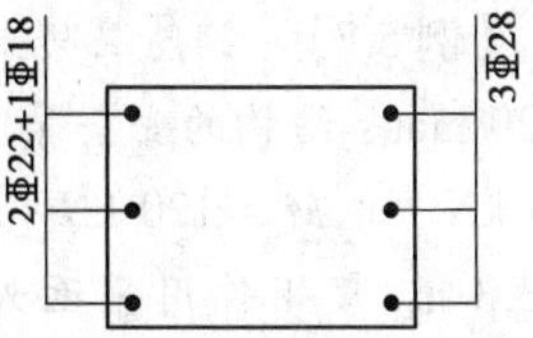

图 5.24 截面配筋图

$$\rho = \frac{A_s + A'_s}{bh} = \frac{1\,847 + 1\,015}{300 \times 400} = 0.023\,9 > 0.005$$

满足要求。

（5）验算垂直于弯矩作用平面的受压承载力

$\dfrac{l_0}{b} = \dfrac{3\,500}{300} = 11.7$，查表 5.1 得：$\varphi = 0.955$。由式（5.1）得

$$N_u = 0.9\varphi(f_c A + f'_y A'_s)$$
$$= 0.9 \times 0.955 \times [16.7 \times 300 \times 400 + 400 \times (1\,847 + 1\,015)]$$
$$= 2\,706.4 \times 10^3(\text{N})$$
$$= 2\,706.4\ \text{kN} > N = 500\ \text{kN}$$

满足要求。

【例 5.5】 已知条件同例 5.4，截面受压区已配有 3 Φ 22($A'_s = 1\,140$ mm²)的钢筋，求受拉钢筋面积 A_s。

【解】 由例 5.4 知可按大偏心受压构件计算，由式（5.29）得

$$\alpha_s = \frac{Ne - f'_y A'_s(h_0 - a'_s)}{\alpha_1 f_c bh_0^2} = \frac{500 \times 10^3 \times 742 - 435 \times 1\,140 \times (360 - 40)}{1 \times 16.7 \times 300 \times 360^2} = 0.327$$

$$\xi = 1 - \sqrt{1 - 2\alpha_s} = 1 - \sqrt{1 - 2 \times 0.327} = 0.412 < \xi_b = 0.482$$

且 $x = \xi h_0 = 148$ mm$>2a'_s = 80$ mm，满足要求，代入式（5.28）得

$$A_s = \frac{\alpha_1 f_c bh_0 \xi + f'_y A'_s - N}{f_y} = \frac{1 \times 16.7 \times 300 \times 360 \times 0.412 + 435 \times 1\,140 - 500 \times 10^3}{435}$$

$$= 1\,699(\text{mm}^2) > A_{s,\min} = 240\ \text{mm}^2$$

$$A'_s + A_s = 1\,140\ \text{mm}^2 + 1\,699\ \text{mm}^2 = 2\,839\ \text{mm}^2$$

例 5.4 中截面钢筋总量为 $A'_s + A_s = 958$ mm²+1 752 mm²=2 710 mm²，比较可知，当 $\xi = \xi_b$ 时，钢筋用量少。由例 5.4 总配筋率验算及垂直于弯矩作用平面受压承载力验算结果可知，本题亦满足要求。

【例 5.6】 已知条件同例 5.4，截面受压区已配有 3 Φ 16($A'_s = 603$ mm²)，求受拉钢筋面积 A_s。

【解】 由例 5.4 知可按大偏心受压构件计算,由式(5.29)得

$$\alpha_s = \frac{Ne - f'_y A'_s (h_0 - a'_s)}{\alpha_1 f_c b h_0^2} = \frac{500 \times 10^3 \times 742 - 435 \times 603 \times (360 - 40)}{1 \times 16.7 \times 300 \times 360^2} = 0.442$$

$$\xi = 1 - \sqrt{1 - 2\alpha_s} = 1 - \sqrt{1 - 2 \times 0.442} = 0.659 > \xi_b = 0.482$$

说明 A'_s 数量不足,取 $\xi = \xi_b = 0.482$ 重新计算 A'_s 和 A_s,结果同例 5.4。

【例 5.7】 钢筋混凝土偏心受压柱,截面尺寸 $b = 400$ mm,$h = 500$ mm,混凝土保护层厚度 $c = 20$ mm。结构的安全等级为二级。柱承受轴向压力设计值 $N = 420$ kN,两端弯矩设计值 $M_1 = 100$ kN·m,$M_2 = 120$ kN·m。柱挠曲变形为单曲率。弯矩作用平面内柱上下两端的支撑长度为 3.3 m;弯矩作用平面外柱的计算长度 $l_0 = 4\ 125$ m。混凝土强度等级为 C40,纵筋采用 HRB400 级钢筋。受压区已配有 3 ⊕ 18 ($A'_s = 763$ mm²),求纵向受拉钢筋 A_s。

【解】 查附表 3,得:$f_y = f'_y = 360$ N/mm²;查附表 10,得:$f_c = 19.1$ N/mm²。

(1)二阶效应的考虑

$$\frac{M_1}{M_2} = \frac{100}{120} = 0.833 < 0.9,轴压比\ n = \frac{N}{f_c A} = \frac{420 \times 10^3}{19.1 \times 400 \times 500} = 0.110 < 0.9$$

$$i = \sqrt{\frac{I}{A}} = \sqrt{\frac{h^2}{12}} = \frac{500}{\sqrt{12}} = 144.3 (mm),\ \frac{l_c}{i} = \frac{3\ 300}{144.3} = 22.9 < 34 - 12\frac{M_1}{M_2} = 24$$

所以不考虑构件自身挠曲产生的附加弯矩。

$$M = M_2 = 120 \text{ kN·m}$$

(2)判断偏心受压类型

$$\frac{h}{30} = \frac{500}{30} = 16.7 (mm) < 20 \text{ mm},取\ e_a = 20 \text{ mm}。$$

$$e_i = e_0 + e_a = \frac{M}{N} + e_a = \frac{120 \times 10^6}{420 \times 10^3} + 20 = 306 (mm),\frac{e_i}{h_0} = \frac{306}{460} = 0.665 > 0.3$$

故按大偏心受压构件计算。

$$e = e_i + \frac{h}{2} - a_s = 306 + \frac{500}{2} - 40 = 516 (mm)$$

(3)计算 A_s

由式(5.29)得

$$\alpha_s = \frac{Ne - f'_y A'_s (h_0 - a'_s)}{\alpha_1 f_c b h_0^2} = \frac{420 \times 10^3 \times 516 - 360 \times 763 \times (460 - 40)}{1 \times 19.1 \times 400 \times 460^2} = 0.063$$

$$\xi = 1 - \sqrt{1 - 2\alpha_s} = 1 - \sqrt{1 - 2 \times 0.063} = 0.065 < \xi_b = 0.518$$

$$x = \xi h_0 = 0.065 \times 460 = 29.9 (mm) < 2a'_s = 80 \text{ mm}$$

即 $x < 2a'_s$,说明破坏时 A'_s 不能达到屈服强度,近似取 $x = 2a'_s$ 按式(5.34)计算 A_s,即

$$e' = e_i - \frac{h}{2} + a'_s = 516 - \frac{500}{2} + 40 = 96 (mm)$$

$$A_s = \frac{Ne'}{f_y (h_0 - a'_s)} = \frac{420 \times 10^3 \times 96}{360 \times (460 - 40)} = 266 (mm^2)$$

$$< A_{s,min} = \rho_{min} bh = 0.002 \times 400 \times 500 = 400 (mm^2)$$

选 3 $\underline{\Phi}$ 16($A_s = 603$ mm²)。截面总配筋率 $\rho = \dfrac{A_s + A'_s}{bh} = \dfrac{603 + 763}{400 \times 500} = 0.006\ 8 > 0.005\ 5$,满足要求。

(4)验算垂直于弯矩作用平面的受压承载力

$\dfrac{l_0}{b} = \dfrac{4\ 125}{400} = 10.3$,查表 5.1,得 $\varphi = 0.975\ 5$。由式(5.1)得

$$
\begin{aligned}
N_u &= 0.9\varphi(f_c A + f'_y A'_s) \\
&= 0.9 \times 0.975\ 5 \times [19.1 \times 400 \times 500 + 360 \times (603 + 763)] \\
&= 3\ 785.5 \times 10^3 (\text{N}) \\
&= 3\ 785.5\ \text{kN} > N = 420\ \text{kN}
\end{aligned}
$$

满足要求。

2)小偏心受压构件

从式(5.46)和式(5.47)可以看出,此时共有 ξ、A_s 和 A'_s 三个未知数。由于构件发生小偏心受压破坏时,A_s 的应力一般不能达到其屈服强度,故不需配置较多的 A_s,可按最小配筋率确定,设计步骤如下:

(1)拟定 A_s 值

按最小配筋率初步拟定 A_s,取 $A_s = \rho_{\min} bh$。对于矩形截面非对称配筋小偏心受压构件,当 $N > f_c bh$ 时,还应按反向受压破坏验算 A_s 用量,即由式(5.39)得

$$
A_s = \dfrac{Ne' - f_c bh \left(\dfrac{h}{2} - a'_s \right)}{f'_y (h_0 - a'_s)}
$$

$$
e' = \dfrac{h}{2} - a'_s - (e_0 - e_a)
$$

取两者中的较大值确定 A_s 的数量,选配钢筋,并应符合相应的构造要求。

(2)解方程求 ξ 值

将以上确定的 A_s 数值代入式(5.48)并利用 σ_s 的近似式(5.37),可得关于 ξ 的一元二次方程

$$
Ne' = \alpha_1 f_c bh_0^2 \xi \left(\dfrac{\xi}{2} - \dfrac{a'_s}{h_0} \right) - \dfrac{\xi - \beta_1}{\xi_b - \beta_1} f_y A_s (h_0 - a'_s) \tag{5.51}
$$

经整理,则可按下式计算 ξ

$$
\xi = A + \sqrt{A^2 + B} \tag{5.52}
$$

其中

$$
A = \dfrac{a'_s}{h_0} + \left(1 - \dfrac{a'_s}{h_0} \right) \dfrac{f_y A_s}{(\xi_b - \beta_1) \alpha_1 f_c bh_0}
$$

$$
B = \dfrac{2Ne'}{\alpha_1 f_c bh_0^2} - 2\beta_1 \left(1 - \dfrac{a'_s}{h_0} \right) \dfrac{f_y A_s}{(\xi_b - \beta_1) \alpha_1 f_c bh_0}
$$

若 $\xi \leqslant \xi_b$,说明受拉钢筋 A_s 能达到屈服,应按大偏心受压构件重新计算。出现这种情况还可能是由于截面尺寸过大造成的。此时,在轴向压力 N 作用下,构件达不到承载能力极限状态,截面配筋均由最小配筋率控制。

（3）根据 ξ 值，分情况计算 A'_s

将按式（5.52）求得的 ξ 值代入式（5.37），可计算出 σ_s 值。由式（5.37）可知，σ_s 与 ξ 之间的关系如图 5.25，当 $\xi = \xi_b$ 时，$\sigma_s = f_y$；当 $\xi = \beta_1$ 时，$\sigma_s = 0$；当 $\xi = 2\beta_1 - \xi_b$ 时，$\sigma_s = -f'_y$。另外，考虑到 $\xi = h/h_0$ 时构件为全截面受压，当 $\xi > h/h_0$ 时，受压区计算高度超出全截面高度，应当重新计算。以下根据 σ_s 和 ξ 的不同情况，分别计算如下：

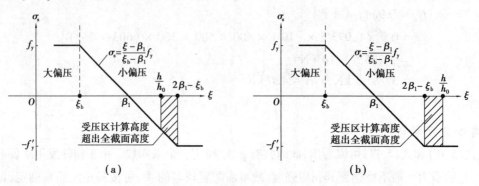

图 5.25　受拉钢筋应力 σ_s 与 ξ 的关系

① 当 $\xi_b < \xi \leqslant h/h_0$ 时，$x \leqslant h$，ξ 值计算有效，代入基本式（5.47），得

$$A'_s = \frac{Ne - \alpha_1 f_c b h_0^2 \xi (1 - 0.5\xi)}{f'_y(h_0 - a'_s)} \tag{5.53}$$

② 当 $h/h_0 < \xi < 2\beta_1 - \xi_b$ 时，$x > h$，$-f'_y < \sigma_s < 0$，混凝土受压区计算高度超出全截面高度，则第（2）步计算的 ξ 值无效，应重新计算。取 $x = h$，对 A_s 合力点取矩，则式（5.46）和式（5.47）改写为

$$N \leqslant N_u = \alpha_1 f_c b h + f'_y A'_s - \sigma_s A_s \tag{5.54}$$

$$Ne \leqslant N_u e = \alpha_1 f_c b h \left(h_0 - \frac{h}{2} \right) + f'_y A'_s (h_0 - a'_s) \tag{5.55}$$

采用第（1）步的方法拟定 A_s 的数量，两个方程中的未知数是 σ_s 和 A'_s，可联立方程求解。若由式（5.54）和式（5.55）解出的 σ_s 仍满足 $-f'_y < \sigma_s < 0$，则求得的 A'_s 有效。如果 σ_s 超出此范围，说明拟定 A_s 的数量偏少，应增加 A_s 的用量，返回到第（2）步重新计算。

③ 当 $\xi \geqslant 2\beta_1 - \xi_b$ 时，$\sigma_s \leqslant -f'_y$，$x > h$，说明 A_s 已达到受压屈服，混凝土受压区计算高度超出全截面高度，第（2）步计算的 ξ 值无效，应重新计算。取 $x = h$，$\sigma_s = -f'_y$，则式（5.46）和式（5.47）改写为

$$N \leqslant N_u = \alpha_1 f_c b h + f'_y A'_s + f'_y A_s \tag{5.56}$$

$$Ne \leqslant N_u e = \alpha_1 f_c b h \left(h_0 - \frac{h}{2} \right) + f'_y A'_s (h_0 - a'_s) \tag{5.57}$$

以上两个方程的未知数为 A'_s 和 A_s，由式（5.57）计算 A'_s，再代入式（5.56）求出 A_s，与第（1）步确定的 A_s 比较，取大值。

④ 当保护层较厚，构件截面尺寸较小时，h/h_0 较大，还可能出现 $2\beta_1 - \xi_b < \xi < h/h_0$ ［图5.25（b）］，此时，$\sigma_s < -f'_y$，但 $x < h$，说明 A_s 已达到受压屈服，混凝土受压区计算高度未超出全截面高度，第（2）步计算的 ξ 值无效，应取 $\sigma_s = -f'_y$ 重新计算，则式（5.46）和式（5.47）改写为

$$N \leqslant N_u = \alpha_1 f_c b h_0 \xi + f'_y A'_s + f'_y A_s \tag{5.58}$$

$$Ne \leqslant N_u e = \alpha_1 f_c b h_0^2 \xi \left(1 - \frac{\xi}{2} \right) + f'_y A'_s (h_0 - a'_s) \tag{5.59}$$

以上两式联立求解可得 ξ、A'_s。

这种情况理论上是可能出现的,实际问题中却很少出现 A_s 受压屈服,但未达到全截面受压 ($x<h$) 的情况,因此这种情况实践中一般不存在,以后不再进行讨论。

(4) 按轴心受压构件验算垂直于弯矩作用平面的受压承载力

如果不满足要求,应重新计算 A'_s。将第(3)步 ξ 和 σ_s 可能出现的各种情况及计算 A'_s 方法汇总于表 5.2。

表 5.2 ξ 和 σ_s 可能出现的各种情况及计算方法

序 号	ξ	σ_s	含义	计算方法
①	$\xi \leq \xi_b$	$\sigma_s \geq f_y$	A_s 受拉达到屈服	按大偏心受压计算
②	$\xi_b < \xi \leq \beta_1$	$0 \leq \sigma_s < f_y$	A_s 受拉未屈服 受压区计算高度在截面范围内 ξ 计算值有效	按式(5.53)求 A'_s
③	$\beta_1 < \xi \leq \dfrac{h}{h_0}$	$-f'_y < \sigma_s < 0$	A_s 受压未屈服 受压区计算高度在截面范围内 ξ 计算值有效	按式(5.53)求 A'_s
④	$\dfrac{h}{h_0} < \xi < 2\beta_1 - \xi_b$	$-f'_y < \sigma_s < 0$	A_s 受压未屈服 受压区计算高度超出截面范围 ξ 计算值无效	按式(5.54)和式(5.55)求 A'_s 和 A_s
⑤	$\xi \geq 2\beta_1 - \xi_b$	$\sigma_s \leq -f'_y$	A_s 受压屈服 受压区计算高度超出截面范围 ξ 计算值无效	按式(5.56)和式(5.57)求 A'_s 和 A_s

由图 5.25 和表 5.2 可知,对于小偏心受压构件,按式(5.52)解出 ξ 后,不必计算出 σ_s 的具体数值,即可根据 ξ 与 σ_s 的关系判断出受拉钢筋 A_s 的应力状态。

【例 5.8】 钢筋混凝土偏心受压柱,截面尺寸为 $b = 500\ \text{mm}$,$h = 800\ \text{mm}$,$a_s = a'_s = 45\ \text{mm}$。结构的安全等级为二级。柱承受轴向压力设计值 $N = 5\ 480\ \text{kN}$,两端弯矩设计值 $M_1 = -550\ \text{kN·m}$,$M_2 = 600\ \text{kN·m}$。柱挠曲变形为双曲率。弯矩作用平面内柱上下两端的支撑长度为 $7.5\ \text{m}$;弯矩作用平面外柱的计算长度 $l_0 = 7.5\ \text{m}$。混凝土强度等级为 C40,纵筋采用 HRBF500 级钢筋。求钢筋截面面积 A_s 和 A'_s。

【解】 查附表 3,得:$f_y = 435\ \text{N/mm}^2$,$f'_y = 435\ \text{N/mm}^2$;查附表 10,得:$f_c = 19.1\ \text{N/mm}^2$。

(1) 二阶效应的考虑

$$\frac{M_1}{M_2} = -\frac{550}{600} = -0.917 < 0.9, \quad 轴压比\ n = \frac{N}{f_c A} = \frac{5\ 480 \times 10^3}{19.1 \times 500 \times 800} = 0.717 < 0.9$$

$$i = \sqrt{\frac{I}{A}} = \sqrt{\frac{h^2}{12}} = \frac{800}{\sqrt{12}} = 230.9(\text{mm}), \quad \frac{l_c}{i} = \frac{7\ 500}{230.9} = 32.48 < 34 - 12\frac{M_1}{M_2} = 45$$

所以可不考虑二阶效应的影响,取 $M = M_2 = 600\ \text{kN·m}$。

(2) 判断偏心受压类型

$$\frac{h}{30} = \frac{800}{30} = 26.7(\text{mm}) > 20\ \text{mm}, \quad 取\ e_a = 26.7\ \text{mm}$$

$$e_i = e_0 + e_a = \frac{M}{N} + e_a = \frac{600 \times 10^6}{5\,480 \times 10^3} + 26.7 = 136(\text{mm})$$

$$\frac{e_i}{h_0} = \frac{136}{755} = 0.180 < 0.3$$

故按小偏心受压构件计算

$$e = \frac{h}{2} - a_s + e_i = \frac{800}{2} - 45 + 136 = 491(\text{mm})$$

$$e' = \frac{h}{2} - a'_s - e_i = \frac{800}{2} - 45 - 136 = 219(\text{mm})$$

（3）初步确定 A_s

$$A_{s,\min} = \rho_{\min} bh = 0.002 \times 500 \times 800 = 800(\text{mm}^2)$$

$$f_c bh = 19.1 \times 500 \times 800 = 7\,640 \times 10^3(\text{N}) = 7\,640 \text{ kN} > N = 5\,480 \text{ kN}$$

可不进行反向受压破坏验算，故取 $A_s = 800 \text{ mm}^2$，选 4Φ^F16（$A_s = 804 \text{ mm}^2$）。

（4）计算 A'_s

利用式（5.52）直接计算 ξ

$$A = \frac{a'_s}{h_0} + \left(1 - \frac{a'_s}{h_0}\right) \frac{f_y A_s}{(\xi_b - \beta_1)\alpha_1 f_c bh_0}$$

$$= \frac{45}{755} + \left(1 - \frac{45}{755}\right) \times \frac{435 \times 804}{(0.482 - 0.8) \times 1 \times 19.1 \times 500 \times 755}$$

$$= -0.083\,8$$

$$B = \frac{2Ne'}{\alpha_1 f_c bh_0^2} - 2\beta_1\left(1 - \frac{a'_s}{h_0}\right) \frac{f_y A_s}{(\xi_b - \beta_1)\alpha_1 f_c bh_0}$$

$$= \frac{2 \times 5\,480 \times 10^3 \times 219}{1 \times 19.1 \times 500 \times 755^2} - 2 \times 0.8 \times \left(1 - \frac{45}{755}\right) \times \frac{435 \times 804}{(0.482 - 0.8) \times 1 \times 19.1 \times 500 \times 755}$$

$$= 0.670$$

$$\xi = A + \sqrt{A^2 + B} = -0.083\,8 + \sqrt{(-0.083\,8)^2 + 0.670} = 0.739 < \beta_1 = 0.8$$

说明 A_s 受拉但未达到屈服强度。若将 ξ 代入式（5.37），可得

$$\sigma_s = \frac{\xi - \beta_1}{\xi_b - \beta_1} f_y = \frac{0.739 - 0.8}{0.482 - 0.8} \times 435 = 83.4(\text{N/mm}^2)$$

由式（5.53）得

$$A'_s = \frac{Ne - \alpha_1 f_c bh_0^2 \xi(1 - 0.5\xi)}{f'_y(h_0 - a'_s)}$$

$$= \frac{5\,480 \times 10^3 \times 491 - 1 \times 19.1 \times 500 \times 755^2 \times 0.739 \times (1 - 0.5 \times 0.739)}{435 \times (755 - 45)}$$

$$= 499(\text{mm}^2) < A'_{s,\min} = \rho'_{\min} bh = 0.002 \times 500 \times 800 = 800(\text{mm}^2)$$

选 4Φ^F16（$A'_s = 804 \text{ mm}^2$）。由于截面高度 $h > 600$ mm，在柱侧面各配置纵向构造钢筋 2Φ^F16（402 mm^2），截面总配筋率：

$$\rho = \frac{804 + 804 + 402 \times 2}{500 \times 800} = 0.006 > 0.005，满足要求。$$

（5）验算垂直于弯矩作用平面的受压承载力

$\dfrac{l_0}{b} = \dfrac{7\ 500}{500} = 15$，查表 5.1，得 $\varphi = 0.895$。由式（5.1）得

$$N_u = 0.9\varphi(f_c A + f_y' A_s')$$
$$= 0.9 \times 0.895 \times [\,19.1 \times 500 \times 800 + 400 \times (804 + 804 + 402 \times 2)\,]$$
$$= 6\ 931.2 \times 10^3 (\mathrm{N}) = 6\ 931.2\ \mathrm{kN} > N = 5\ 480\ \mathrm{kN}$$

满足要求。

5.4.4 截面承载力复核

在实际工程中，对已制作或已设计的偏心受压构件，有时需要进行截面承载力复核，求构件能承受的荷载作用。此时，截面尺寸 $b \times h$、构件的计算长度 l_c、截面配筋 A_s 和 A_s'、混凝土强度等级和钢筋种类均为已知，截面上作用的轴向压力设计值 N 和弯矩设计值 M（或者偏心距 e_0）也可能已知，要求复核截面是否能够满足承载力要求；或确定截面能够承受的轴向压力设计值 N_u。

1）大、小偏心受压的判别条件

截面承载力复核时，由于 A_s、A_s' 等均已知，可按以下两种方法进行大、小偏心受压判别。

（1）由界限偏心距 e_{ib} 进行判别

根据大、小偏心受压破坏的设计判别条件，且 A_s、A_s' 等均已知，由式（5.49）可求得界限偏心距 e_{ib}。若 M、N 已知，可按式（5.8）计算实际的初始偏心距 e_i，将 e_i 与 e_{ib} 比较，进行大、小偏心受压判别：

当 $e_i \geqslant e_{ib}$ 时，为大偏心受压；

当 $e_i < e_{ib}$ 时，为小偏心受压。

（2）由 ξ 值判别

先假定为大偏心受压，由大偏压计算式（5.28）求出 ξ 值，进行如下判别：

当 $\xi \leqslant \xi_b$ 时，原假定成立，为大偏心受压；

当 $\xi > \xi_b$ 时，原假定不成立，为小偏心受压。

2）截面承载力复核方法

首先判断偏心受压类型。若 M、N 均已知，可通过界限偏心距 e_{ib} 进行判别；若 N 未知，可以先假定为大偏心受压，计算出 ξ 值，再进行判别。

①当判断为大偏心受压时，将已知条件代入大偏心受压计算式（5.28）和式（5.29），共有 ξ、N_u 两个未知数，可解出 ξ、N_u。若 $\xi > \xi_b$，则按小偏心受压重新计算。

②当判断为小偏心受压时，将已知条件代入小偏心受压计算式（5.46）和式（5.47），并将 σ_s 的简化计算式（5.37）代入式（5.46），共有 ξ、N_u 两个未知数，可解出 ξ、N_u。再根据 ξ 可能出现的情况，按表 5.2 采取不同的计算方法求出 N_u。

【例 5.9】 钢筋混凝土偏心受压柱，截面尺寸 $b = 300\ \mathrm{mm}$，$h = 400\ \mathrm{mm}$，$a_s = a_s' = 40\ \mathrm{mm}$。结构的安全等级为二级。柱承受纵向压力的偏心距 $e_0 = 550\ \mathrm{mm}$，弯矩作用平面内柱上下两端的支撑长度为 $l_c = 3.5\ \mathrm{m}$。混凝土强度等级为 C35，纵筋采用 HRB400 级钢筋。$A_s' = 603\ \mathrm{mm}^2$（3 ⊈ 16），

$A_s = 1\,520\ mm^2$（4 Φ 22）。不考虑二阶效应的影响，求该柱能够承受的偏心压力设计值 N_u。

【解】 查附表3,得: $f_y = f'_y = 360\ N/mm^2$;查附表10,得: $f_c = 16.7\ N/mm^2$。

$$h_0 = h - a_s = 400 - 40 = 360(mm)$$

（1）计算界限偏心距 e_{ib}

由式（5.49）可得

$$e_{ib} = \frac{\alpha_1 f_c b h_0^2 \xi_b(1 - 0.5\xi_b) + f'_y A'_s(h_0 - a'_s)}{\alpha_1 f_c b h_0 \xi_b + f'_y A'_s - f_y A_s} - \frac{h}{2} + a_s$$

$$= \frac{1 \times 16.7 \times 300 \times 360^2 \times 0.518 \times (1 - 0.5 \times 0.518) + 360 \times 603 \times (360 - 40)}{1 \times 16.7 \times 300 \times 360 \times 0.518 + 360 \times 603 - 360 \times 1\,520} - \frac{400}{2} + 40$$

$$= 382(mm)$$

（2）判断偏心受压类型

$$\frac{h}{30} = \frac{400}{30} = 13(mm) < 20\ mm,取\ e_a = 20\ mm$$

$$e_i = e_0 + e_a = 550 + 20 = 570(mm) > e_{ib} = 382\ mm$$

判为大偏心受压构件。

（3）计算截面能承受的偏心压力设计值 N_u

$$e = e_i + \frac{h}{2} - a_s = 570 + \frac{400}{2} - 40 = 730(mm)$$

将已知条件代入大偏心受压计算式（5.28）、式（5.29）

$$\begin{cases} N_u = 1 \times 16.7 \times 300 \times 360\xi + 360 \times 603 - 360 \times 1\,520 \\ N_u \times 730 = 1 \times 16.7 \times 300 \times 360^2 \times \xi(1 - 0.5\xi) + 360 \times 603 \times (360 - 40) \end{cases}$$

$$\begin{cases} N_u = 1\,803\,600\xi - 330\,120 \\ N_u \times 730 = 649\,296\,000\xi - 324\,648\,000\xi^2 + 69\,465\,600 \end{cases}$$

整理得

$$\xi^2 + 2.055\,6\xi - 0.956\,3 = 0$$

解得

$$\xi = 0.391 < \xi_b = 0.518$$

$$N_u = 374.88\ kN$$

5.5 矩形截面对称配筋偏心受压构件正截面受压承载力计算

偏心受压构件有时需要承受来自正、负两个方向的弯矩作用,如框架柱需要承受正、负两个方向的地震力或风荷载。如果两个方向的弯矩相差不多或虽相差较大,但按对称配筋设计所得钢筋总量与非对称配筋设计的钢筋总量相比相差不多时,为便于设计和施工,宜采用对称配筋。尤其是对于装配式柱来讲,采用对称配筋比较方便,吊装时不容易出错。从实际工程应用来看,对称配筋比非对称配筋应用更为广泛。

所谓对称配筋就是指截面两侧的钢筋数量和钢筋种类都相同,即 $A_s = A'_s$。

5.5.1　基本计算公式及适用条件

1) 大偏心受压构件

将 $A_s = A'_s$、$f_y = f'_y$ 代入式(5.25)和式(5.26),可得对称配筋大偏心受压构件的计算公式:

$$N \leqslant N_u = \alpha_1 f_c b x \tag{5.60}$$

$$Ne \leqslant N_u e = \alpha_1 f_c b x\left(h_0 - \frac{x}{2}\right) + f'_y A'_s (h_0 - a'_s) \tag{5.61}$$

式(5.60)和式(5.61)的适用条件仍然是

$$x \leqslant \xi_b h_0 (\text{或}\ \xi \leqslant \xi_b)$$

$$x \geqslant 2a'_s \left(\text{或}\ \xi \geqslant \frac{2a'_s}{h_0}\right)$$

若 $x < 2a'_s$,说明 A'_s 受压未屈服,应对 A'_s 合力点取矩,取 $x = 2a'_s$,按式(5.32)进行计算。

2) 小偏心受压构件

(1) 基本计算公式

将 $A_s = A'_s$ 代入式(5.41)和式(5.42),可得对称配筋小偏心受压构件的计算公式:

$$N \leqslant N_u = \alpha_1 f_c b x + f'_y A'_s - \sigma_s A'_s \tag{5.62}$$

$$Ne \leqslant N_u e = \alpha_1 f_c b x\left(h_0 - \frac{x}{2}\right) + f'_y A'_s (h_0 - a'_s) \tag{5.63}$$

式中,σ_s 仍按式(5.37)计算,且应满足式(5.38)的要求。

将 $x = \xi h_0$ 及 σ_s 的表达式(5.37)代入式(5.62)和式(5.63),可写成如下形式:

$$N \leqslant N_u = \alpha_1 f_c b h_0 \xi + f'_y A'_s \frac{\xi_b - \xi}{\xi_b - \beta_1} \tag{5.64}$$

$$Ne \leqslant N_u e = \alpha_1 f_c b h_0^2 \xi\left(1 - \frac{\xi}{2}\right) + f'_y A'_s (h_0 - a'_s) \tag{5.65}$$

(2) 迭代法求解

在计算对称配筋小偏心受压构件时,可采用迭代法来解 ξ 和 A'_s。令 $N = N_u$,将式(5.64)、式(5.65)改写为如下形式:

$$\xi_{i+1} = \frac{N}{\alpha_1 f_c b h_0} - \frac{f'_y A'_{si}}{\alpha_1 f_c b h_0} \frac{\xi_b - \xi_i}{\xi_b - \beta_1} \tag{5.66}$$

$$A'_{si} = \frac{Ne - \xi_i\left(1 - \dfrac{\xi_i}{2}\right)\alpha_1 f_c b h_0^2}{f'_y (h_0 - a'_s)} \tag{5.67}$$

对于小偏心受压,ξ 的最小值是 ξ_b,最大值是 h/h_0,因此可取 $\xi = \frac{1}{2}(\xi_b + h/h_0)$ 作为第一次近似值代入式(5.67),得到 A'_s 的第一次近似值。然后,将 A'_s 的第一次近似值代入式(5.66)得 ξ 的第二次近似值,再将其代入式(5.67)得到 A'_s 的第二次近似值。重复进行迭代计算,直到前后两次计算所得的 A'_s 相差不超过 5%,可认为满足精度要求。

迭代法需要进行多次重复计算,具有较高的计算精度,适宜于采用计算机求解。

(3)近似计算方法

式(5.64)、式(5.65)中只有两个未知数 ξ 和 A'_s,令 $N = N_u$,由式(5.64)得

$$f'_y A'_s = \frac{N - \alpha_1 f_c b h_0 \xi}{\dfrac{\xi_b - \xi}{\xi_b - \beta_1}}$$

将上式代入式(5.65)消去 $f'_y A'_s$,得

$$Ne = \alpha_1 f_c b h_0^2 \xi \left(1 - \frac{\xi}{2}\right) + \frac{N - \alpha_1 f_c b h_0 \xi}{\dfrac{\xi_b - \xi}{\xi_b - \beta_1}}(h_0 - a'_s)$$

$$Ne \frac{\xi_b - \xi}{\xi_b - \beta_1} = \alpha_1 f_c b h_0^2 \xi \left(1 - \frac{\xi}{2}\right) \frac{\xi_b - \xi}{\xi_b - \beta_1} + (N - \alpha_1 f_c b h_0 \xi)(h_0 - a'_s) \tag{5.68}$$

式(5.68)为 ξ 的三次方程,计算 ξ 非常不方便,下面对此式进行降阶简化处理。

对于小偏心受压构件,ξ 的取值在 $\xi_b \sim (h/h_0)$ 之间变化,经试算发现,当 ξ 取值为 $0.55 \sim 1.1$ 时,$\xi(1 - 0.5\xi)$ 的值在 $0.40 \sim 0.50$ 变化。为简化计算,《混凝土结构设计规范》对各种钢筋级别和混凝土强度等级统一取

$$\xi(1 - 0.5\xi) \approx 0.43 \tag{5.69}$$

即

$$\xi\left(1 - \frac{\xi}{2}\right)\frac{\xi_b - \xi}{\xi_b - \beta_1} \approx 0.43 \frac{\xi_b - \xi}{\xi_b - \beta_1} \tag{5.70}$$

这样就使得求解 ξ 的三次方程降为一次方程。将式(5.70)代回到式(5.68),得

$$Ne \frac{\xi_b - \xi}{\xi_b - \beta_1} = 0.43 \alpha_1 f_c b h_0^2 \frac{\xi_b - \xi}{\xi_b - \beta_1} + (N - \alpha_1 f_c b h_0 \xi)(h_0 - a'_s)$$

$$(Ne - 0.43\alpha_1 f_c b h_0^2)(\xi - \xi_b) = (N - \alpha_1 f_c b h_0 \xi)(h_0 - a'_s)(\beta_1 - \xi_b)$$

$$\xi = \frac{(Ne - 0.43\alpha_1 f_c b h_0^2)\xi_b + N(\beta_1 - \xi_b)(h_0 - a'_s)}{(Ne - 0.43\alpha_1 f_c b h_0^2) + \alpha_1 f_c b h_0(\beta_1 - \xi_b)(h_0 - a'_s)}$$

整理后得

$$\xi = \frac{N - \alpha_1 f_c b h_0 \xi_b}{\dfrac{Ne - 0.43\alpha_1 f_c b h_0^2}{(\beta_1 - \xi_b)(h_0 - a'_s)} + \alpha_1 f_c b h_0} + \xi_b \tag{5.71}$$

由图 5.25 可知,按式(5.71)求得的 ξ 值还应当满足以下条件:

$$\xi_b < \xi \leqslant \frac{h}{h_0}, \ \xi \leqslant 2\beta_1 - \xi_b$$

①若 $\xi_b < \xi \leqslant \dfrac{h}{h_0}$,则 ξ 值计算有效,将其代入式(5.65),得

$$A_s = A'_s = \frac{Ne - \alpha_1 f_c b h_0^2 \xi(1 - 0.5\xi)}{f'_y(h_0 - a'_s)} \tag{5.72}$$

②若 $\xi > h/h_0$,则受压区计算高度超出截面高度,ξ 值计算无效,应取 $\xi = h/h_0$ 按全截面受压重新计算。

③若式(5.71)中出现 $N<\alpha_1 f_c bh_0\xi_b$，说明应按大偏心受压构件设计，ξ 值计算无效；若出现 $Ne<0.43\alpha_1 f_c bh_0^2$，则按式(5.65)计算所得的 A_s' 为负，说明截面尺寸过大，此时构件达不到承载能力极限状态，其配筋由最小配筋率控制。

5.5.2　大、小偏心受压构件的设计判别

从大偏心受压构件的计算式(5.60)可直接计算出 x，即

$$x = \frac{N}{\alpha_1 f_c b} \tag{5.73}$$

因此，不论大、小偏心受压构件都可以首先按大偏心受压构件考虑，计算出 x 后再确定构件的偏心受压类型，即

当 $x \leq \xi_b h_0$ 时，为大偏心受压构件；

当 $x > \xi_b h_0$ 时，为小偏心受压构件。

由此可见，截面设计时，非对称配筋矩形截面偏心受压构件由于不能首先计算出 x，所以只能根据偏心距近似作出判断；而对称配筋时，可以由式(5.73)计算出 x，以此区分大、小偏心受压构件。但是，用式(5.73)进行判断，有时会出现矛盾的情况。

当轴向压力的偏心距很小甚至接近轴心受压时，应当属于小偏心受压。然而当截面尺寸较大而 N 又较小时，用式(5.73)计算所得的 x 进行判断，有可能判为大偏心受压。也就是说，会出现 $e_i<0.3h_0$ 而 $x<\xi_b h_0$ 的情况。其原因是因为截面尺寸过大，截面并未达到承载能力极限状态。此时，无论用大偏心受压或小偏心受压公式计算，所得配筋均由最小配筋率控制。

5.5.3　截面设计

1)大偏心受压构件

大偏心受压构件截面设计，可按以下步骤进行：

①按式(5.73)计算 x，判断偏心受压类型。

②根据 x 值，分情况计算 A_s'：

a.若 $2a_s' \leq x \leq \xi_b h_0$，将 x 代入式(5.61)计算 A_s'，取 $A_s=A_s'$；

b.若 $x<2a_s'$，说明受压钢筋 A_s' 不能屈服，可按式(5.32)计算 A_s，然后取 $A_s'=A_s$；

c.若 $x>\xi_b h_0$，说明为小偏心受压，若按大偏心受压设计，应加大截面尺寸重新设计。

③按轴心受压验算垂直于弯矩作用平面的受压承载力。

【例5.10】　钢筋混凝土偏心受压排架柱，截面尺寸为 $b=500$ mm，$h=600$ mm，$a_s=a_s'=40$ mm。结构的安全等级为二级。下柱承受轴向压力设计值 $N=2\,450$ kN，下柱两端截面弯矩设计值 $M_1=590$ kN·m，$M_2=645$ kN·m。柱挠曲变形为单曲率，计算长度 $l_0=4.8$ m。混凝土强度等级为 C40，纵筋采用 HRB500 级钢筋。采用对称配筋，求受拉和受压钢筋 A_s、A_s'。

【解】　查附表3，得：$f_y=f_y'=435$ N/mm²；查附表10，得：$f_c=19.1$ N/mm²。

(1)二阶效应的考虑

对排架结构柱，采用式(5.24)计算弯矩增大系数。

$$\frac{h}{30} = \frac{600}{30} = 20(\text{mm}),取\ e_a = 20\ \text{mm};M_0 = M_2 = 645\ \text{kN}\cdot\text{m}$$

$$\zeta_c = \frac{0.5 f_c A}{N} = \frac{0.5 \times 19.1 \times 500 \times 600}{2\ 450 \times 10^3} = 1.169 > 1.0,取\ \zeta_c = 1.0$$

$$\eta_s = 1 + \frac{1}{\dfrac{1\ 500\left(\dfrac{M_0}{N} + e_a\right)}{h_0}}\left(\frac{l_0}{h}\right)^2 \zeta_c$$

$$= 1 + \frac{1}{\dfrac{1\ 500 \times \left(\dfrac{645 \times 10^3}{2\ 450} + 20\right)}{560}} \times \left(\frac{4\ 800}{600}\right)^2 \times 1 = 1.084$$

$$M = \eta_s M_0 = 1.084 \times 645 = 699.2(\text{kN}\cdot\text{m})$$

（2）判别偏心受压类型

由式（5.60）得

$$x = \frac{N}{\alpha_1 f_c b} = \frac{2\ 450 \times 10^3}{1 \times 19.1 \times 500} = 257(\text{mm}) < \xi_b h_0 = 0.482 \times 560\ \text{mm} = 270\ \text{mm}$$

且 $x > 2a_s' = 2 \times 40 = 80(\text{mm})$，判定为大偏心受压，上式计算所得的 x 值有效。

（3）计算钢筋面积

$$e_i = e_0 + e_a = \frac{M}{N} + e_a = \frac{699.2 \times 10^6}{2\ 450 \times 10^3} + 20 = 305(\text{mm})$$

$$e = e_i + \frac{h}{2} - a_s = 305 + \frac{600}{2} - 40 = 565(\text{mm})$$

将 x 代入式（5.61），得

$$A_s' = \frac{Ne - \alpha_1 f_c bx\left(h_0 - \dfrac{x}{2}\right)}{f_y'(h_0 - a_s')}$$

$$= \frac{2\ 450 \times 10^3 \times 565 - 1 \times 19.1 \times 500 \times 257 \times \left(560 - \dfrac{257}{2}\right)}{435 \times (560 - 40)}$$

$$= 1\ 449(\text{mm}^2) > A_{s,\min} = 0.002 \times 500 \times 600 = 600(\text{mm}^2)$$

选 4 亚 22（$A_s = A_s' = 1\ 520\ \text{mm}^2$），截面总配筋率为

$$\rho = \frac{A_s + A_s'}{bh} = \frac{1\ 520 \times 2}{500 \times 600} = 0.010\ 1 > 0.005,满足要求。$$

（4）验算垂直于弯矩作用平面的受压承载力

$$\frac{l_0}{b} = \frac{4\ 800}{500} = 9.6,查表 5.1,\varphi = 0.984。由式（5.1）得$$

$$N_u = 0.9\varphi(f_c A + f_y' A_s')$$

$$= 0.9 \times 0.984 \times (19.1 \times 500 \times 600 + 400 \times 1\ 520 \times 2)$$

$$= 6\ 151.4 \times 10^3 (N)$$

$$= 6\ 151.4\ kN > N = 2\ 450\ kN$$

满足要求。

【例5.11】 钢筋混凝土偏心受压柱,截面尺寸 $b = 500$ mm, $h = 500$ mm, $a_s = a_s' = 40$ mm。结构的安全等级为二级。柱承受轴向压力设计值 $N = 210$ kN,柱两端截面弯矩设计值 $M_1 = 280$ kN·m, $M_2 = 310$ kN·m。柱挠曲变形为单曲率。弯矩作用平面内柱上下两端的支撑长度为4.4 m;弯矩作用平面外柱的计算长度 $l_0 = 5.5$ m。混凝土强度等级为C35,纵筋采用HRB400级钢筋。采用对称配筋,求受拉和受压钢筋。

【解】 查附表3,得: $f_y = f_y' = 360$ N/mm²;查附表10,得: $f_c = 16.7$ N/mm²。

(1)二阶效应的考虑

$$\frac{M_1}{M_2} = \frac{280}{310} = 0.903 > 0.9$$

所以应考虑二阶效应的影响。

$$C_m = 0.7 + 0.3\frac{M_1}{M_2} = 0.7 + 0.3 \times 0.903 = 0.971$$

$$\frac{h}{30} = \frac{500}{30} = 16.7 (mm) < 20\ mm,取\ e_a = 20\ mm$$

$$\zeta_c = \frac{0.5 f_c A}{N} = \frac{0.5 \times 16.7 \times 500 \times 500}{210 \times 10^3} = 9.94,取\ \zeta_c = 1.0$$

$$\eta_{ns} = 1 + \frac{1}{\dfrac{1\ 300\left(\dfrac{M_2}{N} + e_a\right)}{h_0}}\left(\frac{l_c}{h}\right)^2 \zeta_c$$

$$= 1 + \frac{1}{\dfrac{1\ 300 \times \left(\dfrac{310 \times 10^3}{210} + 20\right)}{460}} \times \left(\frac{4\ 400}{500}\right)^2 \times 1 = 1.018$$

$$C_m \eta_{ns} = 0.971 \times 1.018 = 0.989 < 1.0,取\ C_m \eta_{ns} = 1.0$$

$$M = M_2 = 310\ kN \cdot m$$

(2)判别偏心受压类型

由式(5.60)得

$$x = \frac{N}{\alpha_1 f_c b} = \frac{210 \times 10^3}{1 \times 16.7 \times 500} = 25 (mm) < \xi_b h_0 = 238\ mm$$

判定为大偏心受压,但 $x < 2a_s' = 80$ mm。

(3)计算钢筋面积

$$e_i = e_0 + e_a = \frac{M}{N} + e_a = \frac{310 \times 10^6}{210 \times 10^3} + 20 = 1\ 496 (mm)$$

$$e' = e_i - \frac{h}{2} + a_s' = 1\ 496 - \frac{500}{2} + 40 = 1\ 286 (mm)$$

近似取 $x = 2a'_s$，按式(5.34)计算，即

$$A'_s = A_s = \frac{Ne'}{f_y(h_0 - a'_s)} = \frac{210 \times 10^3 \times 1\ 286}{360 \times (460 - 40)}$$

$$= 1\ 748(mm^2) > A_{s,min} = 0.002 \times 500 \times 500 = 500(mm^2)$$

选 5 Φ 22($A_s = A'_s = 1\ 901\ mm^2$)，截面总配筋率为

$$\rho = \frac{A_s + A'_s}{bh} = \frac{1\ 901 \times 2}{500 \times 500} = 0.015\ 2 > 0.005，满足要求。$$

(4)验算垂直于弯矩作用平面的受压承载力。$\frac{l_0}{b} = \frac{5\ 500}{500} = 11$，查表5.1，得：$\varphi = 0.965$。由式(5.1)得

$$N_u = 0.9\varphi(f_c A + f'_y A'_s)$$

$$= 0.9 \times 0.965 \times (16.7 \times 500 \times 500 + 360 \times 1\ 901 \times 2)$$

$$= 4\ 814.7 \times 10^3(N)$$

$$= 4\ 814.7\ kN > N = 210\ kN$$

满足要求。

2)小偏心受压构件

小偏心受压构件截面设计的具体步骤如下：

①根据式(5.73)计算 x，如判定属于小偏心受压时，按小偏心受压构件计算。将已知条件代入式(5.71)计算 ξ，然后按 ξ 和 σ_s 的不同情况分别计算。

a.当 $\xi_b < \xi \leq h/h_0$ 时，$-f'_y < \sigma_s < f_y$，将 ξ 代入式(5.65)计算 A'_s，取 $A_s = A'_s$。

b.当 $h/h_0 < \xi < 2\beta_1 - \xi_b$ 时，$-f'_y < \sigma_s < 0$，受压区高度超出截面范围，构件全截面受压，取 $x = h$ 重新计算，将式(5.62)和式(5.63)改写为

$$N = \alpha_1 f_c bh + f'_y A'_s - \sigma_s A_s \tag{5.74}$$

$$Ne = \alpha_1 f_c bh\left(h_0 - \frac{h}{2}\right) + f'_y A'_s(h_0 - a'_s) \tag{5.75}$$

由以上两式解得 A'_s、σ_s，若满足 $-f'_y < \sigma_s < 0$，则所求的 A'_s 有效。

c.当 $\xi \geq 2\beta_1 - \xi_b$ 时，$\sigma_s \leq -f'_y$，且受压区高度超出截面范围，构件全截面受压，取 $x = h$ 及 $\sigma_s = -f'_y$ 重新计算，式(5.62)和式(5.63)改写为

$$N = \alpha_1 f_c bh + 2f'_y A'_s \tag{5.76}$$

$$Ne = \alpha_1 f_c bh\left(h_0 - \frac{h}{2}\right) + f'_y A'_s(h_0 - a'_s) \tag{5.77}$$

由以上两式各解一个 A'_s，取其大者。

②按轴心受压验算垂直于弯矩作用平面的受压承载力是否满足要求。

【例5.12】 钢筋混凝土偏心受压柱，截面尺寸 $b = 500$ mm，$h = 600$ mm，混凝土保护层厚度 $c = 20$ mm，$a_s = a'_s = 45$ mm。结构的安全等级为二级。柱承受轴向压力设计值 $N = 4\ 320$ kN，柱截面两端弯矩设计值 $M_1 = 565$ kN·m，$M_2 = 620$ kN·m。柱挠曲变形为单曲率。弯矩作用平面内柱上下两端的支撑长度为4.5 m；弯矩作用平面外柱的计算长度 $l_0 = 4.5$ m。混凝土强度等级为C40，纵筋采用HRB500级钢筋。采用对称配筋，求受拉和受压钢筋。

【解】 查附表 3,得:$f_y = f_y' = 435 \text{ N/mm}^2$;查附表 10,得:$f_c = 19.1 \text{ N/mm}^2$。

(1)二阶效应的考虑

$$\frac{M_1}{M_2} = \frac{565}{620} = 0.911 > 0.9$$

所以应考虑二阶效应的影响。

$$C_m = 0.7 + 0.3\frac{M_1}{M_2} = 0.7 + 0.3 \times 0.911 = 0.973$$

$$\frac{h}{30} = \frac{600}{30} = 20(\text{mm}),\text{取} \ e_a = 20 \text{ mm}$$

$$\zeta_c = \frac{0.5f_c A}{N} = \frac{0.5 \times 19.1 \times 500 \times 600}{4\ 320 \times 10^3} = 0.663$$

$$\eta_{ns} = 1 + \frac{1}{1\ 300\left(\dfrac{M_2}{N} + e_a\right)}\left(\frac{l_c}{h}\right)^2 \zeta_c$$

$$= 1 + \frac{1}{\dfrac{1\ 300 \times \left(\dfrac{620 \times 10^3}{4\ 320} + 20\right)}{555}} \times \left(\frac{4\ 500}{600}\right)^2 \times 0.663 = 1.097$$

$$C_m \eta_{ns} = 0.973 \times 1.098 = 1.068$$

$$M = C_m \eta_{ns} M_2 = 1.068 \times 620 = 662.16 \text{ kN} \cdot \text{m}$$

(2)判别偏心受压类型

由公式(5.60)得

$$x = \frac{N}{\alpha_1 f_c b} = \frac{4\ 320 \times 10^3}{1 \times 19.1 \times 500} = 452(\text{mm}) > \xi_b h_0 = 0.482 \times 560 \text{ mm} = 270 \text{ mm}$$

为小偏心受压,按上式计算所得的 x 值无效,应重新计算 x。

由式(5.71)可得

$$\xi = \frac{N - \alpha_1 f_c b h_0 \xi_b}{\dfrac{Ne - 0.43\alpha_1 f_c b h_0^2}{(\beta_1 - \xi_b)(h_0 - a_s')} + \alpha_1 f_c b h_0} + \xi_b$$

$$= \frac{4\ 320 \times 10^3 - 1 \times 19.1 \times 500 \times 555 \times 0.482}{\dfrac{4\ 320 \times 10^3 \times 428 - 0.43 \times 1 \times 19.1 \times 500 \times 555^2}{(0.8 - 0.482) \times (555 - 40)} + 1 \times 19.1 \times 500 \times 555} + 0.482$$

$$= 0.680 > \xi_b = 0.482$$

故为小偏心受压。

$$\sigma_s = \frac{\xi - \beta_1}{\xi_b - \beta_1}f_y = \frac{0.680 - 0.8}{0.482 - 0.8} \times 435 = 162.8(\text{N/mm}^2)$$

表明 A_s 受拉未达到其屈服强度,所得 ξ 有效。

（3）计算钢筋面积

$$e_i = e_0 + e_a = \frac{M}{N} + e_a = \frac{662.16 \times 10^6}{4\,320 \times 10^3} + 20 = 173(\text{mm})$$

$$e = e_i + \frac{h}{2} - a_s = 173 + \frac{600}{2} - 45 = 428(\text{mm})$$

由式（5.72）得

$$A_s = A_s' = \frac{Ne - \alpha_1 f_c b h_0^2 \xi(1 - 0.5\xi)}{f_y'(h_0 - a_s')}$$

$$= \frac{4\,320 \times 10^3 \times 428 - 1 \times 19.1 \times 500 \times 555^2 \times 0.680 \times (1 - 0.5 \times 0.680)}{435 \times (555 - 40)}$$

$$= 2\,379(\text{mm}^2) > A_{s,\text{min}} = 0.002 \times 500 \times 600 = 600(\text{mm}^2)$$

（4）配筋

选 5 Φ 25($A_s = A_s' = 2\,454\ \text{mm}^2$)，$25 \times 5 + 50 \times 4 + 30 \times 2 = 385(\text{mm}) < b = 500\ \text{mm}$。所以 5 根钢筋布置一排可以满足钢筋净距的要求。截面总配筋率为

$$\rho = \frac{A_s + A_s'}{bh} = \frac{2\,454 \times 2}{500 \times 600} = 0.016\,4 > 0.005,满足要求。$$

（5）验算垂直于弯矩作用平面的受压承载力

$\dfrac{l_0}{b} = \dfrac{4\,500}{500} = 9$，查表 5.1，$\varphi = 0.990$。由式（5.1）得

$$N_u = 0.9\varphi(f_c A + f_y' A_s')$$

$$= 0.9 \times 0.990 \times (19.1 \times 500 \times 600 + 400 \times 2\,454 \times 2)$$

$$= 6\,854.6 \times 10^3(\text{N})$$

$$= 6\,854.6\ \text{kN} > N = 4\,320\ \text{kN}$$

满足要求。

5.5.4　截面承载力复核

对称配筋偏心受压构件截面承载力复核方法与非对称配筋时相同。当构件截面上的轴向压力设计值 N 与弯矩设计值 M 以及其他条件已知，要求计算截面所能承受的轴向压力设计值 N_u 时，可以先按大偏心受压构件考虑，由式（5.73）计算 x，进行大、小偏心受压判别。

①当判断为大偏心受压时，将已知条件和 x 值代入式（5.61）可求得 N_u。

②当判断为小偏心受压时，将已知条件代入小偏心受压计算式（5.64）和式（5.65），共有 ξ 和 N_u 两个未知量，可直接求解 ξ 和 N_u。再根据 ξ 的情况，参考非对称配筋进行截面复核。

5.5.5　矩形截面对称配筋偏心受压构件的计算曲线

为了实用方便，将大、小偏心受压构件的计算公式以曲线的形式绘出，可以很直观地了解大、小偏心受压构件的 N 和 M 以及与配筋率 ρ 之间的关系，还可以利用这种曲线快速地进行截

面设计和判断偏心类型。

1)大偏心受压构件的 N-M 计算曲线

（1）$2a_s' \leq x \leq \xi_b h_0$ 时

令 $N = N_u$，将式（5.60）及 $x = \xi h_0$ 代入式（5.61）得

$$N(e_i + 0.5h - a_s) = \frac{N}{\alpha_1 f_c b h_0}\left(1 - 0.5\frac{N}{\alpha_1 f_c b h_0}\right)\alpha_1 f_c b h_0^2 + f_y' A_s'(h_0 - a_s')$$

将上式无量纲化

$$\frac{Ne_i}{\alpha_1 f_c b h_0^2} + \frac{N}{\alpha_1 f_c b h_0}\frac{0.5h - a_s}{h_0} = \frac{N}{\alpha_1 f_c b h_0}\left(1 - 0.5\frac{N}{\alpha_1 f_c b h_0}\right) + \frac{A_s'}{b h_0}\frac{h_0 - a_s'}{h_0}\frac{f_y'}{\alpha_1 f_c}$$

整理得

$$\frac{Ne_i}{\alpha_1 f_c b h_0^2} = -0.5\left(\frac{N}{\alpha_1 f_c b h_0}\right)^2 + 0.5\frac{h}{h_0}\frac{N}{\alpha_1 f_c b h_0} + \rho'\left(1 - \frac{a_s'}{h_0}\right)\frac{f_y'}{\alpha_1 f_c} \tag{5.78}$$

令 $\bar{M} = \dfrac{Ne_i}{\alpha_1 f_c b h_0^2}$，$\bar{N} = \dfrac{N}{\alpha_1 f_c b h_0}$，代入上式

$$\bar{M} = -0.5\bar{N}^2 + 0.5\frac{h}{h_0}\bar{N} + \rho'\left(1 - \frac{a_s'}{h_0}\right)\frac{f_y'}{\alpha_1 f_c} \tag{5.79}$$

以 $\bar{M} = \dfrac{Ne_i}{\alpha_1 f_c b h_0^2}$ 为横坐标，$\bar{N} = \dfrac{N}{\alpha_1 f_c b h_0}$ 为纵坐标，对于不同的混凝土强度等级、钢筋级别和 $\dfrac{a_s'}{h_0}$，就可以绘制出相应的曲线，即图5.26中两条水平虚线之间的曲线。图 5.26 为根据某个钢筋级别及 $\dfrac{a_s'}{h_0}$ 值计算而得。

（2）$x < 2a_s'$ 时

当 $x < 2a_s'$ 时，计算公式为（5.32），即

$$N(e_i - 0.5h + a_s') = f_y A_s(h_0 - a_s')$$

同样采用无量纲表示为

$$\frac{Ne_i}{\alpha_1 f_c b h_0^2} = 0.5\frac{h_0' - a_s'}{h_0}\frac{N}{\alpha_1 f_c b h_0} + \rho\frac{h_0' - a_s'}{h_0}\frac{f_y}{\alpha_1 f_c}$$

将 $\bar{M} = \dfrac{Ne_i}{\alpha_1 f_c b h_0^2}$，$\bar{N} = \dfrac{N}{\alpha_1 f_c b h_0}$ 代入上式，得

$$\bar{M} = 0.5\frac{h_0' - a_s'}{h_0}\bar{N} + \rho\frac{h_0' - a_s'}{h_0}\frac{f_y}{\alpha_1 f_c} \tag{5.80}$$

图 5.26 中横坐标到第一条水平虚线之间的曲线，就是 $x < 2a_s'$ 时 N-M 的相互关系曲线。

2)小偏心受压构件的 N-M 计算曲线

将 $e = e_i + 0.5h - a_s$ 代入式（5.65），并令 $N = N_u$，得

$$N(e_i + 0.5h - a_s) = \alpha_1 f_c b h_0^2 \xi(1 - 0.5\xi) + f_s' A_s'(h_0 - a_s')$$

$$\frac{Ne_i}{\alpha_1 f_c b h_0^2} = -\frac{0.5h - a_s}{h_0} \frac{N}{\alpha_1 f_c b h_0} + \xi(1 - 0.5\xi) + \frac{A'_s}{b h_0} \frac{h_0 - a'_s}{h_0} \frac{f'_y}{\alpha_1 f_c}$$

$$\overline{M} = -\frac{0.5h - a_s}{h_0} \overline{N} + \xi(1 - 0.5\xi) + \rho'\left(1 - \frac{a'_s}{h_0}\right) \frac{f'_y}{\alpha_1 f_c} \qquad (5.81)$$

式(5.81)中的 ξ 可由式(5.64)确定,将式(5.64)无量纲化后得

$$\overline{N} = \xi + \rho' \frac{f'_y}{\alpha_1 f_c} \frac{\xi_b - \xi}{\xi_b - \beta_1}$$

解得

$$\xi = \frac{\overline{N} + \rho' \dfrac{f'_y}{\alpha_1 f_c} \dfrac{\xi_b}{\beta_1 - \xi_b}}{1 + \rho' \dfrac{f'_y}{\alpha_1 f_c} \dfrac{1}{\beta_1 - \xi_b}} \qquad (5.82)$$

图 5.26 中第二条水平虚线以上部分是小偏心受压构件 N 和 M 之间的关系曲线。

图 5.26 中的斜虚线代表轴压构件,因为《混凝土结构设计规范》规定,在偏心受压构件的正截面承载力计算中,应计入轴向压力在偏心方向存在的附加偏心距 e_a。因此,轴心受压时截面弯矩不为零,采用无量纲(量纲为 1)表达,即

$$\overline{M} = \frac{Ne_i}{\alpha_1 f_c b h_0^2} = \frac{e_a}{h_0} \frac{N}{\alpha_1 f_c b h_0} = \frac{e_a}{h_0} \overline{N} \qquad (5.83)$$

或

$$\frac{\overline{M}}{\overline{N}} = \frac{e_a}{h_0} \qquad (5.84)$$

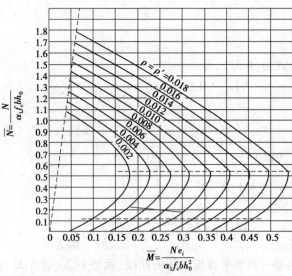

图 5.26 矩形截面对称配筋偏心受压构件计算曲线示例

5.6　I形截面对称配筋偏心受压构件正截面承载力计算

在单层厂房中,当排架柱截面尺寸较大时,为节省混凝土,减轻结构自重,通常将柱截面取为I形。由于排架柱会承担正、负两个方向的弯矩,所以这种I形截面柱一般都采用对称配筋。

I形截面偏心受压构件的受力性能、破坏形态及计算原理与矩形截面偏心受压构件相同,但由于截面受压区形状不同,其计算公式稍有差别。

5.6.1　基本计算公式及适用条件

1)大偏心受压构件

对于I形截面大偏心受压构件,中和轴的位置可能在受压翼缘内或腹板内。

①当 $x \leqslant h_{\mathrm{f}}'$ 时,见图5.27(a),由平衡条件可得

$$N \leqslant N_{\mathrm{u}} = \alpha_1 f_{\mathrm{c}} b_{\mathrm{f}}' x \tag{5.85}$$

$$Ne \leqslant N_{\mathrm{u}} e = \alpha_1 f_{\mathrm{c}} b_{\mathrm{f}}' x\left(h_0 - \frac{x}{2}\right) + f_{\mathrm{y}}' A_{\mathrm{s}}'(h_0 - a_{\mathrm{s}}') \tag{5.86}$$

②当 $h_{\mathrm{f}}' < x \leqslant \xi_{\mathrm{b}} h_0$ 时,见图5.27(b),由平衡条件可得

$$N \leqslant N_{\mathrm{u}} = \alpha_1 f_{\mathrm{c}} b x + \alpha_1 f_{\mathrm{c}}(b_{\mathrm{f}}' - b) h_{\mathrm{f}}' \tag{5.87}$$

$$Ne \leqslant N_{\mathrm{u}} e = \alpha_1 f_{\mathrm{c}} b x\left(h_0 - \frac{x}{2}\right) + \alpha_1 f_{\mathrm{c}}(b_{\mathrm{f}}' - b) h_{\mathrm{f}}'\left(h_0 - \frac{h_{\mathrm{f}}'}{2}\right) + f_{\mathrm{y}}' A_{\mathrm{s}}'(h_0 - a_{\mathrm{s}}') \tag{5.88}$$

式中　b_{f}'——受压翼缘的计算宽度;

　　　h_{f}'——受压翼缘的高度。

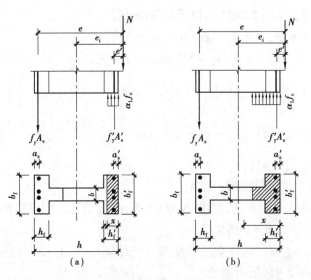

图5.27　I形截面大偏心受压构件截面应力计算图形

式(5.85)—式(5.88)的适用条件仍然是

$$x \leqslant \xi_{\mathrm{b}} h_0$$

$$x \geqslant 2a'_s$$

2) 小偏心受压构件

对于 I 形截面小偏心受压构件,中和轴的位置可能在腹板内或受拉翼缘内,也可能全截面受压。

①当 $\xi_b h_0 < x \leqslant h - h_f$ 时,见图 5.28 (a),由平衡条件可得

$$N \leqslant N_u = \alpha_1 f_c b h_0 \xi + \alpha_1 f_c (b'_f - b) h'_f + f'_y A'_s - \sigma_s A'_s \tag{5.89}$$

$$Ne \leqslant N_u e = \alpha_1 f_c b h_0^2 \xi \left(1 - \frac{\xi}{2}\right) + \alpha_1 f_c (b'_f - b) h'_f \left(h_0 - \frac{h'_f}{2}\right) + f'_y A'_s (h_0 - a'_s) \tag{5.90}$$

由 5.5 节的分析可知,这两个方程求解可得到 ξ 和 A'_s,但需要解 ξ 的三次方程。将式(5.89)和式(5.90)写成如下形式:

$$N - \alpha_1 f_c (b'_f - b) h'_f = \alpha_1 f_c b h_0 \xi + f'_y A'_s - \sigma_s A'_s \tag{5.91}$$

$$Ne - \alpha_1 f_c (b'_f - b) h'_f \left(h_0 - \frac{h'_f}{2}\right) = \alpha_1 f_c b h_0^2 \xi \left(1 - \frac{\xi}{2}\right) + f'_y A'_s (h_0 - a'_s) \tag{5.92}$$

式(5.91)、式(5.92)与矩形截面对称配筋小偏心受压构件计算式(5.62)和式(5.63)对比可见,如将 $N - \alpha_1 f_c (b'_f - b) h'_f$ 看作作用于截面上的轴向压力设计值 N,将 $Ne - \alpha_1 f_c (b'_f - b) h'_f \left(h_0 - \frac{h'_f}{2}\right)$ 看作轴向压力设计值 N 对于 A_s 合力点的矩,则可仿照式(5.71)写出对称配筋 I 形截面小偏心受压构件 ξ 的近似计算公式,即

$$\xi = \frac{N - \alpha_1 f_c (b'_f - b) h'_f - \alpha_1 f_c b h_0 \xi_b}{\dfrac{Ne - \alpha_1 f_c (b'_f - b) h'_f \left(h_0 - \dfrac{h'_f}{2}\right) - 0.43 \alpha_1 f_c b h_0^2}{(\beta_1 - \xi_b)(h_0 - a'_s)} + \alpha_1 f_c b h_0} + \xi_b \tag{5.93}$$

②当 $h - h_f < x \leqslant h$ 时,见图 5.28(b),由平衡条件可得

$$N \leqslant N_u = \alpha_1 f_c b h_0 \xi + \alpha_1 f_c (b'_f - b) h'_f +$$
$$\alpha_1 f_c (b_f - b) [\xi h_0 - (h - h_f)] + f'_y A'_s - \sigma_s A'_s \tag{5.94}$$

$$Ne \leqslant N_u e = \alpha_1 f_c b h_0^2 \xi \left(1 - \frac{\xi}{2}\right) + \alpha_1 f_c (b'_f - b) h'_f \left(h_0 - \frac{h'_f}{2}\right) +$$
$$\alpha_1 f_c (b_f - b) [\xi h_0 - (h - h_f)] \left[h_f - a_s - \frac{\xi h_0 - (h - h_f)}{2}\right] +$$
$$f'_y A'_s (h_0 - a'_s) \tag{5.95}$$

由这两个方程联立求解可得到 ξ 和 A'_s。

式(5.89)、式(5.94)中的 σ_s 仍按式(5.37)计算,且应满足式(5.38)的要求。此时,受压较小边翼缘计算宽度 b_f 应按表 4.6 确定。

③当 $h/h_0 < \xi \leqslant 2\beta_1 - \xi_b$ 时,构件全截面受压,且 $-f'_y \leqslant \sigma_s < 0$,$A_s$ 受压但未达到屈服强度。取 $x = h$ 代入式(5.94)、式(5.95)后可写成

$$N_u = \alpha_1 f_c b h + \alpha_1 f_c (b'_f - b) h'_f + \alpha_1 f_c (b_f - b) h_f + f'_y A'_s - \sigma_s A'_s \tag{5.96}$$

$$N_u e = \alpha_1 f_c b h \left(h_0 - \frac{h}{2}\right) + \alpha_1 f_c (b'_f - b) h'_f \left(h_0 - \frac{h'_f}{2}\right) +$$

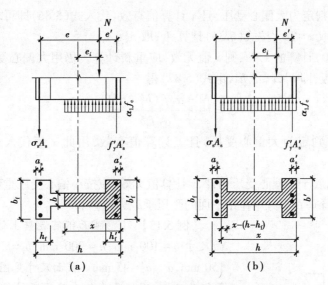

图 5.28 I 形截面小偏心受压构件截面应力计算图形

$$\alpha_1 f_c (b_f - b) h_f \left(\frac{h_f}{2} - a_s \right) + f_y' A_s' (h_0 - a_s') \tag{5.97}$$

由以上两式重新求 σ_s、A_s'，如 σ_s 仍有 $-f_y' \leqslant \sigma_s < 0$，则所求 A_s' 有效。

④当 $\xi > 2\beta_1 - \xi_b$ 时，构件全截面受压，且 $\sigma_s < -f_y'$。取 $\sigma_s = -f_y'$ 及 $x = h$ 代入式(5.94)和式(5.95)得

$$N_u = \alpha_1 f_c b h + \alpha_1 f_c (b_f' - b) h_f' + \alpha_1 f_c (b_f - b) h_f + 2 f_y' A_s' \tag{5.98}$$

$$N_u e = \alpha_1 f_c b h \left(h_0 - \frac{h}{2} \right) + \alpha_1 f_c (b_f' - b) h_f' \left(h_0 - \frac{h_f'}{2} \right) +$$

$$\alpha_1 f_c (b_f - b) h_f \left(\frac{h_f}{2} - a_s \right) + f_y' A_s' (h_0 - a_s') \tag{5.99}$$

由式(5.98)和式(5.99)各解一个 A_s'，取其大者。

5.6.2 截面设计

1)大、小偏压的设计判别

根据以上分析可知，I 形截面大偏心受压构件，中和轴的位置可能在受压翼缘内或腹板内；I 形截面小偏心受压构件，中和轴的位置可能在腹板内或受拉翼缘内。因此，当 $x \leqslant h_f'$ 时，可判定为大偏心受压；当 $x > (h - h_f)$ 时，可判定为小偏心受压；只有当中和轴位于腹板内时，才需要根据 $x \leqslant \xi_b h_0$ 或 $x > \xi_b h_0$ 判断为大偏心受压或小偏心受压。

2)大偏心受压构件

对称配筋 I 形截面大偏心受压构件，可按如下步骤进行判别和计算。

①假设 $x \leqslant h_f'$，由大偏心受压构件计算式(5.85)得

$$x = \frac{N}{\alpha_1 f_c b_f'} \tag{5.100}$$

若 $2a_s' \leqslant x \leqslant h_f'$，判定为大偏心受压，且 x 计算值有效，代入式(5.86)即可求得 A_s'，取 $A_s = A_s'$。

若 $x < 2a_s'$，近似取 $x = 2a_s'$，按式(5.34)计算 A_s，取 $A_s' = A_s$。

②若按式(5.100)计算的 $x > h_f'$，则 x 值无效，应重新计算。仍用大偏心受压的计算公式，假设受压区已进入腹板，即 $h_f' < x \leqslant \xi_b h_0$，由式(5.87)得

$$x = \frac{N - \alpha_1 f_c(b_f' - b)h_f'}{\alpha_1 f_c b} \tag{5.101}$$

若 $h_f' < x \leqslant \xi_b h_0$，判定为大偏心受压，且 x 计算值有效，用此 x 值代入式(5.88)得到 A_s'，取 $A_s = A_s'$。

如果 $x > \xi_b h_0$，则属于小偏心受压构件，x 计算值无效，应按小偏心受压重新计算。

③最后还应进行垂直于弯矩作用平面的受压承载力验算。

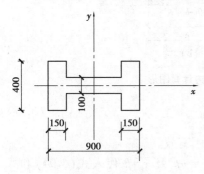

图 5.29　I 形截面

【例 5.13】　I 形截面钢筋混凝土偏心受压排架柱，截面尺寸 $b = 100$ mm，$h = 900$ mm，$b_f = b_f' = 400$ mm，$h_f = h_f' = 150$ mm，$a_s = a_s' = 45$ mm。截面尺寸见图 5.29。结构的安全等级为二级，下柱承受轴向压力设计值 $N = 1\,000$ kN，下柱两端截面弯矩设计值 $M_1 = 820$ kN·m，$M_2 = 1\,050$ kN·m。下柱挠曲变形为单曲率，计算长度 $l_0 = 5.5$ m，混凝土强度等级为 C40，纵筋采用 HRB500 级钢筋。采用对称配筋，求受拉和受压钢筋。

【解】　查附表 3，得：$f_y = f_y' = 435$ N/mm²；查附表 10，得：$f_c = 19.1$ N/mm²。

(1)二阶效应的考虑

$$A = bh + 2(b_f - b)h_f = 100 \times 900 + 2 \times (400 - 100) \times 150 = 18 \times 10^4 (\text{mm}^2)$$

$$h_0 = h - a_s = 900 - 45 = 855 (\text{mm})$$

对排架结构柱，采用式(5.24)计算弯矩增大系数。

$$\zeta_c = \frac{0.5 f_c A}{N} = \frac{0.5 \times 19.1 \times 18 \times 10^4}{1\,000 \times 10^3} = 1.719 > 1.0, 取 \zeta_c = 1.0$$

$$\frac{h}{30} = \frac{900}{30} = 30 (\text{mm}) > 20 \text{ mm}, 取 e_a = 30 \text{ mm}, M_0 = 1\,050 \text{ kN·m}$$

$$\eta_s = 1 + \frac{1}{\frac{1\,500\left(\frac{M_0}{N} + e_a\right)}{h_0}}\left(\frac{l_0}{h}\right)^2 \zeta_c$$

$$= 1 + \frac{1}{\frac{1\,500 \times \left(\frac{1\,050 \times 10^3}{1\,000} + 30\right)}{855}} \times \left(\frac{5\,500}{900}\right)^2 \times 1 = 1.02$$

$$M = \eta_s M_0 = 1.02 \times 1\,050 = 1\,071.0 (\text{kN·m})$$

$$e_i = e_0 + e_a = \frac{M}{N} + e_a = \frac{1\,071.0 \times 10^6}{1\,000 \times 10^3} + 30 = 1\,101 (\text{mm})$$

$$e = e_i + \frac{h}{2} - a_s = 1\ 101 + \frac{900}{2} - 45 = 1\ 506(\text{mm})$$

（2）判别偏压类型，计算 A_s 和 A_s'

先假定中和轴在受压翼缘内，按式（5.85）计算受压区高度，即

$$x = \frac{N}{\alpha_1 f_c' b_f'} = \frac{1\ 000 \times 10^3}{1 \times 19.1 \times 400} = 131(\text{mm}) < h_f' = 150\ \text{mm}$$

且 $x > 2a_s' = 2 \times 45 = 90(\text{mm})$，为大偏心受压构件，受压区在受压翼缘内，将 x 代入式（5.86）得

$$A_s = A_s' = \frac{Ne - \alpha_1 f_c b_f' x \left(h_0 - \dfrac{x}{2}\right)}{f_y'(h_0 - a_s')}$$

$$= \frac{1\ 000 \times 10^3 \times 1\ 506 - 1 \times 19.1 \times 400 \times 131 \times \left(855 - \dfrac{131}{2}\right)}{435 \times (855 - 45)}$$

$$= 2\ 031.6(\text{mm}^2) > \rho_{\min}A = 0.002 \times 18 \times 10^4 = 360(\text{mm}^2)$$

选 $2\,\underline{\Phi}\,28 + 2\,\underline{\Phi}\,25$（$A_s = A_s' = 2\ 214\ \text{mm}^2$），截面总配筋率

$$\rho = \frac{A_s + A_s'}{A} = \frac{2\ 214 \times 2}{18 \times 10^4} = 0.025 > 0.005，满足要求。$$

（3）验算垂直于弯矩作用平面的受压承载力

$$I_x = \frac{1}{12}(h - 2h_f)b^3 + 2 \times \frac{1}{12}h_f b_f^3$$

$$= \frac{1}{12} \times (900 - 2 \times 150) \times 100^3 + 2 \times \frac{1}{12} \times 150 \times 400^3$$

$$= 16.5 \times 10^8(\text{mm}^4)$$

$$i_x = \sqrt{\frac{I_x}{A}} = \sqrt{\frac{16.5 \times 10^8}{18 \times 10^4}} = 95.7(\text{mm})$$

$$\frac{l_0}{i_x} = \frac{5\ 500}{95.7} = 57.5，查表 5.1，得 \varphi = 0.849$$

$$N_u = 0.9\varphi(f_c A + f_y' A_s')$$

$$= 0.9 \times 0.849 \times (19.1 \times 18 \times 10^4 + 400 \times 2\ 214 \times 2)$$

$$= 3\ 980.35 \times 10^3(\text{N})$$

$$= 3\ 980.35\ \text{kN} > N = 1\ 000\ \text{kN}$$

满足要求。

【例5.14】 已知条件同例5.13，下柱承受轴向压力设计值 $N = 1\ 520\ \text{kN}$，下柱两端截面弯矩设计值 $M_1 = 960\ \text{kN} \cdot \text{m}$，$M_2 = 1\ 120\ \text{kN} \cdot \text{m}$，采用对称配筋，求受拉和受压钢筋。

【解】 （1）二阶效应的考虑

$$\zeta_c = \frac{0.5 f_c A}{N} = \frac{0.5 \times 19.1 \times 18 \times 10^4}{1\ 520 \times 10^3} = 1.131 > 1.0，取 \zeta_c = 1.0$$

$$\eta_{\mathrm{s}} = 1 + \cfrac{1}{\cfrac{1\ 500\left(\cfrac{M_0}{N} + e_{\mathrm{a}}\right)}{h_0}}\left(\cfrac{l_0}{h}\right)^2 \zeta_{\mathrm{c}}$$

$$= 1 + \cfrac{1}{\cfrac{1\ 500 \times \left(\cfrac{1\ 120 \times 10^3}{1\ 520} + 30\right)}{855}} \times \left(\cfrac{5\ 500}{900}\right)^2 \times 1 = 1.028$$

$$M = \eta_{\mathrm{s}} M_0 = 1.028 \times 1\ 120 = 1\ 151.1(\mathrm{kN \cdot m})$$

$$e_i = e_0 + e_{\mathrm{a}} = \frac{M}{N} + e_{\mathrm{a}} = \frac{1\ 151.1 \times 10^6}{1\ 520 \times 10^3} + 30 = 787(\mathrm{mm})$$

$$e = e_i + \frac{h}{2} - a_{\mathrm{s}} = 787 + \frac{900}{2} - 45 = 1\ 192(\mathrm{mm})$$

（2）判别偏压类型，计算 A_{s} 和 A_{s}'

先假定中和轴在受压翼缘内，按式（5.85）计算受压区高度，即

$$x = \frac{N}{\alpha_1 f_{\mathrm{c}} b_{\mathrm{f}}'} = \frac{1\ 520 \times 10^3}{1 \times 19.1 \times 400} = 199(\mathrm{mm}) > h_{\mathrm{f}}' = 150\ \mathrm{mm}$$

受压区已进入腹板，按大偏心受压式（5.87）计算受压区高度，即

$$x = \frac{N - \alpha_1 f_{\mathrm{c}}(b_{\mathrm{f}}' - b) h_{\mathrm{f}}'}{\alpha_1 f_{\mathrm{c}} b}$$

$$= \frac{1\ 520 \times 10^3 - 1 \times 19.1 \times (400 - 100) \times 150}{1 \times 19.1 \times 100}$$

$$= 346(\mathrm{mm}) < \xi_{\mathrm{b}} h_0 = 0.482 \times 855\ \mathrm{mm} = 412\ \mathrm{mm}$$

为大偏心受压构件，将 x 代入式（5.89）得

$$A_{\mathrm{s}} = A_{\mathrm{s}}' = \cfrac{Ne - \alpha_1 f_{\mathrm{c}} b x\left(h_0 - \cfrac{x}{2}\right) - \alpha_1 f_{\mathrm{c}}(b_{\mathrm{f}}' - b) h_{\mathrm{f}}'\left(h_0 - \cfrac{h_{\mathrm{f}}'}{2}\right)}{f_{\mathrm{y}}'(h_0 - a_{\mathrm{s}}')}$$

$$= \cfrac{1\ 520 \times 10^3 \times 1\ 192 - 1 \times 19.1 \times 100 \times 346 \times \left(855 - \cfrac{346}{2}\right) - 1 \times 19.1 \times (400 - 100) \times 150 \times \left(855 - \cfrac{150}{2}\right)}{435 \times (855 - 45)}$$

$$= 1\ 960(\mathrm{mm}^2) > \rho_{\min} A = 360\ \mathrm{mm}^2$$

选 4 Φ 25（$A_{\mathrm{s}} = A_{\mathrm{s}}' = 1\ 964\ \mathrm{mm}^2$），截面总配筋率

$$\rho = \frac{A_{\mathrm{s}} + A_{\mathrm{s}}'}{A} = \frac{1\ 964 \times 2}{18 \times 10^4} = 0.021\ 8 > 0.005，满足要求。$$

（3）验算垂直于弯矩作用平面的受压承载力。由式（5.1）得

$$N_{\mathrm{u}} = 0.9\varphi(f_{\mathrm{c}} A + f_{\mathrm{y}}' A_{\mathrm{s}}')$$

$$= 0.9 \times 0.849 \times (19.1 \times 18 \times 10^4 + 400 \times 1\ 964 \times 2)$$

$$= 3\ 827.53 \times 10^3(\mathrm{N})$$

$$= 3\ 827.53\ \mathrm{kN} > N = 1\ 520\ \mathrm{kN}$$

满足要求。

3)小偏心受压构件

小偏心受压构件中和轴的位置可能在腹板或受拉翼缘内。判定构件偏心类型的方法与大偏心受压的相同,当由式(5.87)得到 $x>\xi_b h_0$ 时,则判为小偏心受压。此 x 计算值无效,改用对称配筋 I 形截面小偏心受压构件 ξ 的近似式(5.93)计算 ξ 和 x。

①若 $\xi_b h_0 < x \leqslant (h-h_f)$,说明 A_s 受拉且应力未达到屈服强度,将 ξ 代入式(5.90)计算 A_s'。

②若 $x>(h-h_f)$,说明受压区已进入受拉翼缘内,x 值无效,应由式(5.94)和式(5.95)联立求解 ξ,再代入式(5.37)算出 σ_s,然后,根据 σ_s 及 ξ 的不同情况分别计算。

a.若 $(h-h_f)<x \leqslant h$,则 $-f_y' \leqslant \sigma_s < f_y$,将 ξ 代入式(5.95)计算 A_s';

b.若 $\dfrac{h}{h_0}<\xi<2\beta_1-\xi_b$,则构件全截面受压,且 $-f_y'<\sigma_s<0$,由式(5.96)、式(5.97)计算 A_s';

c.若 $\xi \geqslant 2\beta_1 - \xi_b$,则构件全截面受压,且 $\sigma_s \leqslant -f_y'$,由式(5.98)和式(5.99)计算 A_s'。

③验算垂直于弯矩作用平面的受压承载力。

【**例** 5.15】 已知条件同例 5.13,下柱承受轴向压力设计值 $N=2\,320$ kN,下柱两端截面弯矩设计值 $M_1=845$ kN·m、$M_2=920$ kN·m,采用对称配筋,求受拉和受压钢筋。

【**解**】 (1)二阶效应的考虑

$$\zeta_c = \frac{0.5 f_c A}{N} = \frac{0.5 \times 19.1 \times 18 \times 10^4}{2\,320 \times 10^3} = 0.741$$

$$\eta_s = 1 + \frac{1}{\dfrac{1\,500 \left(\dfrac{M_0}{N} + e_a\right)}{h_0}} \left(\frac{l_0}{h}\right)^2 \zeta_c$$

$$= 1 + \frac{1}{\dfrac{1\,500 \times \left(\dfrac{920 \times 10^3}{2\,320} + 30\right)}{855}} \times \left(\frac{5\,500}{900}\right)^2 \times 1 = 1.037$$

$$M = \eta_s M_0 = 1.037 \times 920 = 954.0 (\text{kN·m})$$

$$e_i = e_0 + e_a = \frac{M}{N} + e_a = \frac{954 \times 10^6}{2\,320 \times 10^3} + 30 = 441 (\text{mm})$$

$$e = e_i + \frac{h}{2} - a_s = 441 + \frac{900}{2} - 45 = 846 (\text{mm})$$

(2)判别偏压类型,计算 A_s 和 A_s'

先假定中和轴在受压翼缘内,按式(5.85)计算受压区高度,即

$$x = \frac{N}{\alpha_1 f_c b_f'} = \frac{2\,320 \times 10^3}{1 \times 19.1 \times 400} = 304 (\text{mm}) > h_f' = 150 \text{ mm}$$

受压区已进入腹板,再按大偏心受压式(5.87)计算受压区高度。

$$x = \frac{N - \alpha_1 f_c (b_f' - b) h_f'}{\alpha_1 f_c b}$$

$$= \frac{2\,320 \times 10^3 - 1 \times 19.1 \times (400 - 100) \times 150}{1 \times 19.1 \times 100}$$

$$= 765(\text{mm}) > \xi_b h_0 = 412 \text{ mm}$$

判定为小偏心受压构件,应按小偏心受压重新计算受压区高度。

按 I 形截面对称配筋小偏心受压构件近似式(5.93)计算 ξ,即

$$\xi = \cfrac{N - \alpha_1 f_c(b_f' - b)h_f' - \alpha_1 f_c b h_0 \xi_b}{\cfrac{Ne - \alpha_1 f_c(b_f' - b)h_f'\left(h_0 - \cfrac{h_f'}{2}\right) - 0.43\alpha_1 f_c b h_0^2}{(\beta_1 - \xi_b)(h_0 - a_s')} + \alpha_1 f_c b h_0} + \xi_b$$

$$= \cfrac{2\,320 \times 10^3 - 1 \times 19.1 \times (400 - 100) \times 150 - 1 \times 19.1 \times 100 \times 855 \times 0.482}{\cfrac{2\,320 \times 10^3 \times 846 - 1 \times 19.1 \times (400 - 100) \times 150 \times \left(855 - \cfrac{150}{2}\right) - 0.43 \times 1 \times 19.1 \times 100 \times 855^2}{(0.8 - 0.482) \times (855 - 45)} + 1 \times 19.1 \times 100 \times 855} +$$

$$0.482 = 0.638 > \xi_b = 0.482$$

且 $x = \xi h_0 = 0.637 \times 855 \text{ mm} = 545 \text{ mm} < h - h_f = 750 \text{ mm}$,说明 A_s 受拉且未达到屈服强度。

(3)计算 A_s 和 A_s'

将 ξ 代入式(5.90),得

$$A_s = A_s' = \cfrac{Ne - \alpha_1 f_c b h_0^2 \xi\left(1 - \cfrac{\xi}{2}\right) - \alpha_1 f_c(b_f' - b)h_f'\left(h_0 - \cfrac{h_f'}{2}\right)}{f_y'(h_0 - a_s')}$$

$$= \cfrac{2\,320 \times 10^3 \times 846 - 1 \times 19.1 \times 100 \times 855^2 \times 0.638 \times \left(1 - \cfrac{0.638}{2}\right) - 1 \times 19.1 \times (400 - 100) \times 150 \times \left(855 - \cfrac{150}{2}\right)}{435 \times (855 - 45)}$$

$$= 1\,946(\text{mm}^2) > \rho_{min}A = 360 \text{ mm}^2$$

选 4 Φ 25($A_s = A_s' = 1\,964 \text{ mm}^2$)。

(4)验算垂直于弯矩作用平面的受压承载力

由式(5.1)得

$$N_u = 0.9\varphi(f_c A + f_y' A_s')$$
$$= 0.9 \times 0.849 \times (19.1 \times 18 \times 10^4 + 400 \times 1\,964 \times 2)$$
$$= 3\,827.53 \times 10^3(\text{N})$$
$$= 3\,827.53 \text{ kN} > N = 2\,320 \text{ kN}$$

满足要求。

5.6.3　截面承载力复核

I 形截面对称配筋偏心受压构件正截面受压承载力的复核方法与矩形截面对称配筋偏心受压构件的相似。在构件截面作用的弯矩设计值和轴向压力设计值以及其他条件为已知时,可先假定为大偏心受压,直接由基本计算公式求解 ξ,进行偏心受压类型判别,再求 N_u。

5.7　受压构件的一般构造

受压构件除应满足承载力计算要求外,还应满足相应的构造要求。以下仅介绍与受压构件有关的基本构造要求。

5.7.1 截面形式及尺寸

受压构件的截面形式应考虑构件受力合理和模板制作方便。轴心受压构件的截面可采用正方形,建筑上有特殊要求时,也可以采用圆形或多边形。偏心受压构件通常采用矩形截面,矩形截面的长轴位于弯矩作用平面内。为了节省混凝土及减轻结构自重,装配式结构中的受压构件也经常采用工字形截面或双肢截面形式。

钢筋混凝土受压构件截面尺寸一般不宜小于 250 mm×250 mm,以避免长细比过大。同时,截面的长边 h 与短边 b 的比值常选用为 $\dfrac{h}{b}=1.5\sim3.0$。I 形截面柱的翼缘厚度不宜小于120 mm,腹板厚度不宜小于 100 mm。柱的截面尺寸宜符合模数,800 mm 及以下时,取 50 mm 的倍数,800 mm 以上时可取 100 mm 的倍数。

5.7.2 材料

受压构件正截面承载力受混凝土强度等级的影响较大。为了减小构件截面尺寸及节省钢材,宜采用较高强度等级的混凝土,一般采用 C25~C40。对多层及高层建筑结构的下层柱,必要时可以采用更高强度等级的混凝土。

纵向受力钢筋应选用 HRB400(HRBF400)、HRB500(HRBF500)钢筋。箍筋一般采用 HRB400(HRBF400)、HRB500(HRBF500)钢筋,也可采用 HPB300 钢筋。

5.7.3 纵向钢筋

在受压构件中,为了增加钢筋骨架的刚度,减小钢筋在施工时的纵向弯曲,宜采用较粗直径的钢筋,纵向受力钢筋的直径不宜小于 12 mm,一般在 12~32 mm 范围选用。

轴心受压构件中的纵向钢筋应沿构件截面周边均匀布置,偏心受压构件中的纵向钢筋应布置在偏心方向的两侧。矩形截面受压构件中,纵向受力钢筋根数不得少于 4 根,以便与箍筋形成钢筋骨架。圆形截面受压构件中,纵向钢筋一般应沿周边均匀布置。纵筋根数不宜少于 8 根,且不应少于 6 根。

当偏心受压构件的截面高度 $h \geqslant 600$ mm 时,在柱的侧面上应设置直径不小于 10 mm 的纵向构造钢筋,以防止构件因温度和混凝土收缩应力而产生裂缝,并相应地设置复合箍筋或拉筋,如图 5.30 所示。

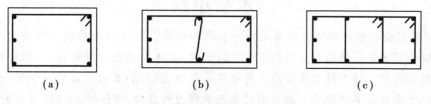

(a)   (b)   (c)

图 5.30 纵向构造钢筋及复合箍筋

柱内纵筋的净距不应小于 50 mm,对水平浇筑混凝土的预制柱,纵筋净距应符合梁的有关规定。在偏心受压柱中,垂直于弯矩作用平面的侧面上的纵向受力钢筋以及轴心受压柱中各边的纵向受力钢筋,其中距不宜大于 300 mm。

受压构件纵向钢筋的最小配筋率应满足附表 18 的要求。全部纵向钢筋配筋率不宜超过 5%,一般配筋率控制在 1%~2% 为宜。

5.7.4 箍筋

箍筋的作用是为了防止纵向钢筋受压时压曲,同时保证纵筋的施工定位,并与纵筋组成钢筋骨架。受压构件中的周边箍筋应做成封闭式;对圆柱中的箍筋,搭接长度不应小于锚固长度。

箍筋间距不应大于 400 mm 及构件截面的短边尺寸,且不应大于 15d,此处 d 为纵向受力钢筋的最小直径。

箍筋直径不应小于 $d/4$,且不应小于 6 mm,此处 d 为纵向钢筋的最大直径。

当柱中全部纵向受力钢筋的配筋率大于 3% 时,箍筋直径不应小于 8 mm,间距不应大于纵向受力钢筋最小直径的 10 倍,且不应大于 200 mm;箍筋末端应做成 135° 弯钩且弯钩末端平直段长度不应小于箍筋直径的 10 倍;箍筋也可焊成封闭环式。

当柱截面短边尺寸大于 400 mm 且各边纵向钢筋多于 3 根时,或当柱截面短边尺寸不大于 400 mm 但各边纵向钢筋多于 4 根时,应按图 5.31 所示设置复合箍筋。

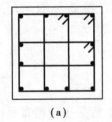 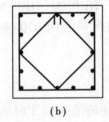

(a)　　　　　　　　　　　(b)

图 5.31　复合箍筋形式

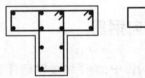

图 5.32　柱有内折角时的箍筋设置

在配有螺旋式或焊接环式间接钢筋的柱中,如计算中考虑间接钢筋的作用,则间接钢筋的间距不应大于 80 mm 及 $d_{cor}/5$(d_{cor} 为按间接钢筋内表面确定的核心截面直径),且不宜小于 40 mm;间接钢筋的直径不应小于 $d/4$,且不应小于 6 mm,d 为纵向钢筋的最大直径。

对于截面复杂的柱,不可采用含有内折角的箍筋,避免产生向外的拉力,致使折角处的混凝土破损,而应采用分离式箍筋,如图 5.32 所示。

本章小结

1.普通箍筋轴心受压构件在计算上分为长柱和短柱。短柱的破坏属于材料破坏。对于长柱须考虑纵向弯曲变形的影响。工程中常见的长柱,其破坏仍属于材料破坏,但特别细长的柱会由于失稳而破坏。对于轴心受压构件的受压承载力,短柱和长柱均采用一个统一公式计算,其中采用稳定系数 φ 表达纵向弯曲变形对受压承载力的影响,短柱时 $\varphi=1.0$,长柱时 $\varphi<1.0$。

2.在螺旋箍筋轴心受压构件中,由于螺旋箍筋对核心混凝土的约束作用,提高了核心混凝土的抗压强度,从而使构件的承载力有所增加。螺旋箍筋对构件抗压是一种间接作用,可以称为间接配筋。核心混凝土抗压强度的提高程度与螺旋箍筋的数量及其抗拉强度有关。螺旋箍筋只有在一定条件下才能发挥作用:构件的长细比 $l_0/d \leqslant 12$;螺旋箍筋的换算截面面积 $A_{ss0} > 0.25A'_s$;箍筋的间距 $s \leqslant 80$ mm,同时 $s \leqslant d_{cor}/5$。

3.偏心受压构件正截面破坏有受拉破坏和受压破坏两种形态。当纵向压力 N 的相对偏心距 e_0/h_0 较大,且 A_s 不过多时,发生受拉破坏,也称大偏心受压破坏。其特征为受拉钢筋首先屈服,而后受压区边缘混凝土达到极限压应变,受压钢筋应力能达到屈服强度。当纵向压力 N 的相对偏心距 e_0/h_0 较大,但受拉钢筋 A_s 数量过多;或者相对偏心距 e_0/h_0 较小时发生受压破坏,也称小偏心受压破坏。其特征为受压区混凝土被压坏,压应力较大一侧钢筋应力能够达到屈服强度,而另一侧钢筋受拉不屈服或者受压不屈服。界限破坏是指受拉钢筋应力达到屈服强度的同时受压区边缘混凝土刚好达到极限压应变,此时,受压区混凝土相对计算高度 $\xi = \xi_b$。

4.大、小偏心受压破坏的判别条件是:$\xi \leqslant \xi_b$ 时,属于大偏心受压破坏;$\xi > \xi_b$ 时,属于小偏心受压破坏。两种偏心受压构件的计算方法不同,截面设计时应首先判别偏压类型。非对称配筋在设计之前,无法求出 ξ,因此,可用偏心距大小来近似判别:当 $e_i > 0.3h_0$ 时,可按大偏心受压设计;当 $e_i \leqslant 0.3h_0$ 时,按小偏心受压设计。

5.由于工程中实际存在着荷载作用位置的不定性、混凝土质量的不均匀性及施工的偏差等因素,在偏心受压构件的正截面承载力计算中,应计入轴向压力在偏心方向存在的附加偏心距 e_a,其值取 20 mm 和偏心方向最大尺寸的 1/30 两者中的较大者。初始偏心距为 $e_i = e_0 + e_a$。

6.当受压构件产生挠曲变形时,轴向压力将在构件中引起附加内力,称为挠曲二阶效应。偏心受压构件的挠曲二阶效应与构件两端弯矩有关,当一阶弯矩最大处与二阶弯矩最大处重合时,弯矩增加最多,因此,可采用弯矩增大系数 η_{ns} 与构件端截面偏心距调节系数 C_m 来考虑构件的二阶效应。柱的计算长度 l_c 可近似取构件上下支撑点之间的距离。对于有侧移结构中的受压构件,会产生侧移二阶效应。

7.大、小偏心受压构件的基本计算公式实际上是统一的,建立公式的基本假定也相同,只是小偏心受压时离纵向力较远一侧钢筋 A_s 的应力 σ_s 不明确,σ_s 与相对受压区高度 ξ 有关,取值在 $-f'_y \leqslant \sigma_s \leqslant f_y$ 范围内变化,使小偏心受压构件的计算较复杂。

8.对于各种截面形式的大、小偏心受压构件,非对称和对称配筋、截面设计和截面复核时,应牢牢地把握住基本计算公式,根据不同情况,直接运用基本公式进行运算。在计算中,一定要注意公式的适用条件,出现不满足适用条件或不正常的情况时,应对基本公式作相应变化后进行运算,在理解的基础上熟练掌握计算方法和步骤。

9.对于I截面偏心受压构件的计算,受压区计算高度有3种情况:当大偏心受压且 $x \leqslant h'_f$ 时,与 $b'_f \times h$ 的矩形截面偏心受压构件计算完全相同;当大偏心受压且 $h'_f < x \leqslant \xi_b h_0$ 和小偏心受压且 $\xi_b h_0 < x \leqslant h - h_f$ 时,与 $b \times h$ 的矩形截面偏心受压构件计算完全相仿,只是需另外考虑 $(b'_f - b)h'_f$ 部分混凝土的受压作用;当小偏心受压且 $h - h_f < x \leqslant h$ 时,还应考虑 $(b_f - b)[x - (h - h_f)]$ 部分混凝土的受压作用。

思 考 题

5.1　试述在普通箍筋柱和螺旋式箍筋柱中,箍筋各有什么作用? 对箍筋有哪些构造要求?

5.2　在轴心受压构件中,受压纵筋应力在什么情况下会达到屈服强度? 什么情况下达不到屈服强度？设计中如何考虑？

5.3 轴心受压普通箍筋短柱与长柱的破坏形态有何不同？计算中如何考虑长柱的影响？

5.4 轴心受压螺旋箍筋柱与普通箍筋柱的受压承载力计算有何不同？螺旋式箍筋柱承载力计算公式的适用条件是什么？为什么有这些限制条件？

5.5 说明大、小偏心受压破坏的发生条件和破坏特征。什么是界限破坏？与界限状态对应的 ξ_b 是如何确定的？

5.6 说明截面设计时大、小偏心受压破坏的判别条件是什么？对称配筋时如何进行判别？

5.7 为什么要考虑附加偏心距 e_a？

5.8 什么是二阶效应？在偏心受压构件设计中如何考虑这一问题？说明弯矩增大系数 η_{ns} 的物理意义。

5.9 画出矩形截面大、小偏心受压破坏时截面应力计算图形，并标明钢筋和受压混凝土的应力值。说明为什么应对垂直于弯矩作用方向的截面承载力进行验算？

5.10 写出矩形截面对称配筋时和 I 形截面对称配筋时，界限破坏时的轴向压力设计值 N_b 的计算公式。

5.11 大偏心受压构件和双筋受弯构件的截面应力计算图形和计算公式有何异同？

5.12 大偏心受压非对称配筋截面设计，当 A_s 和 A_s' 均未知时如何处理？

5.13 钢筋混凝土矩形截面大偏心受压构件非对称配筋时，在 A_s' 已知的条件下求得的 $\xi > \xi_b$，说明什么问题？这时应如何计算？

5.14 小偏心受压非对称配筋截面设计，当 A_s 和 A_s' 均未知时，为什么可以首先确定 A_s 的数量？如何确定？

5.15 矩形截面对称配筋计算曲线 N-M 是怎样绘出的？根据这些曲线说明大、小偏心受压构件 N 和 M 以及与配筋率 ρ 之间的关系。解释为什么会出现 $e_i \leq 0.3h_0$，且 $N \leq N_b$ 的现象，这种情况下应怎样计算？

5.16 什么情况下要采用复合箍筋？为什么要采用这样的箍筋？

习　题

5.1 轴心受压柱,计算长度 $l_0 = 4.7$ m,结构的安全等级为二级,承受轴心压力设计值 $N = 3\,250$ kN(包括自重),混凝土强度等级为 C35,纵筋 HRB500 级,箍筋 HRB400 级。请设计该柱截面。

5.2 某多层四跨现浇框架结构的第二层内柱,柱截面尺寸为 500 mm×500 mm,结构的安全等级为二级,承受轴心压力设计值 $N = 4\,950$ kN,楼层高 $H = 4.8$ m,柱计算长度 $l_0 = 1.25H$。混凝土强度等级为C40,采用 HRB400 级钢筋,求所需纵筋面积。

5.3 圆形截面现浇钢筋混凝土柱,直径为 400 mm,混凝土保护层厚度为 20 mm。结构的安全等级为二级,柱承受轴心压力设计值 $N = 4\,480$ kN,计算长度 $l_0 = 4.8$ m,混凝土强度等级为C35,柱中纵筋和箍筋均采用 HRB500 级钢筋。试设计该柱截面。

5.4 钢筋混凝土偏心受压柱,截面尺寸 $b = 300$ mm,$h = 500$ mm,混凝土保护层厚度 $c = 20$ mm。结构的安全等级为二级,柱承受轴向压力设计值 $N = 1\,130$ kN,柱上下两端截面弯矩设计值 $M_1 = 205$ kN·m,$M_2 = 225$ kN·m。柱挠曲变形为单曲率。弯矩作用平面内柱上下两端的支撑长度为 3.6 m;弯矩作用平面外柱的计算长度 $l_0 = 4.5$ m。混凝土强度等级为 C35,纵筋采用 HRB500 级钢筋,(1)求钢筋截面面积 A'_s 和 A_s;(2)截面受压区已配有 3Φ20 的钢筋,求受拉钢筋 A_s。

5.5 钢筋混凝土偏心受压柱,截面尺寸为 $b = 400$ mm,$h = 600$ mm,$a_s = a'_s = 45$ mm。结构的安全等级为二级,柱承受轴向压力设计值 $N = 4\ 080$ kN,柱上下两端截面弯矩设计值 $M_1 = 85$ kN·m,$M_2 = 115$ kN·m。柱挠曲变形为单曲率。弯矩作用平面内柱上下两端的支撑长度为 6 m;弯矩作用平面外柱的计算长度 $l_0 = 6$ m。混凝土强度等级为 C40,纵筋采用 HRB400 级钢筋。求钢筋截面面积 A_s 和 A'_s。

5.6 钢筋混凝土偏心受压柱,截面尺寸 $b = 300$ mm,$h = 500$ mm,$a_s = a'_s = 40$ mm。结构的安全等级为二级,柱承受纵向压力的偏心距 $e_0 = 325$ mm,计算长度 $l_c = 4.1$ m。混凝土强度等级为 C40,纵筋采用 HRB500 级钢筋。受压钢筋已配有 4Φ14($A'_s = 615$ mm^2),受拉钢筋已配有 4Φ18 ($A_s = 1\ 017$ mm^2)。求截面能够承受的偏心压力设计值 N_u。

5.7 钢筋混凝土偏心受压柱,截面尺寸为 $b = 500$ mm,$h = 600$ mm,混凝土保护层厚度 $c = 20$ mm,$a_s = a'_s = 40$ mm。结构的安全等级为二级,柱承受轴向压力设计值 $N = 2\ 200$ kN,柱上下两端截面弯矩设计值 $M_1 = 510$ kN·m,$M_2 = 545$ kN·m。柱挠曲变形为单曲率。弯矩作用平面内柱上下两端的支撑长度为 4.5 m;弯矩作用平面外柱的计算长度 $l_0 = 5.625$ m。混凝土强度等级为 C35,纵筋采用 HRB400 级钢筋。采用对称配筋,求受拉和受压钢筋 A_s、A'_s。

5.8 已知条件同 5.5,采用对称配筋,求 A_s、A'_s。

5.9 I 形截面钢筋混凝土偏心受压排架柱,截面尺寸 $b = 100$ mm,$h = 700$ mm,$b_f = b'_f = 400$ mm,$h_f = h'_f = 120$ mm,$a_s = a'_s = 40$ mm。结构的安全等级为二级,下柱承受轴向压力设计值 $N = 960$ kN,下柱两端截面弯矩设计值 $M_1 = 305$ kN·m,$M_2 = 365$ kN·m。柱挠曲变形为单曲率。弯矩作用平面内柱上下两端的支撑长度为 7.8 m;弯矩作用平面外柱的计算长度 $l_0 = 7.8$ m。混凝土强度等级为 C35,纵筋采用 HRB500 级钢筋。采用对称配筋,求受拉和受压钢筋。

5.10 已知条件同 5.9,下柱承受轴向压力设计值 $N = 1\ 520$ kN,下柱两端截面弯矩设计值 $M_1 = 185$ kN·m,$M_2 = 235$ kN·m,采用对称配筋,求受拉和受压钢筋。

5.11 一钢筋混凝土柱,截面尺寸为 500 mm×500 mm,高度为 8.4 m。结构的安全等级为二级,底端固结,顶端铰接。承受的轴向压力设计值 $N = 4\ 930$ kN,混凝土强度等级为 C35,纵向钢筋采用 HRB500 级钢筋,箍筋采用 HRB400 级钢筋,求所需的纵向钢筋截面面积。

5.12 某矩形截面偏心受压排架柱,截面尺寸 $b \times h = 400$ mm×600 mm,$a_s = a'_s = 40$ mm。结构的安全等级为二级,构件承受的轴向压力设计值 $N = 1\ 200$ kN,弯矩设计值 $M_0 = 505$ kN·m。构件计算长度 $l_0 = 6.5$ m,混凝土强度等级 C35,纵向受力钢筋采用 HRB400 级钢筋,求所需要的纵筋截面面积。

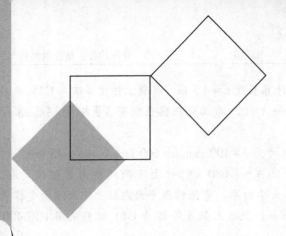

6 受拉构件正截面的性能与设计

本章导读：
- **基本要求**：掌握轴心受拉构件和偏心受拉构件正截面的承载力计算方法。
- **重点**：矩形截面大偏心受拉构件正截面承载力计算方法；矩形截面小偏心受拉构件正截面承载力计算方法。

6.1 工程应用实例

受拉构件是指以承受轴向拉力为主的构件。与受压构件类似,受拉构件也可分为轴心受拉构件与偏心受拉构件两类。当轴向拉力作用线与构件截面形心重合时,为轴心受拉构件;当构件截面上同时作用有轴向拉力和弯矩时,称为偏心受拉构件。

在实际工程中,理想的轴心受拉构件是不存在的。但是,对于屋架或托架的受拉弦杆和腹杆以及拱的拉杆,当杆件自重和节点约束引起的弯矩很小时,都可近似按轴心受拉构件计算,如图 6.1(a)、(b)所示。此外,在静水压力的作用下,圆形水池池壁的竖向截面在水平方向处于环向受拉状态,也可按轴心受拉构件计算,如图 6.1(c)所示。

偏心受拉构件是一种介于轴心受拉构件与受弯构件之间的受力构件。实际工程中,承受节间荷载的屋架下弦杆、矩形水池的池壁、浅仓的墙壁以及工业厂房中双肢柱的受拉肢杆均可按偏心受拉构件计算。

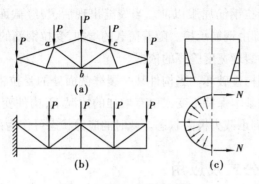

图 6.1　轴心受拉构件示例

6.2　轴心受拉构件正截面承载力计算

由于混凝土的抗拉强度很低,故很少利用混凝土抵抗轴向拉力。钢筋混凝土轴心受拉构件,在较小的拉力作用下就会开裂,且随着拉力的增加构件裂缝宽度不断加大。因此,采用普通钢筋混凝土构件承受拉力时,除满足承载力的要求外,还应采取有效措施控制构件的裂缝宽度。对于不允许开裂的轴心受拉构件(如圆形水池壁环向受拉),应进行抗裂验算;对于承受轴心拉力较大的构件,一般采用预应力混凝土或钢结构。

6.2.1　轴心受拉构件的受力特点

试验研究表明,钢筋混凝土轴心受拉构件的轴向拉力与构件变形之间的关系曲线如图 6.2 所示。构件从加载开始到破坏为止,其受力和变形大致经历了以下 3 个阶段:

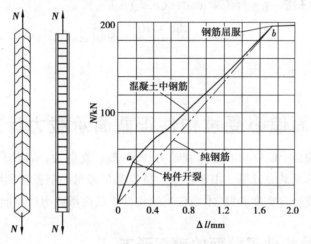

图 6.2　轴心受拉构件的受力特点

①从加载开始到裂缝即将出现。这一阶段混凝土与钢筋共同受力,轴向拉力与变形基本为线性关系。随着荷载的增加,混凝土很快达到其极限拉应变,即将出现裂缝。此受力状态可作为构件抗裂验算的依据。

②从混凝土开裂到受拉钢筋屈服以前。当裂缝出现后,裂缝截面处的混凝土逐渐退出工作,裂缝处截面的拉力全部由钢筋承担。随着荷载的增加,受拉钢筋的应力不断增大,裂缝逐渐变宽。此阶段可作为构件裂缝宽度验算的依据。

③从受拉钢筋屈服到构件破坏。当构件某一裂缝截面处的受拉钢筋应力达到其屈服强度时,裂缝迅速开展,在荷载基本保持不变或稍有增加的情况下,构件变形不断增大,钢筋应力可能进入强化阶段,构件达到承载力极限状态。此时的应力状态可作为截面承载力计算的依据。

6.2.2 承载力计算公式及应用

轴心受拉构件达到承载力极限状态时,裂缝截面全部拉力由钢筋来承担,图 6.3 为轴心受拉构件截面承载力计算图形。正截面受拉承载力设计表达式为

$$N \leq N_u = f_y A_s \tag{6.1}$$

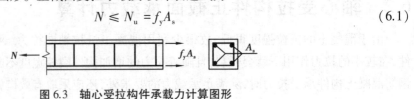

图 6.3 轴心受拉构件承载力计算图形

式中 N——轴心拉力设计值;

N_u——轴心受拉承载力设计值;

f_y——钢筋抗拉强度设计值;

A_s——受拉钢筋的全部截面面积。

【例 6.1】 某钢筋混凝土屋架下弦,截面尺寸 $b \times h = 150 \text{ mm} \times 150 \text{ mm}$,其所受的轴心拉力设计值为 180 kN,混凝土强度等级 C35,纵向钢筋为 HRB400。求钢筋截面面积并配筋。

【解】 HRB400 钢筋:$f_y = 360 \text{ N/mm}^2$,代入式(6.1),得

$$A_s = \frac{N}{f_y} = \frac{180 \times 10^3}{360} = 500 (\text{mm}^2)$$

选用 4 Φ 14,$A_s = 615 \text{ mm}^2$。

6.3 矩形截面偏心受拉构件正截面承载力计算

偏心受拉构件截面上除作用有弯矩和轴力外,一般还有剪力,所以对于偏心受拉构件应进行正截面和斜截面的承载力计算。由于混凝土抗拉强度较低,在拉力不大时就会出现裂缝,因此还需要进行抗裂或裂缝宽度验算,本章仅讨论构件正截面承载力计算问题。

6.3.1 偏心受拉构件正截面的破坏形态

偏心受拉构件纵向钢筋的布置方式与偏心受压构件相同,离纵向拉力较近一侧所配钢筋的总量用 A_s 表示;离纵向拉力较远一侧所配钢筋的总量用 A'_s 表示。根据偏心距大小的不同,可将偏心受拉构件分为小偏心受拉破坏和大偏心受拉破坏两种情况。

式中　e'——轴向拉力作用点至受压区纵向钢筋 A_s' 合力点的距离。

6.3.4　截面设计

采用对称配筋时,不论大、小偏心受拉情况,A_s 都能达到受拉屈服,均按式(6.3)计算 A_s,并取 $A_s'=A_s$,即

$$A_s' = A_s = \frac{Ne'}{f_y(h_0' - a_s)}$$

采用非对称配筋时,按以下方法计算。

1) 当 $e_0 \leqslant \dfrac{h}{2} - a_s$ 时,按小偏心受拉构件计算

分别应用式(6.2)和式(6.3)计算 A_s' 和 A_s,即

$$A_s' = \frac{Ne}{f_y(h_0 - a_s')}$$

$$A_s = \frac{Ne'}{f_y(h_0' - a_s)}$$

按上述公式算出的钢筋 A_s 和 A_s' 均应满足最小配筋率的要求。

2) 当 $e_0 > \dfrac{h}{2} - a_s$ 时,按大偏心受拉构件计算

大偏心受拉构件截面设计有以下两种情况:

(1)A_s 和 A_s' 均未知

①由式(6.9)和式(6.10)可看出共有 ξ、A_s 和 A_s' 三个未知数,以(A_s+A_s')总量最小为补充条件,可直接取 $\xi=\xi_b$,代入式(6.10)得

$$A_s' = \frac{Ne - \alpha_1 f_c \alpha_{sb} b h_0^2}{f_y'(h_0 - a_s')}$$

其中　　　　　　　　　　　$\alpha_{sb} = \xi_b(1 - 0.5\xi_b)$

如果 $A_s' < \rho_{min}bh$ 且 A_s' 与 $\rho_{min}bh$ 数值相差较多,则取 $A_s' = \rho_{min}bh$,按 A_s' 已知计算 A_s。

②将 $\xi=\xi_b$ 和 A_s' 及其他已知条件代入式(6.9)计算 A_s,即

$$A_s = \frac{\alpha_1 f_c b h_0 \xi_b + f_y' A_s' + N}{f_y} \geqslant \rho_{min}bh$$

(2)已知 A_s',求 A_s

①将已知条件代入式(6.10)计算 α_s。

$$\alpha_s = \frac{Ne - f_y' A_s'(h_0 - a_s')}{\alpha_1 f_c b h_0^2}$$

②计算 $\xi = 1 - \sqrt{1 - 2\alpha_s}$,同时验算公式的适用条件:

$$x \leqslant \xi_b h_0 \ (\text{或} \ \xi \leqslant \xi_b)$$

$$x \geqslant 2a_s' \left(\text{或} \ \xi \geqslant \frac{2a_s'}{h_0}\right)$$

③计算 A_s。

如果满足适用条件,则将 ξ、A_s' 及其他条件代入式(6.9)计算 A_s,即

$$A_s = \frac{\alpha_1 f_c b h_0 \xi + f_y' A_s' + N}{f_y} \geq \rho_{\min} bh$$

如果出现 $\xi > \xi_b$,则说明受压钢筋数量不足,应增加 A_s' 的数量,可按 A_s 和 A_s' 均未知或增大截面尺寸重新计算。

如果出现 $x < 2a_s' \left(\text{或}\ \xi < \frac{2a_s'}{h_0}\right)$,应按式(6.13)计算 A_s,即

$$A_s = \frac{Ne'}{f_y(h_0 - a_s')}$$

6.3.5 截面承载力复核

偏心受拉构件截面承载力复核时,截面尺寸 $b \times h$、截面配筋 A_s 和 A_s'、混凝土强度等级和钢筋种类以及截面上作用的 N 和 M 均为已知,要求验算是否满足承载力的要求。此时,应首先根据偏心距判断偏心受拉的类型,再进行承载力复核。

(1)当 $e_0 \leq \frac{h}{2} - a_s$ 时

如果 $e_0 \leq \frac{h}{2} - a_s$,按小偏心受拉构件计算:由基本计算式(6.2)和式(6.3)各解出一个 N_u,取较小者,即为该截面能够承受的轴向拉力设计值。

(2)当 $e_0 > \frac{h}{2} - a_s$ 时

如果 $e_0 > \frac{h}{2} - a_s$,按大偏心受拉构件计算:由基本计算式(6.9)和式(6.10)中消去 N_u,解出 ξ 得

$$\xi = \left(1 + \frac{e}{h_0}\right) - \sqrt{\left(1 + \frac{e}{h_0}\right)^2 - \frac{2(f_y A_s e - f_y' A_s' e')}{\alpha_1 f_c b h_0^2}} \tag{6.15}$$

若 $\frac{2a_s'}{h_0} \leq \xi \leq \xi_b$,代入式(6.9)计算 N_u;

若 $\xi < \frac{2a_s'}{h_0}$,则 ξ 值无效,按式(6.13)计算 N_u;

若 $\xi > \xi_b$,则说明受压钢筋数量不足,可近似取 $\xi = \xi_b$,由式(6.9)和式(6.10)各计算一个 N_u,取较小值。

【例6.2】 钢筋混凝土偏心受拉构件,截面尺寸 $b = 300$ mm,$h = 400$ mm,混凝土保护层厚度 $c = 20$ mm,$a_s = a_s' = 40$ mm。结构的安全等级为二级。柱承受轴向拉力设计值 $N = 810$ kN,弯矩设计值 $M = 105$ kN·m。混凝土强度等级为C30,纵筋采用HRB400级钢筋,求钢筋截面面积 A_s' 和 A_s。

【解】 查附表3得:$f_y = f_y' = 360$ N/mm²;查附表10得:$f_t = 1.43$ N/mm²。

$$e_0 = \frac{M}{N} = \frac{105 \times 10^6}{810 \times 10^3} = 130 < \frac{h}{2} - a_s = \frac{400}{2} - 40 = 160(\text{mm})$$

为小偏心受拉构件。

$$e = \frac{h}{2} - a_s - e_0 = \frac{400}{2} - 40 - 130 = 30(\text{mm})$$

$$e' = \frac{h}{2} - a_s' + e_0 = \frac{400}{2} - 40 + 130 = 290(\text{mm})$$

$$A_s' = \frac{Ne}{f_y(h_0 - a_s')} = \frac{810 \times 10^3 \times 30}{360 \times (360 - 40)} = 211(\text{mm}^2)$$

$$A_s = \frac{Ne'}{f_y(h_0' - a_s)} = \frac{810 \times 10^3 \times 290}{360 \times (360 - 40)} = 2\,039(\text{mm}^2)$$

$$0.45\frac{f_t}{f_y} = 0.45 \times \frac{1.43}{360} = 0.001\,79 < 0.002, 取 \rho_{\min}' = \rho_{\min} = 0.002$$

$$A_{s,\min}' = A_{s,\min} = \rho_{\min}bh = 0.002 \times 300 \times 400 = 240(\text{mm}^2) > A_s' = 211\,\text{mm}^2$$

应当取 $A_s' = A_{s,\min}' = 240\,\text{mm}^2$。$A_s'$ 选取 2 ⊈ 14 ($A_s' = 308\,\text{mm}^2$)，A_s 选取 4 ⊈ 28 ($A_s = 2\,463\,\text{mm}^2$)。

【例 6.3】　钢筋混凝土偏心受拉构件，截面尺寸 $b = 300\,\text{mm}$，$h = 400\,\text{mm}$，混凝土保护层厚度 $c = 20\,\text{mm}$，$a_s = a_s' = 40\,\text{mm}$。结构的安全等级为二级。柱承受轴向拉力设计值 $N = 95\,\text{kN}$，弯矩设计值 $M = 80\,\text{kN·m}$。混凝土强度等级为 C30，纵筋采用 HRB400 级钢筋。求钢筋截面面积 A_s' 和 A_s。

【解】　查附表 3 得：$f_y = f_y' = 360\,\text{N/mm}^2$；查附表 10 得：$f_c = 14.3\,\text{N/mm}^2$，$f_t = 1.43\,\text{N/mm}^2$。

$$e_0 = \frac{M}{N} = \frac{80 \times 10^6}{95 \times 10^3} = 842(\text{mm}) > \frac{h}{2} - a_s = \frac{400}{2}\,\text{mm} - 40\,\text{mm} = 160\,\text{mm}$$

属于大偏心受拉构件。

$$e = e_0 - \frac{h}{2} + a_s = 842 - \frac{400}{2} + 40 = 682(\text{mm})$$

$$\alpha_{sb} = \xi_b(1 - 0.5\xi_b) = 0.518 \times (1 - 0.5 \times 0.518) = 0.384$$

$$A_s' = \frac{Ne - \alpha_1 f_c \alpha_{sb} bh_0^2}{f_y'(h_0 - a_s')} = \frac{95 \times 10^3 \times 682 - 1 \times 14.3 \times 0.384 \times 300 \times 360^2}{360 \times (360 - 40)} = -1\,288(\text{mm}^2) < 0$$

$$0.45\frac{f_t}{f_y} = 0.45 \times \frac{1.43}{360} = 0.001\,8 < 0.002, 取 \rho_{\min}' = \rho_{\min} = 0.002$$

$$A_{s,\min}' = \rho_{\min}'bh = 0.002 \times 300 \times 400 = 240(\text{mm}^2)$$

受压钢筋选 2 ⊈ 14 ($A_s' = 308\,\text{mm}^2$)。

$$\alpha_s = \frac{Ne - f_y'A_s'(h_0 - a_s')}{\alpha_1 f_c bh_0^2} = \frac{95 \times 10^3 \times 682 - 360 \times 308 \times (360 - 40)}{1 \times 14.3 \times 300 \times 360^2} = 0.053$$

$$\xi = 1 - \sqrt{1 - 2\alpha_s} = 1 - \sqrt{1 - 2 \times 0.053} = 0.054$$

$x = \xi_b h_0 = 19.5\,\text{mm} < 2a_s' = 80\,\text{mm}$，按 $x = 2a_s'$ 计算。

$$e' = e_0 + \frac{h}{2} - a_s' = 842 + \frac{400}{2} - 40 = 1\,002(\text{mm}^2)$$

$$A_s = \frac{Ne'}{f_y(h_0 - a_s')} = \frac{95 \times 10^3 \times 1\,002}{360 \times (360 - 40)} = 826\,(\text{mm}^2) > A_{s,\min} = 240\,\text{mm}^2$$

受拉钢筋选 3 ⊈ 20($A_s = 942\,\text{mm}^2$)。

【例6.4】 钢筋混凝土偏心受拉构件，截面尺寸 $b = 300\,\text{mm}$，$h = 400\,\text{mm}$，混凝土保护层厚度 $c = 20\,\text{mm}$，$a_s = a_s' = 40\,\text{mm}$。结构的安全等级为二级。柱承受轴向拉力设计值 $N = 165\,\text{kN}$，弯矩设计值 $M = 133\,\text{kN·m}$。混凝土强度等级为C30，纵筋采用 HRB400 级钢筋，$A_s' = 603\,\text{mm}^2$(3 ⊈ 16)，$A_s = 1\,520\,\text{mm}^2$(4 ⊈ 22)。问截面是否能够满足承载力的要求？

【解】 查附表3得：$f_y = f_y' = 360\,\text{N/mm}^2$；查附表10得：$f_c = 14.3\,\text{N/mm}^2$。

$$e_0 = \frac{M}{N} = \frac{133 \times 10^6}{165 \times 10^3} = 806\,(\text{mm}) > \frac{h}{2} - a_s = \frac{400}{2} - 40 = 160\,(\text{mm})$$

属于大偏心受拉构件。

$$e = e_0 - \frac{h}{2} + a_s = 806 - \frac{400}{2} + 40 = 646\,(\text{mm})$$

$$e' = e_0 + \frac{h}{2} - a_s' = 806 + \frac{400}{2} - 40 = 966\,(\text{mm})$$

将已知条件代入式(6.15)计算 ξ，可得：

$$\xi = \left(1 + \frac{e}{h_0}\right) - \sqrt{\left(1 + \frac{e}{h_0}\right)^2 - \frac{2(f_y A_s e - f_y' A_s' e')}{\alpha_1 f_c b h_0^2}}$$

$$= \left(1 + \frac{646}{360}\right) - \sqrt{\left(1 + \frac{646}{360}\right)^2 - \frac{2 \times (360 \times 1\,520 \times 646 - 360 \times 603 \times 966)}{1 \times 14.3 \times 250 \times 360^2}}$$

$$= 0.094$$

$x = \xi_b h_0 = 34\,\text{mm} < 2a_s' = 80\,\text{mm}$，取 $x = 2a_s'$，按式(6.13)计算 N_u，则：

$$N_u = \frac{f_y A_s (h_0 - a_s')}{e'} = \frac{360 \times 1\,520 \times (360 - 40)}{966} = 181\,256\,(\text{N}) = 181.3\,\text{kN} > N = 165\,\text{kN}$$

满足要求。

本章小结

1.轴心受拉构件的受力过程可以分为三个阶段，正截面承载力计算以第三阶段为依据，此时构件的裂缝贯通整个截面，裂缝截面的纵向拉力全部由纵向钢筋负担。

2.根据纵向拉力作用位置的不同，偏心受拉构件分为小偏心受拉和大偏心受拉两种破坏情况。当轴向拉力作用于 A_s 合力点及 A_s' 合力点以内时，发生小偏心受拉破坏；当轴向拉力 N 作用于 A_s 合力点及 A_s' 合力点以外时，发生大偏心受拉破坏。大偏心受拉破坏的计算与大偏心受压计算类似。

思 考 题

6.1 大、小偏心受拉构件的受力特点和破坏特征有什么不同？判别大、小偏心受拉破坏的条件是什么?

6.2 钢筋混凝土大偏心受拉构件非对称配筋,如果计算中出现 $x<2a'_s$ 或为负值时,应如何计算? 出现这种现象的原因是什么?

习 题

6.1 钢筋混凝土偏心受拉构件,截面尺寸 $b=300$ mm,$h=500$ mm,$a_s=a'_s=40$ mm。结构的安全等级为二级。截面承受轴向拉力设计值 $N=360$ kN,弯矩设计值 $M=42$ kN·m,混凝土强度等级为 C35,纵筋采用 HRB500 级钢筋。求钢筋截面面积 A'_s 和 A_s。

6.2 钢筋混凝土偏心受拉构件,截面尺寸 $b=300$ mm,$h=450$ mm,$a_s=a'_s=40$ mm。结构的安全等级为二级。截面承受轴向拉力设计值 $N=365$ kN,弯矩设计值 $M=210$ kN·m。混凝土强度等级为 C30,纵筋采用 HRB400 级钢筋。求钢筋截面面积 A'_s 和 A_s。

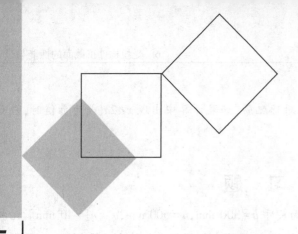

7 构件斜截面受剪性能与设计

本章导读:
- **基本要求**:了解斜截面破坏的主要形态和影响斜截面受剪承载力的主要因素;熟练掌握构件斜截面受剪承载力计算方法以及相关的构造要求;了解材料图的绘制方法以及材料图在钢筋截断、弯起位置确定中的作用;掌握纵向受力钢筋伸入支座的锚固和箍筋的构造要求。
- **重点**:构件斜截面受剪性能以及受剪承载力计算方法。
- **难点**:各类构件斜截面受剪承载力计算方法;材料图的画法及其应用。

7.1 工程应用实例

实际工程中的受弯构件、偏心受力构件往往同时还受到剪力作用,因此这些构件除了会发生正截面破坏外,在剪力较大的区段将形成弯矩和剪力或者弯矩、剪力、轴力共同作用的情况,这些区段内常出现斜裂缝,并可能导致构件沿斜截面发生破坏。这种破坏缺乏明显预兆,因此对梁、柱、剪力墙等构件必须保证斜截面受剪承载力。

混凝土以及箍筋能够为构件提供一定的斜截面受剪承载力,如果剪力较大,则需要配置更多的箍筋或者通过纵筋弯起或者另加斜向钢筋(即形成弯起钢筋)来抵抗剪力,如图 7.1 所示。箍筋和弯起钢筋统称为腹筋或者横向钢筋。

斜截面受剪性能及破坏机理比正截面受弯要复杂得多,因此斜截面受剪承载力计算方法主要是基于试验结果建立的。弯剪构件(如梁)与压(拉)弯剪构件(如柱、剪力墙等)的受剪性能基本相同,后者需要考虑轴力的影响。因此本章主要讨论受弯构件的斜截面受剪性能及承载力计算方法。另外,冲切破坏本质上属于双向剪切破坏,所以本章最后将对构件的受冲切性能作简要介绍。

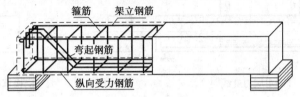

图 7.1 梁的箍筋和弯起钢筋

7.2 受弯构件受剪性能的试验研究

7.2.1 一般说明

如图 7.2 所示的矩形截面简支梁,在对称集中荷载作用下,忽略梁自重,则在纯弯矩区段 *CD* 内仅有弯矩作用,而支座附近的 *AC* 和 *DB* 段内有弯矩和剪力的共同作用,该区段称为"剪弯段"。构件在跨中正截面受弯承载力有保证的情况下,有可能在剪力和弯矩共同作用下,在剪弯段发生沿斜截面的破坏。

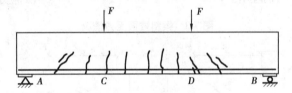

图 7.2 简支梁破坏形态

图 7.2 所示荷载作用下,剪弯段中的主应力迹线如图 7.3(a)所示。从截面 1—1 上取出三个分别位于中和轴、受压区和受拉区的微元体[图 7.3(d)]。微元体 1 位于中和轴,其正应力为 0,剪应力最大,主拉应力 σ_{tp} 和主压应力 σ_{cp} 与梁轴线成 45°角;微元体 2 位于受压区,由于压应力的存在,其主拉应力 σ_{tp} 减小,主压应力 σ_{cp} 增大,主拉应力与梁轴线夹角大于 45°;微元体 3 位于受拉区,由于拉应力的存在,主拉应力 σ_{tp} 增大,主压应力 σ_{cp} 减小,主拉应力与梁轴线夹角小于 45°。当主拉应力或者主压应力超过混凝土的抗拉或者抗压强度时,将引起构件截面的开裂或破坏。

由于混凝土的抗拉强度很低,随着荷载增大,当最大主拉应力超过混凝土抗拉强度时,将首先在最大主拉应力处产生裂缝,裂缝走向与主拉应力方向垂直,因而是斜向开展。试验研究表明,在集中荷载作用下,无腹筋简支梁斜裂缝有两种典型情况:一种是梁底因为弯矩作用而首先出现垂直裂缝,随着荷载增加逐渐向上发展,裂缝向集中荷载作用点延伸,称为弯剪斜裂缝,呈现下宽上窄[图 7.4(a)];另一种是首先在梁中和轴附近出现大致与中和轴成 45°角的斜裂缝,随着荷载增加,沿主压应力迹线分别向支座和集中荷载作用点延伸,称为腹剪斜裂缝,呈现两头窄,中间宽[图 7.4(b)]。

裂缝出现以后,梁的受力状态发生根本变化,应力重新分布。此时梁不再是均质弹性体,故上述应力分析不再适用,而应当根据有腹筋和无腹筋两种情况分别考虑。

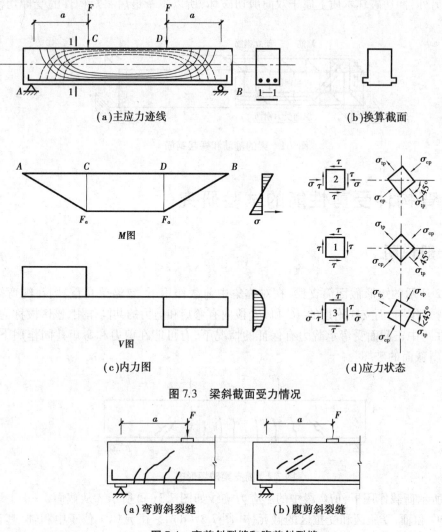

（a）主应力迹线　　　　　　　　（b）换算截面

M图

V图

（c）内力图　　　　　　　　（d）应力状态

图 7.3　梁斜截面受力情况

（a）弯剪斜裂缝　　　　　　（b）腹剪斜裂缝

图 7.4　弯剪斜裂缝和腹剪斜裂缝

7.2.2　无腹筋梁的受力及破坏分析

　　腹筋是箍筋和弯起钢筋的总称（图 7.1）。无腹筋梁是指不配箍筋和弯起钢筋的梁。实际工程中梁一般都要配箍筋,有时还配有弯起钢筋。但由于无腹筋梁的斜截面破坏影响因素较少,较为简单,故先对无腹筋梁进行分析,也可为有腹筋梁的受力分析奠定基础。

　　为研究斜裂缝出现后的应力状态,可从出现斜裂缝的梁［图 7.5（a）］中取隔离体［图7.5（c）］。该隔离体沿斜裂缝 EF 切开,脱离体上作用有剪力 V、压区混凝土截面承受的剪力 V_c 及压力 C_c、纵向钢筋的拉力 T_s 和纵向钢筋的销栓力 V_d 以及斜裂缝之间的骨料咬合力 V_i。由于钢筋下面混凝土保护层厚度不大,在销栓力 V_d 作用下可能产生劈裂裂缝,使销栓作用大大降低;又由于斜裂缝的开展会减少咬合力,故在极限状态下,V_d 和 V_i 可不予考虑。根据隔离体平衡条件,可得:

$$\sum X = 0 \qquad C_{\mathrm{c}} = T_{\mathrm{s}} \tag{7.1a}$$

$$\sum Y = 0 \qquad V_{\mathrm{c}} = V \tag{7.1b}$$

$$\sum M = 0 \qquad T_{\mathrm{s}}Z = Va \tag{7.1c}$$

式中,Z 为 T_{s} 与 C_{c} 之间的内力臂;a 为集中荷载作用点至支座的距离。

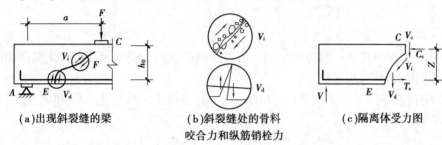

(a)出现斜裂缝的梁　　　　(b)斜裂缝处的骨料　　　　(c)隔离体受力图
咬合力和纵筋销栓力

图 7.5　斜裂缝出现后的受力状态

由上述可见,斜裂缝出现后,梁内应力状态发生了如下变化:

①剪力由斜裂缝上端混凝土承受,V 和 V_{c} 组成的力偶由纵向钢筋的拉力 T_{s} 和混凝土压力 C_{c} 组成的力偶来平衡,由于剪压区面积比开裂前大大减小,故剪压区的剪应力 τ_{c} 和压应力 σ 都显著增大。

②开裂前,弯剪段截面 E 处纵筋的拉应力由该截面弯矩 M_{E} 决定,而开裂后,$T_{\mathrm{s}} = \sigma_{\mathrm{s}}A_{\mathrm{s}}$,钢筋拉应力由斜截面 C 处弯矩决定,即:

$$\sigma_{\mathrm{s}} = \frac{Va}{A_{\mathrm{s}}Z} = \frac{M_{C}}{A_{\mathrm{s}}Z} \tag{7.2}$$

由于 $M_{C} > M_{E}$,故斜裂缝出现后截面 E 处纵筋拉应力突然增大,致使斜裂缝继续开展,压区面积减小,裂缝宽度增大。随着裂缝开展,V_{i} 和 V_{d} 消失,剪力由残留的压区面积承受。残留区域形成很大的剪应力和压应力集中,当应力超过混凝土的压剪复合受力强度,就会发生斜截面破坏。

7.2.3　有腹筋梁斜截面破坏的主要形态

1)剪跨比

试验研究表明,梁的受剪性能与梁截面上弯矩 M 和剪力 V 的相对大小有很大关系。根据受力分析,M 和 V 分别使梁截面上产生弯曲正应力 σ 和剪应力 τ,因此梁的受剪性能实质上与 σ 和 τ 的相对比值有关。对于矩形截面梁,截面上的正应力和剪应力可分别表示为

$$\sigma = \alpha_{1} \frac{M}{bh_{0}^{2}}$$

$$\tau = \alpha_{2} \frac{V}{bh_{0}}$$

式中　α_{1},α_{2}——计算系数;
b,h_{0}——梁截面宽度和截面有效高度。

σ 与 τ 的比值为

$$\frac{\sigma}{\tau} = \frac{\alpha_1}{\alpha_2} \cdot \frac{M}{Vh_0}$$

由于 α_1/α_2 为一常数,所以 σ/τ 实际上仅与 $\frac{M}{Vh_0}$ 有关。定义

$$\lambda = \frac{M}{Vh_0} \tag{7.3}$$

为广义剪跨比,简称剪跨比。剪跨比 λ 是一个能反映梁斜截面受剪承载力变化规律和区分发生各种剪切破坏形态的重要参数。

对于集中荷载作用下的简支梁(图 7.6),式(7.3)可以进一步简化。F_1 和 F_2 作用点截面处的剪跨比可分别表示为

$$\lambda_1 = \frac{M_1}{V_1 h_0} = \frac{V_A a_1}{V_A h_0} = \frac{a_1}{h_0}; \quad \lambda_2 = \frac{M_2}{V_2 h_0} = \frac{V_B a_2}{V_B h_0} = \frac{a_2}{h_0}$$

式中,a_1 和 a_2 分别为集中荷载 F_1、F_2 作用点至相邻支座的距离,称为剪跨。剪跨 a 与截面有效高度的比值,称为计算剪跨比,即

$$\lambda = \frac{a}{h_0} \tag{7.4}$$

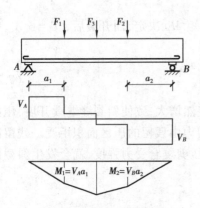

图 7.6 集中荷载作用下的简支梁

应当注意,式(7.3)可以用于计算构件在任意荷载作用下任意截面的剪跨比,是一个普遍适用的剪跨比计算公式,故称为广义剪跨比。而式(7.4)只能用于计算集中荷载作用下,距支座最近的集中荷载作用截面的剪跨比(如图 7.6 中 F_1 和 F_2 作用点处的截面),不能用于计算其他复杂荷载作用下的剪跨比,以及其他集中荷载作用截面的剪跨比(如图 7.6 中 F_3 作用点处的截面)。

2)梁沿斜截面破坏的主要形态

试验研究表明,梁在斜裂缝出现后,由于剪跨比和腹筋数量的不同,可能有以下几种主要破坏形态。

(1)斜拉破坏

当梁的剪跨比较大($\lambda > 3$),同时梁内配置的腹筋数量又过少时,将发生斜拉破坏。在这种情况下,斜裂缝一出现,即很快形成临界斜裂缝,并迅速延伸到集中荷载作用点处。因腹筋数量过少,所以腹筋应力很快达到屈服强度,变形剧增,不能抑制斜裂缝的开展,梁斜向被拉裂成两部分而突然破坏[图 7.7(a)]。因这种破坏是混凝土在正应力 σ 和剪应力 τ 共同作用下发生的主拉应力破坏,故称为斜拉破坏。发生斜拉破坏的梁,其斜截面受剪承载力主要取决于混凝土的抗拉强度。

(2)剪压破坏

当梁的剪跨比适当($1 < \lambda < 3$),且梁中腹筋数量不过多;或梁的剪跨比较大($\lambda > 3$),但腹筋数量不过少时,常发生剪压破坏。这种破坏是梁的弯剪段下边缘先出现初始垂直裂缝,随着荷载的增加,这些初始垂直裂缝将大体上沿着主压应力轨迹向集中荷载作用点延伸。当荷载增加到某一数值时,在几条斜裂缝中会形成一条主要的斜裂缝,这一斜裂缝被称为临界斜裂缝。临界

斜裂缝形成后,梁还能继续承受荷载。最后,与临界斜裂缝相交的箍筋应力达到屈服强度,斜裂缝宽度增大,导致剩余截面减小,剪压区混凝土在剪压复合应力作用下达到混凝土复合受力强度而破坏,梁丧失受剪承载力。这种破坏称为剪压破坏[图7.7(b)]。

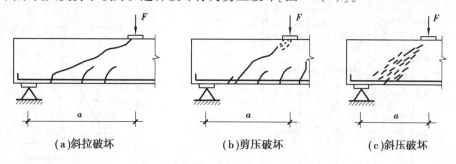

图 7.7　斜截面破坏的 3 种主要形态

（a）斜拉破坏　　　　（b）剪压破坏　　　　（c）斜压破坏

（3）斜压破坏

当梁的剪跨比较小($\lambda<1$),或剪跨比适当($1<\lambda<3$),但截面尺寸过小而腹筋数量过多时,常发生斜压破坏。这种破坏是斜裂缝首先在梁腹部出现,有若干条,并且大致相互平行。随着荷载的增加,斜裂缝一端朝支座、另一端朝荷载作用点发展,梁腹部被这些斜裂缝分割成若干个倾斜的受压柱体,梁最后是因为斜压柱体被压碎而破坏,故称为斜压破坏[图7.7(c)]。破坏时与斜裂缝相交的箍筋应力达不到屈服强度,梁的受剪承载力主要取决于混凝土斜压柱体的受压承载力。

7.2.4　影响斜截面受剪承载力的因素

（1）剪跨比

对于承受集中荷载作用的梁,剪跨比是影响其斜截面受力性能的主要因素之一。剪跨比 λ 反映了截面上正应力 σ 和剪应力 τ 的相对关系。此外,λ 还间接反映了荷载垫板下垂直压应力 σ_y 的影响。剪跨比大时,发生斜拉破坏,斜裂缝一出现就直通梁顶,σ_y 的影响很小;剪跨比减小后,荷载垫板下的 σ_y 阻止斜裂缝的发展,发生剪压破坏,受剪承载力提高;剪跨比很小时,发生斜压破坏,荷载与支座间的混凝土像一根短柱在 σ_y 作用下被压坏,受剪承载力很高但延性较差。因此剪跨比对梁的破坏形态和受剪承载力有重大影响。图7.8所示为我国进行的几种集中荷载作用下简支梁的试验结果,它表明在梁截面尺寸、混凝土强度等级、箍筋的配筋率和纵筋的配筋率基本相同的条件下,剪跨比越大,梁的受剪承载力越低。

（2）腹筋数量

梁上出现斜裂缝后,腹筋应力迅速增大,表明腹筋承担了较多的剪力,并能够有效地抑制裂缝的开展和延伸,提高混凝土的抗剪能力。试验表明,在配筋量适当的范围内,箍筋配得越多,箍筋强度越高,梁的受剪承载力也越大。图7.9表示 $\rho_{sv}f_{yv}$ 对梁受剪承载力的影响,可见在其他条件相同时,两者大致呈线性关系。

梁中箍筋的配筋率 ρ_{sv} 按下式计算:

$$\rho_{sv} = \frac{A_{sv}}{bs} \tag{7.5}$$

式中　b——矩形截面的宽度,T形截面或I形截面的腹板宽度;

s——沿构件长度方向的箍筋间距；

A_{sv}——配置在同一截面内箍筋各肢的全部截面面积，$A_{sv}=nA_{sv1}$，n 为在同一个截面内箍筋的肢数，A_{sv1} 为单肢箍筋的截面面积，如图 7.10 所示。

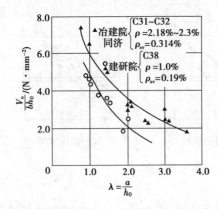

图 7.8　剪跨比对梁受剪承载力的影响

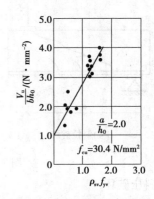

图 7.9　配筋率及强度对梁受剪承载力的影响

（3）混凝土强度等级

混凝土是构件的主要组成材料，因此其强度等级对梁的受剪能力影响很大。梁的受剪承载能力随混凝土强度的提高而提高，大致呈线性关系。另外，梁斜截面破坏形态的不同，混凝土的影响程度也不同。如斜压破坏时，梁的受剪承载力取决于混凝土

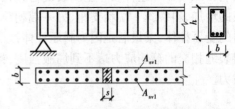

图 7.10　梁截面箍筋示意图

的抗压强度，并随着混凝土抗压强度的提高而提高；斜拉破坏时，由于混凝土强度等级提高时其抗拉强度提高较少，故梁的受剪能力提高不大。

图 7.11（a）、（b）分别表示集中荷载作用下（$\lambda=3$）无腹筋梁的名义剪应力$\left(\dfrac{V_c}{bh_0}\right)$与混凝土立方体抗压强度$f_{cu}$和轴心抗拉强度$f_t$的关系，图中黑点表示不同强度等级混凝土（包括普通和高强混凝土）梁名义剪应力的试验值，共 45 个点。由图可见，$\dfrac{V_c}{bh_0}$随f_{cu}增大而增大，但二者呈非线性关系；而$\dfrac{V_c}{bh_0}$与f_t近似呈线性关系。

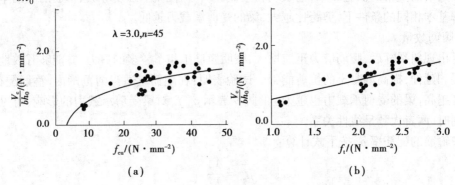

（a）　　　　　　　　　　　（b）

图 7.11　名义剪应力与混凝土强度的关系

（4）纵筋配筋率

纵向钢筋能抑制斜裂缝的扩展,增大斜裂缝上端的剪压区面积,从而可以提高梁的受剪能力;纵向钢筋的存在还增大了斜裂面间的骨料咬合作用;同时,纵向钢筋本身的横截面也能承受少量剪力（即销栓力）。试验表明,其他条件相同时,纵筋配筋率越大,斜截面承载力也越大,二者大致呈线性关系,如图 7.12 所示。

（5）其他因素

除了上述主要影响因素外,梁的斜截面受剪承载力还与截面形状、预应力以及梁的连续性等因素有关。

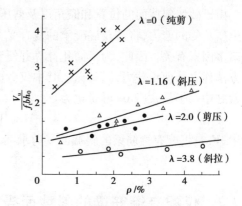

图 7.12　纵筋配筋率对梁受剪承载力的影响

7.3　受弯构件斜截面受剪承载力计算

7.3.1　计算模型

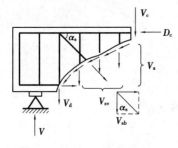

图 7.13　斜截面受剪承载力

在有腹筋梁斜截面剪切破坏的三种形态中,斜压破坏是因梁截面尺寸过小而发生的,故可以用控制梁截面尺寸不致过小来加以防止;斜拉破坏是由于梁内配置的腹筋数量过少而引起的,因此用配置一定数量的箍筋和保证必要的箍筋间距来防止这种破坏的发生;对于常见的剪压破坏,可通过受剪承载力计算予以保证。《混凝土结构设计规范》的受剪承载力计算公式就是依据剪压破坏特征建立的。

对于配有箍筋和弯起钢筋的简支梁,梁达到受剪承载力极限状态而发生剪压破坏时,取出被破坏斜截面所分割的一段梁作为脱离体,如图 7.13 所示。该脱离体上作用的外剪力为 V,斜截面上的抗力有混凝土剪压区的剪力和压力、箍筋和弯起钢筋的抗力、纵筋的抗力、纵筋的销栓力、骨料咬合力等。

由图 7.13 所示计算模型中竖向力的平衡条件,可得

$$V \leqslant V_u = V_c + V_{sv} + V_{sb} + V_d + V_a \tag{7.6}$$

式中　V——斜截面上作用的外剪力;

　　　V_u——斜截面受剪承载力;

　　　V_c——剪压区混凝土所承担的剪力;

　　　V_{sv}——与斜裂缝相交的箍筋所承担剪力的总和;

　　　V_{sb}——与斜裂缝相交的弯起钢筋所承担拉力的竖向分力总和;

　　　V_d——纵筋的销栓力总和;

　　　V_a——斜截面上混凝土骨料咬合力的竖向分力总和。

由于破坏斜截面的位置和倾角以及剪压区的面积等很难用理论分析确定;要确定剪压区混凝土所承受的剪力,将涉及混凝土的复合受力强度;而纵筋的销栓力和混凝土骨料的咬合力又与诸多因素有关。因此,为了简化计算并便于应用,《混凝土结构设计规范》采用半理论半经验的方法建立受剪承载力计算公式,其中仅考虑一些主要因素,次要因素不作考虑或合并于其他因素之中。于是式(7.6)可简化为

$$V \leqslant V_u = V_{cs} + V_{sb} \tag{7.7}$$

其中,V_{cs}是仅配有箍筋梁的斜截面受剪承载力,即

$$V_{cs} = V_c + V_{sv} \tag{7.8}$$

7.3.2 仅配有箍筋梁的斜截面受剪承载力

由式(7.8)可见,仅配有箍筋梁的斜截面受剪承载力 V_{cs} 由混凝土的受剪承载力 V_c 和与斜裂缝相交的箍筋的受剪承载力 V_{sv}组成。另由前述可知,$\dfrac{V_{cs}}{bh_0}$与混凝土抗拉强度 f_t 和配箍强度 $\rho_{sv} f_{yv}$之间均大致为线性关系,故可简单地用线性函数表示这种关系,即

$$\frac{V_{cs}}{bh_0} = \alpha_{cv} f_t + \alpha_{sv}\rho_{sv} f_{yv}$$

或写成

$$\frac{V_{cs}}{f_t bh_0} = \alpha_{cv} + \alpha_{sv}\frac{\rho_{sv} f_{yv}}{f_t} \tag{7.9}$$

式中　$\dfrac{V_{cs}}{f_t bh_0}$——相对名义剪应力;

$\dfrac{\rho_{sv} f_{yv}}{f_t}$——配箍系数,它反映了箍筋数量和强度的相对大小;

α_{cv},α_{sv}——待定经验系数。

试验表明,系数 α_{cv} 和 α_{sv}与荷载形式和截面形状等因素有关。根据对大量试验资料的分析研究,分下列两种情况分别给出受剪承载力计算公式。

(1)矩形、T形和I形截面的一般受弯构件斜截面受剪承载力计算

对于I形截面梁和翼缘位于剪压区的T形截面梁,因翼缘加大了剪压区混凝土的面积,故而提高了梁的斜截面受剪承载力。试验表明,对无腹筋梁,当梁翼缘宽度为腹板宽度(肋宽)的2倍时,其受剪承载力比肋宽相同的矩形截面梁提高20%左右。若再加大翼缘宽度,则受剪承载力基本上不再提高。因为这时梁腹板相对较薄,成为梁的薄弱环节,剪切破坏会发生在腹板上,翼缘大小对腹板在破坏时的受剪承载力影响不大。所以《混凝土结构设计规范》规定,I形截面和T形截面梁的斜截面受剪承载力计算与矩形截面梁采用相同的计算公式,但梁截面宽度取腹板宽度。

在这种情况下,根据实测数据所确定的经验系数 $\alpha_{cv}=0.7,\alpha_{sv}=1.0$,于是式(7.9)可写成

$$\frac{V_{cs}}{f_t bh_0} = 0.7 + \rho_{sv}\frac{f_{yv}}{f_t}$$

将式(7.5)代入上式,并写成极限状态设计表达式,则有

$$V \leq V_u = V_{cs} = 0.7 f_t b h_0 + f_{yv} \frac{A_{sv}}{s} h_0 \tag{7.10}$$

式中　V——构件斜截面上的最大剪力设计值;

　　　　b——矩形截面的宽度,T形截面或I形截面的腹板宽度;

　　　　h_0——截面的有效高度;

　　　　f_t——混凝土轴心抗拉强度设计值;

　　　　f_{yv}——箍筋抗拉强度设计值。

图 7.14 表示均布荷载作用下,有腹筋梁受剪承载力试验值与式(7.10)计算值的比较,图中三角形表示试验值,斜直线表示式(7.10)的计算值。

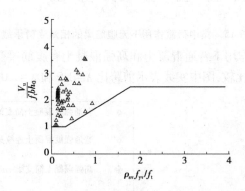

图 7.14　均布荷载作用下有腹筋梁的相对受剪承载力

(2)集中荷载作用下的矩形、T形和I形截面独立梁斜截面受剪承载力计算

实际工程中,作用于梁上的荷载可能很复杂,包括分布荷载、集中荷载等多种荷载作用,当集中荷载对支座截面或节点边缘所产生的剪力值占总剪力值的 75% 以上时,属于这种受力情况。这种梁的受剪性能与仅承受集中荷载的梁相似,因此按承受集中荷载的梁考虑。这时发生剪切破坏斜截面的剪压区多在最大集中荷载作用截面,该截面弯矩和剪力都很大,因而斜裂缝顶部的剪压区混凝土的正应力和剪应力也很大,当剪跨比较大时更是如此。因此,对这种梁应考虑剪跨比的影响。根据对试验资料的统计分析,这种情况下的经验系数 $\alpha_{cv} = \dfrac{1.75}{\lambda + 1}$,$\alpha_{sv} = 1.0$,于是式(7.9)可写成

$$\frac{V_{cs}}{f_t b h_0} = \frac{1.75}{\lambda + 1} + \rho_{sv} \frac{f_{yv}}{f_t}$$

写成设计表达式,则为

$$V \leq V_u = V_{cs} = \frac{1.75}{\lambda + 1} f_t b h_0 + f_{yv} \frac{A_{sv}}{s} h_0 \tag{7.11}$$

式中　λ——计算截面的剪跨比,可取 $\lambda = a/h_0$,a 为集中荷载作用点至支座截面或节点边缘的
　　　　　距离。当 $\lambda < 1.5$ 时,取 $\lambda = 1.5$,当 $\lambda > 3$ 时,取 $\lambda = 3$。

集中荷载作用点至支座之间的箍筋应均匀配置。

图 7.15 表示普通混凝土和高强混凝土无腹筋梁在集中荷载作用下受剪承载力试验值(图中的实心圆和空心圆)与式(7.11)右边第一项计算值的比较,可见,当系数 α_{cv} 取 $1.75/(\lambda + 1)$时,所得的无腹筋梁受剪承载力是偏于安全的。

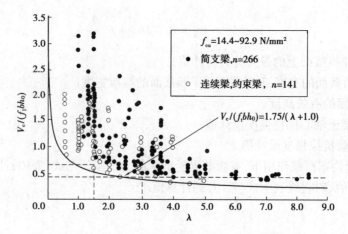

图 7.15　集中荷载作用下无腹筋梁的相对受剪承载力

图 7.16 表示集中荷载作用下普通混凝土和高强混凝土有腹筋梁受剪承载力试验值(图中的散点)与式(7.11)计算值的比较,图中实线表示剪跨比 $\lambda=1.5$ 和 $\lambda=3.0$ 时式(7.11)的控制线。

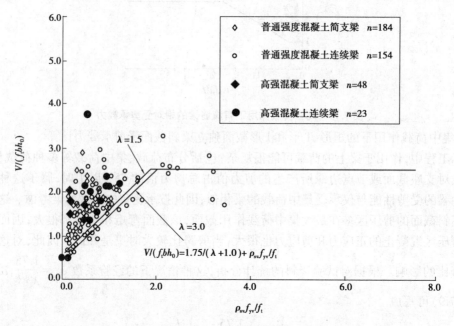

图 7.16　集中荷载作用下有腹筋梁的相对受剪承载力

当剪跨比值 λ 为 $1.5\sim3.0$ 时,式(7.11)中第一项的系数 $1.75/(\lambda+1)$ 的值相应从 0.7 变化至 0.44,表明随剪跨比的增大,梁的受剪承载力降低。可见,对于相同截面的梁,承受集中荷载作用时的斜截面受剪承载力比承受均布荷载时的低。

应当指出,式(7.10)和式(7.11)并不代表极限抗剪强度,也不是试验结果的统计平均值,而是破坏强度的偏下限值(如图 7.14~图 7.16 所示),它们是由满足设计可靠指标 $[\beta]$ 要求的破坏强度的下包线求得。另外,这两个公式中的第一项可理解为无腹筋梁的受剪承载力,但第二项不能理解为箍筋的受剪承载力,而是配箍筋后受剪承载力的提高值。因为对于配有箍筋的梁,箍筋限制了斜裂缝的开展,使混凝土剪压区面积增大,提高了混凝土承担的剪力,其值比 $0.7f_t b h_0$ 或 $1.75f_t b h_0/(\lambda+1)$ 要大一些,也就是在 $f_{yv}A_{sv}h_0/s$ 中,有一小部分属于混凝土的作用。

式(7.10)和式(7.11)可统一表示为

$$V \leqslant V_{\mathrm{u}} = V_{\mathrm{cs}} = \alpha_{\mathrm{cv}} f_{\mathrm{t}} b h_0 + f_{\mathrm{yv}} \frac{A_{\mathrm{sv}}}{s} h_0 \tag{7.12}$$

式中 α_{cv}——截面混凝土受剪承载力系数,对于一般受弯构件取 0.7;对集中荷载作用下(包括作用有多种荷载,其中集中荷载对支座截面或节点边缘所产生的剪力值占总剪力值 75% 以上的情况)的独立梁,取 $\alpha_{\mathrm{cv}} = \dfrac{1.75}{\lambda+1}$。$\lambda$ 为计算截面的剪跨比,可取 $\lambda = a/h_0$,当 $\lambda < 1.5$ 时,取 $\lambda = 1.5$,当 $\lambda > 3$ 时,取 $\lambda = 3$。a 为集中荷载作用点至邻近支座截面或节点边缘的距离。

7.3.3 配有箍筋和弯起钢筋梁的斜截面受剪承载力

为了承受较大的设计剪力,梁中除配置一定数量的箍筋外,有时还需设置弯起钢筋。试验表明,梁中弯筋所承受的剪力随着弯筋面积的加大而提高,两者呈线性关系,且与弯起角有关,亦即弯筋所承受的剪力可用它的拉力在垂直于梁纵轴方向的分力 $f_{\mathrm{y}} A_{\mathrm{sb}} \sin \alpha_{\mathrm{s}}$(图 7.13)表示。此外,弯筋仅在穿越斜裂缝时才可能屈服,当弯筋在斜裂缝顶端越过时,因接近压区,弯筋有可能达不到屈服,计算时应考虑这个不利因素。这样,弯筋的受剪承载力可用下式计算:

$$V_{\mathrm{sb}} = 0.8 f_{\mathrm{y}} A_{\mathrm{sb}} \sin \alpha_{\mathrm{s}} \tag{7.13}$$

式中 A_{sb}——配置在同一弯起平面内的弯起钢筋的截面面积;

α_{s}——弯起钢筋与梁纵轴的夹角,一般取 $\alpha_{\mathrm{s}} = 45°$;当梁截面较高时,可取 $\alpha_{\mathrm{s}} = 60°$;

f_{y}——弯起钢筋的抗拉强度设计值;

0.8——应力不均匀折减系数。

对于同时配置箍筋和弯起钢筋的梁,由式(7.7)可知,其斜截面受剪承载力等于仅配箍筋梁的受剪承载力与弯起钢筋的受剪承载力之和。将式(7.12)与式(7.13)代入式(7.7),可得

$$V \leqslant V_{\mathrm{u}} = \alpha_{\mathrm{cv}} f_{\mathrm{t}} b h_0 + f_{\mathrm{yv}} \frac{A_{\mathrm{sv}}}{s} h_0 + 0.8 f_{\mathrm{y}} A_{\mathrm{sb}} \sin \alpha_{\mathrm{s}} \tag{7.14}$$

式中 V——配置弯起钢筋处的剪力设计值,具体取值方法见 7.4.1 小节。

7.3.4 公式的适用范围

上述梁斜截面受剪承载力计算公式是根据剪压破坏的受力特征和试验结果建立的,因而有一定的适用范围,即公式的上、下限。

(1)公式的上限——截面尺寸限制条件

如前所述,当梁承受的剪力较大而截面尺寸较小且箍筋数量又较多时,梁可能产生斜压破坏,此时箍筋应力达不到屈服强度,梁的受剪承载力取决于混凝土的抗压强度 f_{c} 和梁的截面尺寸。因此,设计时为防止发生斜压破坏(或腹板压坏),同时也为了限制梁在使用阶段的裂缝宽度,对矩形、T 形和 I 形截面的受弯构件,其受剪截面应符合下列条件:

当 $h_{\mathrm{w}}/b \leqslant 4$ 时 $\qquad\qquad V \leqslant 0.25 \beta_{\mathrm{c}} f_{\mathrm{c}} b h_0$ $\tag{7.15}$

当 $h_{\mathrm{w}}/b \geqslant 6$ 时 $\qquad\qquad V \leqslant 0.2 \beta_{\mathrm{c}} f_{\mathrm{c}} b h_0$ $\tag{7.16}$

当 $4<h_w/b<6$ 时,按线性内插法确定,即

$$V \leqslant 0.025\left(14 - \frac{h_w}{b}\right)\beta_c f_c bh_0 \tag{7.17}$$

式中　V——构件斜截面上的最大剪力设计值;

　　　β_c——混凝土强度影响系数;当混凝土强度等级不超过 C50 时,取 $\beta_c = 1.0$;当混凝土强度等级为 C80 时,取 $\beta_c = 0.8$;其间按线性内插法确定;

　　　f_c——混凝土轴心抗压强度设计值;

　　　h_w——截面的腹板高度:对矩形截面,取有效高度;对 T 形截面,取有效高度减翼缘高度;对 I 形截面,取腹板净高,如图 7.17 所示。

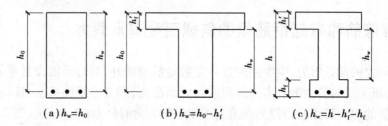

图 7.17　梁截面的腹板高度 h_w

$(a)\ h_w=h_0$　　$(b)\ h_w=h_0-h_f'$　　$(c)\ h_w=h-h_f'-h_f$

对 T 形或 I 形截面的简支受弯构件,由于受压翼缘对抗剪的有利影响,因此,当有实践经验时,式(7.15)中的系数可改用 0.3。

(2)公式的下限——箍筋最小配筋率

如果梁内箍筋配置过少,斜裂缝一出现,箍筋应力会立即达到屈服强度甚至被拉断,导致突然发生斜拉破坏。为了避免这类破坏,《混凝土结构设计规范》规定了箍筋的最小配筋率,即

$$\rho_{sv,min} = 0.24\frac{f_t}{f_{yv}} \tag{7.18}$$

为了防止出现斜拉破坏,梁内应配置一定数量的箍筋,且箍筋的间距不能过大,以保证可能出现的斜裂缝与箍筋相交。根据试验结果和设计经验,梁内的箍筋数量应满足下列要求:

①若满足下列要求:

$$V \leqslant \alpha_{cv} f_t bh_0 \tag{7.19}$$

此时按计算虽不需配置箍筋,但应按构造配置箍筋,即箍筋的最大间距和最小直径应满足表 7.1 的构造要求。

表 7.1　梁中箍筋的最大间距和最小直径　　　　　　　单位:mm

梁截面高度 h	最大间距		最小直径
	$V>0.7f_t bh_0$	$V \leqslant 0.7f_t bh_0$	
$150<h\leqslant300$	150	200	6
$300<h\leqslant500$	200	300	6
$500<h\leqslant800$	250	350	6
$h>800$	300	400	8

②当不满足式(7.19)时,应按式(7.14)计算腹筋数量,由计算结果所选用的箍筋直径和间距尚应符合表 7.1 的构造要求,同时箍筋的配筋率还应满足下式:

$$\rho_{sv} = \frac{A_{sv}}{bs} \geqslant \rho_{sv,min} = 0.24 \frac{f_t}{f_{yv}} \qquad (7.20)$$

7.3.5 连续梁、框架梁和外伸梁的斜截面受剪承载力

这类梁的特点是:在剪跨段内作用有正负两个方向的弯矩,并存在一个反弯点(图7.18)。最大负弯矩 M^- 与最大正弯矩 M^+ 之比的绝对值称为弯矩比 $\zeta(\zeta = |M^-/M^+|)$,ζ 对梁的破坏形态和受剪承载力有重要影响。当 $\zeta < 1$,即梁跨间正弯矩大于支座负弯矩绝对值时,剪切破坏发生在正弯矩区;当 $\zeta > 1$,即支座负弯矩绝对值超过跨间正弯矩时,剪切破坏发生在负弯矩区。当 $\zeta = 1$ 时,正负弯矩区均可能发生剪切破坏,梁受剪承载力最低。现以 $\zeta = 1$ 的梁为例,说明这类梁受剪承载力降低的原因。

梁在正负两向的弯矩以及剪力作用下,在正负弯矩区可能出现两条临界斜裂缝,分别指向中间支座和加载点[图7.18(a)]。由于反弯点两侧梁段承受相同方向的弯矩[图7.18(c)],致使纵向钢筋两端受同一方向的力,因而钢筋与混凝土间的黏结作用易遭破坏而产生相对滑移。在黏结裂缝出现前,受压区混凝土和钢筋所受的压力分别为 D_c 和 D_s,它们与下部钢筋所受的拉力 T 相平衡,如图7.18(c)所示。在黏结裂缝充分开展以后,由于纵筋的应力重分布,原先受压的钢筋变成了受拉钢筋,这样混凝土所受的压力 D_c 必须和上、下纵筋所受的拉力 T_1,T_2 相平衡,如图7.18(d)所示。此外,黏结裂缝和纵筋应力重分布的充分发展,将形成沿纵筋的撕裂裂缝,使纵筋外侧原来受压的混凝土基本上不起作用。由此可见,与具有相同条件的简支梁相比,连续梁的混凝土受压区高度减小,压应力和剪应力均相应增大,故其受剪承载力降低。

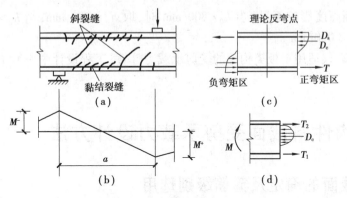

图7.18 连续梁的应力重分布

如果仍用简支梁的计算式(7.11)计算连续梁的受剪承载力,并在计算时不用广义剪跨比而用计算剪跨比,由于计算剪跨比的数值 a/h_0 大于广义剪跨比的数值 $\dfrac{M^+}{Vh_0} = \dfrac{a}{h_0(1+\zeta)}$,因此连续梁受剪承载力的计算值仍为试验结果的下包线。所以,对于以承受集中荷载为主的矩形、T形和I形截面连续梁、框架梁和外伸梁,仍用式(7.11)进行受剪承载力计算,但计算中剪跨比 λ 采用计算剪跨比($\lambda = a/h_0$)。

对于均布荷载作用下的连续梁,由于梁上部混凝土受到均匀荷载所产生的竖向压应力的影响,加强了钢筋与混凝土间的黏结强度,因此在受拉纵筋达到屈服强度之前,一般不会沿受拉纵筋位置出现严重的黏结开裂裂缝,故其受剪承载力与具有相同条件的简支梁相当。所以,用与

简支梁相同的式(7.10)计算均布荷载作用下连续梁、框架梁和外伸梁的受剪承载力。

配有弯起钢筋的连续梁、框架梁和外伸梁的斜截面受剪承载力计算亦与简支梁相同,即用式(7.14)计算。此外,连续梁、框架梁和外伸梁的截面尺寸限制条件和配箍构造条件均与简支梁相同。

7.3.6 板类构件的受剪承载力

高层建筑中的基础底板和转换层板的厚度有时达 $1\sim3$ m 甚至更大,水工、港工中的某些底板达 $7\sim8$ m 厚,此类板称为厚板。对于厚板,除应计算正截面受弯承载力外,还必须计算斜截面受剪承载力。由于板类构件难以配置箍筋,所以这属于不配箍筋和弯起钢筋的无腹筋板类构件的斜截面受剪承载力问题。

对于不配置腹筋的厚板来说,截面的尺寸效应是影响其受剪承载力的重要因素。因为随着板厚的增加,斜裂缝的宽度会相应地增大,如果骨料的粒径没有随板厚的加大而增大,就会使裂缝两侧的骨料咬合力减弱,传递剪力的能力相对较低。因此,计算厚板的受剪承载力时,应考虑尺寸效应的影响。

根据上述分析,《混凝土结构设计规范》规定:不配箍筋和弯起钢筋的一般板类受弯构件,其斜截面受剪承载力应按下式计算:

$$V \leqslant V_u = 0.7\beta_h f_t b h_0 \tag{7.21}$$

$$\beta_h = \left(\frac{800}{h_0}\right)^{\frac{1}{4}} \tag{7.22}$$

式中 β_h——截面高度影响系数,当 $h_0 < 800$ mm 时,取 $h_0 = 800$ mm;当 $h_0 > 2\,000$ mm 时,取 $h_0 = 2\,000$ mm。

注意:式(7.22)仅适用于板类构件的受剪承载力计算,工程设计中一般不允许将梁设计成无腹筋梁。

7.4 受弯构件斜截面受剪承载力设计方法

7.4.1 计算截面的确定及箍筋级别选用

梁斜截面受剪承载力计算时,应该选取剪力设计值较大而受剪承载力较小或截面抗力变化处的斜截面。设计中一般取下列斜截面作为梁受剪承载力的计算截面:

①支座边缘处的截面[图 7.19(a)、(b)中截面 1-1]。

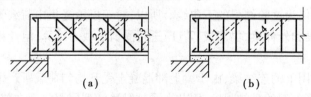

(a)   (b)

图 7.19 斜截面受剪承载力的计算位置

②受拉区弯起钢筋弯起点处的截面[图 7.19(a)中截面 2-2、3-3]。

③箍筋截面面积或间距改变处的截面[图 7.19(b)中截面 4-4]。

④腹板宽度改变处的截面。

计算截面处的剪力设计值按下述方法确定:计算支座边缘处的截面时,取该处的剪力设计值;计算箍筋数量改变处的截面时,取箍筋数量开始改变处的剪力设计值;计算第一排弯起钢筋(从支座起)时,取支座边缘处的剪力设计值,计算以后每一排弯起钢筋时,取前一排弯起钢筋弯起点处的剪力设计值。

箍筋宜采用 HRB400、HRBF400、HPB300、HRB500、HRBF500 钢筋。

7.4.2 设计计算

1)截面设计

已知构件的截面尺寸 b,h_0,材料强度设计值 f_c、f_t、f_{yv}、f_y,荷载设计值(或内力设计值)和跨度等,要求确定箍筋和弯起钢筋的数量。

对这类问题可按如下步骤进行计算:

①求计算斜截面的剪力设计值,必要时作剪力图。

②验算截面尺寸。根据构件斜截面上的最大剪力设计值 V,按式(7.15)或式(7.16)、式(7.17)验算由正截面受弯承载力计算所选定的截面尺寸是否合适,如不满足,则应加大截面尺寸或提高混凝土强度等级。

③验算是否需按计算配置腹筋。当某一计算斜截面的剪力设计值满足式(7.19)时,则不需按计算配置腹筋,此时应按表 7.1 的构造要求配置箍筋。否则,应按计算要求配置腹筋。

④当要求按计算配置腹筋时,计算腹筋数量。工程设计中一般采用下列两种方案:

a.只配箍筋不配弯起钢筋。

由式(7.12)可得 $\dfrac{A_{sv}}{s}$。计算出 $\dfrac{A_{sv}}{s}$ 值后,一般采用双肢箍筋,即取 $A_{sv}=2A_{sv1}$(A_{sv1} 为单肢箍筋的截面面积),便可选用箍筋直径,并求出箍筋间距 s。注意:选用的箍筋直径和间距应满足表 7.1 的构造要求,同时箍筋的配筋率应满足式(7.20)。

b.既配箍筋又配弯起钢筋。

当计算截面的剪力设计值较大,箍筋配置数量较多但仍不满足截面抗剪要求时,可配置弯起钢筋,与箍筋一起抗剪。此时,可先按经验选定箍筋数量,然后按式(7.14)确定弯起钢筋面积 A_{sb},式(7.14)中的 V_{cs} 按式(7.12)计算。

2)截面校核

已知构件截面尺寸 b,h_0,材料强度设计值 f_c、f_t、f_y、f_{yv},箍筋数量,弯起钢筋数量及位置等,要求复核构件斜截面所能承受的剪力设计值。

此时可将有关数据直接代入式(7.14),即可得到解答。同时还需检查是否满足式(7.15)—式(7.17)的要求。

7.4.3 计算例题

【例7.1】 某钢筋混凝土矩形截面简支梁,梁端支承在砖墙上,净跨度 $l_n = 3\,660$ mm (图7.20);截面尺寸 $b \times h = 200$ mm $\times 500$ mm。该梁承受均布荷载,其中恒荷载标准值 $g_k = 25$ kN/m(包括自重),荷载分项系数 $\gamma_G = 1.3$,活荷载标准值 $q_k = 38$ kN/m,荷载分项系数 $\gamma_Q = 1.5$; 可变荷载组合值系数 $\Psi = 0.7$;混凝土强度等级 C25 $(f_c = 11.9$ N/mm ^{2}, $f_t = 1.27$ N/mm $^2)$;箍筋采用 HPB300 级 $(f_{yv} = 270$ N/mm $^2)$;梁截面下部配置 4Φ20 纵筋(HRB400 级, $f_y = 360$ N/mm $^2)$。结构的 安全等级为二级,环境类别为一类。试根据斜截面受剪承载力要求确定腹筋。

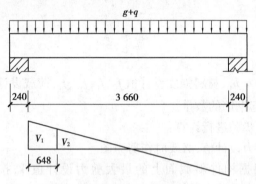

图 7.20 例 7.1 图

【解】 根据附表17,混凝土保护层厚度取 20+5=25 mm;由表7.1,预计箍筋直径 8 mm,纵筋直 径20 mm,则 $a_s = 25 + 8 + 20/2 = 43$ (mm),近似取 $a_s = 45$ mm, $h_0 = h - a_s = 500 - 45 = 455$ (mm)。

(1)计算截面的确定和剪力设计值计算

支座边缘处剪力最大,故应选择该截面进行斜截面计算。该截面的剪力设计值为

$$V_1 = \frac{1}{2}(\gamma_G g_k + \gamma_Q q_k) \times l_n = \frac{1}{2} \times (1.3 \times 25 + 1.5 \times 38) \times 3.66 = 163.79 (\text{kN})$$

(2)验算梁截面尺寸

$$h_w = h_0 = 455 \text{ mm}, h_w/b = 455/200 = 2.3 < 4$$

属于一般梁。由式(7.15)得

$$0.25\beta_c f_c bh_0 = 0.25 \times 1.0 \times 11.9 \times 200 \times 455 \text{ N} = 270.73 \text{ kN} > V = 163.79 \text{ kN}$$

截面尺寸满足要求。

(3)验算是否需按照构造配筋

由式(7.19)可得:

$$\alpha_{cv} f_t bh_0 = 0.7 \times 1.27 \times 200 \times 455 \text{ N} = 80.90 \text{ kN} < V = 163.79 \text{ kN}$$

应按计算配置箍筋,且应验算 $\rho_s \geqslant \rho_{sv,min}$。

(4)所需腹筋计算

配置腹筋有两种方法:一种是只配箍筋,另一种是配置箍筋和弯起钢筋。通常优先选择只 配箍筋的方案。下面分两种方法,分别介绍。

①仅配箍筋。由式(7.12)得

$$\frac{A_{sv}}{s} \geqslant \frac{V - \alpha_{cv} f_t bh_0}{f_{yv} h_0} = \frac{163\,790 - 80\,900}{270 \times 455} = 0.675 (\text{mm}^2/\text{mm})$$

选用双肢箍筋Φ8@130,则

$$\frac{A_{sv}}{s} = \frac{2 \times 50.3}{130} = 0.774(\text{mm}^2/\text{mm}) > 0.675 \text{ mm}^2/\text{mm}$$

满足计算要求及表7.1的要求。

也可以按下述方法计算:选用双肢箍Φ8,则$A_{sv1} = 50.3 \text{ mm}$,可求得

$$s \leqslant \frac{2 \times 50.3}{0.675} \text{ mm} = 149.04 \text{ mm}$$

取$s = 140 \text{ mm}$,箍筋沿梁全长均布置[图7.21(a)]。

相应的箍筋的配筋率为

$$\rho_{sv} = \frac{A_{sv}}{bs} = \frac{2 \times 50.3}{200 \times 140} = 0.359\% > \rho_{sv,\min} = 0.24 \times \frac{1.27}{270} = 0.113\%$$

满足要求。

②配置箍筋和弯起钢筋

按表7.1的要求,选取Φ6@150双肢箍筋,则由式(7.14)可得

$$A_{sb} = \frac{V - \left(\alpha_{sv} f_t b h_0 + f_{yv} \dfrac{A_{sv}}{s} h_0\right)}{0.8 f_y \sin \alpha_s}$$

$$= \frac{163\ 790 - \left(80\ 900 + 270 \times \dfrac{2 \times 28.3}{150} \times 455\right)}{0.8 \times 360 \times \sin 45°} = 179(\text{mm}^2)$$

选用1⾦20纵筋做弯起钢筋,$A_{sb} = 314 \text{ mm}^2$,满足计算要求。

验算是否需要第二排弯起钢筋:由表7.1,取$s = 200 \text{ mm}$。弯起钢筋水平投影长度$s_b = [500-(25+6)\times 2]\text{mm} = 438 \text{ mm}$,则弯起钢筋弯下点处的剪力可由相似三角形关系求得:

$$V_2 = V_1\left(1 - \frac{200 + 438}{0.5 \times 3\ 660}\right) = 106.687(\text{kN})$$

$$V_{cs} = \alpha_{sv} f_t b h_0 + f_{yv} \frac{A_{sv}}{s} h_0 = 80\ 900 + 270 \times \frac{2 \times 28.3}{150} \times 455 = 127.255 \text{ kN} > V_2$$

故不需要第二排弯起钢筋。配筋图如图7.21(b)所示。

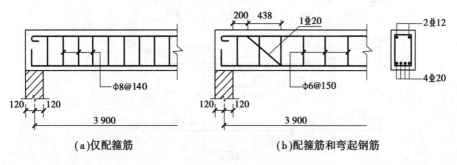

| (a)仅配箍筋 | (b)配箍筋和弯起钢筋 |

图7.21 例7.1 梁配筋图

【**例**7.2】 一钢筋混凝土矩形截面外伸梁支承于砖墙上,梁的跨度、截面尺寸及荷载设计值(均布荷载中已包括梁自重)如图 7.22 所示。结构的安全等级为二级。梁截面有效高度 $h_0 =$ 630 mm,混凝土强度等级 C30($f_c = 14.3$ N/mm², $f_t = 1.43$ N/mm²),箍筋为 HRB400 级钢筋($f_{yv} =$ 360 N/mm²),纵筋为 HRB500 级钢筋($f_y = 435$ N/mm²)。由正截面受弯承载力计算所配置的跨中截面纵筋为 2$\underline{\Phi}$22+3$\underline{\Phi}$25,试确定腹筋数量。

【**解**】 (1)计算剪力设计值

剪力设计值如图 7.22 所示。

(2)验算截面尺寸

$$h_w = h_0 = 630 \text{ mm}, h_w/b = 630/250 = 2.52 < 4$$

应按式(7.15)进行验算。

因混凝土强度等级为 C30,低于 C50,故 $\beta_c = 1.0$,则

$$0.25\beta_c f_c bh_0 = 0.25 \times 1.0 \times 14.3 \times 250 \times 630 = 563\,063(\text{N}) = 563.063 \text{ kN}$$

该值大于梁支座边缘处最大剪力设计值,故截面尺寸满足要求。

(3)验算是否需按计算配置箍筋

由图 7.22 可知,集中荷载对各支座截面所产生的剪力设计值均占相应支座截面总剪力值的 75% 以上,故均应考虑剪跨比。$B_左$、$D_左$、$E_左$、$E_右$ 的弯矩设计值分别为

$$M_{B左} = 459.3 \text{ kN·m}, \qquad M_{D左} = 360.7 \text{ kN·m}$$
$$M_{E左} = -263.6 \text{ kN·m}, \qquad M_{E右} = -297.0 \text{ kN·m}$$

A、$D_左$、$E_左$、$E_右$ 的剪跨比分别为

$$\lambda_A = \frac{M}{Vh_0} = \frac{459.3}{214.6 \times 0.63} = 3.40 > 3, 取 \lambda_A = 3, \lambda_{D左} = \frac{M}{Vh_0} = \frac{360.7}{130.4 \times 0.63} = 4.39 > 3, 取 \lambda_{D左} = 3$$

$$\lambda_{E左} = \frac{M}{Vh_0} = \frac{263.6}{357.6 \times 0.63} = 1.17 < 1.5, 取 \lambda_{E左} = 1.5, \lambda_{E右} = \frac{M}{Vh_0} = \frac{297}{177.2 \times 0.63} = 2.66$$

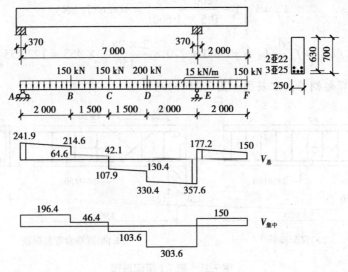

图 7.22 例 7.2 图

由式(7.19)得

$$\alpha_{cv} f_t b h_0 = \frac{1.75}{3+1} \times 1.43 \times 250 \times 630 \ N = 98.536 \ kN \ < 241.9 \ kN$$

$$\alpha_{cv} f_t b h_0 = \frac{1.75}{3+1} \times 1.43 \times 250 \times 630 \ N = 98.536 \ kN \ < 130.4 \ kN$$

$$\alpha_{cv} f_t b h_0 = \frac{1.75}{1.5+1} \times 1.43 \times 250 \times 630 \ N = 157.658 \ kN \ < 357.6 \ kN$$

$$\alpha_{cv} f_t b h_0 = \frac{1.75}{2.66+1} \times 1.43 \times 250 \times 630 \ N = 107.690 \ kN \ < 177.2 \ kN$$

所以,所有控制截面均应按计算配置腹筋。

(4)计算腹筋数量

①AB 段。该区段剪力设计值较大,故采用既配箍筋又配弯起钢筋的方案。选用双肢 $\Phi 6@250$ 箍筋,由式(7.14)得

$$A_{sb} \geqslant \frac{V - V_{cs}}{0.8 f_y \sin \alpha_s} = \frac{241\,900 - \left(98\,536 + 360 \times \frac{56.6}{250} \times 630\right)}{0.8 \times 435 \times \sin 45°} = 374(mm^2)$$

选择 $1\Phi22(A_{sb}=380 \ mm^2)$ 弯起即可满足承载力要求,考虑到 AB 段长度为 2 m,需弯起三排,故靠近支座的一排弯起钢筋选择 $1\Phi25(A_{sb}=491 \ mm^2)$。

②BC 段和 CD 段。该区段最大剪力设计值为 130.4 kN。因剪力不大,可按构造要求配置双肢 $\Phi6@250$ 箍筋,其受剪承载力为

$$V_u = \frac{1.75}{\lambda+1} f_t b h_0 + f_{yv} \frac{A_{sv}}{s} h_0 = 98.536 \ N + 360 \times \frac{56.6}{250} \times 630 \ N = 149.9 \ kN \ > 130.4 \ kN$$

③DE 段。该段剪力较大,采用既配箍筋又配弯起钢筋的方案并将箍筋间距调小,选用双肢 $\Phi6@120$ 箍筋。由式(7.14)得

$$A_{sb} \geqslant \frac{V - V_{cs}}{0.8 f_y \sin \alpha_s} = \frac{357\,600 - \left(157\,658 + 360 \times \frac{56.6}{120} \times 630\right)}{0.8 \times 435 \times \sin 45°} = 378(mm)^2$$

选用 $1\Phi22(A_{sb}=380 \ mm^2)$ 钢筋弯起,考虑到 DE 段长度为 2 m,需弯起三排,故靠近支座的一排弯起钢筋选择 $1\Phi25(A_{sb}=491 \ mm^2)$。

④EF 段。采用只配箍筋的方案,由式(7.12)得

$$\frac{A_{sv}}{s} \geqslant \frac{V - \alpha_{cv} f_t b h_0}{f_{yv} h_0} = \frac{177\,200 - 107\,690}{360 \times 630} = 0.306(mm)$$

选用双肢 $\Phi6$ 箍筋 $(A_{sv}=56.6 \ mm^2)$,则

$$s \leqslant \frac{A_{sv}}{0.306} = \frac{56.6}{0.306} = 185(mm)$$

取 $s=180$ mm,符合表 7.1 要求,相应的箍筋的配筋率为

$$\rho_{sv} = \frac{A_{sv}}{bs} = \frac{56.6}{250 \times 180} = 0.126\% \ > \rho_{sv,min} = 0.24 \times \frac{1.43}{360} = 0.095\%$$

满足要求,最后选用双肢 $\Phi6@180$ 箍筋。

【例7.3】 一钢筋混凝土T形截面简支梁,跨度4 m,截面尺寸如图7.23所示,梁截面有效高度 $h_0 = 630$ mm,承受一设计值为 500 kN(包括自重)的集中荷载。混凝土强度等级为C30 $(f_c = 14.3$ N/mm^2,$f_t = 1.43$ N/mm^2),箍筋为 HRB400 级钢筋 $(f_{yv} = 300$ N/mm^2),纵筋为 HRB500 级钢筋 $(f_y = 435$ N/mm^2)。梁跨中截面纵筋为 3Φ22+2Φ25。结构的安全等级为二级。试确定腹筋数量。

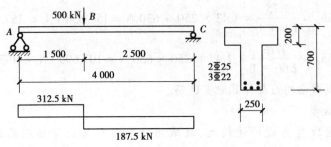

图 7.23 例 7.3 图

【解】 (1)计算剪力设计值

剪力图如图 7.23 所示。

(2)验算截面尺寸

$h_w = h_0 - h_f' = 630 - 200 = 430$(mm),$h_w/b = 430/250 = 1.72 < 4$,应按式(7.15)验算,因混凝土强度等级为C30,低于C50,故取 $\beta_c = 1.0$,则

$$0.25\beta_c f_c b h_0 = 0.25 \times 1.0 \times 14.3 \times 250 \times 630 = 563\ 063(\text{N}) > 312\ 500\ \text{N}$$

截面尺寸满足要求。

(3)验算是否按计算配置腹筋

AB 段:$\lambda = a/h_0 = 1\ 500/630 = 2.38 < 3$,取 $\lambda = 2.38$ 计算,则

$$\frac{1.75}{\lambda + 1} f_t b h_0 = \frac{1.75}{2.38 + 1} \times 1.43 \times 250 \times 630\ \text{N} = 116.611\ \text{kN} < 312.5\ \text{kN}$$

BC 段:$\lambda = a/h_0 = 2\ 500/630 = 3.968 > 3$,取 $\lambda = 3$ 计算,则:

$$\frac{1.75}{\lambda + 1} f_t b h_0 = \frac{1.75}{3 + 1} \times 1.43 \times 250 \times 630\ \text{N} = 98.536\ \text{kN} < 187.5\ \text{kN}$$

所以 AB 段和 BC 段均应按计算配置腹筋。

(4)计算腹筋数量

①AB 段。采用既配箍筋又配弯起钢筋的方案。选用双肢Φ8@200 箍筋,由式(7.14)得

$$A_{sb} \geqslant \frac{V - V_{cs}}{0.8 f_y \sin \alpha_s} = \frac{312\ 500 - \left(116\ 611 + 360 \times \dfrac{101}{200} \times 630\right)}{0.8 \times 435 \times \sin 45°} = 331\ (\text{mm})^2$$

选用 1Φ25$(A_{sb} = 491$ mm^2)钢筋弯起,在 AB 段内弯起两排,即分两次,每次各弯起一根。

②BC 段 仍采用双肢 8Φ@200 箍筋,因为

$$V_{cs} = 98\ 536\ \text{N} + 360 \times \frac{101}{200} \times 630\ \text{N} = 213.07\ \text{kN} > 187.5\ \text{kN}$$

所以 BC 段不需按计算配置弯起钢筋。

由上述计算可见,当计算截面的剪力设计值较大时,采用高强度钢筋可减少箍筋数量,较为经济。

【例 7.4】 一矩形截面简支梁,净跨 $l_n = 5.3$ m,承受均布荷载。梁截面尺寸为 $b \times h = 250$ mm $\times$ 550 mm,混凝土强度等级为 C25($f_c = 11.9$ N/mm^2,$f_t = 1.27$ N/mm^2),$a_s = 40$ mm。箍筋为 HPB300 级钢筋($f_{yv} = 270$ N/mm^2)。结构的安全等级为二级。若沿梁全长配置双肢 $\phi 8@150$ 箍筋,试计算该梁的斜截面受剪承载力,并推算梁所能负担的均布荷载设计值(不包括梁自重)。

【解】 $h_0 = h - a_s = 550 - 40 = 510$(mm),最小配箍率为

$$\rho_{sv,min} = 0.24 \frac{f_t}{f_{yv}} = 0.24 \times \frac{1.27}{270} = 0.113\%$$

$$\rho_{sv} = \frac{A_{sv}}{bs} = \frac{2 \times 50.3}{250 \times 150} = 0.002\ 7 > \rho_{sv,min} = 0.001\ 13,满足要求。$$

由式(7.12)可得

$$V_u = \alpha_{cv} f_t b h_0 + f_{yv} \frac{A_{sv}}{s} h_0$$

$$= 0.7 \times 1.27 \times 250 \times 510 + 270 \times \frac{101}{150} \times 510 = 206\ 066(\text{N}) = 206.066\ \text{kN}$$

$$< 0.25 \beta_c f_c b h_0 = 0.25 \times 1 \times 11.9 \times 250 \times 510\ \text{N} = 379.313\ \text{kN}$$

设梁所能承受的均布荷载设计值为 q,梁单位长度上的自重标准值为 g_k,则有 $V_u = \frac{1}{2}(q + 1.3 g_k) l_n$,于是得

$$q = \frac{2 V_u}{l_n} - 1.3 g_k = \frac{2 \times 206.066}{5.3} - 1.3 \times 0.25 \times 0.55 \times 25 = 73.292(\text{kN/m})$$

这就是根据梁斜截面受剪承载力 V_u 值求得的梁所能承受的均布荷载设计值。

7.5 钢筋的构造要求

为了保证受弯构件的斜截面承载力,除进行必需的计算外,还须在构造上满足一定的要求,包括纵向钢筋的弯起、截断和锚固以及箍筋的形式、肢数、直径和间距等要求,以便考虑在计算中无法顾及的问题。在混凝土结构设计中,构造与计算同等重要。

7.5.1 抵抗弯矩图

如果按梁跨间最大正弯矩确定的纵向钢筋数量沿梁长不变,则在任何情况下梁的承载力能满足要求。但在工程设计中,纵筋有时要弯起或截断,这就有可能影响梁的承载力,特别是斜截面的受弯承载力。因此,在纵筋有弯起或截断的梁中,必须考虑正截面及斜截面的受弯承载力问题。为了解决这个问题,必须先建立正截面抵抗弯矩图的概念。

所谓正截面抵抗弯矩图,是指按实际配置的纵向钢筋绘制的梁上各正截面所能承受的弯矩图。它反映了沿梁长正截面上材料的抗力,故也称为材料图。图中纵坐标所表示的是正截面受弯承载力设计值 M_u,简称抵抗弯矩。

按梁正截面受弯承载力确定的纵向受力钢筋是以同号弯矩区段的最大弯矩为依据求得的,该最大弯矩处的截面称为控制截面。以单筋矩形截面为例,若在控制截面处实际选定的纵筋面积为 A_s,则由式(4.26)和式(4.27)可得

$$M_u = f_y A_s h_0 \left(1 - \frac{f_y A_s}{2\alpha_1 f_c b h_0} \right) \tag{7.23}$$

作材料图时,可按式(7.23)求 M_u。在控制截面,每根钢筋所抵抗的弯矩 M_{ui} 可近似地按该根钢筋的面积 A_{si} 与钢筋总面积 A_s 的比值乘以总抵抗弯矩 M_u 求得,即

$$M_{ui} = \frac{A_{si}}{A_s} M_u \tag{7.24}$$

(1)纵向受力钢筋沿梁长不变化时的抵抗弯矩图

如图 7.24 所示简支梁,均布荷载 q 作用下的弯矩为 $M_{max} = ql^2/8$,已求得跨中最大弯矩截面所需钢筋面积 $A_s = 1\ 290\ mm^2$,对应于图中的 O 点,实配钢筋面积 $A_s = 1\ 362\ mm^2$($2 \oplus 25 + 1 \oplus 22$)。如果全部纵筋伸入支座且有足够的锚固长度,则梁任意截面受弯承载力必然得到保证,沿梁纵轴各正截面所能承担的弯矩均为 M_u,其材料图为矩形(图中 $abb'a'$)。

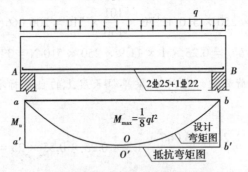

图 7.24　纵筋全部伸入支座时简支梁的抵抗弯矩图

(2)部分纵向受拉钢筋弯起时的抵抗弯矩图

简支梁设计中,一般不宜在跨中截面将纵向受力钢筋截断,而是可在支座附近将部分纵筋弯起以抗剪。图 7.25 中,考虑 $1 \oplus 22$ 钢筋在 C 点弯起,该钢筋弯起后对中和轴的内力臂逐渐减小,因而对应截面的抵抗弯矩逐渐变小,直至为零。假定该钢筋弯起后与梁轴线(取 1/2 梁高处)的交点为 D,则过了 D 点后就不再考虑该钢筋承担弯矩的能力,CD 段的材料图为斜直线。图 7.25 中的 $adcefgb$ 就是 $1 \oplus 22$ 钢筋在 C 点弯起时的抵抗弯矩图,图中①段、②段各为 $1 \oplus 25$ 纵筋所能负担的弯矩,③段为 $1 \oplus 22$ 纵筋所能负担的弯矩。

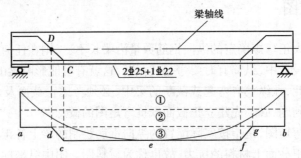

图 7.25　钢筋弯起时简支梁的抵抗弯矩图

（3）部分纵向受力钢筋被截断时的抵抗弯矩图

在图 7.26 中，承担负弯矩的钢筋为①、②、③号三根钢筋，假定③号纵筋抵抗控制截面 *A-A* 的部分弯矩（图中纵坐标 *ef*），则 *A-A* 为③号钢筋强度充分利用截面（也称充分利用点），*B-B* 和 *C-C* 为按计算不需要该钢筋的截面（也称理论截断点）。理论上讲，可以在这两个截面将其截断。在 *B-B* 和 *C-C* 处截面，③号钢筋的抵抗弯矩即图中的矩形阴影部分 *abcd*。为了可靠锚固，③号钢筋的实际截断点尚需延伸一段长度（后详）。

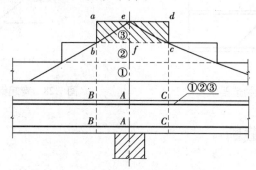

图 7.26　纵筋截断时的抵抗弯矩图

7.5.2　纵向钢筋的弯起

确定纵向钢筋的弯起时，必须考虑以下三方面的要求：

（1）保证正截面受弯承载力

纵筋弯起后，剩下的纵筋数量减少，正截面受弯承载力降低。为了保证正截面受弯承载力满足要求，纵筋的始弯点必须位于按正截面受弯承载力计算该纵筋强度被充分利用截面（充分利用点）以外，使抵抗弯矩图包在设计弯矩图的外面，而不得切入设计弯矩图以内。

（2）保证斜截面受剪承载力

纵筋弯起的数量由斜截面受剪承载力计算确定。当有集中荷载作用并按计算需配置弯起钢筋时，弯起钢筋应覆盖计算斜截面始点（支座边缘处）至相邻集中荷载作用点之间的范围，因为在这个范围内剪力值大小不变。弯起纵筋的布置，包括支座边缘到第一排弯筋的终点，以及从前排弯筋的始弯点到次一排弯筋的终弯点的距离，均应小于箍筋的最大间距（图 7.27），其值见表 7.1。

（3）保证斜截面受弯承载力

为了保证梁斜截面的受弯承载力，梁弯起钢筋在受拉区的弯点，应设在该钢筋的充分利用点以外，该弯点至充分利用点间的距离 s_1 应大于或等于 $h_0/2$（例如图 7.25 中 *ec* 和 *ef* 段）；同时，弯筋与梁纵轴的交点应位于按计算不需要该钢筋的截面以外。在设计中，当满足上述规定时，梁斜截面受弯承载力就能得到保证。

以图 7.28 为例说明。②号钢筋在受拉区的弯起点为 1，按正截面受弯承载力计算，不需要该钢筋的截面为 2，该钢筋强度的充分利用点为 3，它所承担的弯矩为图中的阴影部分。可以证明（证明略），当弯起点与材料充分利用点之间距离不小于 $h_0/2$ 时，可以满足斜截面受弯承载力的要求。这样规定是为了使斜截面受弯承载力得到保证，避免烦琐的验算。另外，钢筋弯起后与梁中心线的交点应在该钢筋正截面抗弯的不需要点以外，使正截面的抗弯承载力也得以保证。

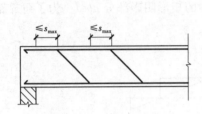

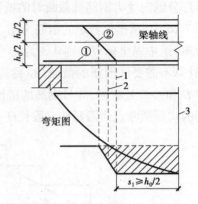

图 7.27　弯筋的构造要求　　　　　　　　图 7.28　弯起钢筋弯起点的位置

7.5.3　纵向钢筋的截断

在连续梁和框架梁中,支座负弯矩区的受拉钢筋在向跨内延伸时,可根据弯矩图在适当部位截断。如图 7.29 所示,纵向受力钢筋在结构中要发挥承载力作用,则必须从其强度充分利用截面向外有一定的锚固长度 l_{d1},依靠这段长度与混凝土的黏结锚固作用维持钢筋的抗力。同时,梁中钢筋在截断时,不能从不需要该钢筋的截面直接截断,而是要延伸一定长度 l_{d2},作为受力钢筋应有的构造措施。结构设计中,应从上述两个条件中确定的较长外伸长度作为纵向钢筋的实际延伸长度 l_d,以此确定实际截断点。

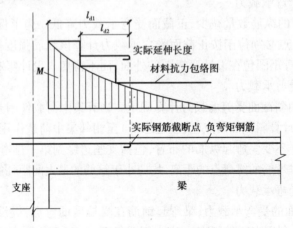

图 7.29　钢筋的延伸长度和截断点

为了使负弯矩钢筋的截断不影响它在各个截面中发挥所需的抗弯能力,其延伸长度 l_d 可以按表 7.2 中选取 l_{d1} 和 l_{d2} 中的较大值。其中,l_{d1} 为从"充分利用该钢筋强度的截面"延伸的长度;而 l_{d2} 是从"按正截面承载力计算不需要该钢筋的截面"延伸的长度。

综上所述,钢筋的弯起和截断均需绘制抵抗弯矩图。这实际上是一种图解设计过程,它可以帮助设计者看出钢筋的布置是否经济合理。因为对同一根梁、同一个设计弯矩图,可以画出不同的抵抗弯矩图,得到不同的钢筋布置方案和相应的纵筋弯起和截断位置,它们都可能满足正截面和斜截面承载力计算和有关构造要求,但经济合理程度有所不同,因而设计者应综合考虑各方面的因素,妥善确定纵筋弯起和截断的位置,保证安全,且用料经济,施工方便。

表 7.2　负弯矩钢筋的延伸长度 l_d

截面条件	充分利用截面伸出 l_{d1}	计算不需要截面伸出 l_{d2}
$V \leqslant 0.7bh_0f_t$	$\geqslant 1.2l_a$	$\geqslant 20d$
$V > 0.7bh_0f_t$	$\geqslant 1.2l_a + h_0$	$\geqslant 20d$ 和 h_0
$V > 0.7bh_0f_t$ 且断点仍在负弯矩受拉区内	$\geqslant 1.2l_a + 1.7h_0$	$\geqslant 20d$ 和 $1.3h_0$

7.5.4　其他构造要求

1)纵向钢筋在支座处的锚固

梁中剪力较大的截面开裂后,由于与斜裂缝相交的纵筋应力会突然增大,若纵筋伸入支座的锚固长度不够,就会出现滑移,甚至混凝土中的钢筋被拔出,引起锚固破坏。防止锚固破坏可通过控制纵向钢筋伸入支座的长度和数量来实现。

（1）伸入梁支座的纵向受力钢筋根数

伸入梁支座的纵向受力钢筋根数不应少于 2 根。

（2）简支梁和连续梁简支端下部纵向钢筋的锚固

简支梁和连续梁简支端下部纵筋伸入支座的锚固长度 l_{as}(图 7.30)应满足表 7.3 的规定,其中 d 表示被锚固钢筋的直径。

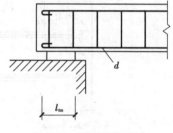

图 7.30　纵筋锚固长度

表 7.3　简支梁纵筋锚固长度 l_{as}

$V \leqslant 0.7bh_0f_t$	$V > 0.7bh_0f_t$
$\geqslant 5d$	带肋钢筋不应小于 $12d$,光圆钢筋不应小于 $15d$

（3）连续梁及框架梁纵向钢筋在中间支座或中间节点处的锚固

连续梁、框架梁的中间支座或者中间节点处,纵筋伸入支座长度应满足下列要求(图 7.31)：

①上部纵向钢筋应贯穿中间支座或中间节点范围。

②梁的下部纵向钢筋宜贯穿节点或支座,当必须锚固时,应符合下列锚固要求：

a.当计算中不利用该钢筋的强度时,其伸入节点或支座的锚固长度对带肋钢筋不小于 $12d$,对光圆钢筋不小于 $15d$,d 为钢筋的最大直径;

b.当计算中充分利用钢筋的抗压强度时,钢筋应按受压钢筋锚固在中间节点或中间支座内,其直线锚固长度不应小于 $0.7l_a$;

c.当计算中充分利用钢筋的抗拉强度时,钢筋可采用直线方式锚固在节点或支座内,锚固长度不应小于钢筋的受拉锚固长度 l_a[图7.31(a)];

d.钢筋可在节点或支座外梁中弯矩较小处设置搭接接头,搭接长度的起始点至节点或支座边缘的距离不应小于 $1.5h_0$[图7.31(b)];

e.当柱截面尺寸不足时,可采用钢筋端部加锚头的机械锚固措施[图7.31(c)],或90°弯折锚固的方式[图7.31(d)]。

对于需要抗连续倒塌的混凝土结构,纵向受力钢筋宜在中间支座或中间节点处贯通布置,并在边支座或边节点处与周边构件可靠地锚固。

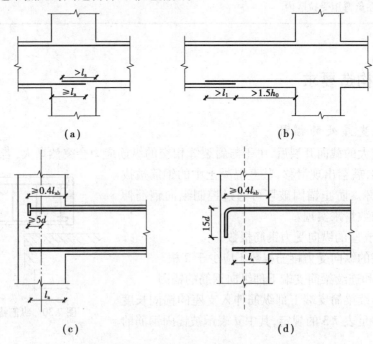

图7.31　纵向钢筋在中间节点或中间支座范围的锚固与搭接

2)弯起钢筋的锚固

如图7.32所示,弯起钢筋的弯终点外应留有锚固长度,其长度在受拉区不应小于 $20d$,在受压区不应小于 $10d$;对光圆钢筋在末端尚应设置弯钩。梁底层两侧的钢筋不应弯起。

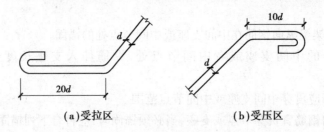

图7.32　弯起钢筋端部构造

弯起钢筋不得采用浮筋[图7.33(a)];当支座处剪力很大而又不能利用纵筋弯起抗剪时,可设置仅用于抗剪的鸭筋[图7.33(b)],其端部锚固与弯起钢筋相同。

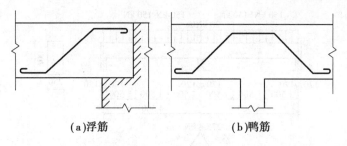

(a)浮筋　　　　　　　　　(b)鸭筋

图 7.33　浮筋与鸭筋

3)箍筋的构造要求

箍筋对抑制斜裂缝的开展、联系受拉区与受压区、传递剪力等有重要作用,因此确保箍筋的构造合理、充分发挥作用是非常重要的。

前述梁的箍筋间距、直径和最小配筋率是箍筋最基本的构造要求,设计中必须遵守。

箍筋一般采用 135° 弯钩的封闭式箍筋(图 7.34)。梁内一般采用双肢箍筋,当梁宽大于 400 mm 且一层内的纵向受压钢筋多于 3 根,或当梁的宽度不大于 400 mm 但一层内的纵向受压钢筋多于 4 根时,应设置复合箍筋(如四肢箍);当梁宽很小时,也可采用单肢箍筋。

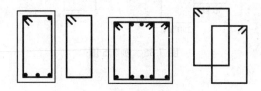

图 7.34　箍筋形式及肢数

当梁中配有计算需要的纵向受压钢筋(如双筋梁)时,箍筋应为封闭式,其间距不应大于 15d(d 为纵向受压钢筋中的最小直径),任何情况下箍筋间距不应大于 400 mm。当一层内的纵向受压钢筋多于 5 根且直径大于 18 mm 时,箍筋间距不应大于 10d。

7.5.5　设计实例

【例 7.5】　一钢筋混凝土两跨连续梁的跨度、截面尺寸以及所负担的荷载设计值如图 7.35 所示。结构的安全等级为二级。混凝土强度等级 C25($f_c = 11.9$ N/mm^2,$f_t = 1.27$ N/mm^2),纵向受力钢筋采用 HRB400 级($f_y = 360$ N/mm^2),箍筋采用 HPB300 级($f_{yv} = 270$ N/mm^2)。要求:

(1)进行正截面及斜截面承载力计算,并确定所需要的纵向受力钢筋、弯起钢筋和箍筋数量。

(2)绘制抵抗弯矩图和分离钢筋图,并给出各根弯起钢筋的弯起位置。

【解】　(1)计算梁各截面内力

梁在荷载设计值作用下的弯矩图、剪力图如图 7.35 所示。因结构和荷载对称,故只需计算左跨梁的内力。跨中截面最大弯矩设计值 $M_D = 178.2$ kN·m,支座 B 截面负弯矩设计值 $M_B = -275.4$ kN·m,支座边缘截面剪力设计值 $V_A = 131.4$ kN,$V_{B左} = 253.8$ kN。

(2)验算截面尺寸

$b = 250$ mm,$h_0 = 660$ mm(D 截面),$h_0 = 630$ mm(B 截面)。因为 $h_w/b = 660$ mm/250 mm = 2.64,$h_w/b = 630$ mm/250 mm = 2.52,均小于 4,故应按式(7.15)进行验算,取 $\beta_c = 1.0$。

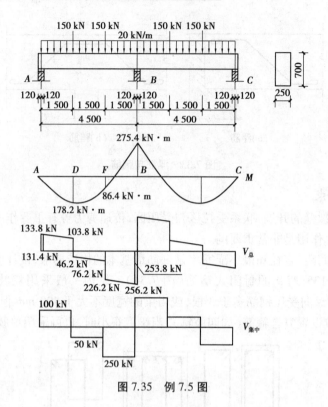

图 7.35　例 7.5 图

对支座 A 截面：

$$0.25 f_c b h_0 = 0.25 \times 1.0 \times 11.9 \times 250 \times 660 (\text{N}) = 490.875 \text{ kN} > V = 131.4 \text{ kN}$$

对支座 $B_{\pm}$ 截面：

$$0.25 f_c b h_0 = 0.25 \times 1.0 \times 11.9 \times 250 \times 630 (\text{N}) = 468.563 \text{ kN} > V = 253.8 \text{ kN}$$

故截面尺寸满足要求。

（3）正截面受弯承载力计算

因为混凝土强度等级为 C25，故取 $\alpha_1 = 1.0$；与 HRB400 级钢筋相应的 $\xi_b = 0.518$。受弯承载力计算过程见表 7.4。

表 7.4　例 7.5 的纵筋计算

计算过程	计算截面	
	跨中截面 D（$h_0 = 660$ mm）	支座截面 B（$h_0 = 630$ mm）
$M/(\text{kN} \cdot \text{m})$	178.2	−275.4
$\alpha_s = \dfrac{M}{\alpha_1 f_c b h_0^2}$	0.138	0.226
$\xi = 1 - \sqrt{1 - 2\alpha_s}$	0.149<0.518	0.260<0.518
$A_s = (\alpha_1 f_c b h_0 \xi / f_y) / \text{mm}^2$	813	1 374
选配钢筋	2⚫16+2⚫18	2⚫20+3⚫18
实配 A_s / mm^2	911	1 392

（4）斜截面受剪承载力计算

由图 7.35 所示的剪力图可见，集中荷载对各支座边缘产生的剪力值均占总剪力值的 75%以上，故各支座截面均应考虑剪跨比的影响。

支座 A 　　　　　　　$\lambda = \dfrac{M}{Vh_0} = \dfrac{178.2}{131.4 \times 0.66} = 2.05$

支座 $B_{左}$ 　　　　　$\lambda = \dfrac{M}{Vh_0} = \dfrac{275.4}{253.8 \times 0.63} = 1.72$

因为

$$\alpha_{cv} f_t bh_0 = \frac{1.75}{2.05 + 1} \times 1.27 \times 250 \times 660 \ N = 120.234 \ kN \ < \ 131.4 \ kN$$

$$\alpha_{cv} f_t bh_0 = \frac{1.75}{1.72 + 1} \times 1.27 \times 250 \times 630 \ N = 128.693 \ kN \ < \ 253.8 \ kN$$

所以应按计算配置腹筋，具体计算过程见表 7.5。

表 7.5　例 7.5 腹筋计算

计算过程	计算截面	
	支座 A 截面（$h_0 = 660$ mm）	支座 $B_{左}$ 截面（$h_0 = 630$ mm）
V/kN	131.4	253.8
选箍筋（$n=2$）	φ 8@ 250	φ 8@ 250
$V_{cs} = \left(\dfrac{1.75}{\lambda+1} f_t bh_0 + f_{yv} \dfrac{A_{sv}}{s} h_0 \right)$/kN	192.228>131.4（不设弯筋）	200.7<253.8（设弯筋）
$A_{sb} \geqslant \left(\dfrac{V-V_{cs}}{0.8 f_y \sin 45°} \right)$/mm^2	—	162
选配弯起钢筋	—	1 Φ 18（254.5 mm^2）

（5）钢筋布置

纵向钢筋布置的过程就是绘制抵抗弯矩图的过程，所以应将构件纵剖面图、横剖面图及设计弯矩图均按比例画出，如图 7.36 所示。配置跨中截面正弯矩钢筋时，同时须考虑其中哪些钢筋可弯起以抗剪和抵抗支座负弯矩；而配置支座负弯矩钢筋时，要注意利用跨中一部分正弯矩钢筋弯起以抵抗负弯矩，不足部分再配置直钢筋。本例中跨中配置 2Φ16+2Φ18 钢筋抵抗正弯矩，其中 2Φ16 伸入支座，每跨各弯起 2Φ18 钢筋来抗剪和抵抗支座负弯矩，因每跨各有一根弯起钢筋离支座截面很近，故不考虑它抵抗支座负弯矩，这样共有 3Φ18 可用于抵抗负弯矩，再配 2Φ20 直钢筋即可满足抵抗支座负弯矩的要求。

钢筋的弯起点和截断位置通过绘制弯矩图来确定，具体过程见图 7.36。钢筋弯起点距离充分利用点距离大于等于 $h_0/2$，均得到满足。钢筋截断点至理论截断点距离不小于 h_0 且不小于 $20d$，至充分利用点的距离不小于 $1.2l_a + h_0$（当 $V>0.7 f_t bh_0$ 时），本例中后者控制了钢筋实际截断点。

在 B 支座两侧，采用了既配箍筋又配弯筋抗剪的方案，此时弯筋应覆盖 FB 之间的范围（图 7.35）。另外，从支座边缘到第一排弯筋的终点，以及从前排弯筋的始弯点到次一排弯筋的弯终点距离,均应小于箍筋的最大间距 250 mm(由表7.1查到)。由图7.36可见,本例均满足上述要求。③号钢筋的水平投影长度650 mm,则其始弯点至支座中心的距离为650 mm+530 mm+200 mm+120 mm=1 500 mm,正好覆盖了 FB 之间的范围。

钢筋分离图置于梁纵剖面图之下,因两跨梁配筋相同,所以钢筋只画出左跨。

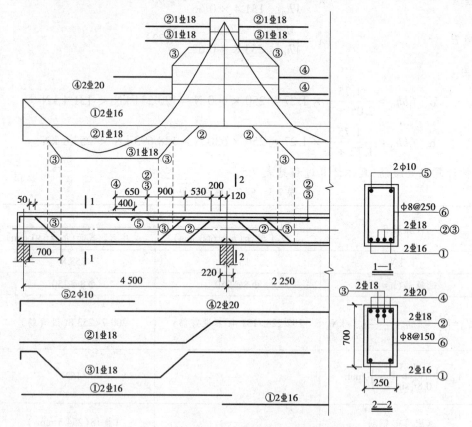

图 7.36 例 7.5 设计弯矩图、抵抗弯矩图和配筋图

7.6 偏心受力构件的斜截面受剪承载力

7.6.1 偏心受力构件斜截面受剪性能

偏心受力构件(如框架柱、剪力墙等)截面上不仅受到弯矩 M 及轴力 N 的作用,同时还受到剪力 V 作用。因此偏心受力构件除了应进行正截面承载力计算外,还须进行斜截面受剪承载力计算。轴力的存在对构件斜截面承载力会产生一定的影响。例如在偏心受压构件中,由于轴向压应力的存在延缓了斜裂缝的出现和开展,使混凝土的剪压区高度增大,因此,当轴向压力在一定范围内时,构件的受剪承载力得到提高。而在偏心受拉构件中,由于轴向拉应力的存在,混凝土剪压区高度比受弯构件小,因而其受剪承载力会比受弯构件有显著降低。

7.6.2　偏心受力构件斜截面受剪承载力计算

1）偏心受压构件

试验表明，当 $N<0.3f_cbh$ 时，轴力引起的受剪承载力增量 ΔV_N 与轴力 N 近乎成比例增长；当 $N>0.3f_cbh$ 时，ΔV_N 将不再随着 N 的增大而提高；如 $N>0.7f_cbh$，将发生偏心受压破坏。基于上述考虑，对矩形、T 形和 I 形截面偏心受压构件的斜截面受剪承载力应按下式计算：

$$V \leqslant \frac{1.75}{\lambda + 1}f_tbh_0 + f_{yv}\frac{A_{sv}}{s}h_0 + 0.07N \tag{7.25}$$

式中　λ——偏心受压构件计算截面的剪跨比，取为 $\dfrac{M}{Vh_0}$；

N——与剪力设计值 V 相应的轴向压力设计值，当大于 $0.3f_cA$ 时，取 $0.3f_cA$，这里 A 为构件截面面积。

计算截面的剪跨比 λ 应按下列规定取用：

①对框架结构中的框架柱，当其反弯点在层高范围内时，可取为 $\dfrac{H_n}{2h_0}$。当 $\lambda<1$ 时，取 $\lambda=1$；当 $\lambda>3$ 时，取 $\lambda=3$。此处，M 为计算截面上与剪力设计值 V 相应的弯矩设计值，H_n 为柱净高。

②其他偏心受压构件，当承受均布荷载时，取 $\lambda=1.5$；当承受多种荷载，其集中荷载对支座截面或节点边缘所产生的剪力值占总剪力的 75% 以上时，取 $\lambda=\dfrac{a}{h_0}$，且当 $\lambda<1.5$ 时，取 $\lambda=1.5$，当 $\lambda>3$ 时，取 $\lambda=3$。此处，a 为集中荷载作用点至邻近支座或节点边缘的距离。

为防止斜压破坏，截面尺寸还应当满足下列条件：

$$V \leqslant 0.25\beta_cf_cbh_0 \tag{7.26}$$

当符合下式条件

$$V \leqslant \frac{1.75}{\lambda + 1}f_tbh_0 + 0.07N \tag{7.27}$$

时，可不进行斜截面受剪承载力计算，按构造要求配置箍筋。

2）偏心受拉构件

试验表明，当轴向拉力先作用于构件上时，构件将产生横贯全截面的法向裂缝。再施加横向荷载后，则在弯矩作用下，法向裂缝在受压区将闭合，而在受拉区将进一步开展，并在剪弯区段出现斜裂缝。由于轴向拉力的作用，斜裂缝的宽度和倾角比受弯构件大一些，混凝土剪压区高度明显比受弯构件小，有时甚至无剪压区。因此轴向拉力使构件的受剪承载力显著降低，降低的幅度随轴向拉力的增大而增大，但对箍筋的抗剪能力几乎没有影响。

根据上述特点，矩形、T 形和 I 形截面的偏心受拉构件斜截面受剪承载力应按下式计算：

$$V \leqslant \frac{1.75}{\lambda + 1}f_tbh_0 + f_{yv}\frac{A_{sv}}{s}h_0 - 0.2N \tag{7.28}$$

式中　N——与剪力设计值 V 相应的轴向拉力设计值；

λ——计算截面的剪跨比，与偏心受压构件斜截面受剪承载力计算中的规定相同。

式(7.28)右侧的计算值小于 $f_{yv}\dfrac{A_{sv}}{s}h_0$ 时,考虑到箍筋的抗剪能力,应取等于 $f_{yv}\dfrac{A_{sv}}{s}h_0$,且

$f_{yv}\dfrac{A_{sv}}{s}h_0$ 值不应小于 $0.36f_tbh_0$。

7.6.3　剪力墙的斜截面受剪承载力计算

剪力墙上通常作用有弯矩、轴力和剪力。剪力作用下,剪力墙可能出现斜裂缝,进而形成斜截面剪切破坏,其破坏形式也分斜拉、剪压和斜压三种。轴向压力会加大截面受压区高度,阻碍斜裂缝的开展,提高截面受剪承载力;轴向拉力则会促进裂缝发展,对抗剪不利。因此剪力墙斜截面受剪承载力计算中需考虑轴力的影响。

1) 截面尺寸控制条件

为防止斜压破坏,剪力墙的受剪截面应符合下列要求:

$$V \leqslant 0.25\beta_c f_c bh_0 \tag{7.29}$$

式中　V——剪力墙计算截面的剪力设计值;

　　　b——矩形截面的宽度或 T 形、I 形截面的腹板宽度;

　　　h_0——剪力墙截面有效高度。

2) 偏心受压时斜截面受剪承载力

$$V \leqslant V_u = \frac{1}{\lambda - 0.5}\left(0.5f_t bh_0 + 0.13N\frac{A_w}{A}\right) + f_{yv}\frac{A_{sh}}{s_v}h_0 \tag{7.30}$$

式中　N——与剪力设计值 V 相应的轴向压力设计值,当 $N>0.2f_cbh$ 时,取 $N=0.2f_cbh$;

　　　A——剪力墙的截面面积;

　　　A_w——T 形、I 形截面剪力墙腹板的截面面积,对矩形截面剪力墙,取 $A_w=A$;

　　　A_{sh}——配置在同一水平截面内的水平分布钢筋的全部截面面积;

　　　s_v——水平分布钢筋的竖向间距;

　　　λ——计算截面的剪跨比:$\lambda=M/(Vh_0)$。当 $\lambda<1.5$ 时,取 $\lambda=1.5$;当 $\lambda>2.2$ 时,取 $\lambda=2.2$。此处,M 为剪力设计值 V 相应的弯矩设计值;当计算截面与墙之间的距离小于 $h/2$ 时,λ 可按距墙底 $h/2$ 处的弯矩值与剪力值计算。

当剪力设计值小于式(7.30)右边第一项时,表明混凝土的抗剪承载力已足以承担剪力设计值,故水平分布钢筋按构造要求配置。

3) 偏心受拉时斜截面受剪承载力

$$V \leqslant V_u = \frac{1}{\lambda - 0.5}\left(0.5f_t bh_0 - 0.13N\frac{A_w}{A}\right) + f_{yv}\frac{A_{sh}}{s_v}h_0 \tag{7.31}$$

式中　N——与剪力设计值 N 相应的轴向拉力设计值;

　　　λ——计算截面的剪跨比,取法同式(7.30)。

上式右边的计算值小于 $f_{yv}\dfrac{A_{sh}}{s_v}h_0$ 时,表明轴向拉力 N 过大,此时可仅考虑水平分布钢筋的

抗剪作用,即取 $V_u = f_{yv} \dfrac{A_{sh}}{s_v} h_0$ 进行计算。

钢筋混凝土剪力墙水平分布钢筋的直径不宜小于 8 mm,间距不宜大于 300 mm。

*7.7 构件的受冲切性能

7.7.1 板的冲切破坏

承受集中荷载的板、支承在柱上的无梁楼板、柱下独立基础、桩基承台以及承受车轮压力的桥面板等结构构件,其受力破坏特征与承受局部荷载或者集中反力的钢筋混凝土板类似。试验研究表明,这种板除了可能产生弯曲破坏,还可能产生双向剪切破坏,即两个方向的斜截面形成一个截头锥体,锥体斜截面大致呈 45°倾角,如图 7.37 所示。这种破坏称为冲切破坏,属脆性破坏,其破坏形态类似于梁的斜拉破坏。

防止产生冲切破坏的措施包括增加板厚、提高混凝土强度等级、增大局部受荷面积以及配置抗冲切钢筋。

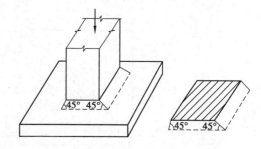

图 7.37 冲切破坏所形成的锥形裂面

7.7.2 板的受冲切承载力计算

1)不配置抗冲切钢筋的板

在局部荷载或集中反力作用下,不配置箍筋或弯起钢筋的板,其受冲切承载力应符合下列规定(图7.38):

$$F_l \leq 0.7\beta_h f_t \eta u_m h_0 \tag{7.32}$$

式中的系数 η 应按下列两个公式计算,并取其中的较小值,即

$$\eta_1 = 0.4 + \frac{1.2}{\beta_s} \tag{7.33}$$

$$\eta_2 = 0.5 + \frac{\alpha_s h_0}{4u_m} \tag{7.34}$$

式中　F_l——局部荷载设计值或集中反力设计值;板柱节点,取柱所承受的轴向压力设计值的层间差值减去柱顶冲切破坏锥体范围内板所承受的荷载设计值;

β_h——截面高度影响系数,当 $h \leq 800$ mm 时,取 $\beta_h = 1.0$;当 $h \geq 2\ 000$ mm 时,取 $\beta_h = 0.9$,其间按线性内插法取用;

u_m——计算截面的周长,取距离局部荷载或集中反力作用面积周边 $h_0/2$ 处板垂直截面

的最不利周长；

h_0——截面有效高度，取两个方向配筋的截面有效高度平均值；

η_1——局部荷载或者集中反力作用面积形状的影响系数；

η_2——计算截面周长与板截面有效高度之比的影响系数；

α_s——柱位置影响系数，中柱时取 40，边柱时取 30，角柱时取 20；

β_s——局部荷载或者集中反力作用面积为矩形时的长边与短边尺寸的比值。β_s 不宜大于 4；当 β_s 小于 2 时取 2；对圆形冲切面，β_s 取 2。

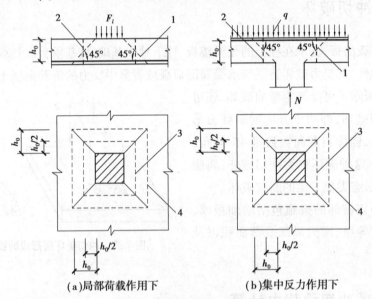

(a)局部荷载作用下　　　　(b)集中反力作用下

图 7.38　板受冲切承载力计算

1—冲切破坏锥体的斜截面；2—计算截面；3—计算截面的周长；4—冲切破坏锥体的底面线

当板开有孔洞且孔洞至局部荷载或集中反力作用面积边缘的距离不大于 $6h_0$ 时，受冲切承载力计算中取用的计算截面周长 u_m，应扣除局部荷载或集中反力作用面积中心至开孔外边画出两条切线之间所包含的长度(图 7.39)，当图中 $l_1 > l_2$ 时，孔洞边长 l_2 用 $\sqrt{l_1 l_2}$ 代替。

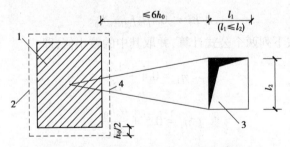

图 7.39　临近孔洞时的计算截面周长

1—局部荷载或集中反力作用面；2—计算截面周长；3—孔洞；4—应扣除的长度

2)配置抗冲切钢筋的板

在局部荷载或集中反力作用下，当受冲切承载力不满足式(7.32)的要求且板厚受限时，可配置箍筋或弯起钢筋等抗冲切钢筋。配置箍筋、弯起钢筋时的受冲切承载力可按下列公式计算：

$$F_l \leqslant 0.5f_t\eta u_m h_0 + 0.8f_{yv}A_{svu} + 0.8f_y A_{sbu}\sin\alpha \tag{7.35}$$

式中　A_{svu}——与呈 45°冲切破坏锥体斜截面相交的全部箍筋截面面积；

　　　A_{sbu}——与呈 45°冲切破坏锥体斜截面相交的全部弯起钢筋截面面积；

　　　α——弯起钢筋与板底面的夹角。

配置抗冲切钢筋的冲切破坏锥体以外的截面，尚应按式（7.32）进行受冲切承载力计算，此时，u_m 应取配置抗冲切钢筋的冲切破坏锥体以外 $0.5h_0$ 处的最不利周长。

对于配置抗冲切钢筋的板，当达到其受冲切承载力时，混凝土早已斜向开裂，使混凝土项的受冲切能力有所降低，因此式（7.35）中混凝土项的抗冲切承载力比不配置抗冲切钢筋的板的极限承载力小。另外，在配置了抗冲切钢筋后，板的厚度一般不会很大，故不再考虑板厚影响系数 β_h。

7.7.3　板的受冲切截面限制条件及配筋构造要求

1)板的受冲切截面限制条件

试验表明，配有抗冲切钢筋的钢筋混凝土板，其受力特性和破坏形态与有腹筋梁类似，当抗冲切钢筋的数量达到一定程度时，板的受冲切承载力几乎不再增加。为了使抗冲切箍筋或弯起钢筋能够充分发挥作用，同时也为了限制使用阶段的冲切斜裂缝宽度，《混凝土结构设计规范》规定了配置抗冲切钢筋的板的受冲切截面限制条件：

$$F_l \leqslant 1.2f_t\eta u_m h_0 \tag{7.36}$$

上式的截面尺寸限制条件相当于限制配置抗冲切钢筋板的最大承载力。

2)配筋构造要求

抗冲切钢筋必须与冲切破坏斜截面相交才能发挥作用。上述计算中假定冲切破坏锥体的斜截面呈 45°角，但板中实际的冲切破坏锥体的倾角可能小于 45°，所以在配筋时应将配筋范围扩大，以保证在实际破坏斜截面范围内有足够的钢筋通过。为此，《混凝土结构设计规范》规定，混凝土板中配置抗冲切箍筋或弯起钢筋时，应符合下列构造要求：

①按计算所需的箍筋及相应的架立钢筋应配置在与 45°冲切破坏锥面相交的范围内，且从集中荷载作用面或柱截面边缘向外的分布长度不应小于 $1.5h_0$［图 7.40（a）］；箍筋应做成封闭式，直径不应小于 6 mm，间距不应大于 $h_0/3$，且不应大于 100 mm。

②按计算所需弯起钢筋的弯起角度可根据板的厚度在 30°~45°之间选取；弯起钢筋的倾斜段应与冲切破坏锥面相交［图 7.40（b）］，其交点应在集中荷载作用面或柱截面边缘以外 $(1/2~2/3)h$ 的范围内。弯起钢筋的直径不宜小于 12 mm，且每一方向不宜少于 3 根。

另外，配置抗冲切钢筋的板的厚度不应小于 150 mm。

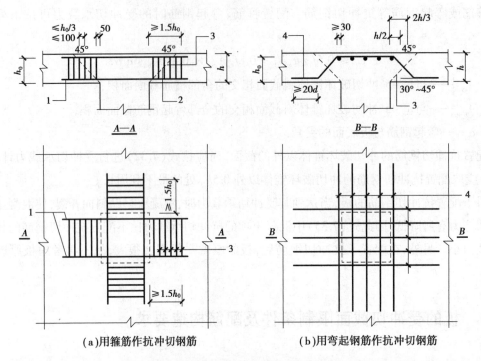

图 7.40 板中抗冲切钢筋布置(尺寸单位：mm)
1—架立钢筋；2—冲切破坏锥面；3—箍筋；4—弯起钢筋

本章小结

1.斜截面受剪破坏形态主要有三种：斜压、剪压和斜拉，其破坏形态随着 λ 变化而变化。当 $\lambda>3$，同时梁内配置的腹筋数量又过少时，发生斜拉破坏；当 $1<\lambda<3$，且梁中腹筋不过多，或剪跨比较大($\lambda>3$)，但腹筋数量不过少时，发生剪压破坏；当 $\lambda<1$，或剪跨比适当，($1<\lambda<3$)，但截面尺过小而腹筋数量过多时，发生斜压破坏。斜压和斜拉破坏较突然，设计中应通过限制截面尺寸和配置足够的箍筋来避免。剪压破坏充分利用了材料强度，且有一定的预兆，故斜截面受剪承载力计算公式是基于剪压破坏建立的。

2.斜截面受弯承载力一般通过规定纵向受力钢筋的弯起和截断位置以及相应的锚固长度来满足要求，一般无需计算。

3.影响斜截面受剪承载力的因素有剪跨比、跨高比、混凝土强度、箍筋强度及配箍率、纵筋配筋率等；受剪承载力计算公式是以主要影响因素为变量，以试验统计为基础，以满足可靠度指标为前提建立的。

4.钢筋混凝土柱、剪力墙等偏心受力构件的斜截面承载力计算与受弯构件计算公式的区别在于考虑了轴向力对斜截面承载力的影响。在一定范围内，轴向压力可以提高构件受剪承载力，轴向拉力则会降低受剪承载力。

5.抵抗弯矩图是指按实际配置的纵向钢筋绘制的梁上各正截面所能承受的弯矩图。纵向钢筋的弯起、截断位置正是依据材料图与荷载作用下的设计弯矩图的对比、满足截面承载力要求并考虑一定的锚固长度而得到的。

6.板的冲切破坏实质上是双向剪切破坏,类似于梁的斜拉破坏,其破坏过程复杂,目前仍未得到较好的解决。规范计算公式是在试验研究基础上总结得出,缺乏理论依据和明确的物理意义。

思 考 题

7.1　荷载作用下梁支座附近剪弯段内,沿梁高不同位置的微元体的受力有何特点?为什么剪弯段会出现斜裂缝?

7.2　影响受弯构件斜截面受剪承载力的主要因素有哪些?

7.3　腹筋为什么能够提高斜截面受剪承载力?弯起钢筋强度为何取 $0.8f_y$?箍筋的配筋率是如何定义的?它与正截面受弯承载力计算时的配筋率有何不同?

7.4　斜截面受剪承载力的上限和下限值的含义是什么?为什么要规定梁最小截面尺寸以及箍筋的最小配筋率?

7.5　斜截面受剪承载力设计计算中,计算截面的选取依据是什么?

7.6　斜截面承载力计算公式中,各项的物理意义是什么?

7.7　图示的 5 根梁中,已配有等间距等直径的箍筋,经计算尚需配置弯起钢筋。试指出 5根梁中弯筋配置错误之处,并加以改正。

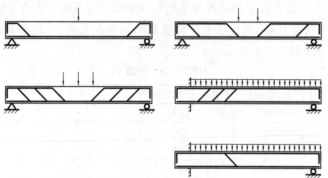

思考题 7.7 图　简支梁及悬臂梁配筋示意图

7.8　抵抗弯矩图(材料图)与设计弯矩图有何关系?什么是钢筋的充分利用点和理论截断点?

7.9　纵筋弯起抗剪时需要满足哪些要求?纵筋实际截断点与充分利用点和理论截断点有什么关系?

7.10　钢筋伸入支座的锚固长度有哪些要求?

7.11　偏心受力构件受剪承载力计算公式与受弯构件有何不同?轴力对斜截面受剪承载力的影响是如何考虑的?

7.12　何为冲切破坏?冲切破坏与剪切破坏有什么关系?抗冲切钢筋有哪些构造要求?

习 题

7.1　某承受均布荷载的矩形截面梁截面尺寸 $b×h = 250\ mm×500\ mm$(取 $a_s = 40\ mm$),采用 C25 混凝土,箍筋为 HPB300 钢筋。结构的安全等级为二级。若剪力设计值 $V = 170\ kN$,试求采用 $\phi8$ 箍筋时箍筋间距 s 的取值。

7.2 某钢筋混凝土矩形截面简支梁承受荷载如习题7.2图所示,其中集中荷载设计值 F = 175 kN,均布荷载设计值 $g+q$ = 7.5 kN/m(包括自重)。梁截面尺寸 $b \times h$ = 250 mm×600 mm,配有纵筋 4$\underline{\Phi}$25,混凝土强度等级为C25,箍筋为HPB300。结构的安全等级为二级。环境类别为一类。试求所需箍筋数量并绘制配筋图。

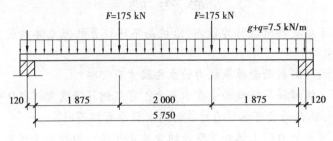

F=175 kN   F=175 kN   g+q=7.5 kN/m

120 1 875 2 000 1 875 120
5 750

习题7.2 图

7.3 某 T 形截面简支梁尺寸如下:$b \times h$ = 200 mm×500 mm,b'_f = 400 mm,h'_f = 100 mm,a_s = 45 mm,混凝土采用 C25,箍筋采用 HPB300 级。由集中荷载产生的边支座剪力设计值 V = 135 kN(包括自重),剪跨比 λ = 3。结构的安全等级为二级。环境类别为一类。试确定该梁所需要的箍筋数量。

7.4 梁荷载设计值及梁跨度等同习题7.2,但截面尺寸、混凝土强度等级修改如习题7.4计算表所示,并采用 ϕ8 双肢箍筋,试按序号计算箍筋间距填入表内,并比较截面尺寸、混凝土强度等级对斜截面承载力的影响。

习题7.4 表   计算表

序 号	$b \times h$/(mm×mm)	混凝土强度等级	Φ8 计算	Φ8 实配
1	250×500	C25		
2	250×500	C30		
3	300×500	C25		
4	250×600	C25		

7.5 如习题7.5 图所示为一钢筋混凝土矩形截面外伸梁,支承于砖墙上。结构的安全等级为二级。均布荷载设计值(包括梁自重)为 84 kN/m,h_0 = 630 mm。混凝土强度等级为 C30,纵筋采用 HRB400 级,箍筋采用HPB300级。根据正截面受弯承载力计算,配置了 3$\underline{\Phi}$22+3$\underline{\Phi}$20 钢筋。求箍筋和弯起钢筋的数量。

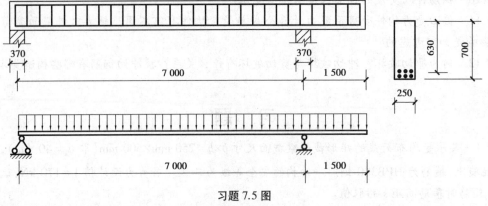

370   370
7 000   1 500

630   700
250

7 000   1 500

习题7.5 图

7.6 如习题 7.6 图所示为一钢筋混凝土外伸梁, 支承于砖墙上, 梁截面尺寸 $b \times h = 300 \text{ mm} \times 700 \text{ mm}$, 均布荷载设计值 150 kN/m(包括梁自重)。混凝土等级 C30, 纵筋 HRB400 级, 箍筋 HRB400 级。结构的安全等级为二级。环境类别为一类。要求:

(1)进行正截面及斜截面承载力计算, 确定所需纵筋、箍筋和弯起钢筋的数量;

(2)绘制抵抗弯矩图和分离钢筋图, 并给出各弯起钢筋的弯起位置。

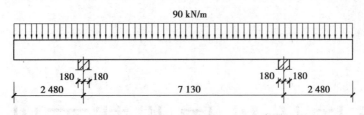

习题 7.6 图

7.7 已知某钢筋混凝土矩形截面简支梁, 计算跨度 $l_0 = 5\,760 \text{ mm}$, 截面尺寸 $b \times h = 250 \text{ mm} \times 550 \text{ mm}$。采用 C30 混凝土, HRB400 级纵向钢筋和 HPB400 级箍筋。结构的安全等级为二级。环境类为一类。若已知梁的纵向受力钢筋为 4 ⊉ 20, 试求: 当分别采用 ⊉ 8@200 双肢箍筋和 ⊉ 10@200 双肢箍筋时, 梁所能承受的均布荷载设计值(包括自重)为多少?

7.8 框架柱截面 $b \times h = 300 \text{ mm} \times 400 \text{ mm}$, 柱净高 $H_\text{n} = 3 \text{ m}$。柱端作用剪力设计值 $V = 170 \text{ kN}$, 弯矩设计值 $M = 115 \text{ kN} \cdot \text{m}$, 与剪力相应的轴向压力设计值 $N = 710 \text{ kN}$。混凝土强度等级 C30, 纵筋为 HRB400 级, 箍筋为 HPB300 级。结构的安全等级为二级。环境类别为二 a。要求验算柱截面尺寸, 并确定箍筋数量。

7.9 矩形截面偏心受拉杆件, 截面尺寸 $b \times h = 200 \text{ mm} \times 200 \text{ mm}$。作用剪力设计值 $V = 52 \text{ kN}$, 剪跨 $a = 0.3 \text{ m}$; 与剪力相应的轴向拉力设计值 $N = 600 \text{ kN}$, 弯矩设计值 $M = 16 \text{ kN} \cdot \text{m}$。混凝土强度等级 C25, 箍筋 HPB300。结构的安全等级为二级。环境类别为二 a。试确定箍筋数量。

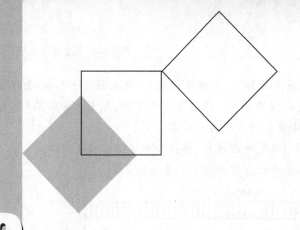

8 受扭构件扭曲截面性能与设计

本章导读:

● **基本要求**:理解矩形截面素混凝土和钢筋混凝土纯扭构件破坏形态、剪扭构件的剪扭相关关系;掌握纯扭构件受扭承载力以及弯、剪、扭复合受力构件的承载力计算方法;了解轴力对弯剪扭构件承载力的影响特点。

● **重点**:钢筋混凝土纯扭构件的破坏机理和承载力计算公式;复合受扭构件各内力的相关关系及承载力计算方法。

● **难点**:开裂扭矩计算;纯扭构件受扭承载力计算;复合受力条件下构件承载力计算。

8.1 工程应用实例

在工程结构中,构件截面除承受弯矩、剪力、轴向压力(或拉力)外,有时还会承受扭矩,例如吊车横向制动力作用下的吊车梁、雨篷梁、框架边梁等(图 8.1)。但在实际工程中,处于纯扭矩作用的情况是很少见的,绝大多数是处于弯矩、剪力、轴向压力(或拉力)、扭矩等几种内力的共同作用下,即复合受扭情况。

工程中构件截面受到的扭矩根据其成因可分为两类:一类是静定的受扭构件,即由外荷载直接作用产生的扭矩,其值可由静力平衡条件求得,与构件截面抗扭刚度无关,一般称为平衡扭矩,如图 8.1(a),(b)所示的吊车梁、雨篷梁截面上承受的扭矩,都属于这类扭矩。另一类是超静定的受扭构件,即作用在构件截面上的扭矩除了静力平衡条件以外,还必须由相邻构件的变形协调条件才能确定,这类扭矩称为协调扭矩,如图 8.1(c)所示的现浇框架的边梁,由于楼面梁梁端的弯曲转动变形使得边梁产生扭转,边梁截面承受扭矩,但在边梁受扭开裂后,其截面抗扭刚度迅速降低,从而使作用于构件截面上的扭矩也会随之减少。

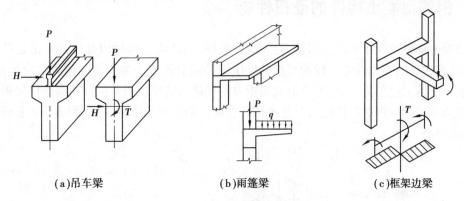

|(a)吊车梁|(b)雨篷梁|(c)框架边梁|

图 8.1　常见受扭构件示例

　　本章首先介绍纯扭构件的受力性能和扭曲截面承载力计算,然后讨论复合受扭构件的受力性能及承载力计算。

8.2　纯扭构件扭曲截面承载力计算

8.2.1　素混凝土构件的受扭性能

　　素混凝土矩形截面构件在扭矩 T 的作用下[图 8.2(a)],在加载的初始阶段,截面的剪应力分布基本符合弹性扭转理论分析结果。由材料力学可知,构件受扭后,在构件截面上产生剪应力 τ,最大剪应力发生在截面长边的中点。根据剪应力互等定理,且忽略截面上的正应力,最大主拉应力 $\sigma_1 = \tau_{max}$ 发生在同一位置,与纵轴成 $45°$ 角。随着扭矩的增大,剪应力随之增加,出现少量塑性变形,截面剪应力图形趋向饱满。

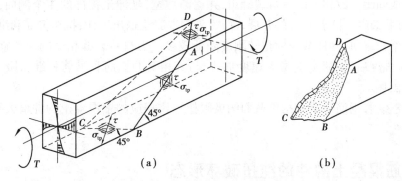

图 8.2　素混凝土构件的受扭

　　当主拉应力值达到混凝土的抗拉强度时,首先在构件长边的中部出现斜裂缝,垂直于主拉应力方向。随即,斜裂缝的两端同时沿 $45°$ 方向向上、下延伸,并转向短边侧面。当斜裂缝延伸到另一长边边缘时,在该长边形成受压破损线,使构件断裂成两半,形成三面开裂、一面受压的空间扭曲破坏面,试件断口的混凝土形状清晰、整齐,其他位置一般不再发生裂缝,如图 8.2(b)所示。这种破坏现象称为扭曲截面破坏,具有突然性,属于脆性破坏。

8.2.2 钢筋混凝土构件的受扭性能

素混凝土构件的受扭承载力很低,且为脆性破坏,因此应在构件内部设置一定数量的抗扭钢筋,以改善构件的受力性能。较为理想的抗扭钢筋应沿垂直于裂缝方向配置螺旋箍筋,但是这种配筋方法施工过程复杂,且不能适应扭矩方向变化的情况。通常沿截面周边均匀布置抗扭纵筋和箍筋来承担扭转引起的应力。这种构件在纯扭矩 T 作用下的变形、裂缝分布和破坏形态如图8.3 所示。

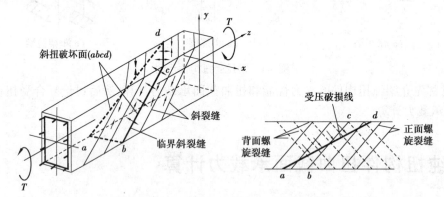

图 8.3 钢筋混凝土构件的受扭

在裂缝出现前,抗扭纵筋和箍筋的应力都很小,以致在裂缝即将出现时,构件所能承受的开裂扭矩值与同样尺寸、材料的素混凝土构件所能承受的极限扭矩值相比,提高很少。因此,在研究构件开裂扭矩时可以忽略钢筋的作用,按照素混凝土构件考虑。

随着扭矩的增大,当截面长边中点混凝土的主拉应力达到其抗拉强度后,出现沿 45°方向的斜裂缝,与斜裂缝相交的箍筋和纵筋的拉应力突然增大,裂缝宽度迅速增加。

继续增大扭矩,由于钢筋的存在,构件并不立即破坏,在构件表面接近 45°倾斜角的斜裂缝数量增多,形成间距大致相等的平行裂缝组,并逐渐加宽,延伸至构件的 4 个侧面,在构件表面形成多重螺旋状裂缝。随着裂缝的开展、深入,外层混凝土退出工作,抗扭箍筋和纵筋承担更大的扭矩,应力增长较快,构件截面的扭转刚度降低较多。当与斜裂缝相交的一些箍筋和纵筋的应力达到屈服强度后,裂缝宽度增大速度加快,与其相交的箍筋和纵筋相继屈服,扭矩不再增大,直至构件破坏。

试验研究表明,钢筋混凝土构件截面的极限扭矩比相应的素混凝土构件增大很多,但开裂扭矩增大不多。

8.2.3 钢筋混凝土构件的纯扭破坏形态

钢筋混凝土受扭构件的破坏形态与受扭纵筋和受扭箍筋数量及二者的比例有关,大致可以分为少筋破坏、适筋破坏、超筋破坏和部分超筋破坏 4 类。

（1）少筋破坏

若抗扭纵筋和箍筋配置均过少，一旦出现裂缝，构件会立即发生破坏。此时，抗扭纵筋和箍筋的应力不仅达到其屈服强度，而且可能进入强化阶段，其破坏特征类似于受弯构件中的少筋梁，故称为少筋受扭构件。这种破坏属脆性破坏，应在设计中予以避免。

（2）适筋破坏

对于正常配筋条件下的钢筋混凝土受扭构件，在扭矩作用下，抗扭纵筋和箍筋的应力首先达到其屈服强度，然后混凝土被压碎而破坏。这种破坏与受弯构件的适筋梁类似，属延性破坏。此类受扭构件称为适筋受扭构件。

（3）超筋破坏

当抗扭纵筋和箍筋的配筋率都过高时，会使抗扭纵筋和箍筋的应力都没有达到其屈服强度，而混凝土先行压坏，这种破坏与受弯构件的超筋梁类似，属脆性破坏。此类受扭构件称为超筋受扭构件。

（4）部分超筋破坏

若抗扭纵筋和箍筋不匹配，两者配筋比率相差较大，例如纵筋的配筋率比箍筋的配筋率小得多时，破坏时仅纵筋屈服，而箍筋不屈服；反之，则箍筋屈服，纵筋不屈服，此类构件称为部分超筋受扭构件。部分超筋受扭构件破坏时，亦具有一定的延性，但较适筋受扭构件破坏时的截面延性小。

可见，适筋受扭构件的塑性变形比较充分，部分超筋次之，其他两种破坏形态的塑性变形则很小。为了保证构件在扭矩作用下的延性性能，设计时应使构件处于适筋或部分超配筋范围，避免发生脆性破坏。

8.2.4　纯扭构件的开裂扭矩

在工程结构中，构件受纯扭的情况虽然不多，但是研究钢筋混凝土纯扭构件的受扭机理、受力模型以及承载力计算方法，是研究复合受扭构件受力性能和承载力计算的基础。纯扭构件扭曲截面承载力计算中，首先需要计算构件的开裂扭矩，如果作用于构件截面上的扭矩值大于构件的开裂扭矩，则还要按计算配置受扭纵筋和箍筋，以满足构件的承载力要求。否则，只需按构造要求配置受扭钢筋。

（1）矩形截面纯扭构件

如前所述，钢筋混凝土纯扭构件在裂缝出现前，钢筋应力很小，钢筋的存在对开裂扭矩的影响也不大，故可以忽略钢筋的作用。

在扭矩 T 作用下的矩形截面构件，扭矩使截面上产生扭剪应力 τ，即将开裂时截面剪应力分布如图 8.4（a）所示。

试验表明，如按弹性应力分布［图 8.4（a）］估算素混凝土构件的抗扭承载力，则会低估其开裂扭矩。因此，通常按理想塑性材料估算素混凝土构件的开裂扭矩。对于理想塑性材料的矩形截面构件，当截面长边中点的应力达到 τ_{max}（相应的主拉应力达到混凝土的抗拉强度）时，只是意味着局部材料发生屈服，构件开始进入塑性状态，整个构件仍能承受继续增加的扭矩，直到截面上的应力全部达到材料的屈服强度后，构件才丧失承载能力而破坏。此时截面上剪应力分布如图 8.4（b）所示，即假定各点剪应力均达到最大值。

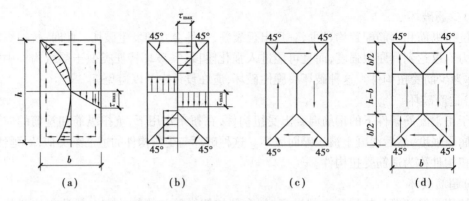

图 8.4　纯扭构件开裂前截面剪应力分布

设矩形截面的长边为 h,短边为 b,将截面上的剪应力分布划分为 4 个部分[图 8.4(c)],计算各部分剪应力的合力及其对截面扭转中心的力矩。为了便于计算,可将图 8.4(c)改为图 8.4(d),并将其对截面的扭转中心取矩,则得

$$T_{cr} = \frac{b^2}{6}(3h - b)\tau_{max}$$

构件开裂时,$\sigma_{tp} = \tau_{max} = f_t$,所以开裂扭矩为

$$T_{cr} = f_t\frac{b^2}{6}(3h - b) = f_t W_t \tag{8.1}$$

式中,W_t 为受扭构件的截面受扭塑性抵抗矩,对矩形截面,W_t 按下式计算:

$$W_t = \frac{b^2}{6}(3h - b) \tag{8.2}$$

由于混凝土并非理想塑性材料,所以在整个截面上剪应力完成重分布之前,构件就已开裂。此外,构件内除了作用有主拉应力外,还有与主拉应力成正交方向的主压应力作用,在拉、压复合应力作用下,混凝土的抗拉强度低于单向受拉时的抗拉强度(见图 2.15 及表 2.1)。因此,当按理想塑性材料的应力分布计算开裂扭矩时,应乘以小于 1 的系数予以修正。根据试验结果,《混凝土结构设计规范》取修正系数为 0.7,于是式(8.1)成为

$$T_{cr} = 0.7f_t W_t \tag{8.3}$$

系数 0.7 综合反映了混凝土塑性发挥的程度和双轴应力下混凝土强度降低的影响。

(2)T 形和 I 形截面纯扭构件

对于工程中常见的 T 形或 I 形截面受扭构件,为了简化计算,可想象将 T 形或 I 形截面分成若干矩形截面,对于每个矩形截面可利用式(8.2)计算相应的 W_t,并近似地认为整个截面的受扭塑性抵抗矩等于各分块矩形截面受扭塑性抵抗矩之和。截面分块时,应首先满足较宽矩形部分的完整性。对于工程中常见的 T 形或 I 形截面,一般为腹板矩形部分较宽,故可按图 8.5 所示方法进行截面划分。此时,T 形或 I 形截面总的受扭塑性抵抗矩 W_t 应按下式计算:

$$W_t = W_{tw} + W'_{tf} + W_{tf} \tag{8.4}$$

式中,W_{tw}、W'_{tf}、W_{tf} 分别为腹板、受压翼缘和受拉翼缘部分的矩形截面受扭塑性抵抗矩,按下列公式计算:

$$W_{tw} = \frac{b^2}{6}(3h - b) \tag{8.5a}$$

$$W'_{tf} = \frac{h'^2_f}{2}(b'_f - b) \tag{8.5b}$$

$$W_{tf} = \frac{h^2_f}{2}(b_f - b) \tag{8.5c}$$

式中　b'_f, b_f——截面受压区和受拉区的翼缘宽度;

　　　h'_f, h_f——截面受压区和受拉区的翼缘高度;

　　　b, h——腹板宽度及全截面高度。

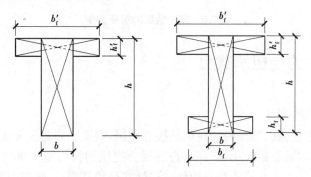

图 8.5　T 形和 I 形截面的分块

应当指出,式(8.5b)和式(8.5c)是将受压翼缘和受拉翼缘分别视为受扭整体面而按式(8.2)确定的,对如图 8.5 所示的受压翼缘,可得

$$W'_{tf} = \frac{h'^2_f}{6}(3b'_f - h'^2_f) - \frac{h'^2_f}{6}(3b - h'_f) = \frac{h'^2_f}{2}(b'_f - b)$$

这就是式(8.5b),同样可得式(8.5c)。

当翼缘宽度较大时,计算时取用的翼缘宽度尚应符合 $b'_f \leqslant b + 6h'_f$ 及 $b_f \leqslant b + 6h_f$ 的规定。

综上所述,对 T 形或 I 形截面纯扭构件,其开裂扭矩 T_{cr} 可按式(8.3)计算,式中的 W_t 可按式(8.5)确定。

(3)箱形截面纯扭构件

在扭矩作用下,箱形截面构件截面上的剪应力流方向一致[图 8.6(a)],截面受扭塑性抵抗矩很大。若将截面划分为四个矩形块[图 8.6(b)],相当于把剪应力流限制在各矩形块面积范围内,沿内壁的剪应力方向与实际整体截面的相反,故按照分块法计算的截面受扭塑性抵抗矩小于其精确值。因此,对于箱形截面纯扭构件,其开裂扭矩仍可按式(8.3)计算,但其截面受扭塑性抵抗矩应按整体截面计算,公式如下:

$$W_t = \frac{b^2_h}{6}(3h_h - b_h) - \frac{(b_h - 2t_w)^2}{6}[3h_w - (b_h - 2t_w)] \tag{8.6}$$

式中,b_h, h_h 分别为箱形截面的短边尺寸和长边尺寸,其余符号意义见图 8.6。

由式(8.6)可见,箱形截面的受扭塑性抵抗矩 W_t 等于截面尺寸为 $b_h \times h_h$ 的矩形截面的 W_t 减去孔洞矩形部分的 W_t。

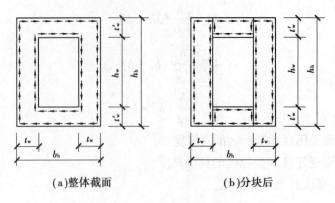

(a)整体截面   (b)分块后

图 8.6   箱形截面的剪应力流

8.2.5   纯扭构件的受扭承载力

1)纯扭构件的力学模型

试验研究表明,矩形截面纯扭构件在钢筋接近屈服、混凝土裂缝充分发展情况下,由于截面核心混凝土的剪应力和形心距较小,截面中心混凝土提供的抗扭能力可以忽略,故实心截面钢筋混凝土受扭构件可等效为一箱形截面构件。构件在受扭开裂后,箱壁斜裂缝将混凝土分割为许多斜杆,混凝土斜杆与纵筋、箍筋形成一个空间桁架,如图 8.7 所示。这种力学模型概念比较清晰、简单,并且能够把构件的抗剪、抗扭计算统一起来。

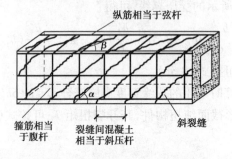

图 8.7   变角度空间桁架模型

按照图 8.7 所示的变角空间桁架模型,由平衡条件可导得构件受扭承载力 T_u 为

$$T_\mathrm{u} = 2\sqrt{\zeta}\,\frac{f_\mathrm{yv}A_\mathrm{st1}}{s}A_\mathrm{cor} \tag{8.7}$$

$$\zeta = \frac{\dfrac{f_\mathrm{y}A_\mathrm{st\mathit{l}}}{u_\mathrm{cor}}}{\dfrac{f_\mathrm{yv}A_\mathrm{st1}}{s}} = \frac{f_\mathrm{y}A_\mathrm{st\mathit{l}}s}{f_\mathrm{yv}A_\mathrm{st1}u_\mathrm{cor}} \tag{8.8}$$

式中 ζ——受扭的纵向钢筋与箍筋的配筋强度比值;

    $A_\mathrm{st\mathit{l}}$——受扭计算中取对称布置的全部纵向普通钢筋截面面积;

    A_st1——受扭计算中沿截面周边配置的箍筋单肢截面面积;

f_y, f_{yv}——受扭纵筋、受扭箍筋的抗拉强度设计值；

s——受扭箍筋的间距；

u_{cor}——截面核心部分的周长，$u_{cor} = 2(b_{cor} + h_{cor})$；

A_{cor}——截面核心部分的面积，$A_{cor} = b_{cor}h_{cor}$。

计算 u_{cor} 和 A_{cor} 时所取用的 b_{cor} 与 h_{cor}，分别为箍筋内表面范围内截面核心部分的短边和长边尺寸，如图 8.8 所示。

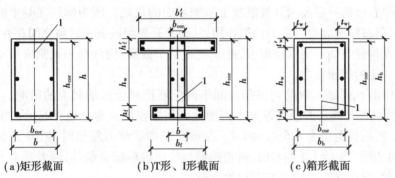

(a)矩形截面　　**(b)T形、I形截面**　　**(c)箱形截面**

图 8.8　受扭构件截面

由式(8.8)可见，ζ 为沿截面核心周长单位长度内的抗扭纵筋强度与沿构件长度方向单位长度内的单侧抗扭箍筋强度之比值，反映了两种受扭钢筋的相对数量及作用。

2) 纯扭构件的受扭承载力

(1)矩形截面纯扭构件

式(8.7)是按变角空间桁架模型导出的计算公式，由于构件的实际受力机理比较复杂，因此该公式的计算值与试验结果存在一定差异。《混凝土结构设计规范》根据对试验资料的统计分析结果，并参考空间桁架模型，给出计算公式。

纯扭构件的受扭承载力 T_u 由混凝土的抗扭作用 T_c 和箍筋与纵筋的抗扭作用 T_s 组成，即

$$T_u = T_c + T_s \tag{8.9}$$

其中 T_c 可写成

$$T_c = \alpha_1 f_t W_t$$

T_s 可用变角空间桁架模型的计算式(8.7)表示，即

$$T_s = \alpha_2 \sqrt{\zeta} \frac{f_{yv} A_{st1}}{s} A_{cor}$$

则式(8.9)变为

$$T_u = \alpha_1 f_t W_t + \alpha_2 \sqrt{\zeta} \frac{f_{yv} A_{st1}}{s} A_{cor} \tag{8.10}$$

上式可写成

$$\frac{T_u}{f_t W_t} = \alpha_1 + \alpha_2 \sqrt{\zeta} \frac{f_{yv} A_{st1}}{f_t W_t s} A_{cor} \tag{8.11}$$

图 8.9 为配有不同数量抗扭钢筋的钢筋混凝土纯扭构件受扭承载力试验结果(图中的黑点)，纵坐

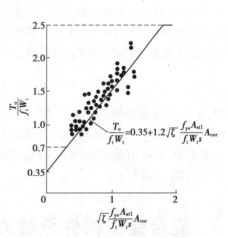

$$\frac{T_u}{f_t W_t} = 0.35 + 1.2\sqrt{\zeta} \frac{f_{yv} A_{st1}}{f_t W_t s} A_{cor}$$

图 8.9　计算公式和实测值的比较

标为 T_u/f_tW_t，横坐标为 $\sqrt{\zeta}\dfrac{f_{yv}A_{st1}A_{cor}}{f_tW_ts}$。根据对试验数据的统计回归分析，得系数 $\alpha_1 = 0.35$，$\alpha_2 = 1.2$。由此可得矩形截面纯扭构件扭曲截面承载力的设计表达式：

$$T \leqslant T_u = 0.35f_tW_t + 1.2\sqrt{\zeta}\frac{f_{yv}A_{st1}}{s}A_{cor} \tag{8.12}$$

式中　　T——扭矩设计值。

式(8.12)中右边第一项表示开裂混凝土所能承受的扭矩。因为钢筋混凝土纯扭构件开裂后，抗扭钢筋对斜裂缝开展有一定的约束作用，从而使开裂面混凝土骨料之间存在咬合作用；同时斜裂缝只是在构件表面一定深度形成，并未贯穿整个截面，构件尚未被割成可动机构。因而混凝土仍具有一定的抗扭能力。

式(8.12)中的 ζ，考虑了纵筋与箍筋之间不同配筋比对受扭承载力的影响。试验表明，当 $0.5 \leqslant \zeta \leqslant 2.0$ 时，纵筋与箍筋的应力基本上都能达到屈服强度。为了稳妥起见，《混凝土结构设计规范》规定 ζ 的取值范围为 $0.6 \leqslant \zeta \leqslant 1.7$。在截面受扭承载力复核时，如果实际的 $\zeta > 1.7$，取 $\zeta = 1.7$。试验也表明，当 $\zeta = 1.2$ 左右时，抗扭纵筋与抗扭箍筋配合最佳，两者基本上能同时达到屈服强度。因此，设计时取 $\zeta = 1.2$ 左右较为合理。

(2)T形和I形截面纯扭构件

对于 T 形或 I 形截面钢筋混凝土纯扭构件，应先按图 8.5 所示原则将截面划分为若干单块矩形，然后将总扭矩按照各单块矩形的截面受扭塑性抵抗矩的比例分配给各矩形块。腹板矩形、上翼缘矩形和下翼缘矩形所承担的扭矩值分别为

$$T_w = \frac{W_{tw}}{W_t}T,\ T'_f = \frac{W'_{tf}}{W_t}T,\ T_f = \frac{W_{tf}}{W_t}T \tag{8.13}$$

式中　　T——构件截面所承受的扭矩设计值；

　　　　T_w——腹板所承受的扭矩设计值；

　　　　T'_f,T_f——受压翼缘、受拉翼缘所承受的扭矩设计值。

求得各分块矩形所承担的扭矩后，即可按式(8.12)进行各矩形截面的受扭承载力计算。

(3)箱形截面纯扭构件

试验及理论研究表明，具有一定壁厚($t_w \geqslant 0.4b_h$)的箱形截面，其受扭承载力与实心截面 $b_h \times h_h$ 的基本相同。当壁厚较薄时，其受扭承载力小于实心截面的受扭承载力。因此，对于箱形截面纯扭构件[图 8.8(c)]，其受扭承载力的计算公式与矩形截面的相似，仅在混凝土抗扭项考虑了与截面相对壁厚有关的折减系数，即

$$T \leqslant T_u = 0.35\alpha_hf_tW_t + 1.2\sqrt{\zeta}f_{yv}\frac{A_{st1}}{s}A_{cor} \tag{8.14}$$

式中，α_h 为箱形截面壁厚影响系数：$\alpha_h = 2.5t_w/b_h$，当 $\alpha_h > 1.0$ 时，取 $\alpha_h = 1.0$。即当 $\alpha_h \geqslant 1.0$ 或 $t_w \geqslant 0.4b_h$ 时，按 $b_h \times h_h$ 的实心矩形截面计算。

上式中的 W_t 值应按式(8.6)确定；ζ 值应按式(8.8)计算，且应符合 $0.6 \leqslant \zeta \leqslant 1.7$ 的要求，当 $\zeta > 1.7$ 时，取 $\zeta = 1.7$。

8.3　复合受扭构件承载力计算

实际工程中，大多数构件承受弯矩、剪力和扭矩同时作用(梁)，或者承受弯矩、剪力、轴力

和扭矩同时作用(柱和墙),处于弯矩、剪力、轴力和扭矩共同作用的复合受力状态。试验表明,对于弯、剪、扭构件,构件的受扭承载力与其受弯和受剪承载力是相互影响的,即构件的受扭承载力随同时作用的弯矩、剪力的大小而发生变化;同样,构件的受弯和受剪承载力也随同时作用的扭矩大小而发生变化。对于弯、剪、压、扭构件,构件各承载力之间也存在与上述相似的规律。工程上把这种相互影响的性质称为构件各承载力之间的相关性。

由于弯、剪、压、扭承载力之间的相互影响极为复杂,所以要完全考虑它们之间的相关性,并用统一的相关方程来计算将非常困难。因此,我国《混凝土结构设计规范》对复合受扭构件的承载力计算采用了部分相关、部分叠加的计算方法,即对混凝土抗力部分考虑相关性,对钢筋的抗力部分采用叠加的方法。

8.3.1　破坏形式

处于弯矩 M、剪力 V 和扭矩 T 共同作用下的钢筋混凝土构件,其受力状况是十分复杂的,M、V、T 的任一组合比例,都将出现不同的破坏结果。试验研究中,通常以扭弯比 $\psi(T/M)$ 和扭剪比 $\chi(T/Vb)$ 来控制构件的受荷条件,其中 b 为截面宽度。试验研究表明,构件的破坏特征及其承载力,与受荷条件及构件的内在因素(构件的截面尺寸,配筋及材料强度)有关。弯、剪、扭构件表现出三种破坏形态:弯型破坏、扭型破坏和剪扭型破坏。

(1)弯型破坏

弯型破坏发生在配筋适当,扭弯比 ψ 较小,且剪力不起控制作用的条件下。这种破坏形态,弯矩是主要的,裂缝首先在弯曲受拉底面出现,然后发展到两侧面。三个面上的螺旋形裂缝形成一个空间扭曲破坏面,弯曲受压顶面无裂缝。构件破坏时与螺旋形裂缝相交的纵筋及箍筋均受拉,并到达其屈服强度,构件顶部受压,如图 8.10(a)所示。

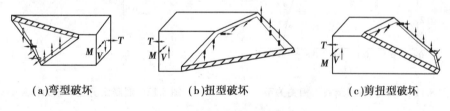

(a)弯型破坏　　　　　(b)扭型破坏　　　　　(c)剪扭型破坏

图 8.10　弯剪扭构件的破坏类型

(2)扭型破坏

当扭矩作用显著,即扭弯比 ψ 及扭剪比 χ 均较大,且构件顶部纵筋少于底部纵筋时,可能形成如图 8.10(b)所示受压区在构件底部的扭型破坏。此时,尽管因弯矩作用使顶部纵筋受压,但由于弯矩较小,从而其在构件顶部引起的压应力也较小。综合作用结果是,扭矩在顶部纵筋内产生的拉应力,有可能抵消弯矩产生的压应力,加上顶部纵筋数量少于底部纵筋,从而使顶部纵筋应力先期到达其受拉屈服强度,扭转斜裂缝首先出现在构件顶面,并向两侧面扩展,最后使构件底部受压而破坏。

(3)剪扭型破坏

若弯矩较小,剪力和扭矩起控制作用,裂缝首先在侧面出现(在这个侧面上,剪力和扭矩产生的主应力方向是相同的),然后向底面和顶面扩展,在这三个面上形成螺旋形扭曲破坏面,破坏时与螺旋形裂缝相交的纵筋和箍筋受拉并到达屈服强度,而受压区则靠近另一个侧面(在这个侧面上,剪力和扭矩产生的主应力方向是相反的),形成如图 8.10(c)所示的剪扭型破坏。

如前所述,没有扭矩作用的受弯构件斜截面会发生剪压破坏。对于弯、剪、扭共同作用下的构件,除了前述的三种破坏形态外,若剪力作用十分显著而扭矩较小,即扭剪比较小时,还会发生与剪压破坏十分相近的剪切破坏形态。

8.3.2 剪扭构件承载力计算

1)剪扭承载力相关关系

试验结果表明,当剪力与扭矩共同作用时,由于剪力的存在将使混凝土的抗扭承载力降低,而扭矩的存在也将使混凝土的抗剪承载力降低,两者的相关关系大致符合 1/4 圆的规律(图 8.11),其表达式为

$$\left(\frac{V_c}{V_{co}}\right)^2 + \left(\frac{T_c}{T_{co}}\right)^2 = 1 \tag{8.15}$$

式中　V_c, T_c——剪扭共同作用下混凝土的受剪及受扭承载力;

　　　　V_{co}——纯剪构件混凝土的受剪承载力,即 $V_{co} = 0.7f_t b h_0$;

　　　　T_{co}——纯扭构件混凝土的受扭承载力,即 $T_{co} = 0.35f_t W_t$。

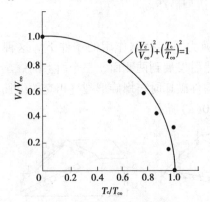

图 8.11　混凝土剪扭承载力相关关系

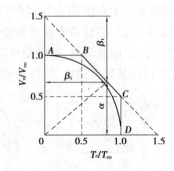

图 8.12　混凝土剪扭承载力相关的计算模式

2)矩形截面剪扭构件承载力计算

矩形截面剪扭构件的受剪及受扭承载力分别由相应的混凝土抗力和钢筋抗力组成,即

$$V_u = V_c + V_s \tag{8.16}$$

$$T_u = T_c + T_s \tag{8.17}$$

式中　V_u, T_u——剪扭构件的受剪及受扭承载力;

　　　　V_c, T_c——剪扭构件中混凝土的受剪及受扭承载力;

　　　　V_s, T_s——剪扭构件中箍筋的受剪承载力及抗扭钢筋的受扭承载力。

根据部分相关、部分叠加的原则,式(8.16)、式(8.17)中的 V_s, T_s 应分别按纯剪及纯扭构件的相应公式计算;而 V_c, T_c 应考虑剪扭相关关系,这可直接由式(8.15)的相关方程求解确定。但《混凝土结构设计规范》对 V_c 与 T_c 的相关关系,是将 1/4 圆用三段直线组成的折线代替(图 8.12)。直线 AB 段表示当混凝土承受的扭矩 $T_c \leqslant 0.5T_{co}$ 时,混凝土的受剪承载力不予降低;直

线 CD 段表示当混凝土承受的剪力 $V_c \leqslant 0.5V_{co}$ 时,混凝土的受扭承载力不予降低;斜线 BC 段表示混凝土的受剪及受扭承载力均予以降低。如设

$$\alpha = \frac{V_c}{V_{co}}, \quad \beta_t = \frac{T_c}{T_{co}} \tag{8.18}$$

则斜线 BC 上任一点均满足条件,

$$\alpha + \beta_t = 1.5 \tag{8.19}$$

α 与 β_t 的比例关系为

$$\frac{\alpha}{\beta_t} = \frac{V_c/V_{co}}{T_c/T_{co}} = \frac{V_c}{T_c} \cdot \frac{0.35f_t W_t}{0.7f_t bh_0} = 0.5\frac{V_c}{T_c} \cdot \frac{W_t}{bh_0} = 0.5\frac{V}{T} \cdot \frac{W_t}{bh_0} \tag{8.20}$$

在上式中近似地取 $V_c/T_c = V/T$。联立求解方程(8.19)和式(8.20),可得

$$\beta_t = \frac{1.5}{1 + 0.5\dfrac{V}{T} \cdot \dfrac{W_t}{bh_0}} \tag{8.21}$$

式中,β_t 称为剪扭构件混凝土受扭承载力降低系数;相应地,α 称为混凝土受剪承载力降低系数,由式(8.19)得

$$\alpha = 1.5 - \beta_t \tag{8.22}$$

将有关公式分别代入式(8.16)和式(8.17),可得矩形截面一般剪扭构件受剪及受扭承载力的设计表达式如下:

$$V \leqslant V_u = 0.7(1.5 - \beta_t)f_t bh_0 + f_{yv}\frac{A_{sv}}{s}h_0 \tag{8.23}$$

$$T \leqslant T_u = 0.35\beta_t f_t W_t + 1.2\sqrt{\zeta}f_{yv}\frac{A_{st1}}{s}A_{cor} \tag{8.24}$$

对于集中荷载作用下的独立剪扭构件,其受扭承载力仍按式(8.24)计算,但受剪承载力应按下式计算:

$$V \leqslant V_u = (1.5 - \beta_t)\frac{1.75}{\lambda + 1}f_t bh_0 + f_{yv}\frac{A_{sv}}{s}h_0 \tag{8.25}$$

并且式(8.24)和式(8.25)中的 β_t 应按下式计算:

$$\beta_t = \frac{1.5}{1 + 0.2(\lambda + 1)\dfrac{V}{T} \cdot \dfrac{W_t}{bh_0}} \tag{8.26}$$

式中,λ 为计算截面的剪跨比,与式(7.11)中 λ 的取值规定相同。

在式(8.20)中,取 $V_{co} = [1.75/(\lambda+1)]f_t bh_0$,取得式(8.26)中的 $0.2(\lambda+1)$。

由图 8.12 可见,对斜线 BC 而言,$0.5 \leqslant \beta_t \leqslant 1.0$。因此,当按式(8.21)或式(8.26)求得的 $\beta_t < 0.5$ 时,取 $\beta_t = 0.5$;当 $\beta_t > 1$ 时,取 $\beta_t = 1$。

3)T 形和 I 形截面剪扭构件承载力计算

如第 7 章所述,计算 T 形和 I 形截面构件的受剪承载力时,按截面宽度等于腹板宽度、高度等于截面总高度的矩形截面计算,即不考虑翼缘板的受剪作用。因此,对于 T 形和 I 形截面剪扭构件,腹板部分应承受全部剪力和分配给腹板的扭矩,翼缘板仅承受所分配的扭矩,但翼缘板中配置的箍筋应贯穿整个翼缘。

①T形和I形截面一般剪扭构件的受剪承载力,按式(8.23)与(8.21)进行计算,集中荷载作用下的T形和I形截面独立剪扭构件的受剪承载力,按式(8.25)与(8.26)进行计算。计算时各式中的b应以T形或I形截面的腹板宽度代替,式(8.21)和式(8.26)中的T及W_t应以T_w和W_{tw}代替,T_w和W_{tw}分别按式(8.13)和式(8.5a)确定。

②T形和I形截面剪扭构件的受扭承载力,可根据8.2.4小节所述方法将整个截面划分为几个矩形截面(图8.5)分别进行计算。矩形截面腹板:对于一般剪扭构件,按式(8.24)与(8.21)计算;对集中荷载作用下的独立剪扭构件,按式(8.24)与(8.26)计算,但计算时应将T及W_t分别以T_w及W_{tw}代替。对矩形截面受压翼缘及受拉翼缘,按纯扭用式(8.12)进行计算,但计算时应将T及W_t分别以T_f'及W_{tf}'或T_f及W_{tf}代替,T_f',T_f以及W_{tf}',W_{tf}分别按式(8.13)和式8.5(b)、(c)确定。

4)箱形截面剪扭构件承载力计算

箱形截面剪扭构件的受扭性能与矩形截面剪扭构件的相似,但应考虑相对壁厚的影响;其受剪性能与I形截面的相似,即计算受剪承载力时只考虑侧壁的作用。

(1)箱形截面一般剪扭构件

这种构件的受剪承载力按式(8.23)计算,其受扭承载力是在纯扭构件受扭承载力公式(8.14)的混凝土项中考虑剪扭相关性,即按下式计算受扭承载力,

$$T \leq T_u = 0.35\alpha_h\beta_t f_t W_t + 1.2\sqrt{\zeta}f_{yv}\frac{A_{st1}}{s}A_{cor} \tag{8.27}$$

式(8.23)和式(8.27)中的β_t值应按式(8.21)计算,但式中的W_t应以$\alpha_h W_t$代替;α_h按式(8.14)中的规定取值;ζ按式(8.8)计算。式(8.21)和式(8.23)中的b取箱形截面的两个侧壁总厚度。

(2)集中荷载作用下的箱形截面独立剪扭构件

这种构件的受剪承载力按式(8.25)计算,受扭承载力按式(8.27)计算;两式中的β_t应按式(8.26)确定,但式中的W_t应以$\alpha_h W_t$代替。同样,各式中的b取箱形截面的两个侧壁总厚度。

8.3.3　弯扭构件承载力计算

与剪扭构件相似,弯扭构件的弯扭承载力也存在相关关系,且比较复杂。用弯扭相关公式进行承载力验算是可行的,但进行设计将非常麻烦。为了简化设计,《混凝土结构设计规范》对弯扭构件的承载力计算采用简单的叠加法:首先拟定截面尺寸,然后按纯扭构件承载力公式计算所需要的抗扭纵筋和箍筋,按受扭要求配置;再按受弯承载力公式计算所需要的抗弯纵筋,按受弯要求配置;对截面同一位置处的抗弯纵筋和抗扭纵筋,可将二者面积叠加后确定纵筋的直径和根数。

8.3.4　弯剪扭构件承载力计算

1)截面尺寸限制条件及构造配筋要求

(1)截面尺寸限制条件

在弯矩、剪力和扭矩共同作用下或各自作用下,为了避免出现由于配筋过多(完全超筋)而

造成构件腹部混凝土局部斜向压坏,对 $h_w/b \leq 6$ 的矩形、T 形、I 形和 $h_w/t_w \leq 6$ 的箱形截面构件(图 8.8),其截面尺寸应符合下列条件:

当 $\dfrac{h_w}{b}\left(\text{或} \dfrac{h_w}{t_w}\right) \leq 4$ 时

$$\frac{V}{bh_0} + \frac{T}{0.8W_t} \leq 0.25\beta_c f_c \qquad (8.28)$$

当 $\dfrac{h_w}{b}\left(\text{或} \dfrac{h_w}{t_w}\right) = 6$ 时

$$\frac{V}{bh_0} + \frac{T}{0.8W_t} \leq 0.2\beta_c f_c \qquad (8.29)$$

当 $4 < \dfrac{h_w}{b}\left(\text{或} \dfrac{h_w}{t_w}\right) < 6$ 时,按线性内插法确定。

式中　V, T——剪力设计值和扭矩设计值;

　　　　b——矩形截面的宽度,T 形或 I 形截面的腹板宽度,箱形截面的侧壁总厚度 $2t_w$;

　　　　h_0——截面的有效高度;

　　　　h_w——截面的腹板高度,对矩形截面,取有效高度 h_0;对 T 形截面,取有效高度减去翼缘高度;对 I 形和箱形截面,取腹板净高;

　　　　t_w——箱形截面壁厚,其值不应小于 $b_h/7$,b_h 为箱形截面的宽度。

当 $V = 0$ 时,式(8.28)和式(8.29)即为纯扭构件的截面尺寸限制条件。当 $T = 0$ 时,式(8.28)和式(8.29)则为纯剪构件的截面限制条件[式(7.15)—式(7.17)]。计算时如不满足上述条件,一般应加大构件截面尺寸,也可以提高混凝土强度等级。

(2)构造配筋要求

在弯矩、剪力和扭矩共同作用下,当矩形、T 形、I 形和箱形截面(图 8.8)构件的截面尺寸符合下列要求时,

$$\frac{V}{bh_0} + \frac{T}{W_t} \leq 0.7f_t \qquad (8.30)$$

或

$$\frac{V}{bh_0} + \frac{T}{W_t} \leq 0.7f_t + 0.07\frac{N}{bh_0} \qquad (8.31)$$

可不进行构件截面受剪扭承载力计算,但为了防止构件开裂后产生突然的脆性破坏,必须按构造要求配置钢筋。

式(8.31)中的 N 为与剪力、扭矩设计值 V、T 相应的轴向压力设计值,当 $N > 0.3f_c A$ 时,取 $N = 0.3f_c A$,A 为构件的截面面积。

在弯、剪、扭构件中,箍筋的配筋率 ρ_{sv} 应满足下列要求

$$\rho_{sv} = \frac{A_{sv}}{bs} \geq \rho_{sv,min} = 0.28\frac{f_t}{f_{yv}} \qquad (8.32)$$

对于箱形截面构件,式中的 b 应以 b_h 代替。

箍筋的间距应符合表 7.1 的规定,箍筋应为封闭式,且沿截面周边布置;当采用复合箍筋时,位于截面内部的箍筋不应计入受扭所需的箍筋面积;受扭所需箍筋的末端应为 135° 弯钩,弯钩端头平直段长度不应小于 $10d$(d 为箍筋直径)。

弯、剪、扭构件受扭纵向钢筋的配筋率 ρ_{tl} 应满足下式要求：

$$\rho_{tl} = \frac{A_{stl}}{bh} \geq \rho_{sl,min} = 0.6\sqrt{\frac{T}{Vb}}\frac{f_t}{f_y} \tag{8.33}$$

当 $T/(Vb) > 2.0$ 时，取 $T/(Vb) = 2.0$；对箱形截面构件，式中的 b 应以 b_h 代替。

沿截面周边布置的受扭纵向钢筋的间距，不应大于 200 mm 和梁截面短边长度；除应在梁截面四角设置受扭纵向钢筋外，其余受扭纵向钢筋宜沿截面周边均匀对称布置。受扭纵向钢筋应按受拉钢筋的锚固要求，锚固在支座内。

在弯、剪、扭构件中，配置在截面弯曲受拉边的纵向受力钢筋，其截面面积不应小于按受弯构件受拉钢筋最小配筋率计算的钢筋截面面积与按受扭纵向钢筋最小配筋率计算并分配到弯曲受拉边的钢筋截面面积之和。

2) 弯剪扭构件承载力计算

弯、剪、扭复合受力构件的相关关系比较复杂，目前尚研究得不够深入。《混凝土结构设计规范》以剪扭和弯扭构件承载力计算方法为基础，建立了弯剪扭构件承载力计算方法。即对矩形、T 形、I 形和箱形截面的弯剪扭构件，纵向钢筋应分别按受弯构件的正截面受弯承载力和剪扭构件的受扭承载力计算，所得的钢筋截面面积叠加配置；箍筋应分别按剪扭构件的受剪和受扭承载力计算，所得的箍筋截面面积叠加配置。

当已知构件的设计弯矩图、设计剪力图和设计扭矩图，并初步选定截面尺寸和材料强度等级后，可按下列步骤进行截面承载力计算：

(1) 验算截面尺寸限制条件

按式(8.28)或式(8.29)验算初步选定的截面尺寸是否符合要求，如不满足要求，则应加大截面尺寸或提高混凝土强度等级。

(2) 验算是否应按计算配置剪扭钢筋

当满足式(8.30)或式(8.31)时，可不进行剪扭承载力计算，按构造要求配置剪扭所需的箍筋和纵筋；但受弯所需的纵筋应按计算配置。

当不满足式(8.30)或式(8.31)的要求时，应计算剪扭承载力。

(3) 判别配筋计算是否可忽略剪力 V 或者扭矩 T

当 $V \leq 0.35 f_t bh_0$ 或 $V \leq 0.875 f_t bh_0/(\lambda+1)$ 时，为简化计算，可不进行受剪承载力计算，仅按纯扭构件的受扭承载力计算受扭纵筋、箍筋数量，并按受弯构件的正截面受弯承载力计算受弯纵向钢筋截面面积，叠加后配置。

当 $T \leq 0.175 f_t W_t$ 或 $T \leq 0.175\alpha_h f_t W_t$ 时，为简化计算，可不进行受扭承载力计算，仅按受弯构件的正截面受弯承载力计算纵筋截面面积，按受弯构件斜截面受剪承载力计算箍筋数量。

(4) 确定箍筋数量

首先选定纵筋与箍筋的配筋强度比 ζ 值，一般取 ζ 为 1.2 左右。然后按式(8.21)或式(8.26)确定系数 β_t，将 ζ、β_t 及其他参数代入剪扭构件的受剪承载力计算式(8.23)或式(8.25)，以及受扭承载力计算式(8.24)或式(8.27)，分别求得受剪和受扭所需的单肢箍筋用量，将两者叠加得单肢箍筋总用量，并按此选用箍筋的直径和间距。所选的箍筋直径和间距还必须符合上述构造要求。

(5) 计算纵筋数量

抗弯纵筋和抗扭纵筋应分别计算。抗弯纵筋按受弯构件正截面受弯承载力(单筋或双筋)

公式计算,所配钢筋应布置在截面的弯曲受拉区、受压区。抗扭纵筋应根据上面已求得的抗扭单肢箍筋用量和选定的 ζ 值由式(8.8)确定,所配钢筋应沿截面四周对称布置。最后配置在截面弯曲受拉区和受压区的纵筋总量,应为布置在该区抗弯纵筋与抗扭纵筋的截面面积之和。所配纵筋应满足纵筋的各项构造要求。

3)弯剪扭构件承载力复核

截面复核时,一般已知构件的截面尺寸、钢筋数量、材料强度等级以及构件的设计弯矩、剪力和扭矩图,要求复核构件的控制截面是否具有足够的承载力。此时应选取剪力和扭矩或剪力、弯矩和扭矩都相对较大的截面进行承载力复核。

①按式(8.28)或式(8.29)验算截面尺寸,若不满足要求则应加大截面尺寸或提高混凝土强度等级。

②按式(8.30)或式(8.31)验算构造配筋条件,若满足该式要求,则仅需按式(8.32)及式(8.33)检查箍筋及抗扭纵筋是否满足最小用量的规定及其他构造要求,并按受弯承载力进行截面复核。

③当 $V \le 0.35f_\text{t}bh_0$ 或 $V \le 0.875f_\text{t}bh_0/(\lambda+1)$ 时,则仅需按受弯构件的正截面受弯承载力和纯扭构件的受扭承载力进行复核;当 $T \le 0.175f_\text{t}W_\text{t}$ 或 $T \le 0.175\alpha_\text{h}f_\text{t}W_\text{t}$ 时,则只需按受弯构件的正截面受弯承载力和斜截面受剪承载力进行复核。

④当弯、剪、扭承载力都需进行复核时,可按下述步骤进行:

a.先按式(8.21)或式(8.26)求得 β_t,然后按剪扭构件的受剪承载力计算式(8.23)或式(8.25)确定抗剪所需的单肢箍筋用量。从实际配置的单肢箍筋量中减去抗剪需要量,即为能够用来承担扭矩的单肢箍筋数量。

b.按受弯构件的正截面受弯承载力公式求出抗弯所需的纵筋用量,由实际配置的纵筋数量中减去抗弯纵筋量,再考虑抗扭纵筋对称布置的原则,可得用来承担扭矩的纵筋数量。

c.将上述求得的能够用来抗扭的单肢箍筋数量和纵筋数量代入式(8.8)求出 ζ,然后将 ζ 及其他已知参数代入式(8.24)或式(8.27),可得该截面所能承受的扭矩值。若该扭矩值大于或等于该截面的扭矩设计值,则表明该截面的承载力满足要求。

对构件各控制截面均应按上述方法进行复核。只有当各控制截面均满足要求时,整个构件的承载力才满足要求。

8.3.5　压(拉)弯剪扭矩形截面构件承载力计算

1)压扭矩形截面构件承载力计算

压扭构件的试验结果表明,构件破坏时,轴向压力对箍筋应变的影响不明显,而对纵向钢筋应变的影响比较显著。轴向压力的存在明显地减小了纵筋的拉应变,抑制了斜裂缝的出现与开展,增强了混凝土的骨料咬合作用,从而提高了构件的受扭承载力。但当 N/A 超过 $0.65f_\text{c}$ 时,进一步增加轴向力,将会降低构件的受扭承载力。根据上述试验结果,《混凝土结构设计规范》规定,压扭构件的受扭承载力按下列公式计算:

$$T \le \left(0.35f_\text{t} + 0.07\,\frac{N}{A}\right)W_\text{t} + 1.2\sqrt{\zeta}f_\text{yv}\,\frac{A_\text{st1}A_\text{cor}}{s} \tag{8.34}$$

式中 N——与扭矩设计值 T 相应的轴向压力设计值,当 $N>0.3f_cA$ 时,取 $N=0.3f_cA$;

　　　A——构件截面面积。

式中的 ζ 值应符合 $0.6\leqslant\zeta\leqslant1.7$ 的要求,当 $\zeta>1.7$ 时,取 $\zeta=1.7$。

2)拉扭矩形截面承载力计算

与压扭构件不同,在拉扭构件中,轴向拉力的存在明显地增大了纵筋的拉应变,加速了斜裂缝的出现与开展,减小了混凝土的骨料咬合作用,从而降低了构件的受扭承载力。拉扭构件的受扭承载力按下列公式计算:

$$T \leqslant \left(0.35f_t - 0.2\frac{N}{A}\right)W_t + 1.2\sqrt{\zeta}f_{yv}\frac{A_{st1}A_{cor}}{s} \tag{8.35}$$

式中,N 为与扭矩设计值 T 相应的轴向拉力设计值,当 $N>1.75f_tA$ 时,取 $N=1.75f_tA$。

3)压弯剪扭矩形截面框架柱承载力计算

如上所述,压弯剪扭构件中的轴向压力主要提高了混凝土的受剪及受扭承载力,所以在考虑剪扭相关关系时,应将混凝土的受剪承载力项和受扭承载力项分别与轴向压力对相应抗力的提高值一起考虑。因此,在轴向压力、弯矩、剪力和扭矩共同作用下,矩形截面钢筋混凝土框架柱的受剪扭承载力按下列公式计算:

受剪承载力

$$V \leqslant V_u = (1.5 - \beta_t)\left(\frac{1.75}{\lambda + 1}f_tbh_0 + 0.07N\right) + f_{yv}\frac{A_{sv}}{s}h_0 \tag{8.36}$$

受扭承载力

$$T \leqslant T_u = \beta_t\left(0.35f_t + 0.07\frac{N}{A}\right)W_t + 1.2\sqrt{\zeta}f_{yv}\frac{A_{st1}}{s}A_{cor} \tag{8.37}$$

以上两个公式中的 β_t 应按式(8.26)计算;λ 为计算截面的剪跨比,与式(7.11)中 λ 的取值规定相同;ζ 值与式(8.34)中 ζ 的规定相同。

在轴向压力、弯矩、剪力和扭矩共同作用下的钢筋混凝土矩形截面框架柱,当 $T \leqslant (0.175f_t+0.035N/A)W_t$ 时,为简化计算,可忽略扭矩的作用,仅按偏心受压构件的正截面受压承载力和框架柱斜截面受剪承载力分别进行计算。

在轴向压力、弯矩、剪力和扭矩共同作用下的钢筋混凝土矩形截面框架柱,其纵向钢筋截面面积应分别按偏心受压构件的正截面受压承载力和剪扭构件的受扭承载力计算确定,所配钢筋应布置在相应的位置;箍筋截面面积应分别按剪扭构件的受剪承载力和受扭承载力计算确定,并配置在相应的位置。

压弯剪扭矩形截面框架柱的截面尺寸限制条件及配筋构造,应满足8.3.4节的规定。

4)拉弯剪扭矩形截面框架柱承载力计算

在拉弯剪扭矩形截面框架柱中,轴向拉力主要降低了混凝土的受剪及受扭承载力,所以矩形截面钢筋混凝土框架柱的受剪扭承载力按下列公式计算:

受剪承载力

$$V \leqslant V_u = (1.5 - \beta_t)\left(\frac{1.75}{\lambda + 1}f_tbh_0 - 0.2N\right) + f_{yv}\frac{A_{sv}}{s}h_0 \tag{8.38}$$

受扭承载力

$$T \leqslant T_u = \beta_t\left(0.35 f_t - 0.2\frac{N}{A}\right) W_t + 1.2\sqrt{\zeta} f_{yv} \frac{A_{st1}}{s} A_{cor} \tag{8.39}$$

当式(8.38)右边的计算值小于 $f_{yv}\dfrac{A_{sv}}{s} h_0$ 时,取 $f_{yv}\dfrac{A_{sv}}{s} h_0$;当式(8.39)右边的计算值小于

$1.2\sqrt{\zeta} f_{yv}\dfrac{A_{st1}}{s} A_{cor}$ 时,取 $1.2\sqrt{\zeta} f_{yv}\dfrac{A_{st1}}{s} A_{cor}$。

【例 8.1】 已知一钢筋混凝土 T 形截面弯剪扭构件,承受均布荷载,其截面尺寸 $b \times h = 200$ mm×450 mm,$b_f' = 400$ mm,$h_f' = 80$ mm,如图 8.13 所示。结构的安全等级为二级,环境类别为一类。构件所承受的弯矩设计值 $M = 115$ kN·m,剪力设计值 $V = 84.9$ kN,扭矩设计值 $T = 8.9$ kN·m;采用 C30 混凝土,纵筋为 HRB400 级,箍筋为 HPB300 级,试配其钢筋。

【解】 查表得,$\alpha_1 = 1.0$,$\beta_c = 1.0$,$f_c = 14.3$ N/mm²,$f_t = 1.43$ N/mm²,HRB400 级钢筋 $f_y = 360$ N/mm²,HPB300 级钢筋 $f_{yv} = 270$ N/mm²。由附表 17 查得保护层厚度 $c = 20$ mm,预计箍筋直径 8 mm,纵向钢筋直径 20 mm,则 $a_s = a_s' = 20 + 8 + 20/2 = 38$(mm),近似取为 40 mm,$h_0 = 450 - 40 = 410$(mm)。

(1)验算截面尺寸

将 T 形截面划分为 2 块矩形,计算受扭塑性抵抗矩:

腹板 $$W_{tw} = \frac{b^2}{6}(3h - b) = \frac{200^2}{6} \times (3 \times 450 - 200) = 7.667 \times 10^6 (\text{mm}^3)$$

翼缘 $$W_{tf}' = \frac{h_f'^2}{2}(b_f' - b) = \frac{80^2}{2} \times (400 - 200) = 0.640 \times 10^6 (\text{mm}^3)$$

整个 T 形截面 $W_t = W_{tw} + W_{tf}' = 7.667 \times 10^6 + 0.640 \times 10^6 = 8.307 \times 10^6 (\text{mm}^3)$。

$$\frac{h_w}{b} = \frac{h_0 - h_f'}{b} = \frac{410 - 80}{200} = 1.650 < 4$$

由式(8.28)得

$$\frac{V}{bh_0} + \frac{T}{0.8 W_t} = \frac{84.9 \times 10^3}{200 \times 410} + \frac{8.9 \times 10^6}{0.8 \times 8.307 \times 10^6}$$

$$= 1.035 + 1.339 = 2.374 (\text{N/mm}^2)$$

$$< 0.25 \beta_c f_c = 0.25 \times 1.0 \times 14.3 = 3.575 (\text{N/mm}^2)$$

故截面尺寸满足要求。

(2)验算是否可按构造配筋

$$\frac{V}{bh_0} + \frac{T}{W_t} = \frac{84.9 \times 10^3}{200 \times 410} + \frac{8.9 \times 10^6}{8.307 \times 10^6} = 1.035 + 1.071$$

$$= 2.106 (\text{N/mm}^2) > 0.7 f_t = 0.7 \times 1.43 = 1.000 (\text{N/mm}^2)$$

需按计算确定剪扭钢筋。

(3)受弯纵筋 A_s 的确定

① 判别 T 形截面类型:

$$\alpha_1 f_c b_f' h_f'\left(h_0 - \frac{h_f'}{2}\right) = 1.0 \times 14.3 \times 400 \times 80 \times (410 - 80/2) = 169.31 \times 10^6 (\text{N·mm}^2)$$

$$> M = 115 \times 10^6 \text{ N·mm}^2$$

属于第一类 T 形截面,按 $b'_f \times h$ 的矩形截面计算。

②求 A_s:

$$\alpha_s = \frac{M}{\alpha_1 f_c b'_f h_0^2} = \frac{115 \times 10^6}{1.0 \times 14.3 \times 400 \times 410^2} = 0.120$$

$$\xi = 1 - \sqrt{1 - 2\alpha_s} = 1 - \sqrt{1 - 2 \times 0.120} = 0.128 < \xi_b$$

$$x = \xi h_0 = 0.128 \times 410 = 52.570 (\text{mm})$$

$$A_s = \frac{\alpha_1 f_c b'_f x}{f_y} = \frac{1.0 \times 14.3 \times 400 \times 52.570}{360} = 835 (\text{mm}^2)$$

$$\rho_{\min} = 0.45 \frac{f_t}{f_y} = 0.45 \times \frac{1.43}{360} = 0.001\,8 < 0.002 \, (\text{故取} \rho_{\min} = 0.002)$$

$$\rho_{\min} bh = 0.002 \times 200 \times 450 = 180 (\text{mm}^2) < A_s (\text{满足要求})$$

(4)腹板抗剪扭钢筋计算

构件外边缘至箍筋内表面的距离为 30 mm,故

$$b_{\text{cor}} = 200 - 2 \times 30 = 140 (\text{mm})$$

$$h_{\text{cor}} = 450 - 2 \times 30 = 390 (\text{mm})$$

$$A_{\text{cor}} = b_{\text{cor}} h_{\text{cor}} = 140 \times 390 = 54\,600 (\text{mm}^2)$$

$$u_{\text{cor}} = 2(b_{\text{cor}} + h_{\text{cor}}) = 2 \times (140 + 390) = 1\,060 (\text{mm})$$

①扭矩 T 的分配:

腹板
$$T_w = \frac{W_{\text{tw}}}{W_t} T = \frac{7.667 \times 10^6}{8.307 \times 10^6} \times 8.9 = 8.214 (\text{kN} \cdot \text{m})$$

翼缘
$$T'_f = \frac{W'_{\text{tf}}}{W_t} T = \frac{0.640 \times 10^6}{8.307 \times 10^6} \times 8.9 = 0.686 (\text{kN} \cdot \text{m})$$

②验算腹板配筋能否忽略 V 或 T:

$$0.35 f_t b h_0 = 0.35 \times 1.43 \times 200 \times 410 = 41.04 \times 10^3 (\text{N}) < V = 84.9 \times 10^3 \text{N}$$

故不能忽略剪力的作用。

$$0.175 f_t W_t = 0.175 \times 1.43 \times 8.307 \times 10^6$$

$$= 2.079 \times 10^6 (\text{N} \cdot \text{mm}) < T = 8.90 \times 10^6 \text{N} \cdot \text{mm}$$

故不能忽略扭矩的作用。腹板应按弯剪扭构件计算。

③β_t 的计算:

$$\beta_t = \frac{1.5}{1 + 0.5 \dfrac{V W_{\text{tw}}}{T_w b h_0}} = \frac{1.5}{1 + 0.5 \times \dfrac{84.9 \times 10^3 \times 7.667 \times 10^6}{8.214 \times 10^6 \times 200 \times 410}} = 1.011$$

故取 $\beta_t = 1.0$。

④腹板受剪箍筋:

$$\frac{A_{\text{sv}}}{s} = \frac{V - 0.7 f_t b h_0 (1.5 - \beta_t)}{f_{yv} h_0} = \frac{84.9 \times 10^3 - 0.7 \times 1.43 \times 200 \times 410 \times (1.5 - 1.0)}{270 \times 410}$$

$$= 0.396 (\text{mm}^2/\text{mm})$$

⑤腹板受扭箍筋:

取 $\zeta = 1.2$

$$\frac{A_{st1}}{s} = \frac{T_w - 0.35\beta_t f_t W_{tw}}{1.2\sqrt{\zeta}f_{yv}A_{cor}} = \frac{8.214 \times 10^6 - 0.35 \times 1.0 \times 1.43 \times 7.667 \times 10^6}{1.2\sqrt{1.2} \times 270 \times 54\,600}$$

$$= 0.226(\text{mm}^2/\text{mm})$$

⑥腹板箍筋配置：

采用双肢箍筋，$n = 2$，腹板上单肢箍筋所需截面面积为

$$\frac{A_{sv1}}{s} + \frac{A_{st1}}{s} = \frac{A_{sv}}{ns} + \frac{A_{st1}}{s} = \frac{0.396}{2} + 0.226 = 0.424(\text{mm}^2/\text{mm})$$

选用 $\phi 8$ 的箍筋，$A_{sv1} = 50.3 \text{ mm}^2$，则

$$s = \frac{50.3}{0.424} = 118(\text{mm})$$

取箍筋间距为 110 mm。

$$\rho_{sv} = \frac{A_{sv}}{bs} = \frac{2 \times 50.3}{200 \times 110} = 0.46\% > 0.28\frac{f_t}{f_{yv}} = \frac{0.28 \times 1.43}{270} = 0.13\%$$

满足要求。

⑦腹板纵筋配置：

腹板受扭纵筋计算

$$A_{stl} = \frac{\zeta f_{yv}A_{st1}u_{cor}}{f_y s} = \frac{1.2 \times 270 \times 0.226 \times 1\,060}{360} = 216(\text{mm}^2)$$

$$\rho_{stl} = \frac{A_{stl}}{bh} = \frac{216}{200 \times 450} = 0.24\% > \rho_{stl,\min} = 0.6 \times \sqrt{\frac{T}{Vb}}\frac{f_t}{f_y}$$

$$= 0.6 \times \sqrt{\frac{8.9 \times 10^3}{84.9 \times 200}} \times \frac{1.43}{360} = 0.17\%$$

满足要求。

计算顶部纵筋：

$$A_{stl}\frac{b_{cor}}{u_{cor}} = 216 \times \frac{140}{1\,060} = 29(\text{mm}^2)$$

选配 2 根直径为 10 mm 的 HRB400 钢筋，其截面面积为 157 mm²。

计算每侧面纵筋：

$$A_{stl}\frac{h_{cor}}{u_{cor}} = 216 \times \frac{390}{1\,060} = 79(\text{mm}^2)$$

选配 2 根直径为 10 mm 的 HRB400 钢筋，其截面面积为 157 mm²。满足受扭纵筋间距不大于 200 mm 和梁截面宽度的构造要求。

计算底部纵筋：

$$A_{stl}\frac{b_{cor}}{u_{cor}} + A_s = 29 + 835 = 864(\text{mm}^2)$$

选配 3 根直径为 20 mm HRB400 级钢筋，其截面面积为 942 mm²。

（5）翼缘受扭钢筋计算

不考虑翼缘的承受剪力，故按纯扭构件计算。

①翼缘受扭箍筋：

取 $\zeta = 1.2$，有

$$A_{cor} = (80 - 2 \times 30) \times (400 - 200 - 2 \times 30) = 2\,800\,(mm^2)$$

$$\frac{A_{st1}}{s} = \frac{T'_f - 0.35 f_t W'_{tf}}{1.2\sqrt{\zeta}\,f_{yv}A_{cor}} = \frac{0.686 \times 10^6 - 0.35 \times 1.43 \times 0.640 \times 10^6}{1.2\sqrt{1.2} \times 270 \times 2\,800} = 0.368\,(mm^2/mm)$$

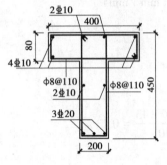

图 8.13　截面尺寸及配筋图

选用 φ8 的箍筋，$A_{st1} = 50.3\,mm^2$，则 $s = \dfrac{50.3}{0.368} = 137\,(mm)$，为与

腹板一致，取 $s = 110\,mm$。

②翼缘受扭纵筋：

$$u_{cor} = 2 \times (20 + 140) = 320\,(mm)$$

$$A_{stl} = \frac{\zeta f_{yv} A_{st1} u_{cor}}{f_y s} = \frac{1.2 \times 270 \times 0.368 \times 320}{360} = 106\,(mm^2)$$

为满足构造要求，选配 4 根直径为 10 mm 的 HRB400 钢筋，其截面面积为 314 mm^2，截面配筋如图 8.13 所示。

本章小结

1.素混凝土矩形截面纯扭构件在扭矩作用下的破坏面为三面开裂、一面受压的空间扭曲面，属脆性破坏，构件受扭承载力很低。

2.根据所配纵筋和箍筋的数量，钢筋混凝土纯受扭构件有少筋破坏、适筋破坏、部分超筋破坏和完全超筋破坏四种类型。适筋破坏和部分超筋破坏能够使钢筋强度充分或基本充分利用，塑性较好。为使破坏时纵筋和箍筋的应力都能达到屈服强度，二者配筋强度比值 ζ 应在 $0.6 \sim 1.7$ 范围内取值，以 1.2 为佳。

3.根据试验结果并参考变角度空间桁架模型所建立的受扭承载力计算公式，能较好地反映影响构件受扭承载力的主要因素。

4.弯剪扭复合受力构件承载力计算问题较为复杂。《混凝土结构设计规范》根据剪扭和弯扭试验所得的相关性，对构件的承载力计算采用考虑混凝土抗力的相关性和钢筋抗力叠加的简化方法。

5.在压弯剪扭构件中，轴向压力可以抵消弯扭引起的部分拉应力，延缓裂缝的出现。轴向压力值在一定范围内时，轴向压力对提高构件的受扭和受剪承载力是有利的。而在拉弯剪扭构件中，轴向拉力可能增大弯扭引起的部分拉应力，加速裂缝的出现，轴向拉力对构件的受扭和受剪承载力是不利的。

思 考 题

8.1　结合工程实际，举例说明平衡扭矩和协调扭矩的概念。

8.2　矩形截面素混凝土纯扭构件的破坏有何特点？钢筋混凝土纯扭构件有哪几种主要的破坏形态？其破坏特征是什么？

8.3 说明建立截面受扭塑性抵抗矩计算公式所采用的假定,这个假定与实际情况有何差异?混凝土受扭构件的开裂扭矩如何计算?

8.4 分析影响钢筋混凝土矩形截面纯扭构件承载力的主要因素。什么是受扭纵向钢筋与箍筋的配筋强度比值ζ?计算中起何作用?其值有何限制?

8.5 简述剪扭共同作用时,混凝土剪扭承载力之间的相关关系。设计规范是如何考虑这种相关性的?受扭承载力计算公式中的β_t的物理意义是什么?

8.6 在弯剪扭构件中,为什么要规定截面尺寸限制条件和受扭钢筋的最小配筋率?

8.7 如何利用矩形截面受扭承载力计算公式计算T形、I形和箱形截面受扭构件的受扭承载力?

习 题

8.1 承受均布荷载的矩形截面梁,截面尺寸为$b \times h = 250$ mm$\times 400$ mm,支座处截面承受扭矩设计值$T = 8$ kN$\cdot$m,弯矩设计值$M = 45$ kN$\cdot$m(截面上边受拉),剪力设计值$V = 46$ kN,采用C30混凝土,纵向钢筋为HRB400级钢筋,箍筋为HPB300级钢筋。结构的安全等级为二级,环境类别为一类。试按弯剪扭构件计算截面配筋,并画出截面配筋图。

8.2 已知一钢筋混凝土T形截面梁(如右图),截面尺寸$b'_f \times h'_f = 400$ mm$\times 100$ mm,$b \times h = 250$ mm$\times 500$ mm。梁所承受的弯矩设计值$M = 70$ kN$\cdot$m,剪力设计值$V = 95$ kN,扭矩设计值$T = 10$ kN$\cdot$m,采用C30混凝土,纵向钢筋为HRB400级,箍筋为HPB300级。结构的安全等级为二级,环境类别为一类。试计算其配筋。

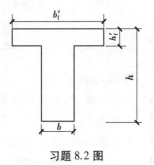

习题 8.2 图

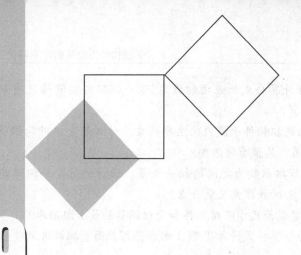

9 正常使用极限状态验算及耐久性极限状态设计

本章导读：
- **基本要求**：理解构件裂缝宽度和变形计算的基本原理；掌握构件裂缝宽度和变形计算方法。
- **重点**：构件裂缝宽度和变形计算方法的建立思路。
- **难点**：由黏结滑移理论建立的平均裂缝间距公式和平均裂缝宽度；受弯构件短期刚度的建立过程。

9.1 裂缝及变形控制

混凝土构件的正截面受弯承载力及斜截面受剪承载力计算是保证结构构件安全可靠的前提条件，必须首先满足才能使构件具有预期的安全性。为了使构件具有预期的适用性和耐久性，还应进行正常使用极限状态的验算（即对构件进行裂缝宽度及变形验算）及耐久性极限状态设计。

9.1.1 裂缝控制

一般的混凝土构件在正常使用阶段是带裂缝工作的，只要裂缝宽度不大，则对构件的正常使用一般不会有什么影响。但如果裂缝宽度过大，在有水侵入或空气相对湿度很大的情况下，裂缝处的钢筋将锈蚀甚至严重锈蚀，从而使构件的承载力下降。此外，过宽的裂缝还会给人们心理上造成不安全感并影响结构的外观，因此必须对裂缝宽度进行控制。对于某些有抗渗漏要求的结构,则在正常使用阶段不能出现裂缝,为此必须加以控制。

(1)裂缝控制等级

在结构设计时,应根据使用要求选用不同的裂缝控制等级。《混凝土结构设计规范》将裂缝控制等级划分为三级:

①一级——严格要求不出现裂缝的构件,按荷载标准组合计算时,受拉边缘混凝土应力应符合下列规定:

$$\sigma_{ck} - \sigma_{pc} \leq 0 \qquad (9.1)$$

即按荷载标准组合计算时,构件受拉边缘混凝土不应产生拉应力。

②二级——一般要求不出现裂缝的构件,按荷载标准组合计算时,受拉边缘混凝土应力应符合下列规定:

$$\sigma_{ck} - \sigma_{pc} \leq f_{tk} \qquad (9.2)$$

即按荷载标准组合计算时,构件受拉边缘混凝土允许产生拉应力,但拉应力不应超过 f_{tk}。这时构件可能出现裂缝,但出现的概率很小,即使出现裂缝,其宽度一般较小,不需做裂缝宽度验算。

③三级——允许出现裂缝的构件,钢筋混凝土构件的最大裂缝宽度可按荷载准永久组合并考虑长期作用影响的效应计算,预应力混凝土构件的最大裂缝宽度可按荷载标准组合并考虑长期作用影响的效应计算。最大裂缝宽度应符合下列规定:

$$w_{max} \leq w_{lim} \qquad (9.3)$$

对二 a 类环境的预应力混凝土构件,尚应按荷载准永久组合计算,且应符合下列规定:

$$\sigma_{cq} - \sigma_{pc} \leq f_{tk} \qquad (9.4)$$

式中 σ_{ck},σ_{cq}——荷载标准组合、准永久组合下抗裂验算边缘的混凝土法向应力;

σ_{pc}——扣除全部预应力损失后在抗裂验算边缘混凝土的预压应力;

f_{tk}——混凝土轴心抗拉强度标准值;

w_{max}——按荷载标准组合或准永久组合并考虑长期作用影响计算的最大裂缝宽度;

w_{lim}——最大裂缝宽度限值。

上述一、二级裂缝控制属于构件的抗裂能力控制,其控制方法将在预应力混凝土构件(第 10 章)中论述。对于钢筋混凝土构件和部分预应力混凝土构件来说,在使用阶段一般是带裂缝工作的,故按三级裂缝等级来控制裂缝宽度。应当注意,钢筋混凝土构件的最大裂缝宽度 w_{max} 是按荷载准永久组合并考虑长期作用影响的效应计算(见 9.2 节),而预应力混凝土构件的最大裂缝宽度 w_{max} 是按荷载标准组合并考虑长期作用影响的效应计算(见 10.4 节)。

(2)最大裂缝宽度限值

结构构件的最大裂缝宽度限值,主要是根据结构构件的耐久性要求确定的。结构构件的耐久性与结构所处的环境条件、构件的功能要求等有关。《混凝土结构设计规范》规定了最大裂缝宽度限值,如附表 16 所示,设计时可根据结构构件所处的环境类别、结构构件种类、裂缝控制等级等查取。

9.1.2 变形控制

结构构件在使用期间如产生过大的变形,将使使用功能受到损害甚至完全丧失。如吊车梁的挠度过大会妨碍吊车的正常使用;支承精密仪器的梁板挠度过大,将影响仪器的正常使用;屋面板和挑檐板的挠度过大会造成积水和渗漏等。构件挠度过大还将使非结构构件损害,如房屋中脆性隔墙(如石膏板、灰砂砖隔墙等)的开裂和损坏很多是由于支承它的构件的变形过大所致。此外,构件变形过大会使人们产生不安全感。因此,为了保证结构构件在使用期间预期的适用性,应对结构构件的变形应加以控制。《混凝土结构设计规范》规定,钢筋混凝土受弯构件按荷载的准永久组合并考虑荷载长期作用的影响求得的最大挠度值f_{max}不应超过挠度限值f_{lim},即

$$f_{max} \leqslant f_{lim} \qquad (9.5)$$

其中,受弯构件的挠度限值f_{lim}见附表14。

《混凝土结构设计规范》规定的受弯构件挠度限值f_{lim},是考虑结构可使用性、感觉的可接受性等因素,并根据工程实践经验和参考国外规范的规定而确定的。

以上关于混凝土构件裂缝宽度和变形的控制,属于正常使用极限状态的设计,即使构件因偶然超载而引起裂缝宽度过大或变形过大,只是暂时影响正常使用,不会造成重大的安全事故。因此,在验算时荷载和材料强度均不考虑分项系数。

9.2 混凝土构件裂缝宽度计算

钢筋混凝土构件裂缝宽度计算是一个比较复杂的问题,各国学者对此进行了大量的试验研究和理论分析,提出了一些不同的裂缝宽度计算模式。黏结滑移理论认为裂缝的开展是由于钢筋与混凝土的变形不再协调,出现相对滑移而产生的,裂缝开展宽度为一个裂缝间距范围内钢筋伸长与混凝土伸长之差,如图9.1(a)所示。该理论实际上假定构件表面的裂缝宽度与内部钢筋表面处的裂缝宽度相同,这点与试验结果有差异。无滑移理论认为构件表面裂缝宽度主要是由开裂截面的应变梯度所控制,即裂缝宽度随离开钢筋距离的增大而增加,钢筋与混凝土间无相对滑移,所以钢筋表面处的裂缝宽度为零,钢筋

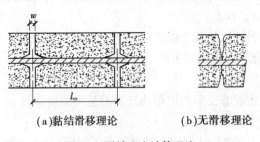

(a)黏结滑移理论　　　(b)无滑移理论

图9.1　裂缝宽度计算理论

的混凝土保护层厚度是影响裂缝宽度的主要因素,如图9.1(b)所示。以上两种理论相结合的综合理论,既考虑钢筋与混凝土间可能出现的相对滑移,也考虑混凝土保护层厚度和钢筋的有效约束对裂缝宽度的影响。我国《混凝土结构设计规范》提出的裂缝宽度计算公式主要是以黏结滑移理论为基础,同时也考虑了混凝土保护层厚度及钢筋有效约束区的影响。

9.2.1 受弯构件裂缝出现和开展过程

受弯构件在对称集中荷载作用下(图4.8),在纯弯段将出现垂直裂缝,在弯剪段可能产生斜裂缝。试验研究表明,只要按设计规范进行了斜截面受剪承载力计算,并配置了符合计算及构造要求的腹筋,则构件在荷载标准组合作用下的斜裂缝宽度一般不会超过0.2 mm,故一般只验算垂直裂缝宽度。下面仅取纯弯段来研究垂直裂缝出现及开展过程。

设M_{cr}为构件正截面的抗裂能力,即构件垂直裂缝即将出现时的弯矩。当外荷载弯矩$M<M_{cr}$时,构件受拉边缘混凝土应力小于混凝土抗拉强度,构件不会出现裂缝。当$M=M_{cr}$时,由

于沿纯弯段各截面的弯矩相等,所以理论上各截面受拉区混凝土应力值均达到其抗拉强度,各截面均进入裂缝即将出现的极限状态,如图9.2(a)所示。然而,由于构件混凝土实际抗拉强度的分布是不均匀的,故在混凝土最弱的截面将首先出现第一条(批)裂缝,如图9.2(b)所示。

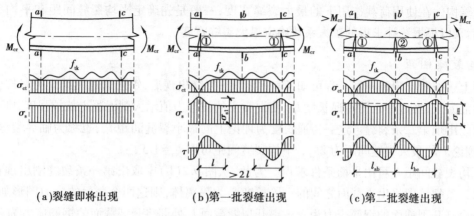

(a)裂缝即将出现　　　　(b)第一批裂缝出现　　　　(c)第二批裂缝出现

图9.2　裂缝出现过程

　　在第一条(批)裂缝出现后,裂缝截面处混凝土拉应力降低至零,拉力全部由钢筋承担,钢筋应力突然增大。原受拉张紧的混凝土分别向截面两侧回缩,混凝土与钢筋表面出现相对滑移并产生变形差,故裂缝一出现即具有一定程度的开展。由于钢筋与混凝土间存在黏结应力,因而裂缝截面处的钢筋应力又通过黏结应力逐渐传递给混凝土,使混凝土拉应力随着离开裂缝截面的距离增大而增大,而钢筋应力则相应地逐渐减小,直到钢筋和混凝土应变相等,相对滑移和黏结应力消失为止。

　　随着荷载的增加,当M略大于M_{cr}时,离开第一条(批)裂缝一定距离处的截面会陆续出现第二条(批)裂缝[图9.2(c)]。在新出现的裂缝②处,混凝土朝该裂缝左、右方向滑移。按类似规律,其余裂缝将逐个出现,裂缝间距不断减小;当裂缝间距减小直至无裂缝截面混凝土的拉应力不能再增大到混凝土抗拉强度时,纵然弯矩继续增加,混凝土也不再产生新的裂缝;因此可认为此时裂缝出现已达到稳定阶段,将这个过程称为裂缝出现过程。

　　随着荷载的继续增加,当M由M_{cr}增加到使用阶段荷载准永久组合的弯矩值M_q时,裂缝间距基本趋于稳定,而裂缝宽度则随着钢筋与混凝土间的滑移量以及钢筋应力的增大而增大。最后,各裂缝宽度分别达到一定值,裂缝截面处受拉钢筋应力达到σ_{sq}。由于这个阶段原来的裂缝只开展,一般不再出现新的裂缝,故称为裂缝开展过程(图9.3)。

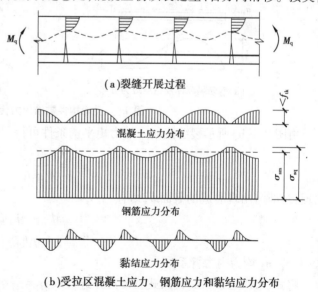

(a)裂缝开展过程

混凝土应力分布

钢筋应力分布

黏结应力分布

(b)受拉区混凝土应力、钢筋应力和黏结应力分布

图9.3　裂缝开展过程

9.2.2 裂缝宽度计算

计算构件在使用荷载作用下的最大裂缝宽度,一般是先确定平均裂缝间距和平均裂缝宽度,然后乘以根据统计求得的扩大系数确定最大裂缝宽度。

1)平均裂缝间距

由上述裂缝出现和开展过程可知,第一条(批)裂缝出现后,钢筋通过黏结应力将拉力逐渐传递给混凝土,经过一定的传递长度 l_{cr},使混凝土的拉应力值增大到混凝土抗拉强度,则在此截面有可能出现第二条裂缝。这一传递长度为理论上的最小裂缝间距 l_{cr},也称为临界裂缝间距。显然,理论上的最大裂缝间距为 $2l_{cr}$。平均裂缝间距可取 $l_m = 1.5\,l_{cr}$。

平均裂缝间距 l_m 可由平衡条件求得。为此,从图 9.2(b)中取出第一条裂缝刚出现截面与相邻第二条裂缝即将出现截面之间的一段长度 l_{cr} 为隔离体,则这两个截面的应力图形如图 9.4所示。设已开裂截面的钢筋应力为 σ_{s1},离开裂缝截面 l_{cr} 处即将开裂截面的钢筋应力为 σ_{s1a},在 l_{cr} 范围内最大黏结应力为 τ_{max},平均黏结应力为 τ_m,钢筋周长为 u。若取受拉钢筋为隔离体 [图9.4(a)],则由平衡条件可得

$$A_s \sigma_{s1} = A_s \sigma_{s1a} + \tau_m u l_{cr} \tag{9.6}$$

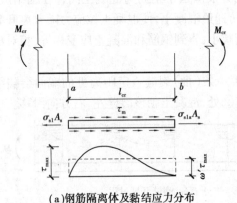

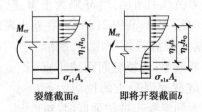

裂缝截面 a 即将开裂截面 b

(a)钢筋隔离体及黏结应力分布   (b)裂缝截面及即将出现裂缝应力分布

图9.4 受弯构件黏结应力传递长度

由图 9.4(b)所示裂缝截面 a 的力矩平衡条件可得

$$\sigma_{s1} = \frac{M_{cr}}{A_s \eta_1 h_0} \tag{9.7}$$

同理,对即将出现裂缝的截面 b,则有

$$\sigma_{s1a} = \frac{M_{cr} - M_{ct}}{A_s \eta_2 h_0} \tag{9.8}$$

式中,η_1、η_2 均为内力臂系数。

将式(9.7)、式(9.8)代入式(9.6),并近似取 $\eta_1 = \eta_2 = \eta$,经整理后可得

$$l_{cr} = \frac{M_{ct}}{\tau_m u \eta h_0} \tag{9.9}$$

式中,M_{ct} 为即将出现裂缝截面混凝土所能承受的弯矩,可根据截面应变的平截面假定、钢筋和

混凝土的应力-应变关系以及平衡条件求得。为了简化计算,对于矩形、T形和I形截面,近似假定截面中和轴高度 $x = 0.5h$,同时还假定截面受拉区混凝土应力为均匀分布,其值等于 f_{tk},如图9.5(e)所示,则可求得

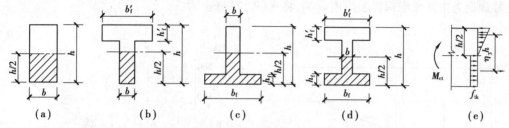

图 9.5 有效受拉混凝土截面面积及其即将开裂截面应力分布

$$M_{ct} = A_{te} f_{tk} \cdot \eta_3 h \tag{9.10}$$

式中 A_{te}——有效受拉混凝土截面面积,即

$$A_{te} = 0.5bh + (b - b_f)h_f \tag{9.11}$$

以上各式中各符号的意义见图9.4和图9.5。

将式(9.10)代入式(9.9),可得

$$l_{cr} = \frac{A_{te} f_{tk} \eta_3 h}{\tau_m u \eta h_0} = \frac{f_{tk}}{\tau_m} \cdot \frac{\eta_3 h}{\eta h_0} \cdot \frac{A_s}{u} \cdot \frac{A_{te}}{A_s}$$

当采用相同直径 d 的钢筋时,取 $\rho_{te} = \dfrac{A_s}{A_{te}}$,表示以有效受拉混凝土截面面积计算的纵向钢筋配筋率,则上式可表示为

$$l_m = 1.5 l_{cr} = 1.5 \frac{f_{tk}}{\tau_m} \cdot \frac{\eta_3 h}{\eta h_0} \cdot \frac{d}{4\rho_{te}}$$

试验表明,混凝土和钢筋之间的黏结强度大致与混凝土的抗拉强度成正比,故可取 $\dfrac{\tau_m}{f_{tk}}$ 为常数,同时近似地将 $\eta_3 h / (\eta h_0)$ 也取为常数;当钢筋表面特征不同时,还应考虑钢筋表面粗糙度对黏结力的影响,则可将平均裂缝间距写为

$$l_m = 1.5 \, l_{cr} = k_1 \frac{d}{\nu \rho_{te}} \tag{9.12}$$

式中 k_1——经验系数;

ν——纵向受拉钢筋相对黏结特征系数。

式(9.12)表明,平均裂缝间距 l_m 与混凝土强度无关,因为 τ_m / f_{tk} 为常数。该式又说明 l_m 与 d/ρ_{te} 呈线性关系,当 d/ρ_{te} 趋近于零时,平均裂缝间距 l_m 也趋近于零。但试验结果表明,当 d/ρ_{te} 趋近于零时,即钢筋直径 d 很小或配筋率 ρ_{te} 很大时,l_m 并不等于零,而是接近某一数值(图9.6)。这是因为钢筋配置很多(ρ_{te} 很大,d/ρ_{te} 趋近于零)时,虽然钢筋与混凝土间的黏结作用因钢筋间距减小而降低很多,但并不完全消失,两者之间的相对滑移并不能充分发展,特别是变形钢筋的凸肋对周围混凝土的挤压作用大大减小了钢筋在混凝土中的滑移。因此,按照黏结滑移理论得出的裂缝间距公式应予以修正,这种修正主要考虑混凝土保护层厚度和钢筋有效约束区[图9.1(b)]对裂缝形成的影响。因为黏结力的存在,钢筋对受拉混凝土回缩起着约束作

用,显然,离钢筋越远,这种约束作用越小,因而钢筋依靠黏结力将构件外表混凝土的拉应力再次提高到混凝土抗拉强度所需要的距离就越大,即裂缝间距越大,亦即裂缝间距与混凝土保护层厚度 c_s 有关。试验表明,平均裂缝间距 l_m 与混凝土保护层厚度 c_s 呈线性关系(图9.7)。以黏结滑移理论为主并考虑保护层厚度影响,将式(9.12)修正为

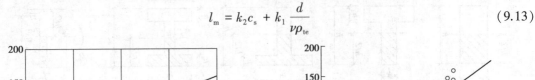

$$l_m = k_2 c_s + k_1 \frac{d}{\nu \rho_{te}} \tag{9.13}$$

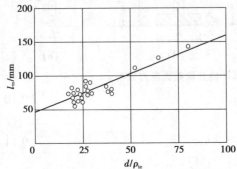
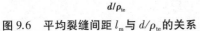
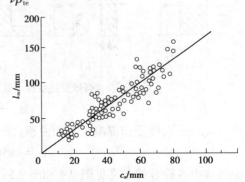

图 9.6　平均裂缝间距 l_m 与 d/ρ_{te} 的关系　　图 9.7　平均裂缝间距 l_m 与保护层厚度 c_s 的关系

上式右边第一项代表由混凝土保护层厚度 c_s 所决定的应力传递长度,第二项为相对滑移引起的应力传递长度。根据试验结果的统计分析,上式中的系数 $k_1 = 0.08$,$k_2 = 1.9$。于是可得

$$l_m = 1.9 c_s + 0.08 \frac{d}{\nu \rho_{te}} \tag{9.14}$$

当纵向受拉钢筋直径不同时,将 d/ν 值以纵向受拉钢筋的等效直径 d_{eq} 代入,按照黏结力等效原则,可导出 d_{eq} 值,则得

$$l_m = 1.9 c_s + 0.08 \frac{d_{eq}}{\rho_{te}} \tag{9.15}$$

$$d_{eq} = \frac{\sum n_i d_i^2}{\sum n_i \nu_i d_i} \tag{9.16}$$

式中　ρ_{te}——按有效受拉混凝土截面面积计算的纵向受拉钢筋配筋率;在最大裂缝宽度计算中,当 $\rho_{te} < 0.01$ 时,取 $\rho_{te} = 0.01$;

　　　c_s——最外层纵向受拉钢筋外边缘至受拉区底边的距离,mm,当 $c_s < 20$ mm 时,取 $c_s = 20$ mm;当 $c_s > 65$ mm 时,取 $c_s = 65$ mm;

　　　d_{eq}——受拉区纵向受拉钢筋的等效直径,mm;

　　　d_i——受拉区第 i 种纵向钢筋的公称直径,mm;

　　　n_i——受拉区第 i 种纵向钢筋的根数;

　　　ν_i——受拉区第 i 种纵向钢筋的相对黏结特性系数,对带肋钢筋,取 $\nu_i = 1.0$;对光面钢筋,取 $\nu_i = 0.7$。

式(9.15)是根据受弯构件推导的,对于受弯、轴心受拉、偏心受拉和偏心受压构件,在大量试验数据的统计分析基础上,并考虑工程实践经验,可将平均裂缝间距的计算公式写为如下一般形式:

$$l_m = \beta \left(1.9 c_s + 0.08 \frac{d_{eq}}{\rho_{te}} \right) \tag{9.17}$$

式中　β——考虑构件受力特征的系数,对轴心受拉构件,取 1.1;对其他受力构件均取 1.0。

2) 平均裂缝宽度

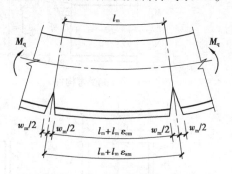

图 9.8　平均裂缝宽度计算简图

裂缝宽度是构件在出现裂缝之后,两条裂缝之间受拉钢筋与相同水平处受拉混凝土伸长值的差值。平均裂缝宽度 w_m 可由裂缝间纵向受拉钢筋的平均伸长值($\varepsilon_{sm} l_m$)与混凝土平均伸长值($\varepsilon_{cm} l_m$)之差(图 9.8)求得,即

$$w_m = \varepsilon_{sm} l_m - \varepsilon_{cm} l_m = \varepsilon_{sm}\left(1 - \frac{\varepsilon_{cm}}{\varepsilon_{sm}}\right) l_m$$

令 $\alpha_c = 1 - \dfrac{\varepsilon_{cm}}{\varepsilon_{sm}}$,并定义 $\varepsilon_{sm} = \psi \varepsilon_s = \psi \dfrac{\sigma_s}{E_s}$,则

$$w_m = \alpha_c \psi \frac{\sigma_s}{E_s} l_m \tag{9.18}$$

式中　σ_s——构件裂缝截面处纵向受拉钢筋应力,对钢筋混凝土构件,按荷载准永久组合的效应值计算,即 $\sigma_s = \sigma_{sq}$;对预应力混凝土构件,按荷载标准组合的效应值计算,即 $\sigma_s = \sigma_{sk}$;

　　ψ——裂缝间纵向受拉钢筋应变(或应力)不均匀系数;

　　α_c——考虑裂缝间混凝土自身伸长对裂缝宽度的影响系数。

由式(9.18)可知,计算平均裂缝宽度须先求得 α_c,ψ 和 σ_s 值。现分别讨论如下。

(1)裂缝截面处受拉钢筋应力 σ_s

①对于钢筋混凝土受弯构件,由图 9.9(a)的截面力矩平衡条件,可得

$$\sigma_{sq} = \frac{M_q}{A_s \eta h_0} \tag{9.19}$$

式中　η——内力臂系数,可近似取 0.87。

②对于钢筋混凝土轴心受拉构件[图 9.9(b)],有

$$\sigma_{sq} = \frac{N_q}{A_s} \tag{9.20}$$

③对于钢筋混凝土偏心受拉构件,大、小偏心受拉构件正常使用阶段的裂缝截面应力图形如图 9.9(c)、(d)所示。若近似采用大偏心受拉构件的截面内力臂长度 $\eta h_0 = h_0 - a_s'$,则大、小偏心受拉构件的 σ_{sq} 计算公式可统一表达为

$$\sigma_{sq} = \frac{N_q e'}{A_s(h_0 - a_s')} \tag{9.21}$$

④对于钢筋混凝土偏心受压构件,其裂缝截面的应力图形如图 9.9(e)所示,其中 C 为受压区合力,包括混凝土压应力的合力和受压钢筋的压力。对受压区合力点取矩,得

$$\sigma_{sq} = \frac{N_q(e - z)}{z A_s} \tag{9.22}$$

$$z = \left[0.87 - 0.12(1 - \gamma_f')\left(\frac{h_0}{e}\right)^2\right] h_0 \tag{9.23}$$

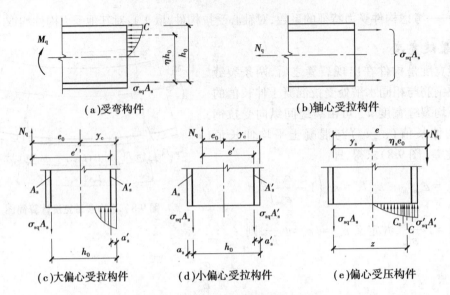

(a)受弯构件　　　　　　　　　　(b)轴心受拉构件

(c)大偏心受拉构件　　(d)小偏心受拉构件　　(e)偏心受压构件

图 9.9　使用阶段构件截面应力图

当偏心受压构件的 $l_0/h>14$ 时,还应考虑侧向挠度的影响,即取式(9.23)中的 $e=\eta_s e_0+y_s$。此处,y_s 为截面重心至纵向受拉钢筋合力点的距离,η_s 是指使用阶段的轴向压力偏心距增大系数,可近似取为

$$\eta_s = 1 + \frac{1}{\dfrac{4\,000e_0}{h_0}}\left(\frac{l_0}{h}\right)^2 \tag{9.24}$$

当 $l_0/h \leqslant 14$ 时,取 $\eta_s=1.0$。

式中　M_q——按荷载准永久组合计算的弯矩值;

　　　N_q——按荷载准永久组合计算的轴向力值;

　　　A_s——受拉区纵向钢筋截面面积,对轴心受拉构件,取全部纵向钢筋截面面积;对偏心受拉构件,取受拉较大边的纵向钢筋截面面积;对受弯、偏心受压构件,取受拉区纵向钢筋截面面积;

　　　e'——轴向拉力作用点至受压区或受拉较小边纵向钢筋合力点的距离;

　　　e——轴向压力作用点至纵向受拉钢筋合力点的距离;

　　　z——纵向受拉钢筋合力点至受压区合力点的距离,且不大于 $0.87h_0$;

　　　η_s——使用阶段的轴向压力偏心距增大系数,当 $\dfrac{l_0}{h}\leqslant 14$ 时,取 $\eta_s=1.0$;

　　　y_s——截面重心至纵向受拉钢筋合力点的距离,对矩形截面 $y_s=h/2-a_s$;

　　　γ_f'——受压翼缘截面面积与腹板有效截面面积的比值,$\gamma_f'=\dfrac{(b_f'-b)h_f'}{bh_0}$,其中,$b_f'$,$h_f'$ 分别为

　　　受压区翼缘的宽度和高度,当 $h_f'>0.2h_0$ 时,取 $h_f'=0.2h_0$。

(2)裂缝间纵向受拉钢筋应变不均匀系数 ψ

在裂缝出现后,钢筋应变沿构件长度是不均匀的(图 9.3),远离裂缝截面处应变小,裂缝截面处应变最大。这是因为裂缝间的混凝土参与工作,与钢筋共同受拉,离裂缝截面越远,混凝土

参加受拉的程度越大,因而钢筋应变越小。所以 ψ 也称裂缝间混凝土参加工作系数。

由前已知

$$\psi = \frac{\varepsilon_{sm}}{\varepsilon_s} = \frac{\sigma_{sm}}{\sigma_s} \qquad (9.25)$$

式中　ε_{sm}, σ_{sm}——平均裂缝间距范围内钢筋的平均应变和平均应力;

　　　ε_s, σ_s——裂缝截面处的钢筋应变和钢筋应力。

式(9.25)中的 σ_s 已由式(9.19)—式(9.23)给出,下面分析如何确定 σ_{sm}。

如图 9.10 所示为裂缝截面(截面 1—1)、$l_m/2$ 截面(截面 2—2)的应力图形以及沿构件长度钢筋的应力图。若定义 $l_m/2$ 截面处的钢筋应力 σ_{s2} 与 σ_{sm} 之间的关系为 $\sigma_{sm} = S_1 \sigma_{s2}$,则式(9.25)可改写为

$$\psi = S_1 \frac{\sigma_{s2}}{\sigma_{sq}} \qquad (9.26)$$

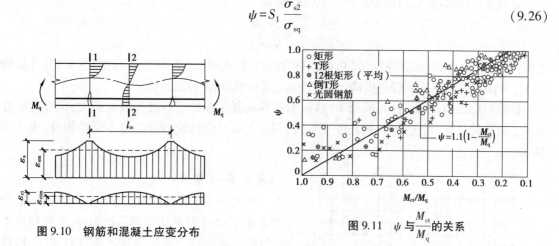

图 9.10　钢筋和混凝土应变分布　　　　图 9.11　ψ 与 $\dfrac{M_{ct}}{M_q}$ 的关系

式(9.26)中,S_1 为系数,σ_{s2} 可由 2—2 截面的平衡条件求得。2—2 截面受拉区边缘混凝土的拉应力小于 f_{tk},为便于分析,可暂取为 f_{tk},则由 2—2 截面的平衡条件可得

$$M_q = A_s \sigma_{s2} \eta_2 h_0 + M_{ct}$$

式中　M_{ct}——即将出现裂缝时截面混凝土所能承受的弯矩,可按式(9.10)计算,则 2—2 截面处纵向受拉钢筋的应力为

$$\sigma_{s2} = \frac{M_q - M_{ct}}{A_s \eta_2 h_0} \qquad (9.27)$$

将式(9.19)、式(9.27)代入式(9.26),并近似取 $\eta_2 = \eta$,可得

$$\psi = S_1 \left(1 - \frac{M_{ct}}{M_q} \right) \qquad (9.28)$$

根据对各种截面形式、各种配筋率的受弯构件的试验资料分析,ψ 与 M_{ct}/M_q 呈线性关系(图 9.11),即有

$$\psi = 1.1 \left(1 - \frac{M_{ct}}{M_q} \right) \qquad (9.29)$$

考虑到混凝土收缩的不利影响,以及将 2—2 截面处拉区混凝土应力取为 f_{tk} 等因素,故此处应将 M_{ct} 乘以降低系数 0.8,并近似取 $\eta_3/\eta = 0.67$,$h/h_0 = 1.1$,则 ψ 可近似表达为

$$\psi = 1.1 - 0.65 \frac{f_{tk}}{\rho_{te}\sigma_s} \tag{9.30}$$

根据 ψ 的定义，$\psi>1.0$ 是不合理的；同时，考虑到混凝土质量的不均匀性和收缩等因素，裂缝间混凝土参与受拉的程度可能没有计算的那么大，为安全起见，取其最低值为 0.2；对于直接承受动力荷载的构件，考虑到应力的反复变化可能会导致裂缝间受拉混凝土更多地退出工作，则不应考虑受拉混凝土参与工作。为此，《混凝土结构设计规范》规定，当 $\psi<0.2$ 时，取 $\psi=0.2$；当 $\psi>1$ 时，取 $\psi=1$；对直接承受重复荷载的构件，取 $\psi=1$。

式(9.30)是根据受弯构件推导求出的，也适用于轴心受拉构件、偏心受拉构件和偏心受压构件的计算。

(3)裂缝间混凝土伸长对裂缝宽度的影响系数 α_c

系数 α_c 可由试验资料确定。由式(9.18)可得

$$\alpha_c = \frac{w_m E_s}{\psi\sigma_s l_m}$$

式中，l_m 可由式(9.15)计算确定，σ_s 可由式(9.19)—式(9.23)计算确定，ψ 可由式(9.30)计算确定，w_m 可由实测的平均裂缝宽度确定，所以由上式可求得 α_c 的试验值。

试验研究表明，系数 α_c 与配筋率、截面形状和混凝土保护层厚度等因素有关，但变化幅度不大。为简化计算，对于受弯、偏心受压构件，取 $\alpha_c=0.77$；对轴心受拉、偏心受拉构件，取 $\alpha_c=0.85$。

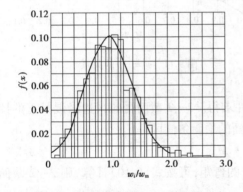

图 9.12　受弯构件裂缝宽度的概率分布

3)最大裂缝宽度

按式(9.18)求得的 w_m 是整个构件上的平均裂缝宽度，由于材料质量的不均匀性，实际构件中的裂缝宽度是一个随机变量。通过对 40 个构件 1 400 条裂缝的统计分析，表明每条裂缝的实际宽度 w_i^0 与各个构件平均裂缝宽度 w_m^0 之比 $\tau_{si} = \dfrac{w_i^0}{w_m^0}$ 的分布基本符合正态分布(图 9.12)，其平均值 $\tau_{sm}=1.0$，变异系数 $\delta_\tau=0.4$。

设计中控制的裂缝宽度是指某一协议概率(通常取 5%)下的相对最大裂缝宽度，即超过这个宽度的裂缝出现概率不大于 5%，最大裂缝宽度 w_{max} 具有 95% 的保证率。对于受弯和偏心受压构件，最大裂缝宽度 w_{max} 与平均裂缝宽度 w_m 的比值为 $\tau_s = \tau_{sm}(1+1.645\delta_\tau) = 1.66$；对于轴心受拉和偏心受拉构件，$\tau_s=1.9$。

在荷载长期作用下，由于受拉区混凝土的应力松弛和滑移徐变，使裂缝间距内受拉钢筋的平均应变随时间增长而略有增大，混凝土的收缩也使裂缝宽度随时间而增大。根据所做的十几根梁的试验结果分析，荷载长期作用下的最大裂缝宽度与荷载短期作用下的最大裂缝宽度的比值的平均值 $\tau_{lm}=1.66$。由于构件上各条裂缝宽度的开展在两种荷载作用下并不完全同步，故引进组合系数 0.9。这样，考虑荷载长期作用下的裂缝宽度的扩大系数应为 $\tau_l=0.9\times1.66=1.5$。

综上所述，考虑到裂缝宽度分布的不均匀性和荷载长期作用的影响后，可按下列公式计算钢筋混凝土构件的最大裂缝宽度：

$$w_{max} = \alpha_{cr}\psi\frac{\sigma_s}{E_s}\left(1.9c_s + 0.08\frac{d_{eq}}{\rho_{te}}\right) \tag{9.31}$$

式中　α_{cr}——构件受力特征系数,对于受弯和偏心受压构件,$\alpha_{cr}=0.77\times1.66\times1.5=1.9$;对于偏心受拉构件,$\alpha_{cr}=0.85\times1.9\times1.5=2.4$;对于轴心受拉构件,再考虑式(9.17)中系数$\beta=1.1$,则$\alpha_{cr}=1.1\times(0.85\times1.9\times1.5)=2.7$。

按上式计算裂缝宽度时,应注意以下几点:

①按式(9.31)计算所得的最大裂缝宽度,系指受拉钢筋合力位置的高度处构件侧表面的裂缝宽度,适用范围为$20\text{ mm} \leqslant c_s \leqslant 65\text{ mm}$的情况。

②对混凝土保护层厚度较大的梁,设置表层钢筋网片有利于减小裂缝宽度,此时可将按式(9.31)计算求得的裂缝宽度适当折减,折减系数可取0.7。

③对于直接承受$A_1 \sim A_5$级工作制吊车的受弯构件(不需作疲劳验算),考虑到构件仅在吊车工作时才承受较大的荷载,卸载后裂缝有部分闭合,加之吊车满载的可能性较小,而且又采取$\psi=1.0$,故最大裂缝宽度的计算值应适当降低。对于这类受弯构件,可将按式(9.31)计算求得的最大裂缝宽度乘以系数0.85。

④对$e_0/h_0 \leqslant 0.55$的偏心受压构件,可不作裂缝宽度验算。

9.2.3　影响裂缝宽度的因素分析

由式(9.31)可知,影响由荷载作用所产生的裂缝宽度的主要因素如下:

①纵向受拉钢筋的应力σ_s。裂缝宽度与纵向受拉钢筋应力近似呈线性关系,σ_s值越大,裂缝宽度也越大;因此为了控制裂缝,在钢筋混凝土结构中,不宜采用强度很高的钢筋。

②纵筋直径d。由式(9.15)可见,随d的增大,l_m增大,从而使w_{max}增大。在纵向受拉钢筋截面面积不变时,采用多根细钢筋可减小d值,同时还增大钢筋表面积,使黏结力增大,裂缝宽度变小。

③纵向受拉钢筋表面形状。由式(9.15)和式(9.16)可见,带肋钢筋的d_{eq}值小,l_m减小,从而使w_{max}减小。这是因为带肋钢筋的黏结强度较光圆钢筋大得多,因而从裂缝截面处,钢筋通过黏结应力将拉力传给混凝土而使混凝土达到抗拉强度所需要的距离小。

④纵向受拉钢筋配筋率。纵筋配筋率越大,σ_s越小,裂缝宽度越小。

⑤混凝土保护层厚度c。c值大,c_s也大,由式(9.15)可见,l_m值增大,裂缝宽度也增大。但另一方面,保护层厚度越大,在使用荷载下钢筋锈蚀的程度越轻。

⑥荷载性质。荷载长期作用下的裂缝宽度较大;反复荷载或动力荷载作用下的裂缝宽度有所增大。

⑦构件受力性质,即式(9.31)中的系数α_{cr}。

研究还表明,混凝土强度等级对裂缝宽度的影响不大。

综上所述,在不增加造价的前提下,减小裂缝宽度的有效措施是采用较小直径的钢筋和变形钢筋。而解决裂缝问题的最有效办法是采用预应力混凝土,它能使构件在荷载作用下不产生裂缝或减小裂缝宽度。

当裂缝宽度不能满足式(9.3)时,应采取措施后重新验算。由于上述第②、③两个原因,当施工中如用粗钢筋代替细钢筋,或用光圆钢筋代替带肋钢筋时,应重新验算裂缝宽度。

【例9.1】 已知矩形截面简支梁的截面尺寸 $b \times h = 200$ mm×500 mm,计算跨度5.6 m。结构的安全等级为二级,环境类别为一类。混凝土强度等级为C35,纵向受拉钢筋采用HRB400级。按正截面承载力计算配置纵筋3Φ18。该梁承受的永久荷载标准值 $g_k = 9$ kN/m,可变荷载标准值 $q_k = 12$ kN/m,可变荷载的准永久值系数为0.4。验算该梁的最大裂缝宽度是否满足要求。

【解】 由附表6和附表9查得,$E_s = 2.0 \times 10^5$ N/mm²,$f_{tk} = 2.20$ N/mm²;由附表16查得,$w_{lim} = 0.3$ mm;由附表21可查得,$A_s = 763$ mm²(3Φ18);由附表17查得 $c = 20$ mm,箍筋直径取6 mm,$c_s = 20+6 = 26$(mm),$a_s = 20+6+18/2 = 35$(mm),则梁截面有效高度为

$$h_0 = 500 - 35 = 465(\text{mm})$$

按荷载准永久组合计算的梁跨中截面弯矩值:

$$M_q = \frac{1}{8}(g_k + \psi_q q_k)l_0^2 = \frac{1}{8}(9 + 0.4 \times 12) \times 5.6^2 = 54.096(\text{kN} \cdot \text{m})$$

由式(9.19)可得裂缝截面处的钢筋应力:

$$\sigma_{sq} = \frac{M_q}{A_s \eta h_0} = \frac{54.096 \times 10^6}{763 \times 0.87 \times 465} = 175.254(\text{N/mm}^2)$$

$$\rho_{te} = \frac{A_s}{0.5bh} = \frac{763}{0.5 \times 200 \times 500} = 0.015 > 0.01,\text{故取}\ \rho_{te} = 0.015\ \text{计算}。$$

由式(9.30)可得纵向受拉钢筋应变不均匀系数:

$$\psi = 1.1 - 0.65 \frac{f_{tk}}{\rho_{te}\sigma_s} = 1.1 - 0.65 \times \frac{2.20}{0.015 \times 175.254} = 0.556,0.2 < \psi = 0.556 < 1.0,\text{故取}\ \psi = 0.556$$

计算。

对受弯构件,$\alpha_{cr} = 1.9$。由式(9.31)可得

$$w_{max} = \alpha_{cr}\psi \frac{\sigma_s}{E_s}\left(1.9c_s + 0.08\frac{d_{eq}}{\rho_{te}}\right) = 1.9 \times 0.556 \times \frac{175.254}{2.0 \times 10^5}\left(1.9 \times 26 + 0.08 \times \frac{18}{0.015}\right)$$

$$= 0.13(\text{mm}) < w_{lim} = 0.3(\text{mm})$$

满足要求。

【例9.2】 一钢筋混凝土空心板的截面尺寸如图9.13(a)所示,板的计算跨度 $l_0 = 3.18$ m。结构的安全等级为二级,环境类别为一类,混凝土强度等级为C30,纵向受拉钢筋为9Φ8(HPB300级)。混凝土保护层厚度 $c = 15$ mm。板承受的永久荷载(包括自重在内)标准值 $g_k = 2.5$ kN/m²,可变荷载标准值 $q_k = 4.0$ kN/m²,可变荷载的准永久值系数为0.4。试验算该板的最大裂缝宽度是否满足要求。

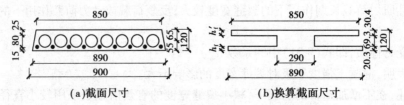

(a)截面尺寸　　　　　　　(b)换算截面尺寸

图9.13　例9.2多孔板及其换算截面图

【解】 首先将图9.13(a)所示的圆孔板换算为图9.13(b)所示的I形截面板,使两种板的截面形心位置、面积以及对形心轴惯性矩均相同。将一个圆孔(直径为 d)换算成 $b_h \times h_h$ 的矩形

孔,即

$$\frac{\pi d^2}{4} = b_h h_h, \frac{\pi d^4}{64} = \frac{b_h h_h^3}{12}$$

将 $d = 80$ mm 代入上式,可求得 $b_h = 72.5$ mm,$h_h = 69.3$ mm,则 I 形截面[图 9.13(b)]的换算尺寸为

$$b = \frac{850 + 890}{2} - 8 \times 72.5 = 290(\text{mm})$$

$$b_f' = 850 \text{ mm}, \quad h_f' = 65 - \frac{1}{2} \times 69.3 = 30.4(\text{mm})$$

$$b_f = 890 \text{ mm}, \quad h_f = 120 - 30.4 - 69.3 = 20.3(\text{mm})$$

由于板宽为 900 mm,则可得板按荷载准永久组合计算的弯矩值:

$$M_q = \frac{1}{8} \times (2.5 + 0.4 \times 4.0) \times 0.9 \times 3.18^2 = 4.664(\text{kN} \cdot \text{m})$$

由附表 6 和附表 9 查得,$E_s = 2.1 \times 10^5$ N/mm^2,$f_{tk} = 2.01$ N/mm^2;由附表 21 可查得,$A_s = 453$ mm^2($9\phi8$);查附表 16 可得最大裂缝宽度限值为 $w_{lim} = 0.3$ mm。

由 $c = 15$ mm 和配筋($9\phi8$)可得,$h_0 = 120 - (15 + 8/2) = 101(\text{mm})$。

由式(9.19)可得裂缝截面处的钢筋应力:

$$\sigma_{sq} = \frac{M_q}{A_s \eta h_0} = \frac{4.664 \times 10^6}{453 \times 0.87 \times 101} = 117.171(\text{N/mm}^2)$$

$$\rho_{te} = \frac{A_s}{0.5bh + (b_f - b)h_f} = \frac{453}{0.5 \times 290 \times 120 + (890 - 290) \times 20.3} = 0.015 > 0.01$$

故取 $\rho_{te} = 0.015$ 计算。

由式(9.30)可得纵向受拉钢筋应变不均匀系数:

$$\psi = 1.1 - 0.65 \frac{f_{tk}}{\rho_{te}\sigma_{sq}} = 1.1 - 0.65 \times \frac{2.01}{0.015 \times 117.171} = 0.357, 0.2 < \psi = 0.357 < 1.0, \text{故取} \psi = 0.357$$

计算。

由于配置钢筋直径相同,又因为是光圆钢筋,则 $d_{eq} = (8/0.7)$ mm;由于 $c_s = 15$ mm < 20 mm,故取 $c_s = 20$ mm;对受弯构件,$\alpha_{cr} = 1.9$;按式(9.31)可求得最大裂缝宽度:

$$w_{max} = \alpha_{cr}\psi\frac{\sigma_s}{E_s}\left(1.9c_s + 0.08\frac{d_{eq}}{\rho_{te}}\right) = 1.9 \times 0.357 \times \frac{117.171}{2.1 \times 10^5} \times \left(1.9 \times 20 + 0.08 \times \frac{\frac{8}{0.7}}{0.015}\right)$$

$$= 0.04(\text{mm}) < w_{lim} = 0.3 \text{ mm}$$

满足要求。

9.3 受弯构件挠度计算

如前所述,钢筋混凝土受弯构件应按式(9.5)控制其变形,以保证构件在使用期间预期的适用性,其中构件的挠度限值 f_{lim} 按构件的使用条件确定,设计时可查附表 14,本节主要讨论最大挠度 f_{max} 的计算问题。

9.3.1　钢筋混凝土受弯构件挠度计算的特点

由材料力学可知,匀质弹性材料受弯构件最大挠度 $f_{\max}$ 的一般公式为

$$f_{\max} = \beta \frac{M}{EI} l_0^2 = \beta \phi l_0^2 \tag{9.32}$$

式中　β——与构件支承条件及所受荷载形式有关的挠度系数,如对承受均布荷载的简支梁,
$\quad\quad \beta = 5/48$;

$\quad\quad M$——梁的最大弯矩;

$\quad\quad l_0$——梁的计算跨度;

$\quad\quad EI$——梁截面抗弯刚度;

$\quad\quad \phi$——截面曲率,即构件单位长度上的转角(最大弯矩处)。

对于匀质弹性材料梁,截面抗弯刚度 EI 是一个常数,梁的弯矩—挠度(M-f)关系呈线性变化,如图 9.14(a)中的虚线所示。钢筋混凝土梁则不然,实测的 M-f 曲线[图 9.14(b)中的实线]表明,裂缝出现以前(第Ⅰ阶段),它与虚线比较接近。裂缝出现时,M-f 曲线开始偏离直线而向右弯曲,表明梁受拉区混凝土已产生塑性变形;裂缝出现以后(第Ⅱ阶段),M-f 曲线越来越偏离直线,这时不仅由于混凝土塑性变形发展,变形模量降低,而且由于受拉区混凝土开裂,梁截面惯性矩发生变化,因而梁刚度明显下降,变形增长加快。继续加载到受拉钢筋屈服以后(第Ⅲ阶段),梁刚度急剧下降,挠度 f 值增长更快。

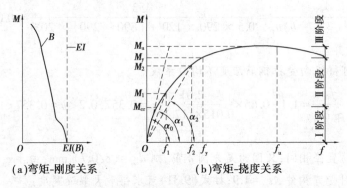

(a)弯矩-刚度关系　　　　(b)弯矩-挠度关系

图 9.14　适筋梁 M-f 关系曲线

上述现象说明,钢筋混凝土梁的截面抗弯刚度不是一个常数,而是随荷载的增加有所改变,并与裂缝的出现和开展有关。因梁在正常使用情况下处于第Ⅱ阶段工作,所以钢筋混凝土受弯构件挠度计算的关键是构件处于第Ⅱ阶段的刚度计算问题。

构件在荷载准永久组合作用下的刚度称为短期刚度,用 B_s 表示;考虑荷载长期作用影响后的刚度称为长期刚度,用 B 表示。构件在使用阶段最大挠度计算取长期刚度值,而长期刚度是通过短期刚度计算得来的。

9.3.2　受弯构件的短期刚度 B_s

由材料力学可知,匀质弹性材料梁的弯矩 M、曲率 $1/r$(r 为曲率半径)和截面抗弯刚度 EI

之间的关系为

$$EI = \frac{M}{\dfrac{1}{r}}$$

上式是根据梁截面变形协调的几何条件、应力-应变间的物理条件以及静力平衡条件求得的。钢筋混凝土梁在荷载准永久组合作用下,由裂缝出现后的变形特点,应力-应变关系和平衡条件,也可得到与上式相似的刚度公式,即

$$B_{s} = \frac{M_{q}}{\dfrac{1}{r}}$$

由上式可见,求构件短期刚度的主要问题是构件的曲率。

1)受弯构件的平均曲率

由前述受弯构件裂缝出现和开展过程已知,裂缝出现后,纵向受拉钢筋的应变沿构件纵轴各截面的分布是不均匀的,已用钢筋平均应变 ε_{sm} 来反映这个特点。由于裂缝截面的中和轴上升,梁受压区高度减小,因而裂缝截面受压区混凝土应变值较大;而裂缝间各截面受压区高度相对较大,混凝土应变值相对较小。因此纯弯段受压区混凝土的压应变沿构件纵轴各截面的分布是不均匀的[图 9.15(a)],可用受压区混凝土边缘纤维的平均压应变 ε_{cm} 来反映这个特点。

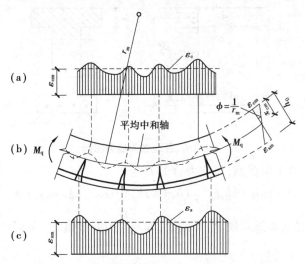

图 9.15 梁纯弯段各截面应变及裂缝分布

在裂缝出现后,梁各截面受压区高度不等,中和轴位置上下波动[图 9.15(b)],纯弯段内各截面曲率不等,不符合平截面假定。但国内外大量试验资料表明,沿构件截面高度量测的平均应变是符合平截面假定的。为此,在此引入平均平截面、平均中和轴和平均曲率[图9.15(b)],并根据平均应变的平截面假定,由图9.15(b)所示的几何关系,得

$$\phi_{m} = \frac{1}{r_{m}} = \frac{\varepsilon_{sm} + \varepsilon_{cm}}{h_{0}}$$

从而有

$$B_{s} = \frac{M_{q}}{\dfrac{1}{r_{m}}} = \frac{M_{q}h_{0}}{\varepsilon_{sm} + \varepsilon_{cm}} \tag{9.33}$$

式中 r_{m}——平均中和轴的平均曲率半径。

由此可知,只要确定了平均应变 ε_{sm} 和 ε_{cm},即可由上式求出 B_{s}。

2)平均应变 ε_{sm} 和 ε_{cm}

(1)裂缝间纵向受拉钢筋的平均应变 ε_{sm}

根据式(9.19)及式(9.25),以及梁在使用阶段(第Ⅱ阶段)纵向钢筋尚未屈服,其平均的应力-应变关系符合弹性规律,故可得裂缝间纵向钢筋的平均应变 ε_{sm} 为

$$\varepsilon_{sm} = \psi \varepsilon_{sq} = \psi \frac{\sigma_{sq}}{E_{s}} = \frac{\psi}{\eta} \cdot \frac{M_{q}}{E_{s}A_{s}h_{0}} \tag{9.34}$$

(2)受压区边缘混凝土平均应变 ε_{cm}

当梁受力的第Ⅱ阶段时,由于受压区混凝土的塑性变形,裂缝截面的压应力呈曲线分布,其边缘应力为 σ_{cq},如图 9.16 所示,为了简化计算,可用压应力为 $\omega\sigma_{cq}$ 的等效矩形应力图形代替曲线应力图形,此处 ω 为压应力图形丰满程度系数。

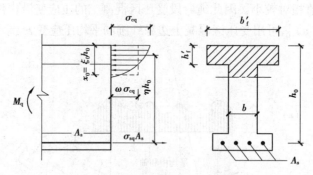

图 9.16 裂缝截面应力图形

对于图 9.16 所示的 T 形截面,压应力合力 D 为

$$D = \omega\sigma_{cq}\left[bh_{0}\xi_{0} + (b_{f}' - b)h_{f}'\right] = \omega\sigma_{cq}(\xi_{0} + \gamma_{f}')bh_{0}$$

式中 γ_{f}'——受压翼缘的加强系数,矩形截面,取 $\gamma_{f}' = 0$;T 形截面,取 $\gamma_{f}' = \dfrac{(b_{f}' - b)h_{f}'}{bh_{0}}$;当 $h_{f}' > 0.2h_{0}$

时,取 $h_{f}' = 0.2h_{0}$。

由裂缝截面的平衡条件得

$$\sigma_{cq} = \frac{M_{q}}{\omega(\xi_{0} + \gamma_{f}')\eta bh_{0}^{2}} \tag{9.35}$$

受压区边缘混凝土平均压应变 ε_{cm} 可表示为 $\varepsilon_{cm} = \psi_{c}\varepsilon_{cq}$,并考虑受压混凝土的塑性变形,计算中采用混凝土的变形模量 $E_{c}' = \lambda E_{c}$(λ 为混凝土的弹性系数),则

$$\varepsilon_{cm} = \psi_{c}\varepsilon_{cq} = \psi_{c}\frac{\sigma_{cq}}{\lambda E_{c}} = \frac{M_{q}}{\dfrac{\omega(\gamma_{f}' + \xi_{0})\eta\lambda}{\psi_{c}}bh_{0}^{2}E_{c}} = \frac{M_{q}}{\zeta bh_{0}^{2}E_{c}} \tag{9.36}$$

式中,ζ 反映了混凝土的弹塑性、应力分布和截面受力对受压边缘混凝土平均应变的综合影响,

故称为受压区边缘混凝土平均应变综合系数。

将式(9.36)与材料力学的相应公式比较,可知 ζ 为梁截面弹塑性抵抗矩系数。用 ζ 代替一系列系数,不仅可以减轻计算工作量和避免误差积累,更主要的是容易通过试验资料直接得到。由式(9.36)可得

$$\zeta = \frac{M_q}{\varepsilon_{cm} b h_0^2 E_c}$$

上式右端的 b、h_0 为已知,E_c 可由棱柱体试验确定,M_q 和 ε_{cm} 可通过试验测到。于是由上式可求得平均压应变综合系数 ζ 的试验值。

3)纯弯段的平均刚度

将式(9.34)和式(9.36)代入式(9.33),得

$$B_s = \frac{1}{\frac{\psi}{\eta} \cdot \frac{1}{E_s A_s h_0^2} + \frac{1}{\zeta b h_0^3 E_c}} = \frac{E_s A_s h_0^2}{\frac{\psi}{\eta} + \frac{\alpha_E \rho}{\zeta}} \tag{9.37}$$

式中　α_E——钢筋与混凝土的弹性模量比,$\alpha_E = E_s / E_c$;

ρ——纵向受拉钢筋的配筋率,$\rho = A_s / bh_0$;

ψ——钢筋应变不均匀系数,按式(9.30)计算。

在式(9.37)中,内力臂系数 η 值在 $0.83 \sim 0.93$ 波动,可近似取平均值 $\eta = 0.87$ 或 $1/\eta = 1.15$;$\alpha_E \rho / \zeta$ 可由试验资料统计分析(图9.17)给出,即

$$\frac{\alpha_E \rho}{\zeta} = 0.2 + \frac{6\alpha_E \rho}{1 + 3.5 \gamma_f'} \tag{9.38}$$

将式(9.38)及 $1/\eta = 1.15$ 代入式(9.37),则得

$$B_s = \frac{E_s A_s h_0^2}{1.15\psi + 0.2 + \frac{6\alpha_E \rho}{1 + 3.5 \gamma_f'}} \tag{9.39}$$

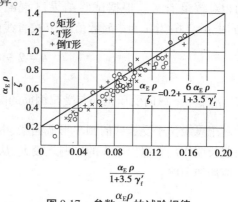

图 9.17　参数 $\dfrac{\alpha_E \rho}{\zeta}$ 的试验规律

式(9.39)就是受弯构件纯弯段的平均刚度,由于式中 ψ[见式(9.30)]与裂缝截面钢筋应力 σ_{sq} 有关,而 σ_{sq}[见式(9.19)]又是按荷载准永久组合计算的弯矩值确定的,因此钢筋混凝土构件的截面抗弯刚度与弯矩值有关。

9.3.3　受弯构件考虑荷载长期作用影响的刚度 B

由于受压区混凝土的徐变等原因,受弯构件的变形随时间而增长。在加载初期挠度增长较快,随后逐渐减慢,最后趋于稳定,变化规律与混凝土棱柱体受压徐变相似。受弯构件的挠度增长一般将持续数年之久,但在前6个月挠度增长较快,1年后趋于稳定,3年后基本稳定。

受弯构件的挠度增大可用挠度增大系数 θ 来考虑,$\theta = f_l / f_s$,其中 f_s 是按构件短期刚度计算的挠度,f_l 是按考虑荷载长期作用影响计算的挠度,则

$$\theta = \frac{f_l}{f_s} = \frac{\dfrac{\beta M l_0^2}{B}}{\dfrac{\beta M l_0^2}{B_s}} = \frac{B_s}{B}$$

由此可得受弯构件考虑荷载长期作用影响的刚度 B 的计算公式：

$$B = \frac{B_s}{\theta} \tag{9.40}$$

受弯构件挠度随时间增加而增长的原因，除受压区混凝土发生徐变外，还有受压区混凝土塑性发展，导致应力图形更接近矩形分布，使内力臂减小从而导致受拉钢筋应力增加；受拉混凝土与钢筋的黏结滑移徐变、受拉混凝土的应力松弛以及裂缝的向上发展，导致受拉混凝土不断退出工作，使受拉钢筋平均应变随时间增大；受拉区与受压区混凝土的收缩不一致，使梁发生翘曲。上述现象都将导致构件曲率增大、刚度降低。

上述因素中，受压区混凝土的徐变是最主要的因素，所以影响混凝土徐变的因素(如受压钢筋的数量、加载龄期、使用环境的湿、温度等)都对荷载长期作用下的挠度增长有影响。试验表明，单筋矩形、T 形和 I 形截面梁的挠度增大系数可取 $\theta = 2.0$。对于双筋截面梁，由于受压钢筋对混凝土的徐变起约束作用，因此将减少荷载长期作用下的挠度增长，减少的程度与受压钢筋的相对数量有关。根据试验结果，《混凝土结构设计规范》规定：当 $\rho' = 0$ 时，$\theta = 2.0$；当 $\rho' = \rho$ 时，$\theta = 1.6$；当 ρ' 为中间数值时，θ 按直线内插法取值，即

$$\theta = 2 - 0.4\frac{\rho}{\rho'} \geqslant 1.6$$

式中 ρ', ρ——纵向受压钢筋与受拉钢筋的配筋率，$\rho' = \dfrac{A'_s}{bh_0}, \rho = \dfrac{A_s}{bh_0}$。

对于翼缘位于受拉区的倒 T 形截面梁，由于荷载短期作用下受拉混凝土参加工作较多，而在荷载长期作用下退出工作的影响就较大，从而使挠度增大较多，故对这种截面梁的挠度增大系数应增加 20%。

9.3.4 受弯构件的挠度计算

1)最小刚度原则

受弯构件的截面刚度 B_s 与弯矩大小有关，而受弯构件截面的弯矩一般是沿梁长度的变化而变化的，所以即使是等截面的钢筋混凝土梁，各截面刚度也是彼此不相等的。在弯矩较大的区段，有垂直裂缝出现，刚度较小；靠近支座的区段，弯矩较小而没有垂直裂缝，故刚度较大(图9.18)。为了简化计算，在同一符号弯矩范围内，可按弯矩最大截面处的最小刚度 B_{min} 计算[图9.18(b)中的虚线]，这就是挠度计算中的最小刚度原则。

对于简支梁，根据最小刚度原则，可取用全跨范围内弯矩最大截面处的最小弯曲刚度[如图 9.18(b)中虚线所示]，按等刚度梁进行挠度计算；对于等截面连续梁、框架梁等，因存在有正、负弯矩，可假定各同号弯矩区段内的刚度相等，并分别取正、负弯矩区段内弯矩最大截面处的最小刚度，按分段等刚度梁进行挠度计算(图9.19)。当计算跨度内的支座截面弯曲刚度不大于跨中截面弯曲刚度的两倍或不小于跨中截面弯曲刚度的 1/2 时，该跨也可按等刚度构件进

行计算,其构件刚度取跨中最大弯矩截面的弯曲刚度。

采用最小刚度原则计算挠度时,靠近支座处的曲率,由于多算了两小块阴影线所示的面积(图 9.18),其计算值 M/B_{min} 比实际值较大,但由于阴影面积不大,且靠近支座,故对挠度的影响很小,且偏于安全。

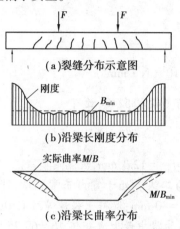

(a)裂缝分布示意图

(b)沿梁长刚度分布

(c)沿梁长曲率分布

图 9.18　沿梁长的刚度和曲率分布

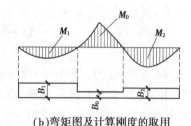

(a)两跨连续梁

(b)弯矩图及计算刚度的取用

图 9.19　连续梁沿梁长计算刚度的取用

2)剪切变形及斜裂缝的影响

受弯构件的刚度公式是根据纯弯受力情况推导的,系构件纯弯段的平均刚度。但实际工程中的受弯构件承受纯弯曲的情况极少,一般是梁中同时有弯矩和剪力。因此构件在产生弯曲变形的同时,还伴随有剪切变形。对于匀质弹性材料梁,剪切变形一般很小,可以忽略。但对出现斜裂缝的钢筋混凝土梁,剪切变形的影响较大,从而会使构件的挠度增大。

此外,当梁出现斜裂缝后,与斜截面相交纵筋的拉应力大于按正截面的计算值。在计算构件刚度时未考虑这种影响,将使刚度计算值偏大。

上述两方面的影响将使构件实际挠度增大,而计算值则偏小,但在一般情况下,这一偏小的误差与采用最小刚度原则计算偏大的结果大致可相互抵消。经过对国内外约 350 根试验梁的验算,试验值与按最小刚度计算的挠度值之比均小于并接近于 1,可见符合较好。因此,在计算挠度时采用最小刚度并忽略上述不利因素影响是可行的。

3)挠度计算

对于简支梁,按荷载的准永久组合并考虑荷载长期作用影响的跨中最大挠度,可用 B 代替 EI,用材料力学公式计算,即

$$f_{max} = \beta \frac{M_q l_0^2}{B} \tag{9.41}$$

梁的最大挠度 f_{max} 应满足式(9.5)的要求。如不满足,说明构件刚度偏小,此时增大构件截面高度是提高刚度的最有效的方法。此外,也可增加受拉钢筋用量以及采用双筋截面梁等。

【例 9.3】　验算例题 9.1 梁的挠度是否满足要求。

【解】　由例题 9.1 知:$b = 200$ mm,$h = 500$ mm,$h_0 = 465$ mm,$A_s = 763$ mm²,$A_s' = 0$,$l_0 = 5.6$ m,$E_s = 2 \times 10^5$ N/mm²,$E_c = 3.15 \times 10^4$ N/mm²,$M_q = 54.096$ kN·m,$\psi = 0.556$,则

$$\rho = \frac{A_s}{bh_0} = \frac{763}{200 \times 465} = 0.008\,2, \rho' = 0, \alpha_E = \frac{2 \times 10^5}{3.15 \times 10^4} = 6.35$$

将上述数据代入式(9.39),得

$$B_s = \frac{E_s A_s h_0^2}{1.15\psi + 0.2 + \dfrac{6\alpha_E \rho}{1 + 3.5\gamma_f'}} = \frac{2 \times 10^5 \times 763 \times 465^2}{1.15 \times 0.556 + 0.2 + 6 \times 6.35 \times 0.008\ 2}$$

$$= 2.865 \times 10^{13}(\text{N} \cdot \text{mm}^2)$$

因是单筋截面梁,故 $\theta = 2.0$,则由式(9.40)得

$$B = \frac{B_s}{\theta} = \frac{2.865 \times 10^{13}}{2} = 1.433 \times 10^{13}(\text{N} \cdot \text{mm}^2)$$

梁的挠度按式(9.41)计算,其中 β 对均布荷载作用下的简支梁取 $5/48$,故有

$$f_{max} = \frac{5}{48} \times \frac{54.096 \times 10^6 \times 5\ 600^2}{1.433 \times 10^{13}} = 12.3(\text{mm})$$

由附表 14 查得 $f_{lim} = l_0/200 = 5\ 600\ \text{mm}/200 = 28\ \text{mm} > f_{max} = 12.3\ \text{mm}$,故满足要求。

【例 9.4】 已知 T 形截面简支梁,结构的安全等级为二级。处于室内正常环境,计算跨度 $l_0 = 6$ m,截面尺寸 $b = 200$ mm,$h = 550$ mm,$b_f' = 550$ mm,$h_f' = 80$ mm;混凝土强度等级 C30,纵向受拉钢筋 3Φ20(采用 HRB400 级);按荷载准永久组合计算的跨中最大弯矩值 $M_q = 69.75$ kN·m。验算该梁挠度是否满足要求。

【解】 查附表 9 得,$f_{tk} = 2.01\ \text{N/mm}^2$;查附表 6 和附表 11 可得,$E_s = 2.0 \times 10^5\ \text{N/mm}^2$,$E_c = 3.00 \times 10^4\ \text{N/mm}^2$;查附表 21 可得,$A_s = 942\ \text{mm}^2$(3$\Phi$20)。对一类类别环境,查附表 17,查得 $c = 20$ mm,箍筋直径取 8 mm,$c_s = 20 + 8 = 28(\text{mm})$,$a_s = 20 + 8 + 20/2 = 38(\text{mm})$,则梁截面有效高度 $h_0 = h - a_s = 550 - 38 = 512(\text{mm})$。

配筋率:$\rho_{te} = \dfrac{A_s}{0.5bh} = \dfrac{942}{0.5 \times 200 \times 550} = 0.017 > 0.01$,故取 $\rho_{te} = 0.017$ 计算。

$$\rho = \frac{A_s}{bh_0} = \frac{942}{200 \times 512} = 0.009\ 2$$

由式(9.19)可得裂缝截面处的钢筋应力:

$$\sigma_{sq} = \frac{M_q}{A_s \eta h_0} = \frac{69.75 \times 10^6}{942 \times 0.87 \times 512} = 166.228(\text{N/mm}^2)$$

由式(9.30)可得纵向受拉钢筋应变不均匀系数:

$$\psi = 1.1 - 0.65\frac{f_{tk}}{\rho_{te}\sigma_s} = 1.1 - 0.65 \times \frac{2.01}{0.017 \times 166.228} = 0.638, 0.2 < \psi = 0.638 < 1.0,\text{故取}\ \psi = 0.638$$

计算。

$$\gamma_f' = \frac{(b_f' - b)h_f'}{bh_0} = \frac{(550 - 200) \times 80}{200 \times 512} = 0.273$$

$$\alpha_E = \frac{E_s}{E_c} = \frac{2.0 \times 10^5}{3.00 \times 10^4} = 6.667$$

由式(9.39)可得短期刚度:

$$B_s = \frac{E_s A_s h_0^2}{1.15\psi + 0.2 + \dfrac{6\alpha_E \rho}{1 + 3.5\gamma_f'}} = \frac{2.0 \times 10^5 \times 942 \times 512^2}{1.15 \times 0.638 + 0.2 + \dfrac{6 \times 6.667 \times 0.009\ 2}{1 + 3.5 \times 0.273}}$$

$$= 4.402 \times 10^{13} (\text{N} \cdot \text{mm}^2)$$

因是单筋截面梁,故 $\theta = 2.0$,则由式(9.40)得

$$B = \frac{B_s}{\theta} = \frac{4.402 \times 10^{13}}{2} = 2.201 \times 10^{13} (\text{N} \cdot \text{mm}^2)$$

梁的挠度按式(9.41)计算,其中 β 对均布荷载作用下的简支梁取 5/48,故有

$$f_{max} = \frac{5}{48} \times \frac{69.75 \times 10^6 \times 6\,000^2}{2.201 \times 10^{13}} = 11.9 (\text{mm})$$

由附表 14 查得 $f_{lim} = l_0/200 = 6\,000\ \text{mm}/200 = 30\ \text{mm} > f_{max} = 11.9\ \text{mm}$,故满足要求。

9.4　混凝土结构耐久性极限状态设计

如第3章所述,工程结构应满足安全性、适用性和耐久性的要求。所谓结构的耐久性是指一个构件、一个结构系统或一幢建筑物在一定时期内维持其适用性的能力,即结构在其设计使用年限内,应当能够承受所有可能的荷载和环境作用,而不应发生过度的腐蚀、损坏或破坏。可见,混凝土结构的耐久性主要是由混凝土、钢筋材料本身特性和所处使用环境的侵蚀性两方面共同决定的。

与承载能力极限状态设计相比,耐久性极限状态设计的重要性似乎应低一些。但是,结构如果因耐久性不足而失效,或为了维持其正常使用而须进行较大的维修、加固或改造,则不仅要付出较多的额外费用,而且也必然影响结构的使用功能以及结构的安全性。因此,对于混凝土结构,除应进行承载力计算、变形和裂缝宽度验算外,还必须进行耐久性极限状态设计。混凝土结构耐久性极限状态设计的目标,应使结构构件出现耐久性极限状态标志或限值的年限不小于其设计使用年限。混凝土结构耐久性设计可采用经验的方法、半定量的方法和定量控制耐久性失效概率的方法。本节仅介绍经验的方法。

9.4.1　影响结构耐久性能的主要因素

影响混凝土结构耐久性能的因素很多,可分为内部因素和外部因素两个方面。内部因素主要有混凝土的强度、密实性、水泥用量、水灰比、氯离子及碱含量、外加剂用量、保护层厚度等;外部因素则主要是环境条件,包括温度、湿度、CO_2 含量、侵蚀性介质等。另外,设计构造上的缺陷、施工质量差或使用中维修不当等也会影响结构的耐久性能。

混凝土在浇筑养护后形成强碱性环境,这会在钢筋表面形成一层氧化膜,使钢筋处于钝化状态,对钢筋起到一定的保护作用。然而,大气中的 CO_2 或其他酸性气体,渗入混凝土将使混凝土中性化而降低其碱度,这就是混凝土的碳化。当碳化深度大于或等于混凝土保护层厚度而到达钢筋表面时,将破坏钢筋表面的氧化膜。碳化还会加剧混凝土的收缩,这些均可导致混凝土结构物的开裂甚至破坏。因此,混凝土的碳化对钢筋混凝土结构的耐久性具有至关重要的影响。

环境中的侵蚀性介质,如化工厂或制剂厂的酸、碱溶液滴漏至混凝土构件表面或直接接触混凝土构件时,将对混凝土产生严重腐蚀;浸泡在海水中的混凝土结构,海水中的有害物质在混凝土的孔隙与裂缝间迁移,使混凝土产生物理的和化学方面的劣化和钢筋锈蚀的劣化,使结构开裂、损伤,直至刚度降低和承载力下降。因此,环境因素对混凝土结构的耐久性能有很大

影响。

混凝土的冻融破坏是影响混凝土结构耐久性能的另一重要因素。过冷的水在混凝土孔隙中迁移引起水压力甚至结冰产生体积膨胀,使混凝土孔壁产生拉应力造成内部开裂。在寒冷地区,在城市道路或立交桥中使用除冰盐融化冰雪,会加速混凝土的冻融破坏。冻融破坏在水利水电工程、港口码头工程、道路桥梁工程及某些建筑工程中较为常见。

在我国,部分地区存在混凝土的碱骨料反应,即混凝土骨料中某些活性物质与混凝土微孔中来自水泥、外加剂、掺和料及水中的可溶性碱产生化学反应的现象。碱骨料反应产生碱-硅酸盐凝胶,并吸水膨胀,体积可增大 3~4 倍,从而导致混凝土开裂、剥落、钢筋外露锈蚀,直至结构构件失效。另外,碱骨料反应还可能改变混凝土的微观结构,降低其力学性能,从而影响结构的安全性。

9.4.2 混凝土结构耐久性极限状态设计方法和内容

与承载能力极限状态和正常使用极限状态设计相似,也可建立结构耐久性极限状态方程。目前已有一些类似的研究成果,如耐久性极限状态设计实用方法、耐久性极限状态设计法以及基于近似概率法的耐久性极限状态设计法等,但这些方法尚不便应用于工程。《混凝土结构设计规范》采用的是耐久性概念设计,即根据混凝土结构所处的环境类别和设计使用年限,采取不同的技术措施和构造要求保证结构的耐久性。

混凝土结构的设计使用年限主要根据建筑物的重要程度确定,房屋建筑结构的设计使用年限可参照表 3.1 确定。

混凝土结构的耐久性与其使用环境密切相关。同一结构在强腐蚀环境中比在一般大气环境中的耐久性差。对混凝土结构使用环境进行分类,可使设计者针对不同的环境类别采取不同的设计对策,使结构达到设计使用年限的要求。《混凝土结构设计规范》将混凝土结构的环境类别分为五类,见附表 15。

混凝土结构耐久性的设计内容包括:确定结构所处的环境类别;提出材料的耐久性质量要求;确定构件中钢筋的混凝土保护层厚度;提出在不利的环境条件下应采取的防护措施;提出满足耐久性要求相应的技术措施;提出结构使用阶段的维护与检测要求。

9.4.3 房屋建筑混凝土结构耐久性极限状态设计的基本要求

根据影响结构耐久性的内部和外部因素,《混凝土结构设计规范》规定,混凝土结构应采取下列技术构造措施,以保证其耐久性的要求。

①对一、二和三类环境类别,设计使用年限为 50 年的结构混凝土,其混凝土材料应符合附表 19 的规定。

②一类环境中,设计使用年限为 100 年的混凝土结构,应符合下列规定:

a.钢筋混凝土结构的最低强度等级为 C30,预应力混凝土结构的最低强度等级为 C40;

b.混凝土中的最大氯离子含量为 0.06%;

c.宜使用非碱活性骨料,当使用碱活性骨料时,混凝土中的最大碱含量为 3.0 kg/m³;

d.混凝土保护层厚度应符合附表 17 的规定,当采取有效表面防护措施时,混凝土保护层厚度可适当减少。

③二类、三类环境中,设计使用年限为 100 年的混凝土结构,应采取专门有效的措施。如限制混凝土的水灰比;适当提高混凝土的强度等级;保证混凝土的抗冻性能;提高混凝土的抗渗能力;使用环氧涂层钢筋;构造上避免积水;构件表面增加防护层使之不直接承受环境作用等。特别是规定维修的年限或对结构构件进行局部更换,均可延长主体结构的实际使用年限。

④对下列混凝土结构及构件,应采取加强耐久性的技术措施:

a.预应力混凝土结构中的预应力筋应根据具体情况采取表面防护、管道灌浆、增大混凝土保护层厚度等措施,外露的锚固端应采取封锚和混凝土表面处理等有效措施;

b.有抗渗要求的混凝土结构,混凝土的抗渗等级应符合有关标准的规定;

c.严寒及寒冷地区的潮湿环境中,结构混凝土应满足抗冻要求,混凝土的抗冻等级应符合有关标准的要求;

d.处于二、三类环境中的悬臂构件,宜采用悬臂梁-板结构形式,或在其上表面增设防护层;

e.处于二、三类环境中的结构构件,其表面的预埋件、吊钩、连接件等金属部件应采取可靠的防锈措施;

f.三类环境中的混凝土结构构件,可采用阻锈剂、环氧树脂涂层钢筋或其他具有耐腐蚀性能的钢筋、采取阴极保护措施或采用可更换的构件等措施。

⑤环境类别为四类和五类的混凝土结构,其耐久性应符合有关标准的规定。

对临时性混凝土结构,可不考虑混凝土的耐久性要求。

本章小结

1.钢筋混凝土的裂缝控制有两个基本概念:

①作为达到使用极限状态的裂缝宽度限值,即最大裂缝宽度允许值,是根据结构构件的耐久性要求确定的,设计时可查阅附表 16。

②裂缝宽度计算:平均裂缝宽度主要是根据黏结滑移理论推导而来的,另外考虑了混凝土保护层厚度和钢筋有效约束区的影响;最大裂缝宽度等于平均裂缝宽度乘以扩大系数,这个系数是考虑裂缝宽度的随机性以及荷载长期作用的影响。

2.钢筋混凝土受弯构件的挠度可用材料力学公式计算。由于混凝土的弹塑性性质和构件受拉区存在裂缝,构件的受力状态处于第 II 阶段,混凝土变形模量和截面惯性矩均随作用于截面上弯矩值的大小而变化,因而截面抗弯刚度不是常数,这与匀质弹性材料构件不同。

3.根据平均应变的平截面假定可求得构件纯弯段的平均刚度 B_s,即式(9.39),该式分母第一项代表受拉区混凝土参与受力对刚度的影响,它随截面上作用的弯矩大小而变化;分母的第二项及第三项代表受压区混凝土变形对刚度的影响,它是仅与截面特性有关的常数。因此钢筋混凝土构件截面抗弯刚度与弯矩有关,这就意味着等截面梁实际上是变刚度梁。挠度计算时取最小刚度。

在荷载长期作用下,由于混凝土的徐变等因素影响,构件截面刚度将进一步降低,这可通过挠度增大系数予以考虑,由此得到考虑荷载长期作用影响的刚度 B。构件挠度计算时取刚度 B。

4.混凝土结构的耐久性不仅影响其使用功能,而且也影响其安全性。因此,对于混凝土结构除应进行承载力计算、变形和裂缝宽度验算外,还必须进行耐久性极限状态设计。《混凝土结构设计规范》采用的是耐久性概念设计,即根据混凝土结构所处的环境类别和设计使用年限,采取不同的技术措施和构造要求保证结构的耐久性。

思 考 题

9.1　混凝土结构构件裂缝控制等级分为几级,每一级的要求是什么?钢筋混凝土构件属于哪一级?

9.2　验算混凝土构件裂缝宽度和变形的目的各是什么?验算时,荷载组合的效应值如何计算?荷载长期作用的影响如何考虑?

9.3　钢筋混凝土构件裂缝宽度的计算方法有哪两大类?《混凝土结构设计规范》采用了哪种方法?基本思路是什么?

9.4　钢筋混凝土梁的纯弯段在裂缝间距稳定以后,钢筋和混凝土的应变沿构件长度上的分布具有哪些特征?影响裂缝间距的因素有哪些?

9.5　平均裂缝间距 l_m 的基本公式可按什么条件导出?在确定平均裂缝间距时,为什么又要考虑保护层厚度的影响?试说明钢筋有效约束区的概念及其实际意义。

9.6　《混凝土结构设计规范》中的平均裂缝宽度 w_m 计算公式是根据什么原则确定的?最大裂缝宽度 w_{max} 是如何确定的?说明参数 ρ_{te}、ψ、η、ζ 的物理意义及其主要影响因素。

9.7　影响裂缝宽度的因素主要有哪些?若构件的最大裂缝宽度不能满足要求,可采取哪些措施?哪些措施最有效?

9.8　钢筋混凝土受弯构件的变形计算与匀质弹性材料受弯构件有何异同?为什么钢筋混凝土受弯构件的截面抗弯刚度要用 B 而不用 EI?

9.9　试说明建立受弯构件刚度 B_s 计算公式的基本思路和方法,哪些方面反映了钢筋混凝土的特点?为什么挠度计算时应采用刚度 B?计算公式中各符号的意义如何?

9.10　钢筋混凝土受弯构件的刚度与哪些因素有关?如果受弯构件的挠度值不满足要求,可采取什么措施?其中最有效的措施是什么?

9.11　什么叫"最小刚度原则"?试分析应用该原则的合理性。如何计算连续梁的变形?

9.12　简述配筋率对受弯构件正截面受弯承载力、挠度和裂缝宽度的影响。三者不能同时满足时,应采取什么措施?

9.13　试分析影响混凝土结构耐久性的主要因素。如何进行混凝土结构耐久性极限状态设计?

习 题

9.1　已知某钢筋混凝土屋架下弦,$b×h=200\ mm×200\ mm$。按荷载准永久组合计算的轴心拉力 $N_q=100\ kN$,配置 4 根直径 14 mm 的 HRB400 受拉钢筋,C30 等级混凝土。结构安全等级为二级,环境类别为一类($c=20\ mm$),$w_{lim}=0.3\ mm$。试验算最大裂缝宽度是否满足要求?

9.2　钢筋混凝土矩形截面简支梁,截面尺寸 $b=220\ mm$,$h=500\ mm$。按荷载准永久组合计算的跨中截面弯矩 $M_q=60\ kN·m$。配置 2⚈22 的 HRB400 钢筋,混凝土强度等级为C30。结构安全等级为二级。环境类别为一类($c = 20$ mm)。试验算该梁的最大裂缝宽度是否满足要求。

9.3 已知预制 T 形截面简支梁,安全等级为二级,$l_0 = 6$ m,$b_f' = 600$ mm,$b = 200$ mm,$h_f' = 60$ mm,$h = 500$ mm,采用 C25 等级混凝土,HRB400 级钢筋。跨中截面的永久荷载弯矩值为 43 kN·m,可变荷载弯矩值为 35 kN·m,准永久值系数 $\psi_{q1} = 0.4$;雪荷载弯矩值为 8 kN·m,准永久值系数 $\psi_{q2} = 0.2$。环境类别为一类。求:

(1)受弯正截面受拉钢筋面积,并选用钢筋直径(在 18~22 mm 之间选择)及根数。

(2)验算挠度是否小于 $f_{lim} = l_0 / 250$?

(3)验算裂缝宽度是否小于 $w_{lim} = 0.3$ mm?

9.4 已知预制倒 T 形截面简支梁 $l_0 = 6$ m,$b_f = 600$ mm,$b = 200$ mm,$h_f = 60$ mm,$h = 500$ mm,其他条件同第 2 题。求:

(1)受弯正截面受拉钢筋面积,并选配钢筋直径(在 18~22 mm 之间选择)及根数。

(2)验算挠度是否满足 $f < f_{lim} = l_0 / 250$?

(3)验算裂缝宽度是否满足 $w_{max} < w_{lim} = 0.3$ mm?

(4)与第 2 题比较,提出分析意见。

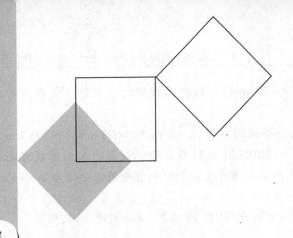

10 预应力混凝土构件的性能与设计

本章导读：

● **基本要求**：理解预应力混凝土的基本概念、分类方法、预应力损失；掌握预应力损失计算和组合方法，轴心受拉构件和受弯构件各阶段受力分析及设计方法；熟悉预应力混凝土结构的施工工艺和构造要求。

● **重点**：预应力的概念；预应力损失的计算和组合；预应力构件的设计方法。

● **难点**：预应力构件各阶段受力分析；预应力构件的设计方法。

10.1 工程应用实例及预应力混凝土的基本概念

10.1.1 预应力混凝土工程应用实例

随着经济的快速发展，我国的基础建设也突飞猛进，不但工程建设的数量大幅上升，工程规模也越来越大。在很多新建工程中，都采用了预应力混凝土结构。

图 10.1(a)为烟台火车站新建站房，东西长 456 m，南北宽 174.8 m。在站内商业区、站办公区、行包房和城市商业区，主体结构采用钢筋混凝土框架结构；中央平台及候车区采用钢筋混凝土框架-剪力墙结构，其中剪力墙设置在大拱支撑处。屋面为钢桁架结构，中央平台上方为马鞍形空间双层网壳结构。本工程由于梁跨度大且超长，框架梁采用有黏结预应力体系，中央平台及候车区、行包房和城市商业区的楼板尺寸超长、面积较大，在楼板内设置了无黏结预应力筋。图 10.1(b)为位于云南省怒江傈僳族自治州州府六库的六库怒江桥，该桥为 3 跨变截面预

应力混凝土连续箱梁桥,全长 337.52 m,主跨为 154 m。

(a)烟台火车站

(b)六库怒江桥

图 10.1 预应力混凝土工程实例

在实际工程中,预应力混凝土结构的应用非常广泛,不仅在建筑工程、桥梁工程、水利工程中得到了很好的应用,还被用于建造核电站、高耸结构等特种工程。

10.1.2 预应力混凝土结构的基本原理

1)钢筋混凝土结构存在的问题

混凝土是一种抗压强度高、抗拉强度低的结构材料,它的抗拉强度为抗压强度的 1/15~1/10,因此常在混凝土中加入钢筋制作成钢筋混凝土结构,利用钢筋来承受结构或构件中的拉应力。钢筋混凝土结构虽然改善了混凝土抗拉强度低的缺点,但仍存在下列问题:

①在正常使用荷载下,普通钢筋混凝土结构通常处于带裂缝工作状态,裂缝的存在造成受拉区混凝土材料不能充分利用、结构刚度下降等。

②为保证混凝土结构的耐久性,必须限制裂缝开展的宽度。若将裂缝宽度限制在 0.2~0.3 mm 范围,钢筋的拉应力只能达到 150~250 MPa,这就使高强钢筋无法在钢筋混凝土结构中充分发挥作用。当荷载或跨度增加时,钢筋混凝土结构只有靠增加构件截面尺寸或增加钢筋用量来控制裂缝和变形,这种做法既不经济又必然增加结构自重。

由于上述原因,钢筋混凝土结构的使用范围受到了很大的限制。

2)预应力混凝土的工作原理

为克服钢筋混凝土结构易开裂的缺陷,早在 19 世纪就有学者提出了对钢筋混凝土结构施加预应力的设想。

预应力的基本原理早已被聪明的祖先所运用。木桶是预加压应力抵抗拉应力的一个典型例子,见图 10.2。采用藤、竹或铁箍的木桶,当箍被张紧时,箍受到预拉力,转而在桶板之间产生环向的预压应力[图 10.2(c)],桶中盛入水后,水压力造成的径向压力使桶壁产生环向的拉应力[图 10.2(b)],如施加的环向预压应力超过水压力引起的环向拉应力,木桶就不会漏水,所以

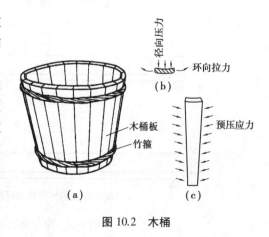
图 10.2 木桶

套箍木桶实际上就是预应力木结构。木锯则是利用预拉应力抵抗压应力的典型例子,见图10.3。采用线绳绞拧而拉紧的木锯,给锯条施加了一个拉应力[图10.3(b)],使其挺直而能承受锯木来回运动中受到的重复变化的拉、压应力[图10.3(c)],避免抗弯能力很低的锯条受压失稳、弯折破坏。

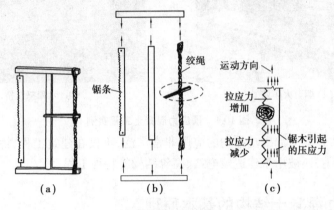

图 10.3　木锯

1866 年,美国工程师杰克逊(P.H.Jackson)首次将预应力技术应用于混凝土结构,但这些最初的尝试并不成功,由于锚固损失以及混凝土的收缩徐变,低强预应力筋中的预应力几乎丧失殆尽。1928 年,法国工程师弗莱西奈特(E.Feryssinet)指出,预应力混凝土必须采用高强钢材和高强混凝土,这一结论使预应力混凝土技术在理论上取得了关键性突破。第二次世界大战后,由于钢材紧缺,预应力混凝土结构大量代替钢结构以修复因战争而破坏的结构,使预应力混凝土技术获得了蓬勃发展。

目前,国内外对预应力混凝土的定义并不统一,美国混凝土学会(ACI)的定义为:"预应力混凝土是根据需要人为地引入某一数值与分布的内应力,用以部分或全部抵消外荷载应力的一种加筋混凝土。"

下面以图10.4 所示的预应力混凝土简支梁为例,说明预应力混凝土结构的基本原理。

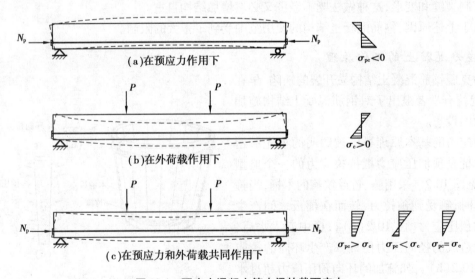

图 10.4　预应力混凝土简支梁的截面应力

在外荷载作用之前,预先在梁的下部作用偏心压力 N_p,梁截面下边缘混凝土产生预压应力 σ_{pc} [图 10.4(a)]。在外荷载作用下,梁截面下边缘混凝土产生拉应力 σ_c [图 10.4(b)]。在预压应力和外荷载共同作用下,梁截面的应力图形是上述两种情况的叠加。根据截面下边缘纤维混凝土预压应力 σ_{pc} 和荷载产生的拉应力 σ_c 的绝对值大小不同,叠加后梁截面下边缘混凝土可能是压应力(当 $\sigma_{pc} > \sigma_c$ 时)、较小的拉应力(当 $\sigma_{pc} < \sigma_c$ 时)、或零应力(当 $\sigma_{pc} = \sigma_c$ 时),见图 10.4(c)。

综上所述,预应力混凝土的基本原理是:在结构承载时产生拉应力的部位,预先用某种方法对混凝土施加一定的压应力,当结构承载而产生拉应力时,必须先抵消混凝土的预压应力,然后才能随着荷载的增加而使混凝土受拉,进而出现裂缝,即预应力的作用可部分或全部抵消外荷载的拉应力。因此,预应力混凝土可以延缓受拉混凝土的开裂或裂缝开展,提高混凝土的抗裂性,使混凝土结构在使用荷载作用下不出现裂缝或不产生过宽裂缝。

3)预应力混凝土结构的特点

与钢筋混凝土结构相比,预应力混凝土结构具有如下特点:

(1)改善结构的使用性能和耐久性

由于对构件的受拉区施加了预压应力,延缓了裂缝的出现,使结构在使用荷载作用下不开裂或减小裂缝宽度,从而可使钢筋避免或较少受外界有害介质的影响,提高了结构的耐久性,而且使构件的弹性范围增大,相应地提高了构件的截面刚度。同时,施加预应力可使受弯构件产生一定的反拱,构件的变形大大降低。因此,预应力混凝土结构可用于对裂缝有严格要求的核电站安全壳、水池等特种结构,亦适用于大跨度、长悬臂等对变形控制要求较严格的结构,扩大了混凝土结构的使用范围。

(2)节省材料、降低自重

预应力混凝土结构采用高强度材料,可减少混凝土和钢筋用量,减小构件截面尺寸,降低结构自重,一般可节省20%~40%的混凝土和30%~60%的钢筋。对于一般大跨度或重荷载结构,采用预应力混凝土是比较经济合理的,同时还可解决结构的跨高比限值造成的使用净空等问题。

(3)提高构件的抗剪能力

预压应力的作用使荷载作用下的主拉应力减小,延缓斜裂缝的产生,提高构件的抗剪能力。因此,可以采用较小的预应力混凝土截面来承受同样的外部剪力,有利于减小薄壁梁腹板的厚度,进一步减轻自重。

(4)提高构件的抗疲劳强度

预应力的作用使得使用阶段因加载或卸载引起的应力相对变化幅度减小,即疲劳应力变化的幅度较小,因此引起疲劳破坏的可能性也小,相应地提高了构件的抗疲劳强度。

(5)提高工程质量

施加预应力时,预应力筋和混凝土都将承受一次强度检验,能及时发现结构构件的薄弱点,有利于工程质量控制。

但预应力混凝土也存在一些不足之处:工艺较复杂,需要专门的张拉和锚固装置等;预应力反拱不易控制;施工费用较大、施工周期较长等。

10.1.3　预应力混凝土的分类

根据预加应力的方法、预应力筋与混凝土的黏结状况等,可将预应力混凝土作如下分类。

1) 按预加应力的方法分类

目前,一般是通过张拉钢筋,利用钢筋回弹力压缩混凝土,从而在混凝土中建立预压应力。根据张拉钢筋与混凝土浇筑的先后关系,可将预应力混凝土分为先张法和后张法两类。

(1) 先张法预应力混凝土

先张法是在浇注混凝土之前利用永久或临时台座张拉预应力筋,并将张拉后的预应力筋用夹具固定在台座上[图 10.5(a)],然后浇注混凝土[图 10.5(b)],待混凝土达到一定强度(一般不低于设计值的 75%)后,切断预应力筋,在预应力筋回缩的过程中利用其与混凝土之间的黏结力,对混凝土施加预压应力[图 10.5(c)]。因此,先张法是靠预应力筋与混凝土之间的黏结力来传递预应力的。

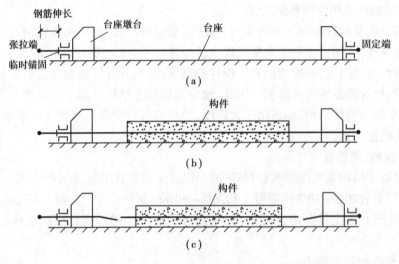

图 10.5　先张法预应力构件施工工艺

先张法的优点是适用于在长线台座上批量生产,效率高;施工简单,质量易保证。其缺点是需要专门台座,基建投资较大;为了便于运输,一般只用于中小型预应力混凝土构件的施工,如楼板、中小型吊车梁等。

(2) 后张法预应力混凝土

后张法是先浇筑混凝土构件,同时在构件中预留孔道[图 10.6(a)];待混凝土达到一定强度(一般不低于设计的混凝土强度等级值的 75%)后,将预应力筋穿入孔道,利用构件自身作为台座张拉预应力筋,同时压缩混凝土[图 10.6(b)]。张拉完成后,用锚具将预应力筋固定在构件上,然后在孔道内灌浆使预应力筋和混凝土形成一个整体[图 10.6(c)]。后张法中预应力的建立主要靠构件两端的锚具,锚具下存在很大的局部集中力。

后张法的优点是不需要专门台座,便于在现场制作大型构件,预应力筋易于布置成直线或曲线形状。其缺点是需要留孔,灌浆,施工工艺较复杂;锚具要附在构件内,耗钢量大,成本较高。

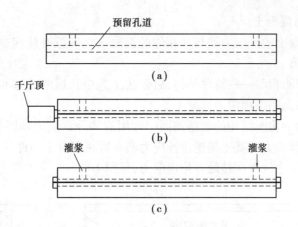

图 10.6　后张法预应力构件施工工艺

2）按预应力大小程度分类

根据预加应力的程度不同,预应力混凝土可分为全预应力混凝土和部分预应力混凝土两大类。

（1）全预应力混凝土

全预应力混凝土是指构件在全部荷载最不利组合及预应力共同作用下,混凝土不出现拉力的预应力混凝土。全预应力混凝土具有抗裂性好、刚度大等优点,但也存在一些缺点,例如预应力筋用钢量大、张拉控制应力高;构件反拱大,对于恒载小而活载大的结构或构件容易影响其正常使用甚至引起非结构构件的损害等。

（2）部分预应力混凝土

部分预应力混凝土是指构件在全部荷载最不利组合及预应力共同作用下,混凝土会出现拉应力或出现不超出规定宽度的裂缝的预应力混凝土。

与全预应力混凝土相比,部分预应力混凝土较好地克服了上述全预应力混凝土的缺点,虽然其抗裂性稍差、刚度稍小,但只要满足使用要求,仍然是允许的。

与钢筋混凝土结构相比,部分预应力混凝土结构具有适量的预应力,在正常使用荷载下其裂缝通常是闭合的;即使在全部活荷载偶然出现时构件出现裂缝,但裂缝宽度也很小,当部分活荷载移去时裂缝还可能闭合。因此,裂缝对部分预应力混凝土结构的危害较小。

3）按预应力筋与混凝土的黏结状况分类

按预应力筋与混凝土的黏结状况,预应力混凝土可分为有黏结预应力混凝土和无黏结预应力混凝土。

（1）有黏结预应力混凝土

有黏结预应力混凝土的预应力筋与周围的混凝土具有可靠的黏结强度,使得荷载作用下预应力筋与相邻的混凝土具有相同的变形。先张法预应力混凝土及后张灌浆的预应力混凝土都是有黏结预应力混凝土。

有黏结预应力混凝土中,预应力筋与相邻混凝土变形一致,可以约束混凝土的开裂,因此,结构受力性能较好,裂缝分布均匀,裂缝宽度小。

（2）无黏结预应力混凝土

无黏结预应力混凝土的预应力筋与其相邻的混凝土之间没有任何黏结力,在荷载作用下,预应力筋自由伸缩变形。

对于现浇平板、密肋板和一些特种结构,后张法工艺中孔道的成型和灌浆工序繁杂且难以控制质量,因此常采用无黏结预应力混凝土。

另外,在桥梁结构和房屋结构的改造加固中常用的体外预应力加固技术,也是一种无黏结预应力混凝土。体外预应力混凝土是指将预应力筋布置在混凝土构件外,预应力筋仅在几点通过专门的转向器与混凝土构件相接触并传递应力,见图10.7。

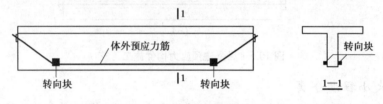

图 10.7　体外预应力混凝土结构

无黏结预应力混凝土具有施工工艺简单、造价低、便于以后再次张拉或更换预应力筋等优点。但是,在这种结构中预应力筋与混凝土之间无黏结,仅靠两端的锚具建立预应力,对锚具的要求较有黏结预应力混凝土高得多。另外,预应力筋与相邻混凝土变形不协调,即对混凝土的开裂起不到约束作用,因此结构的受力性能稍差。

10.1.4　预应力混凝土的材料

1) 混凝土

预应力混凝土结构对混凝土有如下要求:

（1）高强度

预应力混凝土要求采用高强度混凝土,其原因是:采用与高强预应力筋相匹配的高强混凝土,可使混凝土中建立尽可能高的预压应力,提高构件的抗裂性和刚度;高强混凝土与钢筋间有更高的黏结力,有利于先张法预应力混凝土中的预应力筋在混凝土中锚固,较好地传递应力;高强混凝土具有较高的局部抗压强度,有利于承受后张法中构件端部锚具下很大的集中压力;有利于减小构件的截面尺寸和自重。

《混凝土结构设计规范》规定,预应力混凝土结构的混凝土强度等级不宜低于 C40,且不应低于 C30。

（2）低收缩、低徐变

混凝土会由于水分蒸发及其他物理化学原因而使体积缩小,使构件缩短。预应力混凝土构件中,由于混凝土长期承受着预压应力,因此混凝土会产生徐变变形而使构件缩短。混凝土的收缩和徐变,使预应力混凝土构件缩短,因此将引起预应力筋中的预应力下降,称之为预应力损失。显然,预应力损失也将使混凝土中的预压应力减小,降低预应力效果。混凝土的收缩、徐变越大,预应力损失也越大,这对结构是不利的,因此应采用低收缩、低徐变的混凝土。

（3）快硬、早强

预应力混凝土结构中的混凝土应具有快硬、早强的性质，可尽早施加预应力，加快施工进度，提高设备及模板的周转率。

2）钢筋

预应力混凝土结构中的钢筋包括预应力筋和非预应力筋。其中，非预应力筋与钢筋混凝土结构中的要求相同，对预应力筋有如下要求：

（1）高强度

预应力混凝土结构中预压应力的大小主要取决于预应力筋的数量及其张拉应力。预应力筋的张拉应力在构件的制作和使用过程中会由于混凝土的收缩、徐变及钢筋的松弛等多种原因而引起预应力损失，必须使用高强度钢筋（丝），才能建立较高的预应力值，达到预期效果。

（2）较好的塑性和良好的加工性能

为保证构件在破坏前有较大的变形能力，要求预应力筋有足够的塑性性能。在施工中，预应力筋需要弯曲和转折，在锚夹具中预应力筋会受到较高的局部应力，要求预应力筋满足一定的拉断伸长率和弯折次数的规定。另外，良好的焊接性能是保证钢筋加工质量的重要条件。

（3）较好的黏结性能

在先张法预应力混凝土构件中，预应力筋中的预加力是通过黏结力传递至混凝土中的；而后张法有黏结预应力混凝土构件中，预应力筋与孔道后灌水泥浆间应有较高的黏结强度，才能保证预应力筋与周围的混凝土形成一个整体来共同承受外荷载。

另外，预应力筋还应具有低松弛、耐腐蚀等性能。

《混凝土结构设计规范》规定，预应力筋宜采用预应力钢丝、钢绞线和预应力螺纹钢筋，简要介绍如下：

（1）预应力钢丝

预应力钢丝包括中强度预应力钢丝和消除应力钢丝，二者均包括光圆钢丝和螺旋肋钢丝。

（2）预应力钢绞线

钢绞线是在绞线机上以一种稍粗的直钢丝为中心，其余钢丝围绕其进行螺旋状绞和，再经低温回火处理而成的（图10.8）。由于钢绞线整根破断力大、与混凝土黏结较好，且比钢筋和钢丝柔软、便于运输和施工，因而具有广阔的发展前景。

图10.8　预应力钢绞线

预应力钢绞线按捻制结构不同可分为：1×3钢绞线和1×7钢绞线等，其中后张法预应力混凝土中常用的钢绞线规格为1×7标准型12.7和15.2钢绞线。

（3）预应力螺纹钢筋

该类钢筋具有强度高、松弛小等特点，可以单根或成束使用。

预应力筋的种类及其强度标准值和设计值分别列于附表2和附表4。

另外，为保护预应力筋不发生锈蚀，无黏结预应力筋应使用内涂建筑油脂、外包塑料套管，以挤压涂塑工艺生产的无黏结筋。

10.1.5　预应力混凝土锚固体系

预应力锚固体系是预应力混凝土结构成套技术的重要组成部分,完善的锚固体系通常包括:锚具、夹具、连接器及锚下支撑系统等。

锚具和夹具是预应力混凝土结构和构件中用于锚固或夹持预应力筋的工具,是预应力混凝土结构的关键部件。夹具(也称为工作锚),是指在先张法构件施工时,为保持预应力筋的拉力并将其固定在生产台座(或设备)上的临时性锚固装置;或是指在后张法结构或构件施工时,在张拉千斤顶或设备上夹持预应力筋的临时性锚固装置。锚具是指在后张法预应力混凝土结构或构件中,为保持预应力筋的拉力并将其传递到混凝土上所用的永久性锚固装置。

连接器是预应力筋的连接装置,用于接长预应力筋,能使分段施工的预应力筋逐段张拉锚固并保持其连续性。

锚下支撑系统包括与锚具相配套的锚垫板、螺旋筋或钢筋网片等,布置在锚固区的混凝土中,作为锚下局部承压、抗劈裂的加强结构。

预应力筋配套的锚固体系很多,这里主要介绍几种我国常用的锚具体系,供设计者参考。我国采用的预应力筋锚固体系可分为锥塞式、支承式、夹片式等。

1)锥塞式锚固体系

钢制锥形锚具由锚圈和锚塞两部分组成(图 10.9),主要用于锚固预应力钢丝。其工作原理是通过顶压锥形锚塞,将预应力钢丝卡在锚塞与锚圈之间,当张拉完毕而放松预应力钢丝时,钢丝向体内回缩带动锚塞向锚圈内楔紧,预应力钢丝通过摩擦力将预应力传给锚圈,然后由锚圈承压,将预加力传递到混凝土构件上。

锚圈

锚塞

图 10.9　钢制锥形锚具

锥形锚具的尺寸较小,便于分散布置,但是钢丝回缩量较大,所引起的预应力损失大,且无法重复张拉和接长。

2)支承式锚固体系

支承式锚固体系主要有镦头锚具和螺丝端杆锚具(或称轧丝锚具)。

(1)镦头锚具(DM)

镦头锚具由锚杯、锚圈和冷镦头组成(图 10.10),预应力筋可以是钢丝束,也可以是直径在14 mm 以下的钢筋束。其工作原理是将预应力筋穿过锚杯的蜂窝眼后,用专门的镦头机将钢筋或钢丝的端头镦粗,镦粗头的预应力筋束直接锚固在锚杯上,将千斤顶拉杆旋入锚杯内螺纹后可进行张拉,待锚杯带动预应力筋束伸长到设计需要时,将锚圈沿锚杯外的螺纹旋紧顶在构件表面,锚圈通过支撑垫板将预压力传递到混凝土体中。

镦头锚具的优点是操作简便、迅速,预应力损失小。缺点是下料长度要求很精确,如果误差较大,在张拉时会因各钢丝受力不均匀而发生断丝现象。

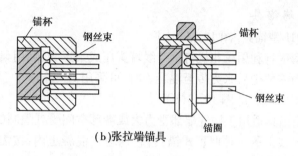

（a）固定端锚具　　　　　（b）张拉端锚具

图 10.10　镦头锚具

（2）螺丝端杆锚具（LM）

螺丝端杆锚具适用于锚固预应力螺纹钢筋，见图 10.11，其端部设有螺纹段，使用时和预应力筋对焊在一起，待预应力筋张拉完毕后，旋紧螺帽，预应力通过螺帽和垫板传递到混凝土上。

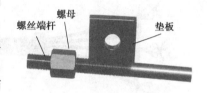

图 10.11　螺丝端杆锚具

螺丝端杆锚具制作简单，用钢量最省，张拉操作方便，锚固可靠，预应力损失小，还有多次重复张拉和放松的优点。

3）夹片式锚固体系

夹片式锚具是一种由夹片、锚板及锚垫板等部分组成的锚具。两分式或三分式夹片构成一套锚塞，共同夹持一根钢绞线，每个锚板上设有锥形的孔洞，在钢绞线回缩过程中夹片按楔块作用原理将其拉紧从而达到锚固的目的。它属于自锚式锚具，无需外加顶塞作用。夹片式锚具品种很多，目前国内常用的有 OVM、CVM、OLM、TYM 等，这些锚具主要用于锚固预应力钢绞线。

目前国内普遍采用的锚具规格有：M15—N 锚具和 M13—N 锚具。其中，M 代表锚具；15（13）代表钢绞线的规格为 15.2（12.7）的钢绞线；N 是指所要穿戴的钢绞线根数。锚具的常见体系分为：

（1）圆柱体常规锚具［图 10.12（a）］

此种锚具有良好的锚固性能和放张自锚性能。张拉一般采用穿心式千斤顶。规格型号表示为：M15—N 或 M13—N。

（2）长方体扁锚［图 10.12（b）］

扁形锚具主要用于桥面横向预应力、空心板、低高度箱梁，使应力分布更加均匀合理，进一步减小薄壁结构的厚度。规格型号表示为：BM15—N 或 BM13—N。

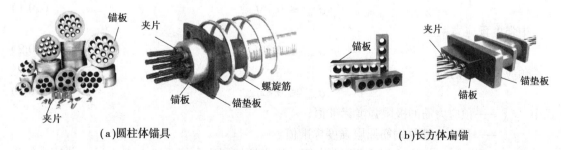

（a）圆柱体锚具　　　　　　　　　　　　（b）长方体扁锚

图 10.12　夹片式锚具

4) 固定端锚具

（1）H 型锚具［图 10.13（a）］

H 型锚具利用压花机将钢绞线端头压成梨形头，利用梨形自锚头与混凝土之间的黏结进行锚固。当需要把后张力传至混凝土时，可采用 H 型锚具。

（2）P 型锚具［图 10.13（b）］

P 型锚具适用于构件端部受力大或端部空间受到限制的情况，它是使用挤压机将挤压锚压结在钢绞线上的一种握裹式锚具，它预埋在混凝土内，按需要排布，待混凝土凝固到设计强度后，再进行张拉。

（a）H型锚具 （b）P型锚具

图 10.13 固定端锚具

10.2 预应力混凝土构件设计的一般规定

10.2.1 张拉控制应力

张拉控制应力是指预应力筋张拉时需要达到的最大应力值，即用张拉设备所控制的总张拉力除以预应力筋截面积所得出的应力值，以 σ_{con} 表示。σ_{con} 越高，相同面积的预应力筋使混凝土获得的预压应力越大，构件的抗裂性越好；若欲使构件具有同样的抗裂性，则 σ_{con} 越高所需的预应力筋面积越小。但 σ_{con} 定得过高，也会引起部分钢丝断丝、过大的应力松弛损失、构件延性降低等问题。因此，预应力筋的张拉控制应力 σ_{con} 不能定得过高，应留有适当的余地。

《混凝土结构设计规范》规定，预应力筋的张拉控制应力 σ_{con} 应符合下列规定：

消除应力钢丝、钢绞线

$$\sigma_{con} \leqslant 0.75 f_{ptk} \tag{10.1}$$

中强度预应力钢丝

$$\sigma_{con} \leqslant 0.70 f_{ptk} \tag{10.2}$$

预应力螺纹钢筋

$$\sigma_{con} \leqslant 0.85 f_{pyk} \tag{10.3}$$

式中 f_{ptk}——预应力筋的极限强度标准值；

f_{pyk}——预应力螺纹钢筋屈服强度标准值。

消除应力钢丝、钢绞线、中强度预应力钢丝的张拉控制应力值不应小于 $0.4 f_{ptk}$；预应力螺纹钢筋的张拉控制应力值不宜小于 $0.5 f_{pyk}$。

当符合下列情况之一时,上述张拉控制应力限值可提高 $0.05f_{ptk}$ 或 $0.05f_{pyk}$：

①要求提高构件在施工阶段的抗裂性能而在使用阶段受压区内设置的预应力筋。

②要求部分抵消由于应力松弛、摩擦、钢筋分批张拉以及预应力筋与张拉台座之间的温差等因素产生的预应力损失。

10.2.2　预应力损失值计算

引起预应力损失的原因很多,产生的时间也先后不一,不同的施工工艺产生的预应力损失也不完全相同。对预应力损失的计算,我国规范采用的是将各种因素造成的预应力损失值分别计算,然后叠加的方法。下面对这些预应力损失分项介绍。

1）张拉端锚具变形和预应力筋内缩引起的预应力损失 σ_{l1}

预应力筋张拉完毕后,用锚具固定在台座或构件上,由于锚具压缩变形、垫板与构件间的缝隙被挤紧以及钢筋和楔块在锚具内的滑移等,将使得预应力筋产生预应力损失,记为 σ_{l1}。计算该项损失时,只考虑张拉端,不考虑锚固端,因为锚固端的锚具变形在张拉过程中已经完成。

（1）直线预应力筋

$$\sigma_{l1} = \frac{a}{l}E_s \tag{10.4}$$

式中　a——张拉端锚具变形和预应力筋内缩值,mm,按表 10.1 采用；

　　　l——张拉端至锚固端之间的距离,mm；

　　　E_s——预应力筋的弹性模量,N/mm^2。

表 10.1　锚具变形和预应力筋内缩值 a

锚具类别		a/mm
支承式锚具（钢丝束镦头锚具等）	螺帽缝隙	1
	每块后加垫板的缝隙	1
夹片式锚具	有顶压时	5
	无顶压时	6～8

注:1.表中的锚具变形和预应力筋内缩值也可根据实测数据确定；

　　2.其他类型的锚具变形和预应力筋内缩值应根据实测数据确定。

块体拼成的结构,其预应力损失尚应计及块体间填缝的预压变形。当采用混凝土或砂浆为填缝材料时,每条填缝的预压变形值可取为 1 mm。

（2）后张法曲线预应力筋

后张法构件曲线或折线预应力筋,预应力筋回缩时受到指向张拉端的摩阻力（反向摩阻力）作用,由锚具变形和预应力筋内缩引起的预应力损失值 σ_{l1} 沿构件长度不是均匀分布的,而是集中在张拉端附近一定长度（即反向摩擦影响长度 l_f）范围内,见图 10.14。计算 l_f 范围内的 σ_{l1} 时,应根据预应力筋与孔道壁之间 l_f 范围内的预应力筋变形值等于锚具变形和预应力筋内缩值的条件确定。

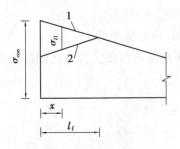

图 10.14　锚固前后张拉端
预应力筋应力变化

1—锚固前预应力筋的应力分布线；
2—锚固后预应力筋的应力分布线

当预应力筋为圆弧形曲线(抛物线可近似为圆弧线)，且圆弧对应的圆心角不大于45°时，距构件端部 $x(x \le l_f)$ 处的 σ_{l1} 可按下列近似公式计算：

$$\sigma_{l1} = 2\sigma_{con}l_f\left(\frac{\mu}{r_c} + \kappa\right)\left(1 - \frac{x}{l_f}\right) \quad (10.5)$$

式中　x——从张拉端至计算截面的孔道长度，m，可近似取该段孔道在纵轴上的投影长度；且不大于 l_f；

l_f——反向摩擦影响长度，m，按式(10.6)计算；

r_c——圆弧形曲线预应力筋的曲率半径，m；

μ——预应力筋与孔道壁之间的摩擦系数，按表10.2采用；

κ——考虑孔道每米长度局部偏差的摩擦系数，按表10.2采用。

$$l_f = \sqrt{\frac{aE_s}{1\,000\sigma_{con}\left(\dfrac{\mu}{r_c} + \kappa\right)}} \quad (10.6)$$

减小 σ_{l1} 的措施有：

①选择锚具变形小或使预应力筋内缩小的锚具、夹具，并尽量少用垫板。

②增加台座长度。

表 10.2　摩擦系数

孔道成型方式	κ	μ	
		钢绞线、钢丝束	预应力螺纹钢筋
预埋金属波纹管	0.001 5	0.25	0.50
预埋塑料波纹管	0.001 5	0.15	—
预埋钢管	0.001 0	0.30	
抽芯成型	0.001 4	0.55	0.60
无黏结预应力筋	0.004 0	0.09	—

注：表中系数也可根据实测数据确定。

2)预应力筋与孔道壁之间的摩擦引起的预应力损失 σ_{l2}

预应力筋与孔道壁间的摩擦阻力由两个原因引起：一是张拉曲线预应力筋时，由预应力筋和孔道壁之间的法向正压力引起的摩擦阻力，即弯道引起的预应力损失；二是预留孔道因施工中某些原因发生凹凸，偏离设计值，预应力筋和孔道壁之间将产生法向正压力而引起摩擦阻力(孔道偏差引起的预应力损失)。σ_{l2} 的计算简图如图10.15所示。

(1)弯道引起的摩擦力

取曲线段内长度为 dl 的预应力筋作为隔离体[图10.15(b)]，相应的弯转角为 $d\theta$，弯道半径为 R_1，则有 $dl = R_1d\theta$，预应力筋与孔道内壁间的摩擦系数记为 μ，预应力筋与孔道内壁紧贴。孔道内壁对预应力筋的法向压应力 F 引起的摩擦力 dN_1 为

$$dN_1 = -\mu F$$

由力的平衡条件,可得

$$F = N\sin\frac{d\theta}{2} + (N - dN_1)\sin\frac{d\theta}{2}$$

$$= 2N\sin\frac{d\theta}{2} - dN_1\sin\frac{d\theta}{2}$$

略去高阶微量 $dN_1\sin\dfrac{d\theta}{2}$,并取 $\sin\dfrac{d\theta}{2}\approx\dfrac{d\theta}{2}$,上式可写为

$$F = 2N\frac{d\theta}{2} = N\cdot d\theta$$

因此有

$$dN_1 = -\mu F = -\mu N\cdot d\theta$$

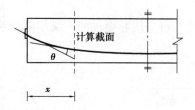

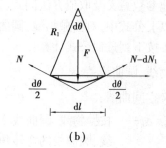

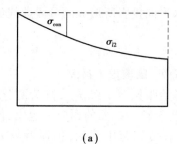

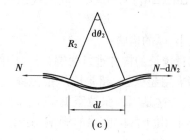

图 10.15　σ_{l2} 计算简图

(2)孔道偏差引起的摩擦力

仍取长度为 dl 的预应力筋作为隔离体[图 10.15(c)],相应的弯转角为 $d\theta_2$,设孔道有正、负偏差,孔道的平均半径为 R_2,预应力筋与半径为 R_2 的孔道内壁紧贴。与由弯道引起的摩擦力类似,预应力筋与孔道内壁间的法向压应力引起的摩擦力 dN_2 为

$$dN_2 = -\mu N d\theta_2 = -\mu N\frac{dl}{R_2} = -\kappa N\cdot dl$$

其中: $\kappa = \dfrac{\mu}{R_2}$。

弯道部分微段 dl 内的总摩擦力 dN 为上述两部分之和,即

$$dN = dN_1 + dN_2$$

$$= -\mu N d\theta - \kappa N dl$$

$$= -N(\mu d\theta + \kappa dl)$$

对上式两端同时积分,并根据张拉端边界条件:$\theta=0$,$l=0$,$N=\sigma_{con}A_p$,可得

$$N = \sigma_{con}A_p e^{-(\mu\theta+\kappa l)}$$

其中,l 为张拉端至计算截面曲线预应力筋的长度,为方便计算,近似取 $l=x$,则从张拉端至计算截面预应力筋的拉力减小值为

$$\Delta N = \sigma_{con}A_p - N = \sigma_{con}A_p \left[1 - e^{-(\mu\theta+\kappa x)} \right]$$

从张拉端至计算截面预应力筋的应力减小值,即预应力损失 σ_{l2} 为

$$\sigma_{l2} = \frac{\Delta N}{A_p} = \sigma_{con}\left[1 - e^{-(\mu\theta+\kappa x)} \right] \tag{10.7}$$

当 $(\kappa x+\mu\theta) \leqslant 0.3$ 时,可按下列近似公式计算:

$$\sigma_{l2} = \sigma_{con}(\kappa x + \mu\theta) \tag{10.8}$$

式中　x——从张拉端至计算截面的孔道长度,m,可近似取该段孔道在纵轴上的投影长度;

　　　θ——张拉端至计算截面曲线孔道各部分切线的夹角之和,rad。

其他参数意义及取值方法同式(10.5)。

在以上公式中,对按抛物线、圆曲线变化的空间曲线及可分段后叠加的广义空间曲线,夹角之和 θ 可按下列近似公式计算:

抛物线、圆曲线:　　　　　　　$$\theta = \sqrt{\alpha_v^2 + \alpha_h^2} \tag{10.9}$$

广义空间曲线:　　　$$\theta = \sum \Delta\theta = \sum \sqrt{\Delta\alpha_v^2 + \Delta\alpha_h^2} \tag{10.10}$$

式中　α_v,α_h——按抛物线、圆曲线变化的空间曲线预应力筋在竖直向、水平向投影所形成抛物线、圆曲线的弯转角;

　　　$\Delta\alpha_v$,$\Delta\alpha_h$——广义空间曲线预应力筋在竖直向、水平向投影所形成的分段曲线的弯转角增量。

减小 σ_{l2} 的措施:

①对较长的构件进行两端张拉,构件长度的中间截面处,摩擦损失最大。

②采用超张拉,超张拉的张拉程序为从应力为零开始张拉至 $1.05\sigma_{con}$,持荷两分钟后,卸载至 σ_{con},这是因为张拉至 $1.05\sigma_{con}$ 时,端部应力最大,传至跨中截面的预应力也大,但当卸载至 σ_{con} 时,由于反向摩擦的影响,这个回缩的应力并没有传到跨中截面,仍保持较大的超拉应力。

③尽量避免使用连续弯束及超长束。

3)预应力筋与台座之间温差引起的预应力损失 σ_{l3}

这项损失仅发生在采用蒸汽或其他方法加热养护混凝土的先张法构件中。为了缩短生产周期,先张法施工常采用加热措施养护混凝土。在升温时,混凝土与预应力筋之间尚未建立黏结力,预应力筋将受热伸长,而张拉台座未受温度影响仍维持原相对距离,使得预应力筋被放松而发生应力下降;当降温时,预应力筋已与混凝土结成整体,无法恢复到原来的应力状态,于是产生了应力损失 σ_{l3}。

设预应力筋的有效长度为 l,预应力筋与台座之间的温差为 Δt,则预应力筋因温度升高而产生的伸长变形为 $\Delta l = \alpha\Delta tl$。

预应力筋的应力损失 σ_{l3} 为

$$\sigma_{l3} = \frac{\Delta l}{l}E_p = \alpha\Delta t E_p$$

式中　α——预应力筋的线膨胀系数,钢材一般可取 $\alpha = 1 \times 10^{-5}\ ℃^{-1}$。

由于钢筋的弹性模量 $E_p \approx 2 \times 10^5\ \text{N/mm}^2$,因此 σ_{l3} 的计算公式为

$$\sigma_{l3} = 2\Delta t \tag{10.11}$$

为了减小 σ_{l3},可采用下列措施:

①两次升温养护,即先升温 20~25 ℃,待混凝土达到一定强度后,再逐渐升温至养护温度,此时预应力筋与混凝土已黏结为整体,能够一起伸缩而不引起应力变化。

②采用钢台座(在钢模上张拉钢筋),可消除温差。

4)预应力筋应力松弛引起的预应力损失 σ_{l4}

在钢筋长度保持不变的情况下,钢筋拉应力随着时间增长而逐渐降低,这种现象称为钢筋的应力松弛。

钢筋的应力松弛具有以下特点:

①预应力筋的初拉应力越高,其应力松弛越大。

②预应力筋松弛量的大小与钢筋品种有关;在承受初拉应力的初期发展较快,第一小时内松弛量最大,以后逐渐趋向稳定。

③在短时间内,用超过设计初应力5%左右的应力张拉预应力筋,并保持 2 min 以上(即超张拉),然后降回到设计控制应力,可使松弛损失减小40%~50%。

预应力筋应力松弛引起的预应力损失 σ_{l4} 可按下列方法计算:

(1)消除应力钢丝、钢绞线

普通松弛:

$$\sigma_{l4} = 0.4\left(\frac{\sigma_{\text{con}}}{f_{\text{ptk}}} - 0.5\right)\sigma_{\text{con}} \tag{10.12}$$

低松弛:

当 $\sigma_{\text{con}} \leqslant 0.7 f_{\text{ptk}}$ 时

$$\sigma_{l4} = 0.125\left(\frac{\sigma_{\text{con}}}{f_{\text{ptk}}} - 0.5\right)\sigma_{\text{con}} \tag{10.13}$$

当 $0.7 f_{\text{ptk}} < \sigma_{\text{con}} \leqslant 0.8 f_{\text{ptk}}$ 时

$$\sigma_{l4} = 0.2\left(\frac{\sigma_{\text{con}}}{f_{\text{ptk}}} - 0.575\right)\sigma_{\text{con}} \tag{10.14}$$

(2)预应力螺纹钢筋

$$\sigma_{l4} = 0.03\sigma_{\text{con}} \tag{10.15}$$

(3)中强度预应力钢丝

$$\sigma_{l4} = 0.08\sigma_{\text{con}} \tag{10.16}$$

减小 σ_{l4} 的措施有:

①采用低松弛预应力筋。

②进行超张拉。

5)混凝土的收缩和徐变引起受拉区和受压区纵向预应力筋的预应力损失 σ_{l5}、σ'_{l5}

混凝土在硬化过程中将发生体积收缩,在压应力作用下混凝土还将产生徐变。混凝土的收缩和徐变都使构件长度变短,预应力筋也随之发生回缩,造成预应力损失。混凝土的收缩和徐

变往往同时发生,很难准确计算各自引起的预应力损失大小,由于它们对预应力损失的影响是相似的,为简化起见,将它们合并在一起考虑。

一般情况下,混凝土的收缩和徐变引起受拉区和受压区纵向预应力筋的预应力损失 σ_{l5} 和 σ'_{l5} 可按下述方法计算:

先张法构件

$$\sigma_{l5} = \frac{60 + 340 \dfrac{\sigma_{pc}}{f'_{cu}}}{1 + 15\rho} \tag{10.17}$$

$$\sigma'_{l5} = \frac{60 + 340 \dfrac{\sigma'_{pc}}{f'_{cu}}}{1 + 15\rho'} \tag{10.18}$$

后张法构件

$$\sigma_{l5} = \frac{55 + 300 \dfrac{\sigma_{pc}}{f'_{cu}}}{1 + 15\rho} \tag{10.19}$$

$$\sigma'_{l5} = \frac{55 + 300 \dfrac{\sigma'_{pc}}{f'_{cu}}}{1 + 15\rho'} \tag{10.20}$$

式中 σ_{pc},σ'_{pc}——受拉区、受压区预应力筋合力点处的混凝土法向压应力;

f'_{cu}——施加预应力时的混凝土立方体抗压强度;

ρ,ρ'——受拉区、受压区预应力筋和非预应力筋的配筋率,对先张法构件,$\rho = (A_p + A_s)/A_0$,$\rho' = (A'_p + A'_s)/A_0$;对后张法构件,$\rho = (A_p + A_s)/A_n$,$\rho' = (A'_p + A'_s)/A_n$;对于对称配置预应力筋和非预应力筋的构件,配筋率 ρ 和 ρ' 应按钢筋总截面面积的一半计算。

A_0——换算截面面积,包括净截面面积以及全部纵向预应力筋截面面积换算成混凝土的截面面积;

A_n——净截面面积,即扣除孔道、凹槽等削弱部分以外的混凝土全部截面面积及纵向非预应力筋截面面积换算成混凝土的截面面积之和;对由不同混凝土强度等级组成的截面,应根据混凝土弹性模量比值换算成同一混凝土强度等级的截面面积。

当结构处于年平均相对湿度低于40%的环境下,σ_{l5} 和 σ'_{l5} 值应增加30%。

减小该项损失的措施有:

①采用高标号水泥,减少水泥用量,降低水灰比。

②采用级配较好的骨料,加强振捣,提高混凝土的密实性。

③加强养护,以减少混凝土的收缩。

6) 环形构件中螺旋式预应力筋对混凝土的局部挤压引起的预应力损失 σ_{l6}

采用螺旋式预应力筋作为配筋的后张法环形构件,由于预应力筋对混凝土的局部挤压,使环形构件的直径有所减小,预应力筋的应力降低引起预应力损失 σ_{l6}。

《混凝土结构设计规范》规定：

当 $d \leqslant 3$ m 时 　　　　　　　　　$\sigma_{l6} = 30$ N/mm^2 　　　　　　　　　（10.21）

直径大于 3 m 的构件，不考虑该项损失。

除上述 6 种预应力损失外，后张法构件的预应力筋分批张拉时，尚应考虑后批张拉钢筋所产生的混凝土弹性压缩（或伸长）对于先批张拉钢筋的影响，可将先批张拉钢筋的张拉控制应力值 σ_{con} 增加（或减小）$\alpha_E \sigma_{pci}$。此处，σ_{pci} 为后批张拉钢筋在先批张拉钢筋重心处产生的混凝土法向应力。

10.2.3　预应力损失值的组合

1）预应力损失值的组合

上述预应力损失有的只发生在先张法中，有的发生于后张法中，有的在先张法和后张法中均有，而且预应力损失是分批出现的。为了便于分析和计算，将预应力损失按各受力阶段进行组合。通常将预应力传到混凝土中之前发生的预应力损失（即混凝土预压前的损失），称为第一批预应力损失 σ_{lI}；将混凝土预压后的预应力损失，称为第二批预应力损失 σ_{lII}。先张法、后张法预应力混凝土构件各阶段的预应力损失组合见表 10.3。

表 10.3　预应力损失值的组合

预应力损失值的组合	先张法构件	后张法构件
混凝土预压前（第一批）的损失	$\sigma_{l1} + \sigma_{l2} + \sigma_{l3} + \sigma_{l4}$	$\sigma_{l1} + \sigma_{l2}$
混凝土预压后（第二批）的损失	σ_{l5}	$\sigma_{l4} + \sigma_{l5} + \sigma_{l6}$

注：先张法构件由于钢筋应力松弛引起的损失值 σ_{l4} 在第一批和第二批损失中所占的比例，如需区分，可根据实际情况确定。

2）预应力损失值的下限值

由于预应力损失的复杂性，预应力损失的计算值与实际值可能存在一定的差异，为确保预应力混凝土构件的抗裂性，《混凝土结构设计规范》规定，当计算求得的总预应力损失值小于下列数值时，应按下列数值取用：

先张法构件：100 N/mm^2；

后张法构件：80 N/mm^2。

10.2.4　先张法预应力混凝土构件的预应力传递长度

先张法构件中，预应力筋端部无锚固措施，预应力是靠钢筋和混凝土之间的黏结力传递的。放松预应力筋时，在构件端部预应力筋的应力等于零，并由端部向中间逐渐增大，至一定长度后才达到最大值。预应力筋应力由零增加至最大值所需要的长度称为预应力传递长度，记为 l_{tr}。

当进行先张法构件端部斜截面受剪承载力计算及正截面、斜截面抗裂验算时，均应考虑预应力传递长度 l_{tr} 范围内预应力筋实际应力的变化。在传递长度 l_{tr} 范围内，预应力筋和混凝土的实际应力按曲线规律变化（图 10.16 中实线）。为简化起见，《混凝土结构设计规范》规定，在该范围内，预应力筋和混凝土的应力近似按线性规律变化（图10.16中虚线）。在预应力传递起点

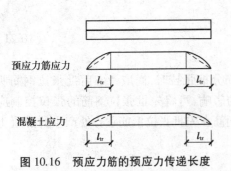

预应力筋应力

混凝土应力

图 10.16　预应力筋的预应力传递长度

处取为零,在其末端取为有效预应力 σ_{pe}。

预应力传递长度 l_{tr} 按下式计算

$$l_{tr} = \alpha \frac{\sigma_{pe}}{f'_{tk}} d \qquad (10.22)$$

式中　σ_{pe}——放张时预应力筋的有效预应力值;

d——预应力筋的公称直径;

α——预应力筋的外形系数,按表 2.4 的规定确定;

f'_{tk}——与放张时混凝土立方体抗压强度 f'_{cu} 相应的轴心抗拉强度标准值。

10.3　预应力混凝土轴心受拉构件的应力分析

与钢筋混凝土构件不同,预应力混凝土构件中的材料在施工阶段即承受着较大的应力,因此需分别分析其在施工阶段和荷载作用阶段的受力情况,以便进行各阶段的计算和验算。在这两个阶段中,各包含若干个不同的受力过程,各过程的受力情况受到施工方法的显著影响。

本节用 A_p 和 A_s 分别表示预应力筋和纵向普通钢筋的截面面积,A_c 为混凝土截面面积;以 σ_p、σ_s 及 σ_{pc} 分别表示预应力筋、纵向普通钢筋及混凝土的应力,根据构件所处阶段不同再增加适当的下标,其中 σ_p、σ_s 以受拉为正,σ_{pc} 以受压为正。

10.3.1　先张法预应力混凝土轴心受拉构件

1)施工阶段

施工阶段对构件计算有特殊意义的受力状态主要包括张拉预应力筋、完成第一批预应力损失、放松预应力筋、完成第二批预应力损失。由于此阶段构件未承受外荷载,因此构件任意截面各部分材料应力构成的力系为平衡力系(即自平衡力系)。

(1)张拉预应力筋

在混凝土浇筑前,在台座上张拉面积为 A_p 的预应力筋,张拉至张拉控制应力 σ_{con},并临时固定在台座上,总预拉力为 $N_{con} = \sigma_{con} A_p$,全部由台座承受,见图 10.17(a)。

(2)完成第一批预应力损失

张拉预应力筋后,浇筑混凝土并进行养护,由于锚具变形、钢筋松弛、温差等产生第一批应力损失 $\sigma_{l1} = \sigma_{l1} + \sigma_{l2} + \sigma_{l3} + \sigma_{l4}$,预应力筋中应力降低为 $\sigma_{pe(I)} = \sigma_{con} - \sigma_{l1}$,此时预应力筋中预拉力 $N_{pe(I)} = (\sigma_{con} - \sigma_{l1}) A_p$ 仍由台座承受,混凝土和纵向普通钢筋均未受到压缩,故应力为零,见图 10.17(b)。

(3)放松预应力筋、预压混凝土

当混凝土达到一定的强度(一般不低于设计的混凝土强度等级值的 75%)后,将施加在预应力筋上的拉力逐渐释放,预应力筋放松后回缩,在回缩的过程中利用其与混凝土之间的黏结力,使混凝土受到预压应力 σ_{pcI}[图 10.17(c)]。由于预应力筋与混凝土变形协调,预应力筋的

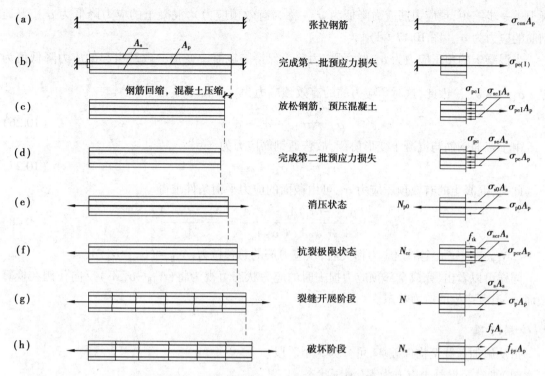

图 10.17　先张法预应力混凝土构件各阶段受力状态

应力将降低，降低值为 $\dfrac{E_s}{E_c} \cdot \sigma_{pcI} = \alpha_E \sigma_{pcI}$，此时预应力筋的应力为

$$\sigma_{peI} = \sigma_{con} - \sigma_{lI} - \alpha_E \sigma_{pcI} \tag{10.23}$$

式中　α_E——钢筋与混凝土弹性模量之比，$\alpha_E = E_s / E_c$。为简单起见，假定预应力筋和普通钢筋的弹性模量相同。

普通钢筋与混凝土同样变形协调，因此普通钢筋中产生的应力为

$$\sigma_{seI} = -\alpha_E \sigma_{pcI} \tag{10.24}$$

由截面内力的平衡条件 $\sum X = 0$ 可得

$$\sigma_{pcI} A_c = \sigma_{peI} A_p + \sigma_{seI} A_s$$

将式（10.23）和式（10.24）代入上式，整理可得

$$\sigma_{pcI} = \frac{(\sigma_{con} - \sigma_{lI}) A_p}{A_c + \alpha_E A_s + \alpha_E A_p} = \frac{(\sigma_{con} - \sigma_{lI}) A_p}{A_0} = \frac{N_{pI}}{A_0} \tag{10.25}$$

式中　A_c——混凝土截面面积；

A_0——构件换算截面面积，$A_0 = A_c + \alpha_E A_s + \alpha_E A_p$；

N_{pI}——产生第一批损失后预应力筋中总拉力，$N_{pI} = N_{pe(I)} = (\sigma_{con} - \sigma_{lI}) A_p$。

由式（10.25）可以看出，放松预应力筋时的应力状态可视为将 N_{pI} 反向作用在换算截面 A_0 上所产生的应力状态。

（4）完成第二批预应力损失

混凝土压缩后，随时间增长，由于混凝土的收缩和徐变，预应力筋将产生预应力损失 σ_{l5}，亦即第二批预应力损失 σ_{lII}，则预应力筋总预应力损失为 $\sigma_l = \sigma_{lI} + \sigma_{lII}$。在这个过程中，钢筋和混

凝土进一步缩短,预应力筋应力降低为 σ_{pe}(称为有效预应力),混凝土的应力降低为 σ_{pc},普通钢筋的应力为 σ_{se}[图 10.17 (d)]。

当混凝土的预压应力为 σ_{pc} 时,预应力筋为保持与混凝土变形一致所引起的应力降低值为 $\dfrac{E_s}{E_c} \cdot \sigma_{pc} = \alpha_E \sigma_{pc}$。因此,这时预应力筋的有效预应力为

$$\sigma_{pe} = \sigma_{con} - \sigma_l - \alpha_E \sigma_{pc} \tag{10.26}$$

由于普通钢筋与混凝土变形协调,故普通钢筋应力为

$$\sigma_{se} = -(\sigma_{l5} + \alpha_E \sigma_{pc}) \tag{10.27}$$

此时,混凝土的有效预压应力 σ_{pc} 可由截面的应力平衡条件求得

$$\sigma_{pc} = \frac{(\sigma_{con} - \sigma_l)A_p - \sigma_{l5}A_s}{A_c + \alpha_E A_s + \alpha_E A_p} = \frac{N_{pII} - \sigma_{l5}A_s}{A_0} \tag{10.28}$$

式中 N_{pII}——完成全部预应力损失后,预应力筋的总预拉力,$N_{pII} = (\sigma_{con} - \sigma_l)A_p$。

同样可以看出,完成全部预应力损失时的应力状态可视为将 $(N_{pII} - \sigma_{l5}A_s)$ 反向作用在换算截面 A_0 上所产生的应力状态。

2)使用阶段

指从施加荷载至构件破坏,可分为 3 个阶段。

（1）加载至混凝土应力为零（消压状态）

随着轴向拉力的增加,预应力筋中拉应力逐渐上升,普通钢筋及混凝土中压应力逐渐下降。当加载至混凝土中应力为零时,称之为达到了消压状态[图 10.17(e)],此时预应力筋中拉应力 σ_{p0} 为

$$\sigma_{p0} = \sigma_{pe} + \alpha_E \sigma_{pc} = \sigma_{con} - \sigma_l \tag{10.29}$$

普通钢筋中应力

$$\sigma_{s0} = \sigma_{se} + \alpha_E \sigma_{pc} = -\sigma_{l5} \tag{10.30}$$

由截面上内力与外荷载相互平衡的条件,可得此时外荷载（消压轴向拉力）N_{p0} 为

$$N_{p0} = \sigma_{p0}A_p + \sigma_{s0}A_s = (\sigma_{con} - \sigma_l)A_p - \sigma_{l5}A_s = \sigma_{pc}A_0 \tag{10.31}$$

（2）加载至裂缝即将出现

当轴向拉力小于 N_{p0} 时,截面上混凝土处于受压状态;当轴向拉力超过 N_{p0} 后,混凝土开始受拉。随着荷载的增加,混凝土的拉应力不断增大,加载至混凝土拉应力为 f_{tk} 时[图10.17(f)],混凝土即将出现裂缝,构件达到抗裂极限状态,此时截面所承担的轴向拉力为抗裂轴向拉力 N_{cr}。从消压状态至抗裂极限状态的过程中,预应力筋和普通钢筋的拉应力增大 $\alpha_E f_{tk}$。因此,此时预应力筋的应力 σ_{pcr}、普通钢筋的应力 σ_{scr} 分别为

$$\sigma_{pcr} = \sigma_{con} - \sigma_l + \alpha_E f_{tk} \tag{10.32}$$

$$\sigma_{scr} = \alpha_E f_{tk} - \sigma_{l5} \tag{10.33}$$

抗裂轴向拉力 N_{cr} 为

$$N_{cr} = (\sigma_{con} - \sigma_l + \alpha_E f_{tk})A_p + (\alpha_E f_{tk} - \sigma_{l5})A_s + f_{tk}A_c$$
$$= (\sigma_{con} - \sigma_l)A_p - \sigma_{l5}A_s + f_{tk}(A_c + \alpha_E A_s + \alpha_E A_p)$$
$$= N_{p0} + f_{tk}A_0 = (\sigma_{pc} + f_{tk})A_0 \tag{10.34}$$

由式(10.34)可以看出,由于 N_{p0}(或 σ_{pc})的存在,使得预应力轴心受拉构件的抗裂轴向拉力 N_{cr} 显著提高,从而改善了构件的抗裂能力。当轴向拉力超过 N_{cr} 时,混凝土出现裂缝,构件进入裂缝开展阶段,在裂缝截面处轴向拉力全部由钢筋承担[图10.17(g)]。

(3)加载至破坏

随着荷载的继续增加,钢筋应力继续增大,当裂缝截面上预应力筋及非预应力筋的拉应力先后达到各自的抗拉强度设计值时,裂缝骤然加宽,构件破坏[图10.17(h)]。由截面平衡条件可得

$$N_u = f_{py}A_p + f_yA_s \tag{10.35}$$

式中 f_{py}——预应力筋的抗拉强度设计值;

f_y——非预应力筋的抗拉强度设计值。

由式(10.35)可以看出,预应力的存在并不能提高轴心受拉构件的极限抗拉承载力。

10.3.2 后张法预应力混凝土轴心受拉构件

1)施工阶段

与先张法构件不同,后张法预应力混凝土构件是先浇筑混凝土构件[图10.18(a)],待混凝土达到一定强度后,在构件上直接张拉预应力筋。其施工阶段可分为张拉预应力筋、完成第一批预应力损失、完成第二批预应力损失3个阶段。

(1)张拉预应力筋、预压混凝土

在张拉预应力筋的同时,混凝土已受到弹性压缩[图10.18(b)]产生预压应力 $\sigma_{pc(I)}$。在张拉预应力筋的过程中,产生摩擦损失 σ_{l2},张拉至张拉控制应力 σ_{con} 时,预应力筋中的应力为

$$\sigma_{pe(I)} = \sigma_{con} - \sigma_{l2} \tag{10.36}$$

由于与混凝土变形协调,易知普通钢筋的应力为

$$\sigma_{se(I)} = -\alpha_E \sigma_{pc(I)} \tag{10.37}$$

由截面上内力平衡条件,可得

$$\sigma_{pe(I)}A_p + \sigma_{se(I)}A_s = \sigma_{pc(I)}A_c$$

将式(10.36)和式(10.37)代入上式后整理可得

$$\sigma_{pc(I)} = \frac{(\sigma_{con} - \sigma_{l2})A_p}{A_c + \alpha_E A_s} = \frac{N_{p(I)}}{A_n} \tag{10.38}$$

式中 A_c——混凝土截面面积;

A_n——净换算截面面积,简称为净截面面积,即扣除孔道、凹槽等削弱部分以外的混凝土全部截面面积与纵向普通钢筋截面面积换算成混凝土的截面面积之和。

(2)完成第一批预应力损失

预应力筋张拉完毕后,将预应力筋锚固在构件上时,由于锚具变形引起预应力损失 σ_{l1},完成第一批预应力损失 $\sigma_{lI} = \sigma_{l1} + \sigma_{l2}$[图10.18(c)]。

此时,预应力筋的应力为

$$\sigma_{peI} = \sigma_{con} - \sigma_{lI} \tag{10.39}$$

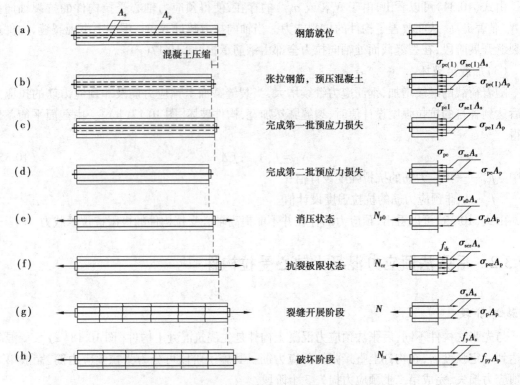

图 10.18　后张法预应力混凝土构件各阶段受力状态

普通钢筋的应力为

$$\sigma_{seI} = -\alpha_E \sigma_{pcI} \tag{10.40}$$

混凝土的预压应力 σ_{pcI} 可由内力平衡条件求得,即

$$\sigma_{peI} A_p + \sigma_{seI} A_s = \sigma_{pcI} A_c$$

$$\sigma_{pcI} = \frac{(\sigma_{con} - \sigma_{lI}) A_p}{A_c + \alpha_E A_s} = \frac{N_{pI}}{A_n} \tag{10.41}$$

式中　N_{pI}——完成第一批损失后预应力筋的合力。

由式(10.41)可以看出,此时的应力状态可视为将 N_{pI} 反向作用在净截面面积 A_n 上所产生的应力状态。

(3)完成第二批预应力损失

随着时间的增长,由于预应力的松弛、混凝土的收缩和徐变及螺旋式预应力筋对混凝土的局部挤压将引起预应力损失 σ_{l4}、σ_{l5} 及 σ_{l6},即完成第二批预应力损失 σ_{lII}[图 10.18(d)]。此时,预应力筋的预应力损失为 $\sigma_l = \sigma_{lI} + \sigma_{lII}$,预应力筋的拉应力降低为 σ_{pe},普通钢筋的应力为 σ_{se},混凝土的预压应力降低为 σ_{pc}。

$$\sigma_{pe} = \sigma_{con} - \sigma_l \tag{10.42}$$

由普通钢筋与混凝土变形协调,可知其应力为

$$\sigma_{se} = -(\sigma_{l5} + \alpha_E \sigma_{pc}) \tag{10.43}$$

混凝土的预压应力 σ_{pc} 可由内力平衡条件求得,即

$$\sigma_{pe} A_p + \sigma_{se} A_s = \sigma_{pc} A_c$$

将 σ_{pe}、σ_{se} 代入上式,整理可得

$$\sigma_{pc} = \frac{(\sigma_{con} - \sigma_l)A_p - \sigma_{l5}A_s}{A_c + \alpha_E A_s} = \frac{N_{pⅡ} - \sigma_{l5}A_s}{A_n} \tag{10.44}$$

式中　$N_{pⅡ}$——完成第二批损失后,预应力筋的合力。

2)使用阶段

与先张法构件一样,从加荷到破坏,后张法轴心受拉构件的受力过程可分为 3 个阶段。

(1)加载至混凝土应力为零(消压状态)

随着轴向拉力的增加,后张法预应力混凝土轴心受拉构件由荷载产生的正截面法向拉应力使得混凝土中的预压应力逐渐被抵消,当混凝土的预压应力全部被抵消时,混凝土应力为零,即达到了消压状态[图 10.18(e)],此时预应力筋中的拉应力 σ_{p0} 为

$$\sigma_{p0} = \sigma_{pe} + \alpha_E \sigma_{pc} = \sigma_{con} - \sigma_l + \alpha_E \sigma_{pc} \tag{10.45}$$

普通钢筋的应力 σ_{s0} 为

$$\sigma_{s0} = \sigma_{se} + \alpha_E \sigma_{pc} = -\sigma_{l5} \tag{10.46}$$

由于截面上的应力与外荷载相互平衡,此时外荷载 N_{p0}(消压轴向拉力)为

$$\begin{aligned}
N_{p0} &= \sigma_{p0}A_p + \sigma_{s0}A_s \\
&= (\sigma_{con} - \sigma_l + \alpha_E \sigma_{pc})A_p - \sigma_{l5}A_s \\
&= \sigma_{pc}A_0
\end{aligned} \tag{10.47}$$

(2)加载至裂缝即将出现

当轴向力大于 N_{p0} 时,截面上混凝土开始受拉。随着荷载增加,混凝土拉应力不断增大,加载至混凝土拉应力为 f_{tk} 时[图 10.18(f)],混凝土即将出现裂缝,达到抗裂极限状态,此时轴向拉力记为 N_{cr}。由消压状态加载至抗裂极限状态,预应力筋和普通钢筋的拉应力均增加了 $\alpha_E f_{tk}$,分别增加至 σ_{pcr} 和 σ_{scr},即

$$\sigma_{pcr} = \sigma_{con} - \sigma_l + \alpha_E \sigma_{pc} + \alpha_E f_{tk} \tag{10.48}$$

$$\sigma_{scr} = -\sigma_{l5} + \alpha_E f_{tk} \tag{10.49}$$

由平衡条件,可得

$$\begin{aligned}
N_{cr} &= \sigma_{pcr}A_p + \sigma_{scr}A_s + f_{tk}A_c \\
&= (\sigma_{con} - \sigma_l + \alpha_E \sigma_{pc} + \alpha_E f_{tk})A_p + (\alpha_E f_{tk} - \sigma_{l5})A_s + f_{tk}A_c \\
&= (\sigma_{con} - \sigma_l + \alpha_E \sigma_{pc})A_p - \sigma_{l5}A_s + f_{tk}(\alpha_E A_p + \alpha_E A_s + A_c) \\
&= N_{p0} + f_{tk}A_0 \\
&= (\sigma_{pc} + f_{tk})A_0
\end{aligned} \tag{10.50}$$

(3)加载至破坏

当轴向拉力超过 N_{cr} 时,混凝土出现裂缝,构件进入裂缝开展阶段[图 10.18(g)],裂缝截面处轴向拉力全部由钢筋承担。随着荷载的增加,与先张法构件相同,裂缝截面上钢筋达到各自的抗拉强度设计值,构件破坏[图 10.18(h)]。构件的极限承载力为

$$N_u = f_{py}A_p + f_y A_s \tag{10.51}$$

10.3.3　预应力混凝土轴心受拉构件受力特点

通过先张法、后张法预应力混凝土轴心受拉构件的受力分析,可以得出以下结论:

①全部预应力损失完成后,σ_{pc} 的计算公式,先张法和后张法的形式相似,只是 σ_l 的具体计算值不同,另外,先张法构件计算公式中用换算截面面积 A_0,后张法构件计算公式中用净截面面积 A_n。

先张法:

$$\sigma_{pc} = \frac{(\sigma_{con} - \sigma_l)A_p - \sigma_{l5}A_s}{A_c + \alpha_E A_s + \alpha_E A_p} = \frac{N_p}{A_0}$$

后张法:

$$\sigma_{pc} = \frac{(\sigma_{con} - \sigma_l)A_p - \sigma_{l5}A_s}{A_c + \alpha_E A_s} = \frac{N_p}{A_n}$$

而且,由前述分析过程可以看出:计算预应力混凝土轴心受拉构件混凝土的有效预压应力 σ_{pc} 时,可以将一轴向压力 N_p 作用于构件截面上,压力 N_p 等于相应时刻预应力筋和非预应力筋仅扣除预应力损失后的应力乘以各自的截面面积,然后反向再叠加而得。

这一结论还可推广到预应力混凝土受弯构件中混凝土的预压应力计算,此时只需将 N_p 改为偏心压力即可。

②在使用阶段,构件在各时刻的轴向拉力 N_{p0},N_{cr},N_u 的计算公式形式完全相同,但是先张法和后张法中,混凝土的有效预压力 σ_{pc} 是不同的。

③在整个受力过程中,预应力筋始终处于高的拉应力作用,因此宜采用高强钢材作为预应力筋。混凝土在轴向拉力达到 N_{p0} 之前始终处于受压状态,只有当轴向拉力超过 N_{p0} 时,混凝土中才出现拉应力。

④预应力混凝土轴心受拉构件的抗裂极限荷载 $N_{cr} = (\sigma_{pc} + f_{tk})A_0$,极限承载力 $N_u = f_y A_s + f_{py}A_p$。可以看出:由于 σ_{pc} 的存在,预应力混凝土轴心受拉构件的抗裂荷载 N_{cr} 远远大于具有相同材料强度、相同配筋和截面尺寸的钢筋混凝土轴心受拉构件,即构件的抗裂能力大为提高;但是因预应力混凝土轴心受拉构件的极限承载力 N_u 与相应普通钢筋混凝土构件的相同,即说明施加预应力不能提高轴心受拉构件的极限抗拉承载力;另外,预应力构件出现裂缝时的荷载 N_{cr} 与极限荷载 N_u 数值比较接近,说明构件延性较差。

10.4　预应力混凝土轴心受拉构件的计算与设计

对于预应力混凝土结构构件,除应根据使用条件进行承载能力极限状态设计及正常使用极限状态验算外,尚应按具体情况,对构件的制作、运输及安装等施工阶段的承载力及应力进行验算。

10.4.1　使用阶段的计算

1）正截面受拉承载力计算

当构件破坏时,轴向拉力全部由预应力筋 A_p 和普通钢筋 A_s 承担,且均达到其屈服强度,因此其受拉承载力应按下式进行计算:

$$N \leqslant N_u = f_{py}A_p + f_yA_s \tag{10.52}$$

式中　N——轴向拉力设计值;

$\qquad N_u$——轴心受拉构件的承载力设计值;

$\qquad f_{py}, f_y$——预应力筋和普通钢筋的抗拉强度设计值。

2）裂缝控制验算

预应力混凝土结构应按其所处环境类别和结构类别确定相应的裂缝控制等级,并按下列规定进行受拉边缘应力或正截面裂缝宽度验算。

（1）一级——严格要求不出现裂缝的构件

在荷载标准组合下应符合下列规定:

$$\sigma_{ck} - \sigma_{pc} \leqslant 0 \tag{10.53}$$

即要求在荷载标准组合效应值 N_k 和预应力共同作用下,构件受拉边缘混凝土应不产生拉应力。

（2）二级——一般要求不出现裂缝的构件

要求在荷载标准组合效应和预应力共同作用下,构件受拉边缘混凝土的拉应力小于混凝土的抗拉强度标准值,即

$$\sigma_{ck} - \sigma_{pc} \leqslant f_{tk} \tag{10.54}$$

$$\sigma_{ck} = \frac{N_k}{A_0} \tag{10.55}$$

式中　N_k——按荷载标准组合计算的轴向拉力值;

$\qquad \sigma_{ck}$——荷载标准组合下抗裂验算边缘的混凝土法向应力;

$\qquad \sigma_{pc}$——扣除全部预应力损失后在抗裂验算边缘混凝土预压应力,先张法和后张法构件分别按式(10.28)和式(10.44)计算;

$\qquad f_{tk}$——混凝土轴心抗拉强度标准值。

（3）三级——允许出现裂缝的构件

对于允许出现裂缝的构件,要求按荷载标准组合并考虑长期作用影响计算的最大裂缝宽度应符合下列规定:

$$w_{max} \leqslant w_{lim} \tag{10.56}$$

即构件允许出现裂缝,但裂缝宽度应小于限值。

式中　w_{max}——按荷载标准组合并考虑长期作用影响计算的最大裂缝宽度;

$\qquad w_{lim}$——最大裂缝宽度限值,按附表16采用。

《混凝土结构设计规范》给出了 w_{max} 的计算公式,即

$$w_{\max} = \alpha_{cr}\psi\frac{\sigma_{sk}}{E_s}\left(1.9c_s + 0.08\frac{d_{eq}}{\rho_{te}}\right) \tag{10.57}$$

$$\psi = 1.1 - 0.65\frac{f_{tk}}{\rho_{te}\sigma_{sk}} \tag{10.58}$$

$$d_{eq} = \frac{\sum n_i d_i^2}{\sum n_i v_i d_i} \tag{10.59}$$

$$\rho_{te} = \frac{A_s + A_p}{A_{te}} \tag{10.60}$$

式中 α_{cr}——构件受力特征系数,对预应力混凝土轴心受拉构件,取 $\alpha_{cr} = 2.2$;

         ψ——裂缝间受拉钢筋应变不均匀系数,当 $\psi < 0.2$ 时,取 $\psi = 0.2$,当 $\psi > 1.0$ 时,取 $\psi = 1.0$;对直接承受重复荷载的构件,取 $\psi = 1.0$;

         σ_{sk}——按荷载标准组合计算的预应力混凝土构件纵向受拉钢筋的等效应力,对轴心受拉构件按下式计算:

$$\sigma_{sk} = \frac{N_k - N_{p0}}{A_p + A_s} \tag{10.61}$$

         d_{eq}——受拉区纵向钢筋的等效直径,mm;

         c_s——最外层纵向受拉钢筋外边缘至受拉区底边的距离,mm,当 $c_s < 20$ 时,取 $c_s = 20$,当 $c_s > 65$ 时,取 $c_s = 65$;

         ρ_{te}——按有效受拉混凝土截面面积计算的纵向受拉钢筋配筋率,在最大裂缝宽度计算中,当 $\rho_{te} < 0.01$ 时,取 $\rho_{te} = 0.01$;

         A_{te}——有效受拉混凝土截面面积,对轴心受拉构件,取构件截面面积;对受弯、偏心受压和偏心受拉构件,取 $A_{te} = 0.5bh + (b_f - b)h_f$,此处 b_f、h_f 为受拉翼缘的宽度、高度;

         d_i——受拉区第 i 种纵向钢筋的公称直径,mm;

         n_i——受拉区第 i 种纵向钢筋的根数;

         v_i——受拉区第 i 种纵向钢筋的相对黏结特性系数,按表 10.4 取值;

         N_{p0}——混凝土法向预应力等于零时预应力筋及非预应力筋的合力,对于先张法和后张法分别按式(10.31)和式(10.47)计算。

表 10.4   钢筋的相对黏结特性系数

钢筋类别	钢 筋		先张法预应力筋			后张法预应力筋		
	光圆钢筋	带肋钢筋	带肋钢筋	螺旋肋钢丝	钢绞线	带肋钢筋	钢绞线	光圆钢丝
v_i	0.7	1.0	1.0	0.8	0.6	0.8	0.5	0.4

注:对环氧树脂涂层带肋钢筋,其相对黏结特性系数应按表中系数的 0.8 倍取用。

对于环境类别为二 a 的三级预应力混凝土构件,在荷载准永久组合下,构件受拉边缘混凝土的拉应力不应大于混凝土的抗拉强度标准值,即

$$\sigma_{cq} - \sigma_{pc} \leqslant f_{tk} \tag{10.62}$$

$$\sigma_{cq} = \frac{N_q}{A_0} \tag{10.63}$$

式中　N_q——按荷载准永久组合计算的轴向拉力值;

　　　σ_{cq}——荷载准永久组合下抗裂验算边缘的混凝土法向应力。

10.4.2　施工阶段的验算

对于预应力混凝土构件,在构件制作、运输、吊装过程中可能出现和使用阶段不同的应力状态。为保证构件在施工阶段的安全性,必须进行施工阶段的验算。

1)预压混凝土时的承载力验算

对于先张法构件,放松预应力筋、预压混凝土时,截面上混凝土压应力最高;对于后张法构件,预应力筋刚张拉至规定的张拉控制应力 σ_{con} 但未锚固时,混凝土压应力最高,而此时混凝土强度却相对较低。因此,在混凝土压应力最高、混凝土强度最低两种不利情况同时出现时,若欲使混凝土不在此时被压坏,必须通过验算予以保证。

对于预应力混凝土轴心受拉构件,预压混凝土时,构件一般处于全截面受压状态,此时截面上混凝土法向应力应符合下列条件:

$$\sigma_{cc} \leqslant 0.8 f'_{ck} \tag{10.64}$$

式中　σ_{cc}——预压时混凝土的压应力;

　　　f'_{ck}——与预压时混凝土立方体抗压强度 f'_{cu} 相应的轴心抗压强度标准值。

对于先张法构件,此时混凝土的预压应力 σ_{cc} 相当于受力分析中的 σ_{pcI},按式(10.25)计算。

对于后张法构件,按不考虑预应力损失计算,即

$$\sigma_{cc} = \frac{\sigma_{con} A_p}{A_n} \tag{10.65}$$

2)端部锚固区的验算

在后张法预应力混凝土构件的端部,预应力筋的回缩力是通过锚具经垫板传递给混凝土的,由于锚具的总预压力很大,因此构件端部锚具下的混凝土承受很大的局部应力。这种很大的局部压力 F_l 需经过一段距离才能扩散到整个截面上产生均匀的压应力,这段距离近似地等于构件的截面高度,称为锚固区(图10.19)。

锚固区内混凝土受力很复杂,混凝土很可能出现裂缝并因局部受压承载力不足而破坏。通常在端部锚固区内配置方格网式或螺旋式间接钢筋,以提高局部受压承载力并控制裂缝宽度。对于配置了间接钢筋的锚固区段,可按下述方法进行局部受压承载力验算。

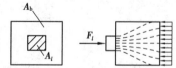

图10.19　后张法构件端部锚固区

(1)构件端部局部受压区截面尺寸验算

试验表明,当配置的间接钢筋过多时,虽然可以提高局部受压承载力,但垫板下混凝土会产生过大的局部下陷变形,导致局部破坏。为限制下沉变形,应使构件端部截面尺寸不能过小。因此《混凝土结构设计规范》要求局部受压区的截面尺寸应满足:

$$F_l \leqslant 1.35\beta_c\beta_l f_c A_{ln} \tag{10.66}$$

$$\beta_l = \sqrt{\frac{A_b}{A_l}} \tag{10.67}$$

式中 F_l——局部受压面上作用的局部荷载或局部压力设计值;对有黏结预应力混凝土构件取 1.2 倍张拉控制力;

f_c——混凝土轴心抗压强度设计值;在后张法预应力混凝土构件的张拉阶段验算中,可根据相应阶段的混凝土立方体抗压强度 f'_{cu} 值,按线性内插法确定相应的轴心抗压强度设计值;

β_c——混凝土强度影响系数:当混凝土强度等级不超过 C50 时,取 $\beta_c = 1.0$;当混凝土强度等级为 C80 时,取 $\beta_c = 0.8$;其间按线性内插法确定;

β_l——混凝土局部受压时的强度提高系数;

A_l——混凝土局部受压面积;

A_{ln}——混凝土局部受压净面积;对后张法构件,应在混凝土局部受压面积中扣除孔道、凹槽部分的面积;

A_b——局部受压的计算底面积,可由局部受压面积与计算底面积按同心对称的原则确定,常见情况下可按图 10.20 取用。

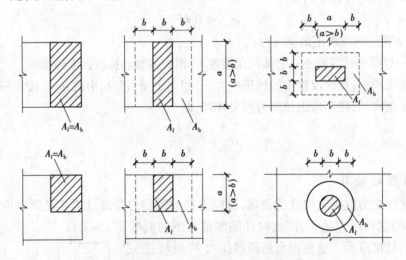

图 10.20   局部受压的计算底面积

A_l—混凝土局部受压面积;A_b—局部受压的计算底面积

当式(10.66)不满足时,应加大构件端部尺寸、调整锚具位置、调整混凝土的强度等。

(2)构件端部局部受压承载力验算

当配置方格网式或螺旋式间接钢筋时(图 10.21),局部受压承载力应符合下列规定:

$$F_l \leqslant 0.9(\beta_c\beta_l f_c + 2\alpha\rho_v\beta_{cor}f_{yv})A_{ln} \tag{10.68}$$

式(10.68)中,当为方格网式配筋时[图 10.21(a)],钢筋网两个方向上单位长度内钢筋截面面积的比值不宜大于 1.5,其体积配筋率 ρ_v 应按式(10.69)计算:

$$\rho_v = \frac{n_1 A_{s1}l_1 + n_2 A_{s2}l_2}{A_{cor}s} \tag{10.69}$$

当为螺旋式配筋时[图 10.21(b)],其体积配筋率 ρ_v 应按下式计算:

$$\rho_v = \frac{4A_{ss1}}{d_{cor}s} \tag{10.70}$$

式中　α——间接钢筋对混凝土约束的折减系数,当混凝土强度等级不超过 C50 时,取 $\alpha = 1.0$,
　　　　当混凝土强度等级为 C80 时,取 $\alpha = 0.85$,其间按线性内插法确定;

　　　A_{cor}——方格网式或螺旋式间接钢筋内表面范围内的混凝土核心面积,其重心应与 A_l 的
　　　　重心重合,计算中仍按同心、对称的原则取值;

　　　ρ_v——间接钢筋的体积配筋率;

　　　n_1, A_{s1}——方格网沿 l_1 方向的钢筋根数、单根钢筋的截面面积;

　　　n_2, A_{s2}——方格网沿 l_2 方向的钢筋根数、单根钢筋的截面面积;

　　　A_{ss1}——单根螺旋式间接钢筋的截面面积;

　　　d_{cor}——螺旋式间接钢筋内表面范围内的混凝土截面直径;

　　　s——方格网式或螺旋式间接钢筋的间距,宜取 30~80 mm;

　　　β_{cor}——配置间接钢筋的局部受压承载力提高系数,可按式(10.67)计算。但式中 A_b 应
　　　　代之以 A_{cor},且当 A_{cor} 大于 A_b 时,取 A_b;当 A_{cor} 不大于混凝土局部受压面积 A_l 的
　　　　1.25 倍时,β_{cor} 取 1.0。

间接钢筋应配置在图 10.21 所规定的高度 h 范围内,方格网式钢筋不应少于 4 片;螺旋式
钢筋,不应少于 4 圈。

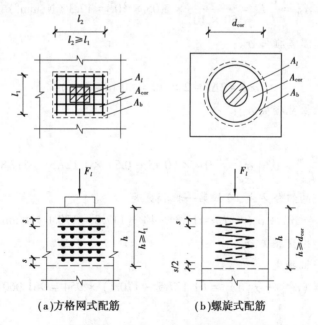

图 10.21　局部受压区的间接钢筋

【例 10.1】　有一先张法预应力混凝土轴心受拉构件(图 10.22),截面尺寸为 $b \times h = 260\ \text{mm} \times$
240 mm,构件长 24 m,在 50 m 台座上张拉,锚具变形和钢筋内缩值 $a = 3\ \text{mm}$,混凝土强度等级
为 C40 级,75% 设计强度时放张。采用蒸汽养护,构件与台座之间的温差 $\Delta t = 20\ ℃$。预应力筋
采用 15 根直径 9 mm 的螺旋肋消除应力钢丝(15 Φ^H9,$A_p = 954\ \text{mm}^2$),$f_{ptk} = 1\ 570\ \text{N/mm}^2$,张拉

控制应力 $\sigma_{con} = 0.75 f_{ptk}$，一次张拉。构件承受的轴心拉力设计值 $N = 900$ kN，标准值 $N_k = 800$ kN，准永久值 $N_q = 700$ kN。结构的安全等级为二级，裂缝控制等级为二级，验算构件的承载力、使用阶段的抗裂性，并进行施工阶段验算。

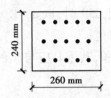

图 10.22　例 10.1 构件截面图

【解】　(1) 张拉控制应力计算

查相应设计资料，可得：

C40 混凝土：$E_c = 3.25 \times 10^4$ N/mm²，$f_{tk} = 2.39$ N/mm²

消除应力钢丝：$E_s = 2.05 \times 10^5$ N/mm²，$f_{py} = 1\,110$ N/mm²

预应力筋与混凝土的弹性模量比值：

$$\alpha_E = \frac{E_s}{E_c} = \frac{2.05 \times 10^5}{3.25 \times 10^4} = 6.31$$

构件换算截面面积：

$$A_0 = b \times h + (\alpha_E - 1) A_p = 260 \times 240 + (6.31 - 1) \times 954 = 67\,466 \ (\text{mm}^2)$$

由式 (10.1) 得张拉控制应力：

$$\sigma_{con} = 0.75 f_{ptk} = 0.75 \times 1\,570 = 1\,177.5 \ (\text{N/mm}^2)$$

(2) 预应力损失计算

① 钢筋内缩损失 σ_{l1}：

由式 (10.4) 得

$$\sigma_{l1} = \frac{a}{l} E_s = \frac{3}{50 \times 10^3} \times 2.05 \times 10^5 = 12.3 \ (\text{N/mm}^2)$$

② 构件与台座间温差损失 σ_{l3}：

由式 (10.11) 得

$$\sigma_{l3} = 2\Delta t = 2 \times 20 = 40 \ (\text{N/mm}^2)$$

③ 预应力筋应力松弛损失 σ_{l4}：

由式 (10.12) 得

$$\sigma_{l4} = 0.4 \left(\frac{\sigma_{con}}{f_{ptk}} - 0.5 \right) \sigma_{con} = 0.4 \times (0.75 - 0.5) \times 1\,177.5 = 117.8 \ (\text{N/mm}^2)$$

根据预应力损失的组合方式，可知第一批损失为

$$\sigma_{lI} = \sigma_{l1} + \sigma_{l3} + \sigma_{l4} = 12.3 + 40 + 117.8 = 170.1 \ (\text{N/mm}^2)$$

④ 混凝土收缩和徐变损失 σ_{l5}：

此时完成了第一批损失

$$N_{pI} = (\sigma_{con} - \sigma_{lI}) A_p = (1\,177.5 - 170.1) \times 954 = 961\,060 \ (\text{N})$$

由式 (10.25) 得

$$\sigma_{pc} = \frac{N_{pI}}{A_0} = \frac{961\,060}{67\,466} = 14.25 \ (\text{N/mm}^2)$$

$$f'_{cuk} = 0.75 \times f_{cuk} = 0.75 \times 40 = 30 \ (\text{N/mm}^2)$$

$$\rho = \frac{A_s + A_p}{2A_0} = \frac{954}{2 \times 67\,466} = 0.007\,1$$

由式(10.17)得

$$\sigma_{l5} = \frac{60 + 340 \dfrac{\sigma_{pc}}{f'_{cu}}}{1 + 15\rho} = \frac{60 + 340 \times 14.25/30}{1 + 15 \times 0.007\,1} = 200.2\ (\text{N/mm}^2)$$

总预应力损失　$\sigma_l = \sigma_{l\text{I}} + \sigma_{l5} = 170.1 + 200.2 = 370.3\ (\text{N/mm}^2)$

(3) 承载能力极限状态计算

由式(10.52)可得

$$N_u = f_{py}A_p = 1\,110 \times 954 = 1\,058\,940\ (\text{N})\ > N = 900\,000\ \text{N}$$

满足要求。

(4) 正常使用阶段抗裂验算

① 完成全部预应力损失后,由式(10.28)得,混凝土的有效预压应力为

$$\sigma_{pc} = \frac{(\sigma_{con} - \sigma_l)A_p - \sigma_{l5}A_s}{A_0} = \frac{(1\,177.5 - 370.3) \times 954 - 0}{67\,466} = 11.42\ (\text{N/mm}^2)$$

② 使用荷载在截面中引起的拉应力

标准组合下,由式(10.55)得

$$\sigma_{ck} = \frac{N_k}{A_0} = \frac{800 \times 10^3}{67\,466} = 11.86\ (\text{N/mm}^2)$$

③ 抗裂验算

$$\sigma_{ck} - \sigma_{pc} = 11.86 - 11.42 = 0.44\ (\text{N/mm}^2)\ < f_{tk} = 2.39\ \text{N/mm}^2$$

满足式(10.54)。

(5) 施工阶段验算

放松预应力筋时,混凝土中预压应力最大,相应的轴向压力为

$$N_p = (\sigma_{con} - \sigma_{l\text{I}})A_p = (1\,177.5 - 170.1) \times 954 = 961\,059.6\ (\text{N})$$

由式(10.25)可得,此时混凝土中压应力为

$$\sigma_{cc} = \frac{N_p}{A_0} = \frac{961\,059.6}{67\,466} = 14.25\ (\text{N/mm}^2)$$

放张时　　　　　　　　　$f'_{cuk} = 0.75 \times 40 = 30\ (\text{N/mm}^2)$

相应的　　　　　　　　　$f'_{ck} = 20.1\ \text{N/mm}^2$

$$\sigma_{cc} = 14.25\ \text{N/mm}^2\ < 0.8f'_{ck} = 0.8 \times 20.1\ \text{N/mm}^2 = 16.08\ \text{N/mm}^2$$

满足式(10.64)的要求,因此施工阶段是安全的。

10.5　预应力混凝土受弯构件的设计与计算

10.5.1　各阶段应力分析

预应力混凝土受弯构件中,沿构件长度方向,预应力筋的布置可以为直线形也可为曲线形(图10.23)。而且为了满足使用阶段和制作、运输、吊装等施工阶段构件不出现裂缝或过宽裂缝,一般在使用阶段的受拉区配置预应力筋 A_p,在受压区设置预应力筋 A'_p,并同时在受拉区和

受压区设置少量的普通钢筋 A_s 和 A_s'（见图10.24），以下叙述均以此种配筋为例。由于受弯构件截面上钢筋为非对称布置，因此所建立的混凝土预应力值沿截面高度方向是变化的。

与预应力混凝土轴心受拉构件一样，预应力混凝土受弯构件的应力状态可分为施工阶段和使用阶段，现分别进行叙述。本节所用面积、压力、应力的符号同预应力混凝土轴心受拉构件，只是在受压区相应的符号上加上"'"。

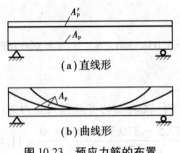

图10.23　预应力筋的布置

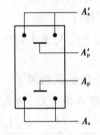

图10.24　预应力混凝土
受弯构件截面配筋

1）施工阶段

（1）先张法预应力混凝土受弯构件

①放松预应力筋、预压混凝土。

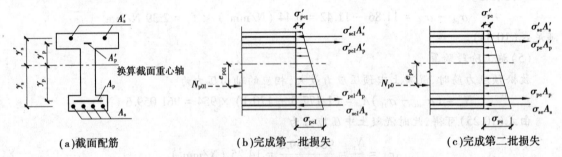

图10.25　先张法预应力混凝土受弯构件施工阶段的应力状态

与预应力混凝土轴心受拉构件一样，放松预应力筋时，可以看作在截面上施加一个与预应力筋合力 N_{pOI} 大小相等，方向相反的压力。由于截面上配置的预应力筋 A_p 往往大于 A_p'，故 N_{pOI} 一般不作用于截面的重心轴，而是作用于靠近 A_p 的某处［图10.25（b）］。在进行应力分析时，可将混凝土视为匀质弹性体，按材料力学公式计算。此时，第一批预应力损失已产生，预应力筋合力 N_{pOI} 及其作用点至换算截面重心轴的偏心距 e_{pOI} 可按下式计算：

$$N_{pOI} = (\sigma_{con} - \sigma_{lI})A_p + (\sigma_{con}' - \sigma_{lI}')A_p' \tag{10.71}$$

$$e_{pOI} = \frac{(\sigma_{con} - \sigma_{lI})A_p y_p - (\sigma_{con}' - \sigma_{lI}')A_p' y_p'}{N_{pOI}} \tag{10.72}$$

式中　y_p, y_p'——受拉区及受压区的预应力筋合力点至换算截面重心的距离。

在偏心压力 N_{pOI} 作用下，截面上混凝土的法向应力 σ_{pcI}、σ_{pcI}' 为

$$\left.\begin{array}{c}\sigma_{pcI}\\\sigma_{pcI}'\end{array}\right\} = \frac{N_{pOI}}{A_0} \pm \frac{N_{pOI} e_{pOI}}{I_0} y_0 \tag{10.73}$$

式中　y_0——所计算纤维至换算截面重心轴的距离；

　　　I_0——换算截面惯性矩。

由于钢筋与相邻混凝土的变形一致，可知此时预应力筋 A_p 和 A'_p 的应力 σ_{peI} 和 σ'_{peI}，普通钢筋 A_s 和 A'_s 的应力 σ_{seI} 和 σ'_{seI} 分别为

$$\sigma_{peI} = \sigma_{con} - \sigma_{lI} - \alpha_E \sigma_{pcI,p} \tag{10.74}$$

$$\sigma'_{peI} = \sigma'_{con} - \sigma'_{lI} - \alpha_E \sigma'_{pcI,p} \tag{10.75}$$

$$\sigma_{seI} = -\alpha_E \sigma_{pcI,s} \tag{10.76}$$

$$\sigma'_{seI} = -\alpha_E \sigma'_{pcI,s} \tag{10.77}$$

式中　$\sigma_{pcI,p}$，$\sigma'_{pcI,p}$——相应于预应力筋 A_p 合力点和 A'_p 合力点处的混凝土预压应力，按式 (10.73) 计算，y_0 分别取 y_p，y'_p；

　　　$\sigma_{pcI,s}$，$\sigma'_{pcI,s}$——相应于普通钢筋 A_s 合力点和 A'_s 合力点处的混凝土预压应力，按式 (10.73) 计算，y_0 分别取 y_s，y'_s；

　　　y_s，y'_s——普通钢筋 A_s 截面重心和 A'_s 截面重心至换算截面重心的距离。

②完成第二批预应力损失。

完成第二批预应力损失时，可以看作在截面上施加一个与 N_{p0} 大小相等、方向相反的压力，N_{p0} 为混凝土截面应力为零时预应力筋和普通钢筋的合力，其作用点至换算截面重心轴的偏心距为 e_{p0}[图 10.25(c)]，分别按下式计算：

$$N_{p0} = (\sigma_{con} - \sigma_l)A_p + (\sigma'_{con} - \sigma'_l)A'_p - \sigma_{l5}A_s - \sigma'_{l5}A'_s \tag{10.78}$$

$$e_{p0} = \frac{(\sigma_{con} - \sigma_l)A_p y_p - (\sigma'_{con} - \sigma'_l)A'_p y'_p - \sigma_{l5}A_s y_s + \sigma'_{l5}A'_s y'_s}{N_{p0}} \tag{10.79}$$

由材料力学方法可知，混凝土的应力为

$$\left.\begin{array}{r}\sigma_{pc} \\ \sigma'_{pc}\end{array}\right\} = \frac{N_{p0}}{A_0} \pm \frac{N_{p0}e_{p0}}{I_0}y_0 \tag{10.80}$$

由于钢筋与相邻混凝土的变形协调，此时预应力筋 A_p 和 A'_p 的应力 σ_{pe} 和 σ'_{pe}，普通钢筋 A_s 和 A'_s 的应力 σ_{se} 和 σ'_{se} 分别为

$$\sigma_{pe} = \sigma_{con} - \sigma_l - \alpha_E \sigma_{pc,p} \tag{10.81}$$

$$\sigma'_{pe} = \sigma'_{con} - \sigma'_l - \alpha_E \sigma'_{pc,p} \tag{10.82}$$

$$\sigma_{se} = -\sigma_{l5} - \alpha_E \sigma_{pc,s} \tag{10.83}$$

$$\sigma'_{se} = -\sigma'_{l5} - \alpha_E \sigma'_{pc,s} \tag{10.84}$$

式中　$\sigma_{pc,p}$，$\sigma'_{pc,p}$——相应于预应力筋 A_p 合力点和 A'_p 合力点处的混凝土预应力，按式 (10.80) 计算，y_0 分别取 y_p 和 y'_p；

　　　$\sigma_{pc,s}$，$\sigma'_{pc,s}$——相应于普通钢筋 A_s 截面重心和 A'_s 截面重心处的混凝土预应力，按式 (10.80) 计算，y_0 分别取 y_s 和 y'_s。

式 (10.73) 和式 (10.80) 中，右边第二项与第一项的应力方向相同时取加号，相反时取减号。

（2）后张法预应力混凝土受弯构件

与预应力混凝土轴心受拉构件一样，后张法受弯构件中预应力筋与混凝土协调变形的起点为完成第二批预应力损失的时刻，因而只需将施工阶段先张法各公式中的换算截面面积 A_0 替换为净截面面积 A_n，并采用相应的特征值（如净截面惯性矩 I_n 等），现简述之。

出现第一批预应力损失后[图10.26(b)]，预应力筋的合力 N_{pnI} 及其到净截面重心轴的距离分别为

$$N_{pnI} = (\sigma_{con} - \sigma_{lI})A_p + (\sigma'_{con} - \sigma'_{lI})A'_p \tag{10.85}$$

$$e_{pnI} = \frac{(\sigma_{con} - \sigma_{lI})A_p y_{pn} - (\sigma'_{con} - \sigma'_{lI})A'_p y'_{pn}}{N_{pnI}} \tag{10.86}$$

式中　y_{pn}, y'_{pn}——受拉区及受压区预应力筋合力点至净截面重心的距离。

在偏心压力 N_{pnI} 作用下，截面上混凝土的法向应力 σ_{pcI}、σ'_{pcI} 为

$$\left.\begin{array}{r}\sigma_{pcI}\\\sigma'_{pcI}\end{array}\right\} = \frac{N_{pnI}}{A_n} \pm \frac{N_{pnI}e_{pnI}}{I_n}y_n \tag{10.87}$$

式中　y_n——所计算纤维至净截面重心轴的距离；

I_n——净截面惯性矩。

预应力筋 A_p 和 A'_p 的应力 σ_{peI} 和 σ'_{peI}，普通钢筋 A_s 和 A'_s 的应力 σ_{seI} 和 σ'_{seI} 分别为

$$\sigma_{peI} = \sigma_{con} - \sigma_{lI} \tag{10.88}$$

$$\sigma'_{peI} = \sigma'_{con} - \sigma'_{lI} \tag{10.89}$$

$$\sigma_{seI} = -\alpha_E \sigma_{pcI,s} \tag{10.90}$$

$$\sigma'_{seI} = -\alpha_E \sigma'_{pcI,s} \tag{10.91}$$

式中　$\sigma_{pcI,s}, \sigma'_{pcI,s}$——相应于普通钢筋 A_s 合力点和 A'_s 合力点处的混凝土预压应力，按式（10.87）计算，y_n 分别取 y_{sn}, y'_{sn}；

y_{sn}, y'_{sn}——普通钢筋 A_s 截面重心和 A'_s 截面重心至净截面重心的距离。

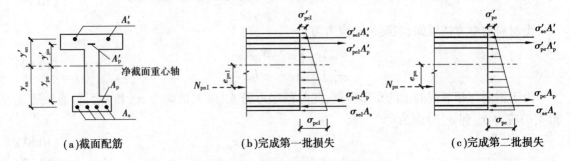

（a）截面配筋　　　　（b）完成第一批损失　　　　（c）完成第二批损失

图10.26　后张法预应力混凝土构件施工阶段的应力状态

完成第二批损失时[图10.26(c)]，同样可以看作在截面上施加一个与 N_{pn} 大小相等、方向相反的压力，N_{pn} 为混凝土截面应力为零时预应力筋和普通钢筋的合力，其作用点至净截面重心轴的偏心距为 e_{pn}，分别按下式计算：

$$N_{pn} = (\sigma_{con} - \sigma_l)A_p + (\sigma'_{con} - \sigma'_l)A'_p - \sigma_{l5}A_s - \sigma'_{l5}A'_s \tag{10.92}$$

$$e_{pn} = \frac{(\sigma_{con} - \sigma_l)A_p y_{pn} - (\sigma'_{con} - \sigma'_l)A'_p y'_{pn} - \sigma_{l5}A_s y_{sn} + \sigma'_{l5}A'_s y'_{sn}}{N_{pn}} \tag{10.93}$$

混凝土的应力为

$$\left.\begin{array}{r}\sigma_{pc}\\\sigma'_{pc}\end{array}\right\} = \frac{N_{pn}}{A_n} \pm \frac{N_{pn}e_{pn}}{I_n}y_n \tag{10.94}$$

预应力筋 A_p 和 A'_p 的应力 σ_{pe} 和 σ'_{pe}，非预应力筋 A_s 和 A'_s 的应力 σ_{se} 和 σ'_{se} 分别为

$$\sigma_{pe} = \sigma_{con} - \sigma_l \tag{10.95}$$

$$\sigma'_{pe} = \sigma'_{con} - \sigma'_l \tag{10.96}$$

$$\sigma_{se} = -\sigma_{l5} - \alpha_E \sigma_{pc,s} \tag{10.97}$$

$$\sigma'_{se} = -\sigma_{l5} - \alpha_E \sigma'_{pc,s} \tag{10.98}$$

式中　$\sigma_{pc,s}$, $\sigma'_{pc,s}$——相应于普通钢筋 A_s 合力点和 A'_s 合力点处的混凝土预压应力,按式(10.94)
计算,y_n 分别取 y_{sn}, y'_{sn}。

式(10.87)、式(10.94)中,右边第二项与第一项的应力方向相同时取加号,相反时取减号。

2)使用阶段

预应力混凝土受弯构件的使用阶段也可分为 3 个过程,在这 3 个过程中,无论是先张法构件还是后张法构件,其计算公式的形式完全相同。

(1)加荷至受拉边缘混凝土预压应力为零(消压状态)

在外荷载和预应力共同作用下,截面上的应力可用材料力学方法进行分析,即截面上的应力等于外荷载引起的应力与预应力在相应位置引起的应力之和。在荷载单独作用下[图10.27(b)],预应力混凝土受弯构件正截面产生的正应力为

$$\sigma_i = \frac{My_0}{I_0}$$

式中　σ_i——截面上任一纤维处由荷载产生的法向应力;

　　　M——外荷载在截面上产生的弯矩。

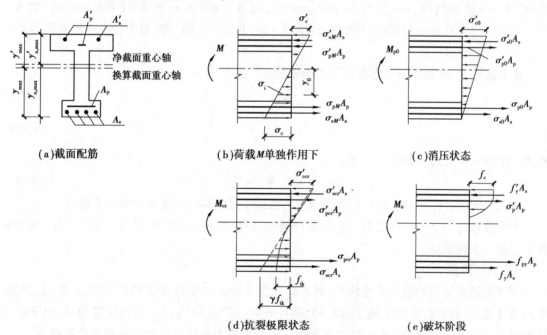

图 10.27　预应力混凝土构件使用阶段的应力状态

随着荷载的增加,预应力在截面下边缘混凝土中产生的预压应力将逐渐被荷载在截面下边缘产生的拉应力所抵消,截面下边缘应力为零时称为消压状态[图 10.27(c)]。外荷载作用下截面上承受的弯矩记为 M_{p0},则由 M_{p0} 引起的截面下边缘混凝土拉应力为 M_{p0}/W_0,其中 W_0 为换

算截面下边缘的弹性抵抗矩,$W_0 = I_0/y_{max}$;预应力在截面下边缘引起的预压应力记为σ_{pc},因此消压状态下应有$\sigma_{pc} - M_{p0}/W_0 = 0$,即$M_{p0} = W_0\sigma_{pc}$。

对于先张法构件,σ_{pc}由式(10.80)计算,y_0取y_{max};对于后张法构件,σ_{pc}由式(10.94)计算,y_n取$y_{n,max}$。其中,y_{max}为截面下边缘至换算截面重心轴的距离;$y_{n,max}$为截面下边缘至净截面重心轴的距离。

值得一提的是,加载至消压状态时,轴心受拉构件中整个截面的混凝土应力全部为零;而在受弯构件中,只有下边缘的混凝土应力为零,截面上其他各点的混凝土应力并不等于零。

(2)加载至受拉区即将出现裂缝(抗裂极限状态)

当荷载超过M_{p0}时,截面上靠近下边缘的部分混凝土出现拉应力,拉应力随荷载的增加而增大。由于混凝土的塑性性能,当截面下边缘混凝土的拉应力达到混凝土抗拉强度f_{tk}时,构件一般尚未开裂,而且塑性性能使得受拉区的混凝土应力呈曲线分布。为便于分析,在进行抗裂计算时,将实际的曲线应力图形折算成下边缘应力为γf_{tk}的等效(承受的弯矩相同)三角形应力图形[图10.27(d)],其中γ称为混凝土构件的截面抵抗矩塑性影响系数。取受拉区混凝土应力图形为梯形、受拉边缘混凝土极限拉应变为$2f_{tk}/E_c$,按平截面应变假定,可确定混凝土构件的截面抵抗矩塑性影响系数基本值γ_m(对常用的截面形状可查附表20),则混凝土构件的截面抵抗矩塑性影响系数γ可按下式计算:

$$\gamma = \left(0.7 + \frac{120}{h}\right)\gamma_m$$

式中 h——截面高度,mm。当$h < 400$ mm 时,取$h = 400$ mm;当$h > 1\ 600$ mm 时,取$h = 1\ 600$ mm;对圆形、环形截面,取$h = 2r$,此处r为圆形截面半径或环形截面的外环半径。

由上述可得,抗裂极限状态截面下边缘应满足

$$\sigma_c - \sigma_{pc} = \gamma f_{tk} \tag{10.99}$$

$$\sigma_c = \frac{M_{cr}}{W_0} \tag{10.100}$$

将式(10.100)代入式(10.99),整理得

$$M_{cr} = (\sigma_{pc} + \gamma f_{tk})W_0 = M_{p0} + \gamma f_{tk}W_0 \tag{10.101}$$

由式(10.101)可知,M_{p0}的存在使得预应力混凝土受弯构件的抗裂性能显著提高。

当荷载超过M_{cr}时,构件受拉区出现横向裂缝,裂缝截面上受拉区混凝土退出工作,拉力全部由受拉区钢筋承受。

(3)破坏阶段

对于配筋率适当的适筋受弯构件,破坏时受拉区预应力筋A_p和非预应力筋A_s先、后屈服,裂缝迅速发展,而后受压区混凝土被压碎,构件破坏[图10.27(e)]。值得注意的是,对于受压区配有预应力筋A_p'的构件,破坏时A_p'不屈服。详细的应力分析见后面的承载力计算部分。

10.5.2 预应力混凝土受弯构件使用阶段计算

对于预应力混凝土受弯构件,使用阶段两种极限状态的计算内容主要包括:正截面受弯承

载力和斜截面受剪承载力计算;正截面抗裂、斜截面抗裂和变形验算。

1)正截面受弯承载力计算

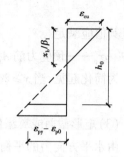

预应力混凝土受弯构件破坏时,其正截面的应力状态和钢筋混凝土受弯构件相似,因此采用相同的基本假定,同样将受压区混凝土的曲线应力分布图形简化为等效矩形应力图形,并用类似的分析方法推导其承载力计算公式。

(1)破坏时受拉区钢筋 A_p 和 A_s 达到屈服的条件

考虑界限破坏,即受拉区钢筋达到屈服强度时,截面受压边缘混凝土达到极限压应变 ε_{cu}。显然,预应力混凝土受弯构件非预应力筋 A_s 达到 f_y 的条件与钢筋混凝土构件相同,即用与钢筋混凝土

图 10.28　界限破坏时截面应变分布

构件相同的界限相对受压区高度 ξ_b 来判断 A_s 是否屈服。对于预应力筋 A_p,由于预应力筋水平处混凝土应力为零时,预应力筋已有拉应力 σ_{p0}(相应的应变 $\varepsilon_{p0} = \sigma_{p0}/E_s$),因此界限破坏时,截面应变分布如图 10.28 所示,注意图中 A_p 的应变为($\varepsilon_{py} - \varepsilon_{p0}$)。

对于没有明显屈服点的预应力筋,ε_{py} 和 ξ_b 分别按下式计算:

$$\varepsilon_{py} = 0.002 + \frac{f_{py}}{E_s} \tag{10.102}$$

$$\xi_b = \frac{x_b}{h_0} = \frac{\beta_1}{1 + \dfrac{0.002}{\varepsilon_{cu}} + \dfrac{f_{py} - \sigma_{p0}}{E_s \varepsilon_{cu}}} \tag{10.103}$$

式中　x_b——界限破坏时受压区混凝土等效矩形应力图形的高度;

　　　　h_0——受拉区预应力筋 A_p 合力点至截面受压边缘的距离;

　　　　ε_{cu}——混凝土极限压应变;

　　　　σ_{p0}——受拉区纵向预应力筋合力点处混凝土法向应力等于零时预应力筋的应力;

　　　　β_1——系数,对不高于 C50 的混凝土,$\beta_1 = 0.8$;对 C80 混凝土,$\beta_1 = 0.74$;其间取值按线性内插法。

(2)破坏时,受压区预应力筋 A_p' 的应力 σ_p'

A_p' 在施工阶段已有预拉应力,在荷载作用下,当与 A_p' 同一水平处的混凝土应力为零时,A_p' 的应力为 σ_{p0}',应变为 ε_{p0}'。受压边缘混凝土达到极限压应变 ε_{cu} 时,与 A_p' 位于同一水平处的混凝土应变为 ε_c',预应力筋的应力为 σ_p',应变为 ε_p'。因此,从与 A_p' 同一水平处混凝土应力为零至受压边缘混凝土达到极限压应变 ε_{cu} 的过程中,预应力筋 A_p' 的应变增量 $\Delta\varepsilon_p' = \varepsilon_{p0}' - \varepsilon_p'$。由平截面假定及 $\Delta\varepsilon_p' = \varepsilon_c'$,可求得破坏时 A_p' 的应变增量 $\Delta\varepsilon_p'$ 与 ε_{cu} 满足:

$$\frac{\Delta\varepsilon_p'}{\varepsilon_{cu}} = \frac{x_a - a_p'}{x_a}$$

$$\varepsilon_{p0}' - \varepsilon_p' = \frac{x_a - a_p'}{x_a}\varepsilon_{cu}$$

$$\frac{\sigma_{p0}' - \sigma_p'}{E_s} = \left(1 - \frac{\beta_1 a_p'}{x}\right)\varepsilon_{cu}$$

$$\sigma'_p = -E_s \varepsilon_{cu}\left(1 - \frac{\beta_1 a'_p}{x}\right) + \sigma'_{p0} \tag{10.104}$$

而且其值应满足
$$\sigma'_{p0} - f'_{py} \leq \sigma'_p \leq f'_{py} \tag{10.105}$$

式中　σ'_p——预应力筋 A'_p 的应力,正值代表拉应力,负值代表压应力。

为简化起见,当 $x \geq 2a'$ 时,σ'_p 可近似按下式计算:
$$\sigma'_p = \sigma'_{p0} - f'_{py} \tag{10.106}$$

(3)矩形截面或翼缘位于受拉边的倒 T 形截面受弯构件正截面承载力计算

由水平方向力的平衡方程(图 10.29),可得
$$\alpha_1 f_c bx = f_y A_s + f_{py} A_p + (\sigma'_{p0} - f'_{py})A'_p - f'_y A'_s \tag{10.107}$$

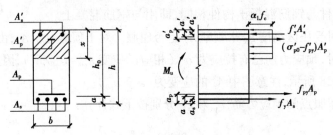

图 10.29　矩形截面受弯构件正截面承载力计算

由受拉区预应力筋和普通钢筋合力点的力矩平衡条件,可得
$$M \leq M_u = \alpha_1 f_c bx\left(h_0 - \frac{x}{2}\right) + f'_y A'_s(h_0 - a'_s) - (\sigma'_{p0} - f'_{py})A'_p(h_0 - a'_p) \tag{10.108}$$

公式的适用条件为
$$x \leq \xi_b h_0 \tag{10.109}$$
$$x \geq 2a' \tag{10.110}$$

式中　M——弯矩设计值;

M_u——受弯承载力设计值;

α_1——系数,不高于 C50 的混凝土,$\alpha_1 = 1.0$;C80 的混凝土,$\alpha_1 = 0.94$;其间取值按线性内插法;

σ'_{p0}——受压区纵向预应力筋 A'_p 合力点处混凝土法向应力等于零时预应力筋 A'_p 的应力;

b——矩形截面宽度或倒 T 形截面的腹板宽度;

a'_s, a'_p——受压区纵向非预应力筋 A'_s 合力点、预应力筋 A'_p 合力点至截面受压边缘的距离;

a'——受压区全部纵向钢筋合力点至截面受压边缘的距离,当受压区未配置纵向预应力筋或受压区纵向预应力筋应力($\sigma'_{p0} - f'_{py}$)为拉应力时,式(10.110)中的 a' 用 a'_s 代替;

h_0——截面有效高度,为受拉区全部钢筋合力点至截面受压边缘的距离,$h_0 = h - a$;

a——受拉区全部纵向钢筋合力点至截面受拉边缘的距离;

a_s, a_p——受拉区纵向非预应力筋、预应力筋合力点至截面受拉边缘的距离。

其中,式(10.109)保证受拉纵筋达到屈服强度,式(10.110)保证受压非预应力纵筋屈服。

（4）T形或I形截面受弯构件正截面受弯承载力计算

对于该类截面，首先需判断中和轴在翼缘内（$x \leqslant h_f'$，第一类T形截面）还是在腹板内（$x > h_f'$，第二类T形截面），见图10.30。

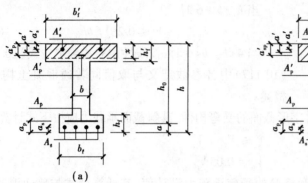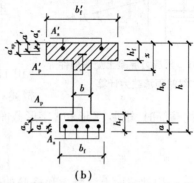

图10.30　I形截面受弯构件受压区高度位置

当满足下列条件时

$$f_y A_s + f_{py} A_p \leqslant \alpha_1 f_c b_f' h_f' + f_y' A_s' - (\sigma_{p0}' - f_{py}') A_p' \tag{10.111}$$

中和轴在受压翼缘内[图10.30（a）]，应按宽度为b_f'的矩形截面计算。

当不满足式（10.111）的条件时，即中和轴在腹板内[图10.30（b）]，其正截面承载力应按下列公式计算：

$$M \leqslant M_u = \alpha_1 f_c b x \left(h_0 - \frac{x}{2}\right) + \alpha_1 f_c (b_f' - b) h_f' \left(h_0 - \frac{h_f'}{2}\right) +$$
$$f_y' A_s' (h_0 - a_s') - (\sigma_{p0}' - f_{py}') A_p' (h_0 - a_p') \tag{10.112}$$
$$\alpha_1 f_c [bx + (b_f' - b) h_f'] = f_y A_s - f_y' A_s' + f_{py} A_p + (\sigma_{p0}' - f_{py}') A_p' \tag{10.113}$$

式中　h_f'——T形、I形截面受压区的翼缘高度；

b_f'——T形、I形截面受压区的翼缘计算宽度。

按式（10.112）和式（10.113）计算T形、I形截面受弯构件时，混凝土受压区高度仍应符合式（10.109）和式（10.110）的要求。

当计算中计入纵向普通受压钢筋时，若不满足式（10.110）的条件，认为受压区普通钢筋A_s'达不到f_y'，可以近似取$x = 2a_s'$，并由对受压区非预应力筋A_s合力点的力矩平衡条件，可得

$$M \leqslant M_u = f_{py} A_p (h - a_p - a_s') + f_y A_s (h - a_s - a_s') + (\sigma_{p0}' - f_{py}') A_p' (a_p' - a_s') \tag{10.114}$$

预应力混凝土受弯构件的正截面受弯承载力设计值应符合下列要求：

$$M_u \geqslant M_{cr} \tag{10.115}$$

式（10.115）规定了各类预应力筋的最小配筋率，其含义是"截面开裂后受拉预应力筋不致立即失效"。其目的是保证预应力混凝土受弯构件具有一定的延性，避免发生无预兆的脆性破坏。

2）斜截面承载力计算

预应力混凝土受弯构件的斜截面受剪承载力计算与普通混凝土构件基本相同，只需注意施加预应力的影响。斜截面受剪承载力计算简图如图10.31所示，为简单起见，图中仅标出了对斜截面受剪承载力有贡献的材料内力。

为防止发生斜压破坏，需限制构件的最小截面尺寸。对矩形、T形和I形截面受弯构件，受

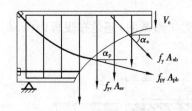

图 10.31 预应力混凝土受弯构件
斜截面承载力计算

剪截面应符合下列条件：

当 $h_w/b \leqslant 4$ 时

$$V \leqslant 0.25\beta_c f_c bh_0 \qquad (10.116)$$

当 $h_w/b \geqslant 6$ 时

$$V \leqslant 0.2\beta_c f_c bh_0 \qquad (10.117)$$

当 $4 < h_w/b < 6$ 时，按线性内插法确定。式（10.116）、式（10.117）中各参数定义与取值同普通混凝土构件，不再赘述。

当仅配箍筋时，矩形、T 形和 I 字形截面的受弯构件，其斜截面承载力应按下式计算：

$$V \leqslant V_{cs} + V_p \qquad (10.118)$$

$$V_p = 0.05N_{p0} \qquad (10.119)$$

式中 V_{cs}——构件截面上混凝土和箍筋的受剪承载力设计值，其计算公式与普通混凝土受弯构件相同；

V_p——由预加力所提高的构件受剪承载力设计值；

N_{p0}——计算截面上混凝土法向预应力等于零时的纵向预应力筋和非预应力筋的合力，当 N_{p0} 大于 $0.3f_c A_0$ 时，取 $0.3f_c A_0$，此处，A_0 为构件的换算截面面积。

对合力 N_{p0} 引起的截面弯矩与外荷载弯矩方向相同的情况，以及预应力混凝土连续梁和允许出现的裂缝的预应力混凝土简支梁，均取 $V_p = 0$。另外，对于先张法预应力混凝土构件，在计算合力 N_{p0} 时，应考虑预应力筋传递长度的影响。

当配置箍筋和弯起钢筋时，斜截面受剪承载力应满足：

$$V \leqslant V_{cs} + V_p + 0.8f_y A_{sb} \sin\alpha_s + 0.8f_{py} A_{pb} \sin\alpha_p \qquad (10.120)$$

式中 A_{sb}, A_{pb}——同一弯起平面内的普通弯起钢筋、预应力弯起钢筋的截面面积；

α_s, α_p——斜截面上普通弯起钢筋、预应力弯起钢筋的切线与构件纵轴线夹角；

V_p——由预加力所提高的构件受剪承载力设计值，按式（10.119）计算，但计算合力 N_{p0} 时不考虑预应力弯起钢筋的作用。

矩形、T 形和 I 形截面受弯构件，当符合下式要求时，可不进行斜截面的受剪承载力计算，仅需按构造要求配置箍筋。

$$V \leqslant \alpha_{cv} f_t bh_0 + 0.05N_{p0} \qquad (10.121)$$

对于斜截面受弯承载力，一般不进行计算，而由构造要求来保证。

3）正截面裂缝控制验算

预应力混凝土受弯构件，应按所处环境类别和结构类别选用相应的裂缝控制等级，并进行受拉边缘法向应力或正截面裂缝宽度验算。验算公式的形式与预应力混凝土轴心受拉构件相同，只是在计算时，抗裂验算边缘混凝土的法向应力按下列公式计算：

$$\sigma_{ck} = \frac{M_k}{W_0} \qquad (10.122)$$

$$\sigma_{cq} = \frac{M_q}{W_0} \qquad (10.123)$$

钢筋应力

$$\sigma_{sk} = \frac{M_k - N_{p0}(z - e_p)}{(A_p + A_s)z} \tag{10.124}$$

$$z = \left[0.87 - 0.12(1 - \gamma_f')\left(\frac{h_0}{e}\right)^2\right]h_0 \tag{10.125}$$

$$\gamma_f' = \frac{(b_f' - b)h_f'}{bh_0} \tag{10.126}$$

$$e = e_p + \frac{M_k}{N_{p0}} \tag{10.127}$$

$$e_p = y_{ps} - e_{p0} \tag{10.128}$$

式中 M_k——按荷载标准组合计算的弯矩值;

z——受拉区纵向钢筋和预应力筋合力点至截面受压区合力点的距离;

e_p——N_{p0} 的作用点至受拉区纵向预应力筋和普通钢筋合力点的距离;

y_{ps}——受拉区纵向预应力筋和普通钢筋合力点的偏心距。

4) 斜截面抗裂验算

在荷载作用下,截面上的剪力和弯矩使梁端产生较大的主拉应力和主压应力,以致形成斜裂缝。为避免斜裂缝的过早出现,要求将梁中主拉应力和主压应力分别限制在一定范围之内。

斜截面开裂前,在荷载作用下,截面上任一点的正应力和剪应力分别为 $\sigma = \dfrac{My_0}{I_0}$ 和 $\tau = \dfrac{VS_0}{bI_0}$。

在预应力和荷载的共同作用下,梁中的正应力为

$$\sigma_x = \sigma_{pc} + \frac{M_k y_0}{I_0} \tag{10.129}$$

$$\sigma_y = \frac{0.6F_k}{bh} \tag{10.130}$$

$$\tau = \frac{(V_k - \sum \sigma_{pe}A_{pb}\sin\alpha_p)S_0}{I_0 b} \tag{10.131}$$

$$\left.\begin{array}{c}\sigma_{tp}\\\sigma_{cp}\end{array}\right\} = \frac{\sigma_x + \sigma_y}{2} \pm \sqrt{\left(\frac{\sigma_x - \sigma_y}{2}\right)^2 + \tau^2} \tag{10.132}$$

截面上主应力应满足下列规定:

(1) 主拉应力

一级——严格要求不出现裂缝的构件

$$\sigma_{tp} \leqslant 0.85f_{tk} \tag{10.133}$$

二级——一般要求不出现裂缝的构件

$$\sigma_{tk} \leqslant 0.95f_{tk} \tag{10.134}$$

（2）主压应力

对严格要求和一般要求不出现裂缝的构件,均应满足

$$\sigma_{cp} \leqslant 0.6f_{ck} \tag{10.135}$$

式中　σ_x——由预加力和弯矩 M_k 在计算纤维处产生的混凝土法向应力;

σ_y——由集中荷载标准值 F_k 产生的混凝土竖向压应力;

τ——由剪力值 V_k 和预应力弯起筋的预加力在计算纤维处产生的混凝土剪应力;

V_k——按荷载标准组合计算的剪力值;

S_0——计算纤维以上部分的换算截面面积对构件换算截面重心的面积矩;

σ_{pe}——预应力弯起筋的有效预应力;

σ_{tp}, σ_{cp}——混凝土的主拉应力和主压应力。

5）挠度验算

预应力混凝土受弯构件的挠度由两部分组成:第一部分是荷载产生的挠度 f_l;另一部分是预应力产生的反向挠度 f_p,称为反拱。

受弯构件的挠度应按荷载标准组合并考虑长期作用影响的刚度 B,用结构力学的方法进行计算,所求得的挠度应满足规范规定的限值,即

$$f_l - f_p \leqslant [f] \tag{10.136}$$

式中　f_l——预应力混凝土受弯构件按荷载标准组合并考虑荷载长期作用影响的挠度;

f_p——预应力混凝土受弯构件在使用阶段的预加应力反拱值;

$[f]$——挠度限值,查附表 14。

矩形、T 形、倒 T 形和 I 形截面受弯构件的长期刚度 B,是在短期刚度 B_s 的基础上加以修正的。

当全部荷载中仅有部分为长期作用时,可近似认为,在全部荷载作用下构件的总挠度是由荷载短期作用下的短期挠度与荷载长期作用下的长期挠度之和。对预应力混凝土受弯构件,全部荷载应按荷载的标准组合值确定,长期荷载应按荷载的准永久组合值确定,则短期荷载即为荷载的标准组合值与荷载的准永久组合值之差。为此,将按荷载标准组合计算的弯矩值分解为两部分,$M_k = (M_k - M_q) + M_q$,则 $(M_k - M_q)$ 相当于短期荷载产生的弯矩,M_q 相当于长期荷载产生的弯矩;故仅需对在 M_q 下产生的那部分挠度乘以挠度增大系数,对于在 $(M_k - M_q)$ 下产生的短期挠度部分是不必增大的。若短期荷载与长期荷载的分布形式相同,则有

$$\alpha \frac{(M_k - M_q)l_0^2}{B_s} + \theta \cdot \alpha \frac{M_q l_0^2}{B_s} = \alpha \frac{M_k l_0^2}{B}$$

由上式可得矩形、T 形、倒 T 形和 I 形截面受弯构件按荷载的标准组合并考虑荷载长期作用影响的刚度计算公式,即

$$B = \frac{M_k}{M_q(\theta - 1) + M_k} B_s \tag{10.137}$$

式中　M_k——按荷载标准组合计算的弯矩,取计算区段内的最大弯矩值;

M_q——按荷载准永久组合计算的弯矩,取计算区段内的最大弯矩值;

B_s——荷载标准组合作用下受弯构件的短期刚度;

θ——考虑荷载长期作用对挠度增大的影响系数,按第 9.3.3 节所述的规定取用。

对于预应力混凝土受弯构件,在荷载标准组合作用下的短期刚度 B_s 可按下列公式计算。

(1)要求不出现裂缝的构件(裂缝控制等级为一级、二级)

$$B_s = 0.85E_cI_0 \tag{10.138}$$

(2)允许出现裂缝的构件

$$B_s = \frac{0.85E_cI_0}{\kappa_{cr} + (1 - \kappa_{cr})\omega} \tag{10.139}$$

$$\kappa_{cr} = \frac{M_{cr}}{M_k} \tag{10.140}$$

$$\omega = \left(1.0 + \frac{0.21}{\alpha_E\rho}\right)(1 + 0.45\gamma_f) - 0.7 \tag{10.141}$$

$$M_{cr} = (\sigma_{pc} + \gamma f_{tk})W_0 \tag{10.142}$$

$$\gamma_f = \frac{(b_f - b)h_f}{bh_0} \tag{10.143}$$

式中　ρ——纵向受拉钢筋配筋率,取 $\rho = (A_p + A_s)/bh_0$;

κ_{cr}——预应力混凝土受弯构件正截面开裂弯矩 M_{cr} 与弯矩 M_k 之比,当 $\kappa_{cr} > 1.0$ 时,取 $\kappa_{cr} = 1.0$;

γ——混凝土构件的截面抵抗矩塑性影响系数,计算同钢筋混凝土受弯构件;

ω——裂缝间受拉钢筋应变不均匀系数。

预应力混凝土受弯构件在使用阶段的预加力反拱值 f_p,可用结构力学方法计算,计算时短期截面刚度可取 E_cI_0,考虑预加应力长期影响的截面刚度可取 $0.5E_cI_0$;计算中,预应力筋的应力应扣除全部预应力损失。

10.5.3　预应力混凝土受弯构件施工阶段验算

预应力混凝土受弯构件在制作、运输、安装等施工阶段的受力状态往往和使用阶段不同。例如,制作时,构件受到预压力而处于偏心受压状态[图 10.32(a)]。吊装时,吊点距梁端有一定的距离,两端成为悬臂[图 10.32(b)],在自重作用下吊点附近出现负弯矩,使梁的上表面受拉,再加上预应力也使梁的上表面受拉,因而很可能在起吊点处出现上表面开裂现象,与此同时,该截面下缘混凝土的压应力也很大,可能由于混凝土抗压强度不足而压坏。由于混凝土受弯构件在施工阶段的受力状态与使用阶段不同,因此,设计时还应进行施工阶段的验算。

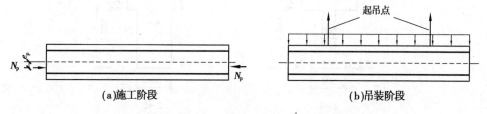

(a)施工阶段　　　　　　　　　　　　　(b)吊装阶段

图 10.32　预应力混凝土受弯构件在施工、吊装阶段的受力

对制作、运输及安装等施工阶段预拉区允许出现拉应力的构件,或预压时全截面受压的构件,在预加力、自重及施工荷载作用下(必要时应考虑动力系数)截面边缘混凝土法向应力宜符合下列规定:

$$\sigma_{ct} \leqslant f'_{tk} \quad (10.144)$$

$$\sigma_{cc} \leqslant 0.8f'_{ck} \quad (10.145)$$

简支构件的端截面预拉区边缘纤维的混凝土拉应力允许大于 f'_{tk} 但不应大于 $1.2f'_{tk}$。

其中,σ_{cc}、σ_{ct} 可按下列公式计算:

$$\sigma_{cc}(\text{或 } \sigma_{ct}) = \sigma_{pc} + \frac{N_k}{A_0} \pm \frac{M_k}{W_0} \quad (10.146)$$

式中 σ_{ct}——相应施工阶段计算截面预拉区边缘纤维的混凝土拉应力;

σ_{cc}——相应施工阶段计算截面预压区边缘纤维的混凝土压应力;

f'_{tk}、f'_{ck}——与各施工阶段混凝土立方体抗压强度 f'_{cu} 相应的抗拉强度标准值、抗压强度标准值;

N_k、M_k——构件自重及施工荷载的标准组合在计算截面产生的轴向力值、弯矩值。

在式(10.146)中,σ_{pc}、N_k 均以压为正,以拉为负;M_k 产生的边缘纤维应力为压应力时,式中符号取加号,为拉应力时式中符号取减号。

【例10.2】 后张有黏结预应力混凝土简支梁,梁长为 18.4 m,计算跨度 $l = 18$ m,截面尺寸如图 10.33 所示。承受均布恒荷载标准值 $g_k = 24.0$ kN/m(荷载分项系数 $\gamma_G = 1.3$),均布活荷载标准值 $q_k = 20$ kN/m(荷载分项系数 $\gamma_Q = 1.5$,准永久值系数 $\psi_q = 0.5$)。采用 C40 混凝土 ($f_c = 19.1$ N/mm², $f_{tk} = 2.40$ N/mm², $f_{ck} = 26.8$ N/mm², $E_c = 3.25 \times 10^4$ N/mm²)。预应力筋采用低松弛钢绞线($f_{ptk} = 1\,860$ N/mm², $f_{py} = 1\,320$ N/mm², $E_p = 1.95 \times 10^5$ N/mm²),混凝土强度达到100%时张拉预应力筋。采用夹片式锚具,用预埋金属波纹管成孔。结构的安全等级为二级。按二级抗裂要求设计该梁,并验算各阶段的承载力、抗裂能力和变形。

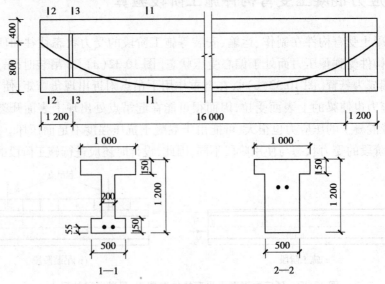

图 10.33 例 10.2 预应力混凝土简支梁

【解】　（1）内力计算

①内力设计值

均布荷载设计值　　　　　$p = 24 \times 1.3 + 20 \times 1.5 = 61.2$（kN/m）

跨中弯矩设计值　　　$M = \dfrac{1}{8}pl^2 = \dfrac{1}{8} \times 61.2 \times 18^2 = 2\,478.6$（kN·m）

支座剪力设计值　　　　$V = \dfrac{1}{2}pl = \dfrac{1}{2} \times 61.2 \times 18 = 550.8$（kN）

②荷载的标准组合和准永久组合下的内力值

跨中弯矩　　　$M_k = \dfrac{1}{8}(g_k + q_k)l^2 = \dfrac{1}{8} \times (24 + 20) \times 18^2 = 1\,782$（kN·m）

$$M_q = \dfrac{1}{8}(g_k + 0.5q_k)l^2 = \dfrac{1}{8} \times (24 + 0.5 \times 20) \times 18^2 = 1\,377 \text{（kN·m）}$$

支座剪力　　　　　$V_k = \dfrac{1}{2}(g_k + q_k)l = \dfrac{1}{2} \times (24 + 20) \times 18 = 396$（kN）

（2）纵筋计算及纵筋布置

①中和轴位置估算

取 $a_p = 55$ mm（预估配置一排预应力筋），截面有效高度 $h_0 = h - a_p = 1\,200$ mm $- 55$ mm $= 1\,145$ mm。按下式判别中和轴位置：

$$M_f' = \alpha_1 f_c b_f' h_f' \left(h_0 - \frac{h_f'}{2} \right) = 1.0 \times 19.1 \times 1\,000 \times 150 \times \left(1\,145 - \frac{150}{2} \right)$$

$$= 3\,065.6 \times 10^6 (\text{N·mm}) = 3\,065.6 \text{ kN·m} > M = 2\,478.6 \text{ kN·m}$$

故中和轴在翼缘内。

按下式计算中和轴位置：

$$x = \left(1 - \sqrt{1 - 2\frac{M}{\alpha_1 f_c b_f' h_0^2}} \right) h_0 = \left(1 - \sqrt{1 - 2 \times \frac{2\,478.6 \times 10^6}{1.0 \times 19.1 \times 1\,000 \times 1\,145^2}} \right) \times 1\,145$$

$$= 119.58 \text{（mm）}$$

②预应力筋估算

a.截面特性。

截面面积：　　　$A = 1\,000 \times 150 + 200 \times 900 + 500 \times 150 = 40.5 \times 10^4 (\text{mm}^2)$

截面重心至上边缘距离：

$$y = \frac{1\,000 \times 150 \times 75 + 200 \times 900 \times (150 + 450) + 150 \times 500 \times (75 + 1\,050)}{40.5 \times 10^4} = 502.8 \text{（mm）}$$

截面惯性矩：

$$I = \frac{1}{3} \times 1\,000 \times 502.8^3 + \frac{1}{3} \times 500 \times 697.2^3 - \frac{1}{3} \times 800 \times 352.8^3 -$$

$$\frac{1}{3} \times 300 \times 547.2^3 = 7.08 \times 10^{10} (\text{mm}^4)$$

截面下边缘的弹性抵抗矩：

$$W = \frac{I}{y_{max}} = \frac{7.08 \times 10^{10}}{697.2} = 1.02 \times 10^8 (\text{mm}^3)$$

b.计算控制应力和有效应力。

$$\sigma_{con} = 0.75 f_{ptk} = 0.75 \times 1\ 860\ \text{N/mm}^2 = 1\ 395\ \text{N/mm}^2$$

$$\sigma_{pe} = 0.75 \times \sigma_{con} = 0.75 \times 1\ 395\ \text{N/mm}^2 = 1\ 046.3\ \text{N/mm}^2$$

暂取 $e_p = 610$ mm。

c.估算预应力筋的用量。

按二级抗裂要求,应满足式(10.54),即

$$\frac{M_k}{W} - \sigma_{pc} \leqslant f_{tk}$$

式中,$\sigma_{pc} = \frac{N_{pe}}{A_n} + \frac{N_{pe} e_{pn}}{I_n} y_n$。

由于此时未配置钢筋,净截面几何特征值暂取为截面几何特征值,则

$$\sigma_{pc} = \frac{N_{pe}}{A} + \frac{N_{pe} e_p}{W} = \sigma_{pe} A_p \left(\frac{1}{A} + \frac{e_p}{W} \right)$$

故有

$$A_p \geqslant \frac{\dfrac{M_k}{W} - f_{tk}}{\left(\dfrac{1}{A} + \dfrac{e_p}{W} \right) \sigma_{pe}} = \frac{\dfrac{1\ 782 \times 10^6}{1.02 \times 10^8} - 2.4}{\left(\dfrac{1}{40.5 \times 10^4} + \dfrac{610}{1.02 \times 10^8} \right) \times 1\ 046.3} = 1\ 704.7\ (\text{mm}^2)$$

选用 14 Φ^S 15.2 低松弛钢绞线,$A_p = 1\ 946\ \text{mm}^2$。

d.非预应力筋用量计算。

选用 HRB400 钢筋作为非预应力筋,根据正截面承载力估算非预应力筋 A_s。由 $\alpha_1 f_c b'_f x = f_y A_s + f_{py} A_p$ 可得

$$A_s = \frac{\alpha_1 f_c b'_f x - f_{py} A_p}{f_y} = \frac{1.0 \times 19.1 \times 1\ 000 \times 119.58 - 1\ 320 \times 1\ 946}{360} = -791 (\text{mm}^2) < 0$$

受拉区和受压区非预应力筋按构造要求配置,受拉区配 HRB400 级 6Φ12,$A_s = 678\ \text{mm}^2$,受压区配 HRB400 级 8Φ12,$A'_s = 904\ \text{mm}^2$。所配置钢筋满足正截面受弯承载力的要求。

e.预应力筋的布置。

预应力筋布置为两孔,每孔 7 根,按二次抛物线形布筋。预应力筋在跨中截面处距下边缘 55 mm,在两端截面上弯至 800 mm。故曲线矢高 $e = (800-55)\ \text{mm} = 745\ \text{mm}$,长度为 $\left(\dfrac{18.4}{2} = 9.2 \right)$ m,则预应力筋的曲线方程为(以跨中为原点)

$$y = \frac{0.745}{9.2^2} x^2$$

预留直径为 80 mm 的圆形孔洞。

③截面几何特征:

$$\alpha_{Ep} = \frac{E_p}{E_c} = 6.0, \alpha_{Es} = \frac{E_s}{E_c} = 6.15$$

跨中截面的净截面和换算截面的几何特征值计算见表 10.5。

表 10.5 跨中截面的净截面和截面的几何特征值表

名　称	单元面积 A_i/mm^2	y_i/mm	A_iy_i/mm^3	$A_iy_i^2/mm^4$	I_z/mm^4
腹板	$200 \times 1\,200$ $= 2.4 \times 10^5$	600	144×10^6	8.64×10^{10}	$\left(\frac{1}{12} \times 200 \times 1\,200^3\right)$ $= 2.88 \times 10^{10}$
上翼缘	150×800 $= 1.2 \times 10^5$	1 125	1.35×10^8	1.52×10^{11}	$\left(\frac{1}{12} \times 800 \times 150^3\right)$ $= 2.25 \times 10^8$
下翼缘	150×300 $= 4.5 \times 10^4$	75	3.375×10^6	2.53×10^8	$\left(\frac{1}{12} \times 300 \times 150^3\right)$ $= 8.4 \times 10^7$
孔洞	$-2 \times \pi \times (80/2)^2$ $= -1.00 \times 10^4$	55	-5.5×10^5	-3.03×10^7	$(-2 \times \pi/64 \times 80^4)$ $= -4.0 \times 10^6$
A_s	$\frac{0.349 \times 10^4}{(\alpha_{Es}-1)} = 678$	55	1.92×10^5	1.06×10^7	
A_s'	$\frac{0.466 \times 10^4}{(\alpha_{Es}-1)} = 904$	1 140	5.312×10^6	6.06×10^9	
A_p	$\frac{0.973 \times 10^4}{(\alpha_{Ep}-1)} = 1\,946$	55	5.35×10^5	2.94×10^7	
$\sum A_n$	4.032×10^5		2.87×10^8	2.45×10^{11}	2.91×10^{10}
$\sum A_0$	4.129×10^5		2.88×10^8	2.45×10^{11}	

注:表中 y_i 为各部分重心至截面下边缘的距离。

a. 净截面：

$$A_n = 40.32 \times 10^4 \ mm^2$$

$$y_n = \frac{\sum A_iy_i}{A_n} = \frac{287.33 \times 10^6}{40.32 \times 10^4} = 712.62 \ (mm)$$

$$I_n = \sum (I_i + A_iy_i^2) - A_ny_n^2$$

$$= (291.05 + 2\,445.64) \times 10^8 - 40.32 \times 10^4 \times 712.62^2$$

$$= 689.1 \times 10^8 (mm^4)$$

b.换算截面:

$$A_0 = 41.29 \times 10^4 \text{mm}^2$$

$$y_0 = \frac{\sum A_i y_i}{A_0} = \frac{287.87 \times 10^6}{41.29 \times 10^4} = 697.2 \text{ (mm)}$$

$$I_0 = \sum (I_i + A_i y_i^2) - A_0 y_0^2$$

$$= (291.05 + 2\,445.94) \times 10^8 - 41.29 \times 10^4 \times 697.2^2 = 729.9 \times 10^8 (\text{mm}^4)$$

(3)预应力损失计算

张拉控制应力 $\sigma_{con} = 0.75 f_{ptk} = 0.75 \times 1\,860 \text{ N/mm}^2 = 1\,395 \text{ N/mm}^2$

①锚具变形和钢筋内缩损失 σ_{l1}：选用夹片式锚具。锚具变形和预应力回缩值 $a = 5$ mm,

$\kappa = 0.001\,5, \mu = 0.25$。由预应力筋曲线方程,可得曲率半径 $r_c = \dfrac{1}{y''} = \dfrac{9.2^2}{2 \times 0.745} = 56.8$ (m)。

由式(10.5)得反向摩擦影响长度为

$$l_f = \sqrt{\frac{aE_p}{1\,000\sigma_{con}(\kappa + \mu/r_c)}} \text{ m} = \sqrt{\frac{5 \times 1.95 \times 10^5}{1\,000 \times 1\,395 \times (0.001\,5 + 0.25/56.8)}} = 10.88 \text{ (m)}$$

$$\sigma_{l1} = 2\sigma_{con}l_f(\kappa + \mu/r_c)(1 - x/l_f)$$

$$= 2 \times 1\,395 \times 10.88 \times (0.001\,5 + 0.25/56.8) \times (1 - x/10.88)$$

$$= 179.1(1 - x/10.88)$$

各截面的锚固损失见表10.6。

②摩擦损失 σ_{l2}。由式(10.8)计算摩擦损失,即

$$\sigma_{l2} = \sigma_{con}(\mu\theta + \kappa x)$$

各计算截面处的摩擦损失见表10.6。第一批预应力损失为 $\sigma_{lI} = \sigma_{l1} + \sigma_{l2}$。

表 10.6　各计算截面的第一批预应力损失　　　　单位:N/mm²

计算截面	σ_{l1}	σ_{l2}	σ_{lI}
$x = 0, \theta = 0$	179.1	0	179.1
$x = 9.2$ m, $\theta = 0.162$	27.7	75.7	103.4

注:表中 x 指从构件端部至计算截面的水平距离。

③预应力筋松弛损失 σ_{l4}。由式(10.14)得,预应力筋松弛损失为

$$\sigma_{l4} = 0.2(\sigma_{con}/f_{ptk} - 0.575)\sigma_{con} = 0.2(0.75 - 0.575) \times 1\,395 = 48.8 \text{ (N/mm}^2)$$

④混凝土收缩和徐变引起的预应力损失 σ_{l5}。

σ_{l5} 和 σ'_{l5} 分别按式(10.19)和式(10.20)计算,其中

$$\rho = \frac{A_p + A_s}{A_n} = \frac{1\,946 + 678}{40.32 \times 10^4} = 0.65\%$$

$$\rho' = \frac{A'_s}{A_n} = \frac{904}{40.32 \times 10^4} = 0.22\%$$

考虑自重影响,完成第一批预应力损失 σ_{lI} 后,跨中截面混凝土法向应力值为

$$\sigma_{pcI} = \frac{N_{pnI}}{A_n} + \frac{N_{pnI}e_{pnI} - M_G}{I_n}y$$

$$M_G = \frac{1}{8} \times g_k l^2 = \frac{1}{8} \times 24 \times 18^2 = 972 \ (kN \cdot m)$$

$$N_{pnI} = A_p(\sigma_{con} - \sigma_{lI}) = 1\ 946 \times (1\ 395 - 103.4) = 2\ 513.5 \times 10^3 (N)$$

$$e_{pnI} = y_n - a_p = 712.62 - 55 = 657.62 \ (mm)$$

故

$$\sigma_{pcI} = \frac{2\ 513.5 \times 10^3}{40.32 \times 10^4} + \frac{2\ 513.5 \times 10^3 \times 657.62 - 972 \times 10^6}{689.1 \times 10^8}y$$

$$= 6.23 + 0.009\ 88y \ (N/mm^3)$$

预应力筋水平处 $y = e_{pn}$

$$\sigma_{pcI} = 6.23 + 0.009\ 88 \times 657.62 = 12.73 \ (N/mm^2)$$

$$\sigma_{l5} = \frac{55 + 300\dfrac{\sigma_{pc}}{f'_{cu}}}{1 + 15\rho} = \frac{55 + 300 \times \dfrac{12.73}{40}}{1 + 15 \times 0.006\ 5} = 137.1 \ (N/mm^2)$$

钢筋 A'_s 水平处 $y = -(1\ 140 - 712.62) = -427.38$ mm

$$\sigma'_{pcI} = 6.23 + 0.009\ 88 \times (-427.38) = 2.01 \ (N/mm^2)$$

$$\sigma'_{l5} = \frac{55 + 300\dfrac{\sigma'_{pc}}{f'_{cu}}}{1 + 15\rho'} = \frac{55 + 300 \times \dfrac{2.01}{40}}{1 + 15 \times 0.002\ 2} = 67.8 \ (N/mm^2)$$

总应力损失

$$\sigma_l = \sigma_{lI} + \sigma_{l4} + \sigma_{l5} = 103.4 + 48.8 + 137.1 = 289.3 \ (N/mm^2) > 80 \ N/mm^2$$

取 $\sigma_l = 289.3 \ N/mm^2$。

(4)抗裂验算

①完成全部损失后,由式(10.92)得,截面的有效预压应力合力为

$$N_{pn} = A_p(\sigma_{con} - \sigma_l) - A_s\sigma_{l5} - A'_s\sigma'_{l5}$$

$$= 1\ 946 \times (1\ 395 - 289.3) - 678 \times 137.1 - 904 \times 67.8$$

$$= 1\ 997.45 \times 10^3 (N)$$

由式(10.93)得,N_{pn} 作用点到净截面重心轴的偏心距为

$$e_{pn} = \frac{(\sigma_{con} - \sigma_l)A_p y_{pn} - \sigma_{l5}A_s y_{sn} + \sigma'_{l5}A'_s y'_{sn}}{N_p}$$

$$= \frac{1\ 946 \times (1\ 395 - 289.3) \times (712.62 - 55) - 137.1 \times 678 \times 657.62 + 67.8 \times 904 \times 427.38}{1\ 997.45 \times 10^3}$$

$$= 690.91 \ (mm)$$

②由式(10.94)得,截面下边缘混凝土的有效预压应力为

$$\sigma_{pc} = \frac{N_{pn}}{A_n} + \frac{N_{pn}e_{pn}}{I_n}y_n$$

$$= \frac{1\ 997.45 \times 10^3}{40.32 \times 10^4} + \frac{1\ 997.45 \times 10^3 \times 690.91}{689.1 \times 10^8} \times 712.62 = 19.22\ (\text{N/mm}^2)$$

③由式(10.122)得,荷载作用下截面下边缘的应力为

$$\sigma_{ck} = \frac{M_k}{I_0}y_0 = \frac{1\ 782 \times 10^6}{729.9 \times 10^8} \times 697.2 = 17.02\ (\text{N/mm}^2)$$

所以　　　　　　$\sigma_{ck} - \sigma_{pc} = 17.02 - 19.22 = -2.2\ (\text{N/mm}^2) < f_{tk} = 2.4\ \text{N/mm}^2$

满足要求。

(5)斜截面受剪承载力计算

取3—3截面(腹板厚度改变处)计算,由于该截面距支座很近,故近似取该截面剪力$V = 511.2\ \text{kN}$。

①验算截面尺寸

$4 < h_w/b = 900/200 = 4.5 < 6$,对式(10.116)和式(10.117)线性内插,有

$$0.237\ 5\beta_c f_c bh_0 = 0.237\ 5 \times 1.0 \times 19.1 \times 200 \times 1\ 145$$

$$= 1\ 038.8 \times 10^3 (\text{N}) > V = 550.8 \times 10^3\ \text{N}$$

满足要求。

②抗剪钢筋的计算

根据式(10.120),有

$$V \leqslant V_{cs} + V_p + 0.8f_{py}A_{pb}\sin\alpha_p = 0.7f_t bh_0 + f_{yv}\frac{A_{sv}}{s}h_0 + 0.8f_{py}A_{pb}\sin\alpha_p$$

因该截面上预应力筋弯起,故取$V_p = 0$。

$$0.7f_t bh_0 + 0.8f_{py}A_{pb}\sin\alpha_p$$

$$= 0.7 \times 2.4 \times 200 \times 1\ 145 + 0.8 \times 1\ 320 \times 1\ 946 \times 0.162$$

$$= 717.6 \times 10^3\ \text{N} > V = 550.8 \times 10^3\ \text{N}$$

按构造配箍筋即可,采用$2\phi10@200$双肢箍筋。

(6)变形验算

①计算荷载作用下的挠度。裂缝二级控制,为要求不出现裂缝的构件。由式(10.138)得

$$B_s = 0.85E_c I_0 = 0.85 \times 3.25 \times 10^4 \times 729.9 \times 10^8 = 2.016 \times 10^{15}(\text{N} \cdot \text{mm}^2)$$

对预应力混凝土构件$\theta = 2$,式(10.137)得

$$B = \frac{M_k}{M_q(\theta - 1) + M_k}B_s = \frac{1\ 782}{1\ 377 \times (2 - 1) + 1\ 782} \times 2.016 \times 10^{15} = 1.14 \times 10^{15}(\text{N} \cdot \text{mm}^2)$$

荷载作用下的挠度

$$f_l = \frac{5}{48}\frac{M_k l^2}{B} = \frac{5}{48} \times \frac{1\ 782 \times 10^6 \times 18^2 \times 10^6}{1.14 \times 10^{15}} = 52.76\ (\text{mm})$$

②预应力反拱计算。

$$B = 0.5E_c I_0 = 0.5 \times 3.25 \times 10^4 \times 729.9 \times 10^8 = 1.19 \times 10^{15}(\text{N} \cdot \text{mm}^2)$$

预应力作用下,构件为承受 N_{pn} 的偏心受压构件,预应力反拱可按偏心受压构件求挠度的方法计算。

$$f_p = \frac{N_{pn}e_{pn}l^2}{8B} = \frac{1\,997.45 \times 10^3 \times 690.91 \times 18^2 \times 10^6}{8 \times 1.19 \times 10^{15}} = 46.97\ (\text{mm})$$

③计算总挠度。

$$f = f_l - f_p = 52.76 - 46.97 = 5.79\ (\text{mm}) < \frac{l}{250} = \frac{18 \times 10^3}{250} = 72\ (\text{mm})$$

满足要求。

当预应力梁满足正截面抗裂性要求时,梁的变形通常能满足设计要求。

(7)施工阶段抗裂验算

由于混凝土强度达到 100% 时进行张拉,故 $f'_{ck} = f_{ck}$。完成第一批损失时截面上下边缘混凝土应力最大。此时截面上混凝土应力为

$$\sigma_{pcI} = 6.23\ \text{N/mm}^2 + 0.009\,88y\ \text{N/mm}^3$$

截面上边缘应力

$$\sigma_{ct} = 6.23 + 0.009\,88 \times (712.62 - 1\,200) = 1.41\ (\text{N/mm}^2)$$

为压应力,不会拉裂,满足要求。

截面下边缘应力

$$\sigma_{cc} = 6.23 + 0.009\,88 \times 712.62 = 13.27\ (\text{N/mm}^2)$$

$$< 0.8f'_{ck} = 0.8 \times 26.8 = 21.44\ (\text{N/mm}^2)$$

满足式(10.145)的要求。

(8)局部承压验算

端部锚固区的细部尺寸如图 10.34,两束曲线预应力筋在距梁顶 400 mm 处锚固。

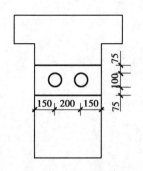

图 10.34　端部区

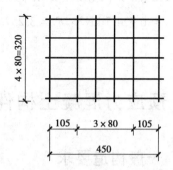

图 10.35　钢筋网片布置

钢垫板厚为 25 mm,A_l 尺寸取为钢垫板的大小,即

$$A_{ln} = 250 \times 500 - 2 \times \frac{\pi}{4} \times 100^2 = 109\,300\ (\text{mm}^2)$$

$$A_l = 250 \times 500 = 125\ 000\ (\text{mm}^2)$$

$$A_b = 250 \times 500 \times 3 = 375\ 000\ (\text{mm}^2)$$

$$\beta_l = \sqrt{\frac{A_b}{A_l}} = 1.73$$

端锚区的作用力 F_l

$$F_l = 1.2\sigma_{con}A_p = 1.2 \times 1\ 395 \times 1\ 946 = 3\ 257.6 \times 10^3 (\text{N}) = 3\ 257.6\ \text{kN}$$

验算截面尺寸

$$1.35\beta_c\beta_l f_c A_{ln} = 1.35 \times 1.0 \times 1.73 \times 19.1 \times 109\ 300\ \text{N}$$
$$= 4\ 875.66\ \text{kN} > F_l = 3\ 257.6\ \text{kN}$$

满足式(10.66)的要求。

端部截面尺寸合适,配置钢筋网片作为间接钢筋,间接钢筋采用 HPB300 级 ϕ12,网片间距 $s = 50$ mm,共 5 片,见图 10.35。

$$l_1 = 320\ \text{mm}, l_2 = 450\ \text{mm}, A_{s1} = A_{s2} = 113\ \text{mm}^2$$

$$n_1 = 6, n_2 = 5$$

$$A_{cor} = 450 \times 320 = 144\ 000\ (\text{mm}^2)$$

$$\rho_v = \frac{n_1 A_{s1} l_1 + n_2 A_{s2} l_2}{A_{cor}s} = \frac{6 \times 113 \times 320 + 5 \times 113 \times 450}{144\ 000 \times 50}$$
$$= 0.065\ 4$$

由于 $\dfrac{A_{cor}}{A_l} = \dfrac{144\ 000}{125\ 000} = 1.15 < 1.25$,取 $\beta_{cor} = 1.0$

由式(10.68)有

$$F_{lu} = 0.9(\beta_c\beta_l f_c + 2\alpha\rho_v\beta_{cor}f_y)A_{ln}$$
$$= 0.9 \times (1.0 \times 1.73 \times 19.1 + 2 \times 1.0 \times 0.065\ 4 \times 1.0 \times 270) \times 109\ 300\ \text{N}$$
$$= 6\ 724.5\ \text{kN} > F_l = 3\ 257.6\ \text{kN}$$

满足要求。

10.6 预应力混凝土构件的构造要求

10.6.1 一般构造要求

1)截面形状和尺寸

预应力混凝土构件的截面形式应根据构件的受力特点进行合理选择。对于轴心受拉构件,通常采用正方形或矩形截面;对于受弯构件,常采用 T 形、工字形、箱形截面等。截面形式和尺寸通常可参考类似工程,根据经验初步确定,也可按下面的方法初估截面尺寸:对于一般的预应力混凝土受弯构件,截面高度一般可取跨度的$(1/30 \sim 1/15)$,翼缘宽度一般可取截面高度的$(1/3 \sim 1/2)$;在工字型截面中可减小至截面高度的$1/5$,翼缘厚度一般可取截面高度的$(1/10 \sim 1/6)$,腹板厚度一般可取截面高度的$(1/15 \sim 1/8)$。

2)纵向非预应力筋

当配置一定的预应力筋已能满足抗裂或裂缝宽度要求时,则按承载力计算所需的其余受拉钢筋可采用普通钢筋。纵向普通钢筋的选用原则与钢筋混凝土结构相同。

3)纵向预应力筋

对施工阶段预拉区允许出现拉应力的构件,为了防止预拉区因拉应力过大而产生裂缝,对于配置直线型预应力筋的构件,可在预拉区设置预应力筋A'_p。根据截面形状和尺寸的不同,A'_p一般可取$(1/6 \sim 1/4)A_p$,A_p为受拉区预应力筋面积。在预拉区设置A'_p,会降低受拉区的抗裂性,通常在大跨度预应力混凝土梁中,一般宜将部分预应力筋在支座区段向上弯起,而不在预拉区另设预应力筋A'_p[图10.23(b)]。预拉区纵向钢筋的配筋率$(A'_s + A'_p)/A$不宜小于0.15%,对后张法构件不应计入A'_p,其中,A为构件截面面积。预拉区纵向钢筋的直径不宜大于14 mm,并应沿构件预拉区的外边缘均匀配置。对于施工阶段不允许出现裂缝的板类构件,预拉区纵向钢筋的配筋可根据具体情况按实践经验确定。

10.6.2 先张法预应力混凝土构件的要求

1)预应力筋的净距

先张法构件中,预应力筋的净距应根据钢筋与混凝土黏结锚固的可靠性、便于浇注混凝土和施加预应力及夹具布置等要求确定。除此之外,《混凝土结构设计规范》要求:先张法预应力筋之间的净间距不应小于其公称直径或等效直径的2.5倍和混凝土粗骨料最大直径的1.25倍(当混凝土的振捣密实性具有可靠保证时,净间距可放宽至最大粗骨料直径的1.0倍),且应符合下列规定:预应力钢丝,不应小于15 mm;三股钢绞线,不应小于20 mm;七股钢绞线,不应小于25 mm。

2)构件端部加强措施

①单根配置的预应力筋,其端部宜设置螺旋筋。

②分散布置的多根预应力筋,在构件端部$10d$(d为预应力筋的公称直径),且不小于100 mm的范围内宜设置$3 \sim 5$片与预应力筋垂直的钢筋网片。

③采用预应力钢丝配筋的薄板,在板端100 mm范围内应适当加密横向钢筋。

④槽形板类构件,应在构件端部100 mm范围内沿构件板面设置附加横向钢筋,其数量不应少于2根。

⑤预制肋形板,宜设置加强其整体性和横向刚度的横肋。端横肋的受力钢筋应弯入纵肋内。当采用先张长线法生产有端横肋的预应力混凝土肋形板时,应在设计和制作上采取防止放

张预应力时端横肋产生裂缝的有效措施。

⑥在预应力混凝土屋面梁、吊车梁等构件靠近支座的斜向主拉应力较大部位,宜将一部分预应力筋弯起配置。

⑦预应力筋在构件端部全部弯起的受弯构件或直线配筋的先张法构件,当构件端部与下部支撑结构焊接时,应考虑混凝土收缩、徐变及温度变化所产生的不利影响,宜在构件端部可能产生裂缝的部位设置足够的非预应力纵向构造钢筋。

10.6.3　后张法预应力混凝土构件的要求

(1)预留孔道的要求

后张法预留孔道的布置应考虑张拉设备和锚具的尺寸以及端部混凝土局部受压承载力等要求。预留孔道应符合下列规定:

①预制构件孔道之间的水平净间距不宜小于 50 mm,且不宜小于粗骨料直径的 1.25 倍;孔道至构件边缘的净间距不宜小于 30 mm,且不宜小于孔道直径的一半。

②现浇混凝土梁中,预留孔道在竖直方向的净间距不应小于孔道外径,水平方向的净间距不宜小于 1.5 倍孔道外径,且不应小于粗骨料直径的 1.25 倍;从孔道外壁至构件边缘的净间距,梁底不宜小于 50 mm,梁侧不宜小于 40 mm;裂缝控制等级为三级的梁,上述净间距分别不宜小于 60 mm 和 50 mm。

③预留孔道的内径宜比预应力筋束外径及需穿过孔道的连接器外径大 6~15 mm;且孔道的截面积宜为穿入预应力筋截面积的 3.0~4.0 倍,并宜尽量取小值。

④当有可靠经验,并能保证混凝土浇筑质量时,预应力筋孔道可水平并列贴紧布置,但并排的数量不应超过 2 束。

⑤在构件两端及曲线孔道的高点应设置灌浆孔或排气兼泌水孔,其孔距不宜大于 20 m。

⑥凡制作时需要预先起拱的构件,预留孔道宜随构件同时起拱。

⑦在现浇楼板中采用扁形锚固体系时,穿过每个预留孔道的预应力筋数量宜为 3~5 束;在常用荷载情况下,孔道在水平方向的净间距不应超过 8 倍板厚及 1.5 m 中的较大值。

(2)端部锚固区加强措施

后张法预应力混凝土构件的端部锚固区,应按下列规定配置间接钢筋:

①采用普通垫板时,应按 10.4.2 节的规定进行局部受压承载力计算,并配置间接钢筋,其体积配筋率不应小于 0.5%,垫板的刚性扩散角应取 45°。

②当采用整体铸造垫板时,其局部受压区的设计应符合相关标准的规定。

③在局部受压间接钢筋配置区以外,在构件端部长度 l 不小于截面重心线上部或下部预应力筋的合力点至邻近边缘的距离 e 的 3 倍、但不大于构件端部截面高度 h 的 1.2 倍,高度为 $2e$ 的附加配筋区范围内,应均匀配置附加防劈裂箍筋或网片(图 10.36),配筋面积可按下列公式计算:

$$A_{sb} \geq 0.18\left(1 - \frac{l_l}{l_b}\right)\frac{P}{f_{yv}} \tag{10.147}$$

且体积配筋率不应小于 0.5%。

式中　P——作用在构件端部截面重心线上部或下部预应力筋的合力设计值,按 10.3 和 10.5 节的有关规定进行计算,但应乘以预应力分项系数 1.3,此时,仅考虑混凝土预压前的预应力损失值;

　　l_l,l_b——沿构件高度方向 A_l、A_b 的边长或直径,A_l、A_b 按第 10.4.2 节方法确定。

　　④当构件端部预应力筋需集中布置在截面下部或集中布置在上部和下部时,应在构件端部 $0.2h$ 范围内设置附加竖向防剥裂构造钢筋(图 10.36),其截面面积应符合下列公式要求:

$$A_{sv} \geq \frac{T_s}{f_{yv}} \tag{10.148}$$

$$T_s = \left(0.25 - \frac{e}{h}\right)P \tag{10.149}$$

式中　T_s——锚固端剥裂拉力;

　　f_y——附加竖向钢筋的抗拉强度设计值;

　　e——截面重心线上部或下部预应力筋的合力点至截面近边缘的距离;

　　h——构件端部截面高度。

　　当 $e>0.2h$ 时,可根据实际情况适当配置构造钢筋。竖向防剥裂钢筋可采用焊接钢筋网、封闭式箍筋或其他的形式,且宜采用带肋钢筋。

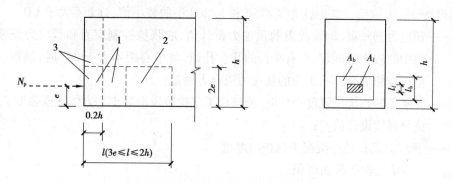

图 10.36　防止端部裂缝的配筋范围

1—局部受压间接钢筋配置区;2—附加防劈裂配筋区;3—附加防剥裂配筋区

　　当端部截面上部和下部均有预应力筋时,附加竖向钢筋的总截面面积应按上部和下部的预加力合力分别计算的数值叠加后采用,但总合力不应超过上部和下部预应力筋合力之和的 0.2 倍。

　　构件横向也应按上述方法计算抗剥裂钢筋,并与上述竖向钢筋形成网片筋配置。

　　⑤当构件在端部有局部凹进时,应增设折线构造钢筋(图 10.37)或其他有效的构造钢筋。

　　(3)曲线预应力筋的布置

　　①后张法预应力混凝土构件中,常用曲线预应力钢丝束,钢绞线束的曲率半径不宜小于 4 m;折线配筋的构件,在预应力筋弯折处的曲率半径可适当减小。曲线预应力钢丝束、钢绞线束的曲率半径也可按下列公式计算确定:

$$r_p \geq \frac{P}{0.35 f_c d_p} \tag{10.150}$$

式中　P——预应力束的合力设计值,取 1.3 倍张拉控制力;

　　　r_p——预应力束的曲率半径,m;

　　　d_p——预应力束孔道的外径;

　　　f_c——混凝土轴心抗压强度设计值,当验算张拉阶段曲率半径时,可取与施工阶段混凝土立方体抗压强度 f'_{cu} 对应的抗压强度设计值 f'_c。

当曲率半径 r_p 不满足上述要求时,可在曲线预应力筋束弯折处内侧设置钢筋网片或螺旋筋。

②在预应力混凝土结构构件中,近凹面的纵向预应力钢丝束、钢绞线束的曲线段,其预加力应按下列公式进行验算:

$$r_p \geqslant \frac{P}{f_t(0.5d_p + c_p)} \tag{10.151}$$

当预加力满足式(10.151)的要求时,可仅配置构造 U 形箍筋;当不满足时,每单肢 U 形箍筋的截面面积可按下列公式确定:

$$A_{sv1} \geqslant \frac{Ps_v}{2r_p f_{yv}} \tag{10.152}$$

U 形箍筋的锚固长度不应小于 l_a(图 10.38);当该锚固长度小于 l_a 时,每单肢 U 形箍筋的截面面积可按 A_{sv1}/k 取值。其中,k 取 $l_e/15d$ 和 $l_e/200$ 中的较小值,且 k 不大于 1.0。

式中　P——预应力钢丝束、钢绞线束的预加力设计值,取张拉控制应力和预应力筋强度设计值中的较大值确定,当有平行的几个孔道,且中心距不大于 $2d_p$ 时,该预加力设计值应按相邻全部孔道内的预应力束合力确定;

　　　f_t——混凝土轴心抗拉强度设计值,或与施工张拉阶段混凝土立方体抗压强度 f'_{cu} 相应的抗拉强度设计值 f'_t;

　　　c_p——预应力筋孔道净混凝土保护层厚度;

　　　A_{sv1}——每单肢箍筋截面面积;

　　　s_v——U 形插筋间距;

　　　f_{yv}——U 形插筋抗拉强度设计值;

　　　l_e——实际锚固长度。

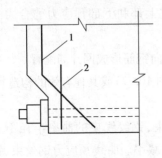

图 10.37　端部凹进处构造配筋

1—折线构造钢筋;2—竖向构造钢筋

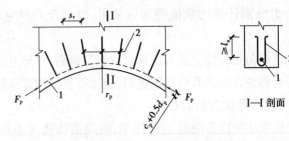

(a)抗崩裂U形箍筋布置示意图　　(b)抗崩裂U形箍筋示意图

图 10.38　抗崩裂箍筋构造示意图

1—预应力筋束;2—沿预应力筋束均匀布置的 U 形箍筋

（4）其他要求

①构件端部尺寸应综合考虑锚具的布置、张拉设备的尺寸和局部受压的要求等确定，必要时应适当加大。

②后张预应力混凝土外露金属锚具，应采取可靠的防腐及防火措施。

本章小结

1.与钢筋混凝土结构相比，预应力混凝土结构具有能充分利用高强材料、抗裂性能好、刚度大等优点，适用于对抗腐蚀、防水、抗渗要求较高以及大跨度、重荷载的结构。

2.工程中，通常采用预拉预应力筋的方法给混凝土施加预压应力。根据张拉预应力筋与浇注混凝土的先后顺序，预压应力方法有先张法和后张法之分，二者原理相似。但先张法构件依靠钢筋与混凝土之间的黏结力传递预应力，构件端部有一预应力传递长度；后张法构件依靠锚具传递预应力，构件端部处于局部受压状态。

3.预应力筋张拉控制应力的大小对预加应力的效果有显著影响，应根据预应力筋的力学性能，结合构件的延性、施工误差等因素确定，在允许的范围内，应尽量取较高的张拉控制应力。

4.预应力损失使得混凝土中建立的预应力降低。预应力损失共有6项，应了解产生各项预应力损失的原因、掌握其计算方法以及减小各项损失的措施。预应力损失是一个长期、复杂的过程，但大部分损失发生在施工阶段，为计算方便，将预应力损失划分为两个阶段，应掌握先张法和后张法不同阶段的预应力损失各包括哪些项，即预应力损失的组合方法。

5.预应力混凝土构件各个受力阶段的应力分析是预应力混凝土构件计算的基础，通过预应力混凝土轴心受拉构件各阶段应力状态的分析，得出了一些重要结论，并推广应用于预应力混凝土受弯构件，使得应力分析更易理解。

①施工阶段，先张法（或后张法）构件截面上混凝土预应力的计算可比拟为将一个预加力 N_p（N_p 为相应时刻预应力筋和非预应力筋仅扣除应力损失后的应力乘以各自的截面面积再叠加得到的合力，反向作用在构件上）作用在构件的换算截面 A_0（或净截面 A_n）上，然后按材料力学公式计算。

②使用阶段，由荷载组合产生的截面上混凝土法向应力，也可按材料力学公式计算，而且先张法和后张法构件均采用构件的换算截面 A_0。

③使用阶段，先张法和后张法特定时刻的承载力计算公式形式相同，均采用换算截面 A_0。

6.预应力混凝土轴心受拉构件和受弯构件的设计计算，分为施工阶段计算和使用阶段计算。计算内容主要包括正截面承载力计算、斜截面承载力计算、抗裂或裂缝宽度计算、变形计算、端部局部承压计算等。

思 考 题

10.1　什么是预应力混凝土？与普通钢筋混凝土相比，预应力混凝土的主要优点是什么？

10.2　预应力混凝土结构中为什么应用高强材料？

10.3　预应力混凝土可分为哪几类？

10.4　预应力筋是如何将其拉力传递给混凝土的？

10.5 什么是张拉控制应力？张拉控制应力的取值为什么不能过高或过低？如何确定张拉控制应力？

10.6 什么是预应力损失？预应力损失包括哪几类，各类损失产生的原因是什么？如何计算和减小预应力损失？预应力损失如何组合？

10.7 预应力混凝土轴心受拉构件各阶段的应力状态如何？比较各阶段先、后张法构件应力计算公式有何异同？研究不同时刻的应力状态有何意义？

10.8 预应力的施加对轴心受拉构件的受力性能有何影响？

10.9 在进行预应力混凝土构件计算时，何时使用换算截面 A_0，何时用净截面 A_n？

10.10 什么是预应力筋的预应力传递长度？传递长度内构件的抗裂能力与其他部位有何不同？

10.11 为什么要对后张法构件端部进行局部受压承载力验算？如何验算？

10.12 如何分析预应力混凝土受弯构件各阶段应力？设计预应力混凝土受弯构件时需进行哪些计算？承载力计算与普通钢筋混凝土构件有何异同？

10.13 预应力混凝土受弯构件的受压区为何也配置预应力筋？预应力混凝土构件中的普通钢筋有何作用？

10.14 对于不同的裂缝控制等级，如何进行预应力混凝土构件的正截面抗裂验算？

10.15 如何进行预应力混凝土受弯构件的变形计算？与普通钢筋混凝土构件有何不同？

习　题

10.1　24 m 屋架预应力混凝土下弦拉杆，截面构造见习题10.1 图。结构的安全等级为二级。采用后张法，一端施加预应力。孔道直径 50 mm，预埋金属波纹管成孔。每个孔道配置 3Φ^S12.9 普通松弛钢绞线$(A_p = 512.4\ mm^2, f_{ptk} = 1\ 570\ N/mm^2)$，非预应力钢筋采用 HRB400 级钢筋 4$\Phi$12$(A_s = 452\ mm^2)$。采用夹片式锚具(有顶压)，张拉控制应力采用 $\sigma_{con} = 0.75 f_{ptk}$，混凝土为 C40 级。达到混凝土设计强度时，施加预应力。计算该构件的预应力损失。

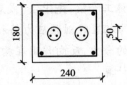

习题 10.1 图　截面尺寸(mm)图

10.2　某 20 m 跨先张法预应力混凝土屋架下弦，截面尺寸见习题10.1 图，混凝土强度等级为 C40，预应力筋选用 2 束3Φ^S12.9低松弛 1860 级钢绞线，非预应力钢筋按构造要求配置 4Φ12(HRB400级)，在 50 m 长线台座上生产，不考虑锚具变形损失，养护温差 $\Delta t = 20\ ℃$，采用超张拉工艺，当混凝土强度达到设计规定的强度等级后张拉预应力筋，张拉控制应力为 $\sigma_{con} = 0.75 f_{ptk}$。下弦的轴心拉力设计值 $N = 460\ kN$，按荷载标准组合计算的轴心拉力值 $N_k = 400\ kN$，按荷载准永久组合计算的轴心拉力值 $N_q = 350\ kN$。结构的安全等级为二级。裂缝控制等级为二级。试计算使用阶段的承载力和抗裂能力，并验算预压混凝土时的承载力。

10.3　后张有黏结预应力混凝土简支梁，梁长为 9 m，计算跨度 $l = 8.75\ m$，截面尺寸如习题10.3 图所示。结构的安全等级为二级。承受均布恒荷载标准值 $g_k = 15.0\ kN/m$(荷载分项系数 $\gamma_G = 1.3$)，均布活荷载标准值 $q_k = 10\ kN/m$(荷载分项系数 $\gamma_Q = 1.5$，准永久系数 $\psi_q = 0.5$)。采用 C40 混凝土$(f_c = 19.1\ N/mm^2, f_{tk} = 2.40\ N/mm^2, f_{ck} = 26.8\ N/mm^2, E_c = 3.25 \times 10^4\ N/mm^2)$。预应

力筋采用低松弛钢绞线($f_{ptk} = 1\,860\ \text{N/mm}^2$，$f_{py} = 1\,320\ \text{N/mm}^2$，$E_p = 1.95 \times 10^5\ \text{N/mm}^2$)，混凝土强度达到 100% 时张拉预应力筋，采用超张拉工艺，张拉控制应力采用 $\sigma_{con} = 0.75 f_{ptk}$。采用夹片式锚具，用预埋金属波纹管成孔。使用阶段正截面裂缝控制等级为二级，斜截面要求一般不得开裂，施工阶段预拉区允许开裂，试设计该梁并验算各阶段的承载力、抗裂能力和变形。

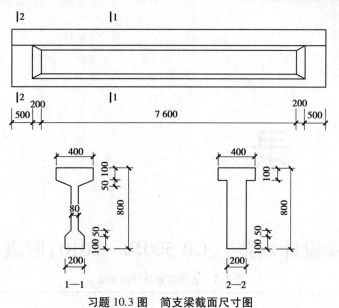

习题 10.3 图　简支梁截面尺寸图

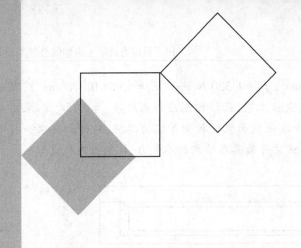

附　录

《混凝土结构设计规范》（GB 50010—2010）附表

附表 1　普通钢筋强度标准值

牌　号	符　号	公称直径 d /mm	屈服强度标准值 $f_{yk}/(\text{N} \cdot \text{mm}^{-2})$	极限强度标准值 $f_{stk}/(\text{N} \cdot \text{mm}^{-2})$
HPB300	Φ	6~14	300	420
HRB400 HRBF400 RRB400	Φ Φ^F Φ^R	6~50	400	540
HRB500 HRBF500	Φ Φ^F	6~50	500	630

附表 2　预应力筋强度标准值　　　　　　　　　　单位:N/mm²

种　类		符　号	公称直径 d/mm	屈服强度标准值 f_{pyk}	极限强度标准值 f_{ptk}
中强度预应力钢丝	光面 螺旋肋	ϕ^{PM}	5、7、9	620	800
				780	970
		ϕ^{HM}		980	1 270
预应力螺纹钢筋	螺纹	ϕ^{T}	18、25、 32、40、 50	785	980
				930	1 080
				1 080	1 230
消除应力钢丝	光面 螺旋肋	ϕ^{P} ϕ^{H}	5	—	1 570
				—	1 860
			7	—	1 570
			9	—	1 470
				—	1 570
钢绞线	1×3 （三股）	ϕ^{S}	8.6、10.8、12.9	—	1 570
				—	1 860
				—	1 960
	1×7 （七股）		9.5、12.7、15.2、 17.8	—	1 720
				—	1 860
				—	1 960
			21.6	—	1 770
				—	1 860

注:极限强度标准值为 1 960 MPa 级的钢绞线作后张预应力配筋时,应有可靠的工程经验。

附表 3　普通钢筋强度设计值　　　　　　　　　　单位:N/mm²

牌　号	f_y	f_y'
HPB300	270	270
HRB400,HRBF400,RRB400	360	360
HRB500,HRBF500	435	435

注:当用作受剪、受扭、受冲切承载力计算时,抗拉强度设计值 f_{yv} 按表中 f_y 的数值采用,其数值大于 360 N/mm² 时应取 360 N/mm²。

附表4　预应力筋强度设计值　　　　　　　　　　单位:N/mm²

种　类	极限强度标准值 f_{ptk}	抗拉强度设计值 f_{py}	抗压强度设计值 f'_{py}
中强度预应力钢丝	800	510	410
	970	650	
	1 270	810	
消除应力钢丝	1 470	1 040	410
	1 570	1 110	
	1 860	1 320	
钢绞线	1 570	1 110	390
	1 720	1 220	
	1 860	1 320	
	1 960	1 390	
预应力螺纹钢筋	980	650	400
	1 080	770	
	1 230	900	

注:当预应力筋的强度标准值不符合附表4的规定时,其强度设计值应进行相应的比例换算。

附表5　普通钢筋及预应力筋在最大力下的总延伸率限值

钢筋品种	普通钢筋				预应力筋
	HPB300	HRB400,HRBF400, HRB500,HRBF500	HRB400E HRB500E	RRB400	
δ_{gt}/%	10.0	7.5	9.0	5.0	3.5

附表6　钢筋的弹性模量　　　　　　　　　　单位:10⁵ N/mm²

牌号或种类	弹性模量 E_s
HPB300 钢筋	2.10
HRB400,HRB500 钢筋 HRBF400,HRBF500 钢筋 RRB400 钢筋 预应力螺纹钢筋	2.00
消除应力钢丝、中强度预应力钢丝	2.05
钢绞线	1.95

附表 7　普通钢筋疲劳应力幅限值　　　　　单位: N/mm²

疲劳应力比值 ρ_s^f	疲劳应力幅限值 Δf_y^f
	HRB400
0	175
0.1	162
0.2	156
0.3	149
0.4	137
0.5	123
0.6	106
0.7	85
0.8	60
0.9	31

注: 当纵向受拉钢筋采用闪光接触对焊连接时, 其接头处的钢筋疲劳应力幅限值应按表中数值乘以系数 0.8 取用。

附表 8　预应力筋疲劳应力幅限值　　　　　单位: N/mm²

疲劳应力比值 ρ_p^f	钢绞线 $f_{ptk} = 1\,570$	消除应力钢丝 $f_{ptk} = 1\,570$
0.7	144	240
0.8	118	168
0.9	70	88

注: 1. 当 ρ_{sv}^f 不小于 0.9 时, 可不作预应力筋疲劳验算;

2. 当有充分依据时, 可对表中规定的疲劳应力幅限值作适当调整。

附表 9　混凝土强度标准值　　　　　单位: N/mm²

强度种类	混凝土强度等级												
	C20	C25	C30	C35	C40	C45	C50	C55	C60	C65	C70	C75	C80
f_{ck}	13.4	16.7	20.1	23.4	26.8	29.6	32.4	35.5	38.5	41.5	44.5	47.4	50.2
f_{tk}	1.54	1.78	2.01	2.20	2.39	2.51	2.64	2.74	2.85	2.93	2.99	3.05	3.11

附表 10　混凝土强度设计值　　　　　单位: N/mm²

强度种类	混凝土强度等级												
	C20	C25	C30	C35	C40	C45	C50	C55	C60	C65	C70	C75	C80
f_c	9.6	11.9	14.3	16.7	19.1	21.1	23.1	25.3	27.5	29.7	31.8	33.8	35.9
f_t	1.10	1.27	1.43	1.57	1.71	1.80	1.89	1.96	2.04	2.09	2.14	2.18	2.22

附表 11　混凝土弹性模量　　　　　　　　单位：10^4N/mm^2

混凝土 强度等级	C20	C25	C30	C35	C40	C45	C50	C55	C60	C65	C70	C75	C80
E_c	2.55	2.80	3.00	3.15	3.25	3.35	3.45	3.55	3.60	3.65	3.70	3.75	3.80

注：1. 当有可靠试验依据时，弹性模量值也可根据实测数据确定；

2. 当混凝土中掺有大量矿物掺合料时，弹性模量可按规定龄期根据实测值确定。

附表 12a　混凝土受压疲劳强度修正系数 γ_ρ

ρ_c^f	$0 \leqslant \rho_c^f < 0.1$	$0.1 \leqslant \rho_c^f < 0.2$	$0.2 \leqslant \rho_c^f < 0.3$	$0.3 \leqslant \rho_c^f < 0.4$	$0.4 \leqslant \rho_c^f < 0.5$	$\rho_c^f \geqslant 0.5$
γ_ρ	0.68	0.74	0.80	0.86	0.93	1.00

附表 12b　混凝土受拉疲劳强度修正系数 γ_ρ

ρ_c^f	$0 \leqslant \rho_c^f < 0.1$	$0.1 \leqslant \rho_c^f < 0.2$	$0.2 \leqslant \rho_c^f < 0.3$	$0.3 \leqslant \rho_c^f < 0.4$	$0.4 \leqslant \rho_c^f < 0.5$
γ_ρ	0.63	0.66	0.69	0.72	0.74
ρ_c^f	$0.5 \leqslant \rho_c^f < 0.6$	$0.6 \leqslant \rho_c^f < 0.7$	$0.7 \leqslant \rho_c^f < 0.8$	$\rho_c^f \geqslant 0.8$	—
γ_ρ	0.76	0.80	0.90	1.00	—

附表 13　混凝土疲劳变形模量　　　　　　　　单位：10^4N/mm^2

混凝土 强度等级	C30	C35	C40	C45	C50	C55	C60	C65	C70	C75	C80
E_c^f	1.30	1.40	1.50	1.55	1.60	1.65	1.70	1.75	1.80	1.85	1.90

附表 14　受弯构件的挠度限值

构件类型		挠度限值
吊车梁	手动吊车	$l_0/500$
	电动吊车	$l_0/600$
屋盖、楼盖 及楼梯构件	当 $l_0 < 7$ m 时	$l_0/200$ （$l_0/250$）
	当 7 m $\leqslant l_0 \leqslant 9$ m 时	$l_0/250$ （$l_0/300$）
	当 $l_0 > 9$ m 时	$l_0/300$ （$l_0/400$）

注：1. 表中 l_0 为构件的计算跨度；计算悬臂构件的挠度限值时，其计算跨度 l_0 按实际悬臂长度的 2 倍取用；

2. 表中括号内的数值适用于使用上对挠度有较高要求的构件；

3. 如果构件制作时预先起拱，且使用上也允许，则在验算挠度时，可将计算所得的挠度值减去起拱值；对预应力混凝土构件，尚可减去预加力所产生的反拱值；

4. 构件制作时的起拱值和预加力所产生的反拱值，不宜超过构件在相应荷载组合作用下的计算挠度值。

附表 15　混凝土结构的环境类别

环境类别	条　件
一	室内干燥环境； 侵蚀性静水浸没环境

环境类别	条 件
二 a	室内潮湿环境； 非严寒和非寒冷地区的露天环境； 非严寒和非寒冷地区与无侵蚀性的水或土壤直接接触的环境； 严寒和寒冷地区的冰冻线以下与无侵蚀性的水或土壤直接接触的环境
二 b	干湿交替环境； 水位频繁变动环境； 严寒和寒冷地区的露天环境； 严寒和寒冷地区冰冻线以上与无侵蚀性的水或土壤直接接触的环境
三 a	严寒和寒冷地区冬季水位变动区环境； 受除冰盐影响环境； 海风环境
三 b	盐渍土环境； 受除冰盐作用环境； 海岸环境
四	海水环境
五	受人为或自然的侵蚀性物质影响的环境

注:1.室内潮湿环境是指构件表面经常处于结露或湿润状态的环境；

2.严寒和寒冷地区的划分应符合国家现行标准《民用建筑热工设计规范》GB 50176 的有关规定；

3.海岸环境和海风环境宜根据当地情况,考虑主导风向及结构所处迎风、背风部位等因素的影响,由调查研究和工程经验确定；

4.受除冰盐影响环境为受到除冰盐盐雾影响的环境；受除冰盐作用环境指被除冰盐溶液溅射的环境以及使用除冰盐地区的洗车房、停车楼等建筑。

附表16 结构构件的裂缝控制等级及最大裂缝宽度的限值 单位:mm

环境类别	钢筋混凝土结构		预应力混凝土结构	
	裂缝控制等级	w_{lim}	裂缝控制等级	w_{lim}
一	三级	0.30(0.40)	三级	0.20
二 a		0.20		0.10
二 b			二级	—
三 a、三 b			一级	—

注:1.对处于年平均相对湿度小于60%地区一级环境下的受弯构件,其最大裂缝宽度限值可采用括号内的数值；

2.在一类环境下,对钢筋混凝土屋架、托架及需作疲劳验算的吊车梁,其最大裂缝宽度限值应取为 0.20 mm;对钢筋混凝土屋面梁和托梁,其最大裂缝宽度限值应取为 0.30 mm；

3.在一类环境下,对预应力混凝土屋架、托架及双向板体系,应按二级裂缝控制等级进行验算；对一类环境下的预应力混凝土屋面梁、托梁、单向板,按表中二 a 级环境的要求进行验算；在一类和二 a 环境下的需作疲劳验算的预应力混凝土吊车梁,应按裂缝控制等级不低于二级的构件进行验算；

4.表中规定的预应力混凝土构件的裂缝控制等级和最大裂缝宽度限值仅适用于正截面的验算；预应力混凝土构件的斜截面裂缝控制验算应符合本书第 10 章的要求；

5.对于烟囱、筒仓和处于液体压力下的结构构件,其裂缝控制要求应符合专门标准的有关规定；

6.对于处于四、五类环境下的结构构件,其裂缝控制要求应符合专门标准的有关规定；

7.表中的最大裂缝宽度限值为用于验算荷载作用引起的最大裂缝宽度。

附表 17　混凝土保护层的最小厚度 c　　　　单位:mm

环境等级	板、墙、壳	梁、柱
一	15	20
二 a	20	25
二 b	25	35
三 a	30	40
三 b	40	50

注:1.混凝土强度等级不大于 C25 时,表中保护层厚度数值应增加 5 mm;

　　2.钢筋混凝土基础宜设置混凝土垫层,其受力钢筋的混凝土保护层厚度应从垫层顶面算起,且不应小于 40 mm。

附表 18　纵向受力钢筋的最小配筋百分率 ρ_{min}

受力类型			最小配筋百分率/%
受压构件	全部纵向钢筋	强度等级 400 MPa、500 MPa	0.55
		强度等级 300 MPa	0.60
	一侧纵向钢筋		0.20
受弯构件、偏心受拉、轴心受拉构件一侧的受拉钢筋			0.20 和 $45f_t/f_y$ 中的较大值

注:1.受压构件全部纵向钢筋最小配筋百分率,当采用 C60 及以上强度等级的混凝土时,应按表中规定增加 0.10;

　　2.偏心受拉构件中的受拉钢筋,应按受压构件一侧纵向钢筋考虑;

　　3.受压构件的全部纵向钢筋和一侧纵向钢筋的配筋,以及轴心受拉构件和小偏心受拉构件一侧受拉钢筋的配筋率,均应按构件的全截面面积计算;

　　4.受弯构件、大偏心受拉构件一侧受拉钢筋的配筋率应按全截面面积扣除受压翼缘面积 $(b_f'-b)h_f'$ 后的截面面积计算;

　　5.当钢筋沿构件截面周边布置时,"一侧纵向钢筋"系指沿受力方向两个对边中一边布置的纵向钢筋。

附表 19　结构混凝土材料的耐久性基本要求

环境类别	最大水胶比	最低强度等级	水溶性氯离子含量/%	最大碱含量/(kg·m^{-3})
一	0.60	C20	0.30	不限制
二 a	0.55	C25	0.20	3.0
二 b	0.50(0.55)	C30(C25)	0.10	
三 a	0.45(0.50)	C35(C30)	0.10	
三 b	0.40	C40	0.06	

注:1.氯离子含量按氯离子占水泥用量百分比计算;

　　2.预应力构件混凝土中的最大氯离子含量为 0.06%;最低混凝土强度等级应按表中的规定提高两个等级;

　　3.素混凝土构件的水胶比及最低强度等级的要求可适当放松;

　　4.有可靠工程经验时,二类环境中的最低混凝土强度等级可降低一个等级;

　　5.处于严寒和寒冷地区二 b、三 a 类环境中的混凝土应使用引气剂,并可采用括号中的有关参数;

　　6.当使用非碱活性骨料时,对混凝土中的碱含量可不作限制。

附表 20　截面抵抗矩塑性影响系数基本值 γ_m

项次	1	2	3		4		5
截面形状	矩形截面	翼缘位于受压区的T形截面	对称I形截面或箱形截面		翼缘位于受拉区的倒T形截面		圆形和环形截面
			$b_f/b\leq2$、h_f/h 为任意值	$b_f/b<2$ $h_f/h>0.2$	$b_f/b\leq2$、h_f/h 为任意值	$b_f/b>2$ $h_f/h<0.2$	
γ_m	1.55	1.50	1.45	1.35	1.50	1.40	$1.6-0.24\,r_1/r$

注:1.对 $b_f'>b_f$ 的I形截面,可按项次 2 与项次 3 之间的数值采用;对 $b_f'<b_f$ 的I形截面,可按项次 3 与项次 4 之间的数值采用;

　2.对于箱形截面,b 系指各肋宽度的总和;

　3.r_1 为环形截面的内环半径,对圆形截面取 r_1 为零。

附表 21　钢筋截面面积表

直径/mm	钢筋截面面积 A_s/mm^2 及钢筋排列成一排时梁的最小宽度 b/mm												$u\left(\dfrac{面积\,A_s}{周长\,s}\right)$/mm	单根钢筋公称质量/(kg·m^{-1})
	1 根	2 根	3 根	3 根	4 根	4 根	5 根	5 根	6 根	7 根	8 根	9 根		
	A_s	A_s	A_s	b	A_s	b	A_s	b	A_s	A_s	A_s	A_s		
6	28.3	57	85		113		142		170	198	226	255	1.50	0.222
8	50.3	101	151		201		252		302	352	402	453	2.00	0.395
10	78.5	157	236		314		393		471	550	628	707	2.50	0.617
12	113.1	226	339	150	452	200/180	565	250/220	678	791	904	1 017	3.00	0.888
14	153.9	308	462	150	615	200/180	769	250/220	923	1 077	1 230	1 387	3.50	1.21
16	201.1	402	603	180/150	804	200	1 005	250	1 206	1 407	1 608	1 809	4.00	1.58
18	254.5	509	763	180/150	1 018	220/200	1 272	300/250	1 526	1 780	2 036	2 290	4.50	2.00(2.11)
20	314.2	628	942	180	1 256	220	1 570	300/250	1 884	2 200	2 513	2 827	5.00	2.47
22	380.1	760	1 140	180	1 520	250/220	1 900	300	2 281	2 661	3 041	3 421	5.50	2.98
25	490.9	982	1 473	200/180	1 964	250	2 454	300	2 945	3 436	3 927	4 418	6.25	3.85(4.10)
28	615.8	1 232	1 847	200	2 463	250	3 079	350/300	3 695	4 310	4 926	5 542	7.00	4.83
30	706.9	1 414	2 121		2 827		3 534		4 241	4 948	5 655	6 362	7.50	5.55
32	804.3	1 609	2 413	220	3 217	300	4 021	350	4 826	5 630	6 434	7 238	8.00	6.31(6.65)
36	1 017.9	2 036	3 054		4 072		5 089		6 107	7 125	8 143	9 161	9.00	7.99
40	1 256.6	2 513	3 770		5 027		6 283		7 540	8 796	10 053	11 310	10.00	9.87(10.34)
50	1 963.5	3 928	5 892		7 856		9 820		11 784	13 748	15 712	17 676		15.42(16.28)

注:1.括号内为预应力螺纹钢筋的数值;

　2.表中梁最小宽度 b 为分数时,斜线以上数字表示钢筋在梁顶部时所需宽度,斜线以下数字表示钢筋在梁底部时所需宽度(mm)。

附表 22　每米板宽内的钢筋截面面积表 A_s　　　　单位: mm^2

钢筋间距/mm	钢筋直径 d/mm													
	3	4	5	6	6/8	8	8/10	10	10/12	12	12/14	14	14/16	16
70	101	179	281	404	561	719	920	1 121	1 369	1 616	1 908	2 199	2 536	2 872
75	94.3	167	262	377	524	671	859	1 047	1 277	1 508	1 780	2 053	2 367	2 681
80	88.4	157	245	354	491	629	805	981	1 198	1 414	1 669	1 924	2 218	2 513
85	83.2	148	231	333	462	592	758	924	1 127	1 331	1 571	1 811	2 088	2 365
90	78.5	140	218	314	437	559	716	872	1 064	1 257	1 484	1 710	1 972	2 234
95	74.5	132	207	298	414	529	678	826	1 008	1 190	1 405	1 620	1 868	2 116
100	70.5	126	196	283	393	503	644	785	958	1 131	1 335	1 539	1 775	2 011
110	64.2	114	178	257	357	457	585	714	871	1 028	1 214	1 399	1 614	1 828
120	58.9	105	163	236	327	419	537	654	798	942	1 112	1 283	1 480	1 676
125	56.5	100	157	226	314	402	515	628	766	905	1 068	1 232	1 420	1 608
130	54.4	96.6	151	218	302	387	495	604	737	870	1 027	1 184	1 366	1 547
140	50.5	89.7	140	202	281	359	460	561	684	808	954	1 100	1 268	1 436
150	47.1	83.8	131	189	262	335	429	523	639	754	890	1 026	1 183	1 340
160	44.1	78.5	123	177	246	314	403	491	599	707	834	962	1 110	1 257
170	41.5	73.9	115	166	231	296	379	462	564	665	786	906	1 044	1 183
180	39.2	69.8	109	157	218	279	358	436	532	628	742	855	985	1 117
190	37.2	66.1	103	149	207	265	339	413	504	595	702	810	934	1 058
200	35.3	62.8	98.2	141	196	251	322	393	479	565	668	770	888	1 005
220	32.1	57.1	89.3	129	178	228	292	357	436	514	607	700	807	914
240	29.4	52.4	81.9	118	164	209	268	327	399	471	556	641	740	838
250	28.3	50.2	78.5	113	157	201	258	314	383	452	534	616	710	804
260	27.2	48.3	75.5	109	151	193	248	302	368	435	514	592	682	773
280	25.2	44.9	70.1	101	140	180	230	281	342	404	477	550	634	718
300	23.6	41.9	65.5	94	131	168	215	262	320	377	445	513	592	670
320	22.1	39.2	61.4	88	123	157	201	245	299	353	417	481	554	628

注:表中钢筋直径中的 6/8,8/10,… 系指两种直径的钢筋间隔放置。

附表 23　钢绞线公称直径、公称截面面积及理论质量

种　类	公称直径/mm	公称截面面积/mm²	理论质量/(kg·m⁻¹)
	8.6	37.7	0.296
1×3	10.8	58.9	0.462
	12.9	84.8	0.666
	9.5	54.8	0.430
	12.7	98.7	0.775
1×7 标准型	15.2	140	1.101
	17.8	191	1.500
	21.6	285	2.237

附表 24　钢丝公称直径、公称截面面积及理论质量

公称直径/mm	公称截面面积/mm²	理论质量/(kg·m⁻¹)
5.0	19.63	0.154
7.0	38.48	0.302
9.0	63.62	0.499

参考文献

[1] 中华人民共和国住房和城乡建设部.混凝土结构设计规范:GB 50010—2010[S].北京:中国建筑工业出版社,2011.

[2] 中国建筑科学研究院有限公司,等.工程建筑结构可靠性设计统一标准:GB 50153—2008[S].北京:中国建筑工业出版社,2008.

[3] 中国建筑科学研究院有限公司,等.建筑结构可靠性设计统一标准:GB 50068—2018[S].北京:中国建筑工业出版社,2019.

[4] 中国建筑科学研究院有限公司,等.建筑结构荷载规范:GB 50009—2012[S].北京:中国建筑工业出版社,2012.

[5] 中国建筑科学研究院有限公司,等.混凝土物理力学性能试验方法标准:GB/T 50081—2019[S].北京:中国建筑工业出版社,2019.

[6] 梁兴文,史庆轩.混凝土结构设计原理[M].4版.北京:中国建筑工业出版社,2019.

[7] H.Nilson.Design of Concrete structures[M].The McGraw-Hill Companies, Inc.1997.

[8] R.Park, T.Pauley.Reinforced Concrete Structures[M]. John Wiley & Son. New York, 1975.

[9] H.Kupfer, H.K.Hilsdorf,and H.Rúsch. Behaviour of Concrete Under Biaxial Stress[J]. Journal ACI, Vol.66,No.8,August 1969:656-666.

[10] Kenneth Leet.Reinforced Concrete Design[M].McGraw-Hill Book Company,1982.

[11] 林同炎,NED H.BURNS,路湛沁,等,译.预应力混凝土结构设计[M].3版.北京:中国铁道出版社,1984.

[12] 李国平.预应力混凝土结构设计原理[M].北京:人民交通出版社,2000.

[13] 叶列平,陆新征,冯鹏,等.高强高性能工程结构材料与现代工程结构及其设计理论的发展[C]//第一届结构工程新进展国际论坛文集.北京:中国建筑工业出版社,2006.

[14] 中国建筑科学研究院.混凝土结构设计[M].北京:中国建筑工业出版社,2003.

[15] Building Code Require ments for Structural Concrete and Commentary (ACI 318M-14).Detroit: A merican Concrete Institute, 2014.